PLC步进与伺服
从入门到精通

岂兴明　初云涛　汤　涛　刘仲祥 ◎ 编著

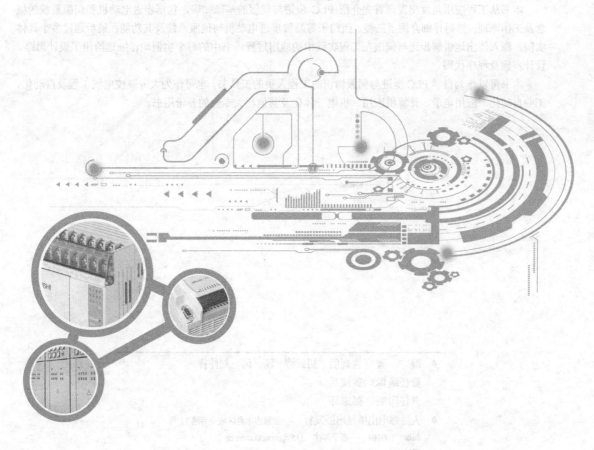

人民邮电出版社

北京

图书在版编目（ＣＩＰ）数据

PLC步进与伺服从入门到精通 / 岂兴明等编著. --
北京 ： 人民邮电出版社，2019.5（2023.1重印）
ISBN 978-7-115-50872-0

Ⅰ. ①P… Ⅱ. ①岂… Ⅲ. ①PLC技术②步进电机③伺
服电机 Ⅳ. ①TM571.61②TM35③TM383.4

中国版本图书馆CIP数据核字(2019)第037075号

内 容 提 要

本书从工程应用角度出发，首先介绍 PLC 步进与伺服的基础知识，包括步进电动机和伺服系统的概念及工作原理；然后详细介绍了三菱、西门子等品牌步进电动机与伺服系统及其功能；最后通过多个具体实例，深入浅出地讲解步进与伺服在工程实践中的应用过程。书中的每个实例均详细地给出了设计思路、设计步骤及程序代码。

本书可以作为自学 PLC 步进与伺服知识的工程人员的工具书，也可作为大专院校电气工程及自动化、工业自动化、应用电子、计算机应用、机电一体化及其他相关专业的参考用书。

◆ 编 著 岂兴明 初云涛 汤 涛 刘仲祥
　　责任编辑 黄汉兵
　　责任印制 彭志环

◆ 人民邮电出版社出版发行　　北京市丰台区成寿寺路 11 号
　　邮编 100164　　电子邮件 315@ptpress.com.cn
　　网址 http://www.ptpress.com.cn
　　固安县铭成印刷有限公司印刷

◆ 开本：787×1092　1/16
　　印张：30.5　　　　　　　　2019 年 5 月第 1 版
　　字数：600 千字　　　　　2023 年 1 月河北第 2 次印刷

定价：99.00 元

读者服务热线：(010)81055493　印装质量热线：(010)81055316
反盗版热线：(010)81055315

前 言

早在 20 世纪 60 年代，步进伺服系统就已经出现。20 世纪 80 年代后，随着电动机技术、现代电力电子技术、微电子技术、控制技术及计算机技术的快速发展，步进伺服系统得到了迅速发展，其应用已经对人类社会产生了巨大影响。当今，伺服控制器和步进电动机已经开始向着高性能、高速度、数字化、智能型、网络化的方向发展。

本书系统地阐述了各类步进伺服系统的基本概念、原理、设计方法及综合应用实例。本书分为 3 篇，分别为基础篇、提高篇和实践篇。

基础篇介绍 PLC 的工作原理、基本结构及西门子和三菱两个品牌的 PLC 特点，简单介绍了步进电动机及驱动器的发展历史、分类方法及步进电动机驱动器的基础知识；讲解各种步进电动机的工作原理，它是学习步进电动机的基础；此外，还对伺服系统进行概述，主要讲述了伺服系统的发展、功能、结构组成、分类及特点；阐述了各种类型伺服系统的工作原理，如步进伺服系统原理、电—液伺服系统原理、气动伺服系统原理、直流伺服系统原理、交流伺服系统原理、数字伺服系统原理、各类伺服系统结构框图等，加深读者对伺服系统组成原理的认识。

提高篇阐述 PLC、步进系统、伺服系统的设计方法，逐一介绍步进电动机的特性、控制系统、参数测试、参数选型、数学模型、振动与噪声及阻尼处理；深入细致地分析每类伺服系统的硬件选型、数学模型及元件特性，强调设计过程中需要特别注意的事项；介绍步进伺服系统维护与故障分析方法，以及西门子和三菱两个品牌的步进与伺服驱动相关产品的特性；为广大工程设计人员提供了各类伺服元件的引脚图和规格表等参考数据。

实践篇提供了大量 PLC 步进与伺服相关实例，介绍西门子工程常用步进电动机控制的实例，分别为 S7-200 PLC 驱动三相混合式步进电动机、S7-300 PLC 驱动三相混合式步进电动机及工控机驱动混合式步进电动机，重点讲解步进电动机选型、电气控制原理图和对应的步进电动机控制程序；以三菱步进伺服系统为例着重讲述三菱伺服系统模块中应用广泛的 MR-J2S-A 伺服驱动器，分别从结构功能、控制模式、工作模式、参数设置等方面对 MR-J2S-A 伺服驱动器进行描述，读者可以全面、深入地掌握三菱伺服系统的应用设计技术；对数控伺服系统、电—液伺服系统及步进伺服系统的工程开发进行详细说明：首先介绍西门子数控伺服系统 840D 在轧辊车床上的应用，接着阐述电—液伺服系统在仿形铣床上的应用，最后分析基于 DSP 的混合式步进电动机伺服系统的应用；这三类实例特点突出、代表性强、图表丰富、内容简单易懂，读者可以进一步熟悉掌握步进伺服系统的设计方法及其在工程上的应用。

本书具有以下特点。

① 突出了选取内容的实用性、典型性。本书的应用实例大多来自工程实践，且内容丰富、翔实，所介绍的各种设计方案均采用经典的设计方法。

② 强调了应用系统的设计。本书不仅翔实地介绍了各种硬件选型和接口的设计过程，还对如何组成硬件系统进行了详细的讲解，使读者能快速掌握各类伺服系统设计。

③ 本书文字简练，通俗易懂，深入浅出，便于自学。

④ 本书应用面广，既可作为各学校的教学用书，又可作为广大工程技术人员设计伺服系统的参考用书。

本书由岂兴明主编，初云涛、汤涛、刘仲祥参与策划和校对。

由于编者水平有限，书中难免有疏漏与不足之处，殷切期望广大读者不吝批评指正。

编　者

目 录

基 础 篇

提 高 篇

第 6 章　PLC 的基本指令系统 ·· 106

实 践 篇

基础篇

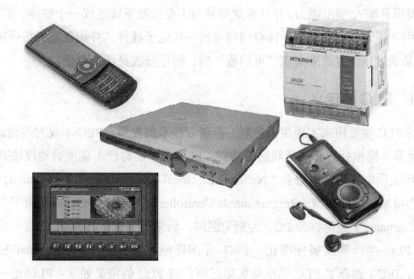

第1章 可编程序控制器概述

　　PLC 是在电器控制技术和计算机技术的基础上开发出来的，并逐渐发展成为以微处理器为核心，把自动化技术、计算机技术、通信技术融为一体的一种新型工业自动化控制装置。PLC 将传统的继电器控制技术和现代计算机信息处理技术的优点有机地结合起来，具有结构简单、性能优越、可靠性高等优点，在工业自动化控制领域得到了广泛的应用，被公认为现代工业自动化的三大支柱（PLC、机器人、CAD/CAM）之一。本章主要介绍 PLC 的发展历史及相关技术的发展历程，进而概述 PLC 的工作原理，并详细讨论 PLC 的功能特点及结构组成，最后对西门子和三菱两个品牌的 PLC 型号和性能进行了简单介绍。

1.1　PLC 的发展

　　PLC 是一种数字运算操作的电子系统，即计算机。不过 PLC 是专为在工业环境下应用而设计的工业计算机，它具有很强的抗干扰能力、广泛的适应能力和应用范围，这也是其区别于其他计算机控制系统的一个重要特征。这种工业计算机采用"面向用户的指令"，因此编程更方便。PLC 能完成逻辑运算、顺序控制、定时、计数和算术运算等操作，其具有数字量和模拟量输入/输出能力，并且非常容易与工业控制系统连成一个整体，易于"扩充"。由于 PLC 引入了微处理器及半导体存储器等新一代电子器件，并用规定的指令进行编程，因此 PLC 是通过软件方式来实现"可编程"的，程序修改灵活、方便。

1.1.1　PLC 的定义

　　早期的 PLC 主要用来实现逻辑控制。但随着技术的发展，PLC 不仅有逻辑运算功能，还有算术运算、模拟处理和通信联网等功能。PLC 这一名称已不能准确地反映其功能。因此，1980 年美国电气制造商协会（National Electrical Manufacturers Association，NEMA）将它命名为可编程序控制器（Programmable Controller），并简称 PC。但是由于个人计算机（Personal Computer）也简称为 PC，为避免混淆，后来仍习惯称其为 PLC。

　　为使 PLC 生产和发展标准化，1987 年国际电工委员会（International Electechnial Committee，IEC）颁布了 PLC 标准草案第三稿，对 PLC 的定义如下：PLC 是一种数字运算操作的电子系统，专为在工业环境下应用而设计。它采用可编程序的存储器，用来在其内部存储执行逻辑运算、顺序控制、定时、计数和算术运算等操作的指令，并通过数字式和模拟式的输入和输出接口，控制各种类型的机械或生产过程。PLC 及其有关外部设备，都应按易于与工业系统连成一个整体，易于扩充其功能的原则设计。

该定义强调了 PLC 应用于工业环境，必须具有很强的抗干扰能力、广泛的适应能力和广阔的应用范围，这是区别于一般微机控制系统的重要特征。

综上所述，PLC 是专为工业环境应用而设计制造的计算机，它具有丰富的 I/O 接口，并具有较强的驱动能力。但 PLC 产品并不针对某一具体工业应用，在实际应用时，其硬件需要根据实际需要进行选用配置，其软件需要根据控制需求进行设计编制。

1.1.2　PLC 技术的产生

20 世纪 20 年代，继电器控制系统开始盛行。继电器控制系统就是将继电器、定时器、接触器等电子器件按照一定的逻辑关系连接起来而组成的控制系统。由于继电器控制系统结构简单、操作方便、价格低廉，在工业控制领域一直占据着主导地位。但是继电器控制系统具有明显的缺点：体积大，噪声大，能耗大，动作响应慢，可靠性差，维护性差，功能单一，采用硬连线逻辑控制，设计安装调试周期长，通用性和灵活性差等。

1968 年，美国通用汽车公司为了提高竞争力，更新汽车生产线，以便将生产方式从少品种大批量转变为多品种小批量，公开招标一种新型工业控制器。为了尽可能地减少更换继电器控制系统的硬件及连线，缩短重新设计、安装、调试周期，降低成本，美国通用汽车公司提出了以下 10 条技术指标。

① 编程方便，可现场编辑及修改程序。

② 维护方便，最好是插件式结构。

③ 可靠性高于继电器控制装置。

④ 数据可直接输入管理计算机。

⑤ 输入电压可为市电 115V（国内 PLC 产品电压多为 220V）。

⑥ 输出电压可为市电 115V，电流大于 2A，可直接驱动接触器、电磁阀等。

⑦ 用户程序存储器容量大于 4KB。

⑧ 体积小于继电器控制装置。

⑨ 扩展时系统变更最少。

⑩ 成本与继电器控制装置相比，有一定的竞争力。

1969 年，美国数字设备公司根据上述要求，研制出了世界上第一台 PLC：型号为 PDP-14 的一种新型工业控制器。它把计算机的完备功能、灵活及通用等优点和继电器控制系统的简单易懂、操作方便、价格便宜等优点结合起来，制成了一种适合于工业环境的通用控制装置，并把计算机的编程方法和程序输入方式加以简化，用"面向控制过程，面向对象"的"自然语言"进行编程，使不熟悉计算机的人也能方便地使用。它在美国通用汽车公司的汽车生产线上首次应用成功，取得了显著的经济效益，开创了工业控制的新局面。

1.1.3 PLC 的发展历史

PLC 问世时间虽然不长，但是随着微处理器的出现，大规模、超大规模集成电路技术的迅速发展和数据通信技术、自动控制技术、网络技术的不断进步，PLC 也在迅速发展。其发展过程大致可分为以下 5 个阶段。

（1）从 1969 年到 20 世纪 70 年代初期

PLC 的 CPU 由中小规模数字集成电路组成，存储器为磁心式存储器；控制功能比较简单，主要用于定时、计数及逻辑控制。其产品没有形成系列，应用范围不是很广泛，与继电器控制装置比较，可靠性有一定的提高，但仅仅是其替代产品。

（2）20 世纪 70 年代末期

PLC 采用 CPU 微处理器、半导体存储器，使整机的体积减小，而且数据处理能力获得很大的提高，增加了数据运算、传送、比较、模拟量运算等功能。其产品已初步实现了系列化，并具备软件自诊断功能。

（3）从 20 世纪 70 年代末期到 80 年代中期

由于大规模集成电路的发展，PLC 开始采用 8 位和 16 位微处理器，数据处理能力和速度大大提高；PLC 开始具有了一定的通信能力，为实现 PLC 分散控制、集中管理奠定了重要基础；软件上开发出了面向过程的梯形图语言及助记符语言，为 PLC 的普及提供了必要条件。在这一时期，发达的工业化国家在多种工业控制领域开始应用 PLC 控制。

（4）从 20 世纪 80 年代中期到 90 年代中期

超大规模集成电路促使 PLC 完全计算机化，CPU 已经开始采用 32 位微处理器；数学运算、数据处理能力大大提高，增加了运动控制、模拟量 PID 控制等，联网通信能力进一步加强；PLC 在功能不断增加的同时，体积在减小，可靠性更高。在此期间，国际电工委员会颁布了 PLC 标准，使 PLC 向标准化、系列化发展。

（5）从 20 世纪 90 年代中期至今

PLC 实现了特殊算术运算的指令化，通信能力进一步加强。

1.1.4 PLC 技术的发展趋势

PLC 诞生不久就在工业控制领域占据了主导作用，日本、法国、德国等国家相继研制成各自的 PLC。PLC 技术随着计算机和微电子技术的发展而迅速发展，由最初的 1 位机发展到现在 16 位、32 位高性能微处理器，而且实现了多处理器的多通道处理，通信技术使 PLC 的应用得到了进一步的发展。PLC 技术的发展趋势是向高集成化、小体积、大容量、高速度、使用方便、高性能和智能化方向发展，具体表现在以下几个方面。

1. 小型化、低成本

随着微电子技术的发展，大幅度地提高了新型器件的功能并降低成本，使 PLC 结构更为紧凑，一些 PLC 只有手掌大小，其体积越来越小，使用也越来越方便、灵活。同时，PLC 的功能不断提升，将原来大、中型 PLC 才具有的功能移植到小型 PLC 上，如模拟量处理，数据通信和其他更复杂的功能指令，而价格却在不断地下降。

2. 大容量、模块化

大型 PLC 采用多处理器系统，有的采用了 32 位微处理器，可同时进行多任务操作，处理速度大幅提高，特别是增强了过程控制和数据处理功能，另外存储容量也大大增加。所以 PLC 的另一个发展方向是大型 PLC，它具有上万个输入量、输出量，广泛用于石化、冶金、汽车制造等领域。

PLC 的扩展模块发展迅速，大量特定的复杂功能由专用模块来完成，主机仅仅通过通信设备箱模块发布命令和测试状态。PLC 的系统功能进一步增强，控制系统设计进一步简化，如计数模块、位置控制和位置检测模块、闭环控制模块、称重模块等。尤其是 PLC 与 PC 技术相结合后，使 PLC 的数据存储、处理功能大大增强；计算机的硬件技术也越来越多地应用于 PLC 上，并可以使用多种语言编程，可以直接与 PC 相连进行信息传递。

3. 多样化、标准化

各个 PLC 生产商均在加大力度开发新产品，以求更大的市场占有率。因此，PLC 产品正在向多样化方向发展，出现了欧、美、日等多个流派。与此同时，为了避免各种产品之间的竞争而导致的技术不兼容。国际电工委员会不断为 PLC 的发展制定一些新的标准，对各种类型的产品进行归纳或定义，为 PLC 的发展指明了方向。目前，越来越多的 PLC 生产厂家均能提供符合 IEC 1131-3 标准的产品，甚至还推出了按照 IEC 1131-3 标准设计的"软件 PLC"在 PC 上运行。

4. 网络通信增强

目前，PLC 可以支持多种工业标准总线，使联网更加简单。计算机与 PLC 之间及各个 PLC 之间的联网和通信能力不断增强，使工业网络可以有效地节省资源、降低成本、提高系统的可靠性和灵活性。

5. 人机交互

PLC 可以配置操作面板、触摸屏等人机对话装置，不仅为系统设计开发人员提供了便捷的调试手段，还为用户提供了一个掌控 PLC 运行状态的窗口。在设计阶段，设计开发人员可以通过计算机上的组态软件，方便快捷地创建各种组件，设计效率大大提高；在调试阶段，调试人员可以通过操作面板、状态指示灯、触摸屏等反馈的报警、故障代码，迅速定位故障源，分析排除各类故障；在运行阶段，用户操作人员可以方便地根据反馈的数据和各类状态信息掌控 PLC 的运行情况。

1.2 PLC 的特点和应用范围

1.2.1 PLC 的特点

PLC 专为工业环境下应用而设计，以用户需要为主，采用了先进的微型计算机技术，所以具有以下几个显著特点。

1. 可靠性高，抗干扰能力强

PLC 由于选用了大规模集成电路和微处理器，使系统器件数大大减少，而且在硬件和软件的设计制造过程中采取了一系列的隔离和抗干扰措施，使它能适应恶劣的工作环境，因此具有很高的可靠性。PLC 控制系统平均无故障工作时间可达到 2 万小时以上，高可靠性是 PLC 成为通用自动控制设备的首选条件之一。PLC 的使用寿命一般在 5 万小时以上，西门子、ABB 等品牌的微小型 PLC 寿命可达 10 万小时以上。在机械结构设计与制造工艺上，为使 PLC 更安全、可靠地工作，采取了很多措施以确保 PLC 耐振动、耐冲击、耐高温（有些产品的工作环境温度为 80℃～90℃）。另外，软件与硬件采取了一系列提高可靠性和抗干扰的措施，如系统硬件模块冗余、采用光电隔离、掉电保护、对干扰的屏蔽和滤波、在运行过程中运行模块热插拔、设置故障检测与自诊断程序及其他措施等。

（1）硬件措施

主要模块均采用大规模或超大规模集成电路，大量开关动作由无触点的电子存储器完成，I/O 系统设计有完善的通道保护和信号调理电路。

① 对电源变压器、CPU、编程器等主要部件，采用导电、导磁良好的材料进行屏蔽，以防外界干扰。

② 对供电系统及输入线路采用多种形式的滤波，如 LC 或 π 型滤波网络，以消除或抑制高频干扰，削弱了各种模块之间的相互影响。

③ 对于微处理器这个核心部件所需的 +5V 电源，采用多级滤波，并用集成电压调节器进行调整，以适应交流电网的波动和过电压、欠电压的影响。

④ 在微处理器与 I/O 电路之间，采用光电隔离措施，有效地隔离 I/O 接口与 CPU 之间的联系，减少故障和误动作；各 I/O 接口之间亦彼此隔离。

⑤ 采用模块式结构有助于在故障情况下短时修复。一旦查出某一模块出现故障，能迅速更换，使系统恢复正常工作；同时也有助于加快查找故障原因。

（2）软件措施

PLC 编程软件具有极强的自检和保护功能。

① 采用故障检测技术，软件定期地检测外界环境，如掉电、欠电压、锂电池电压过低及强干扰信号等，以便及时进行处理。

② 采用信息保护与恢复技术，当偶发性故障条件出现时，不破坏 PLC 内部的信息。一旦故障条件消失，就可以恢复正常，继续原来的程序工作。所以，PLC 在检测到故障条件时，立即把现状态存入存储器，软件配合对存储器进行封闭，禁止对存储器的任何操作，以防止存储信息被冲掉。

③ 设置警戒时钟 WDT，如果程序每循环执行时间超高了 WDT 的规定时间，预示了程序进入死循环，立即报警。

④ 加强对程序的检查和校验，一旦程序有错，立即报警，并停止执行。

⑤ 对程序及动态数据进行电池后备，停电后，利用后备电池供电，有关状态和信息不会丢失。

2. 通用性强，控制程序可变，使用方便

PLC 品种齐全的各种硬件装置，可以组成能满足各种要求的控制系统，用户不必自己设计和制造硬件装置。在硬件确定以后，在生产工艺流程改变或生产设备更新的情况下，用户不必改变 PLC 的硬件设备，只需更改程序就可以满足要求，因此，PLC 除应用于单机控制外，在工厂自动化中也被大量采用。

PLC 实现对系统的各种控制是非常方便的。首先，PLC 控制逻辑的建立是通过程序实现的，而不是硬件连线，更改程序比更改接线方便得多；其次，PLC 的硬件高度集成化，已集成为各种小型化、系列化、规格化、配套的模块。各种控制系统所需的模块，均可在市场上选购到各 PLC 厂家提供的丰富产品。因此，硬件系统配置与建造同样方便。

用户可以根据工程控制的实际需要，选择 PLC 主机单元和各种扩展单元进行灵活配置，提高系统的性价比，若生产过程对控制功能要求提高，则 PLC 可以方便地对系统进行扩充，如通过 I/O 扩展单元来增加 I/O 点数，通过多台 PLC 之间或 PLC 与上位计算机的通信，来扩展系统的功能；利用 CRT（阴极射线管）屏幕显示进行编程和监控，便于修改和调试程序，易于故障诊断，缩短维护周期。设计开发在计算机上完成，采用梯形图 LAD、语句表 STL 和功能块图 FBD 等编程语言，还可以利用编程软件相互转换，满足不同层次工程技术人员的需求。

目前，大多数 PLC 仍采用继电控制形式的梯形图编程方式，既继承了传统控制线路的清晰直观，又考虑到大多数工厂企业电气技术人员的读图习惯及编程水平，所以非常容易接受和掌握。梯形图语言的编程元件符号和表达方式与继电器控制电路原理图相当接近。通过阅读 PLC 的用户手册或短期培训，电气技术人员和技术工人很快就能学会梯形图编制控制程序；同时还提供了功能图、语句表等编程语言。

3. 体积小、质量轻、能耗低、维护方便

PLC 是将微电子技术应用于工业设备的产品，其结构紧凑、坚固、体积小、质量轻、能耗低，并且由于 PLC 的强抗干扰能力，易于装入各类机械设备的内部。例如，三菱公司的 FX$_{2N}$-48MR 型 PLC：外形尺寸仅为 182mm×90mm×87mm，质量为 0.89kg，能耗 25W；

而且具有很好的抗振、适应环境温度、湿度变化的能力。在系统的配置上既固定又灵活，I/O 可达 128 点。PLC 还具有故障检测和显示功能，使故障处理时间缩短为 10min，对维护人员的技术水平要求也不太高。

由于 PLC 采用了软件来取代继电器控制系统中大量的中间继电器、时间继电器、计数器等器件，控制柜的设计安装接线工作量大为减少。同时，PLC 的用户程序可以在实验室模拟调试，减少了现场的调试工作量。并且，由于 PLC 具有低故障率及很强的监视功能、模块化等特点，因此维修极为方便。

4. 功能强大，灵活通用

现代 PLC 不仅具有逻辑运算、计时、计数、顺序控制等功能，还具有数字和模拟量的 I/O、功率驱动、通信、人机对话、自检、记录显示等功能，既可控制一台生产机械、一条生产线，又可控制一个生产过程。

目前，PLC 的功能全面，几乎可以满足大部分工程生产自动化控制的要求。这主要与 PLC 具有丰富的处理信息的指令系统及存储信息的内部器件有关。PLC 的指令多达几十条、几百条，不仅可进行各式各样的逻辑问题处理，还可以进行各种类型数据的运算。PLC 内存中的数据存储器种类繁多，容量宏大。I/O 继电器可以存储 I/O 信息，少则几十、几百条，多则几千、几万条，甚至十几万条。PLC 内部集成了继电器、计数器、定时器等功能，并可以设置成失电保持或失电不保存，即通电后予以清零，以满足不同系统的使用要求。PLC 还提供了丰富的外部设备，可建立友好的人机界面，进行信息交换。PLC 可送入程序、数据，也可读出程序、数据。

PLC 不仅精度高，而且可以选配多种扩展模块、专用模块，功能涵盖了工业控制领域的大多数需求。随着计算机网络技术的迅速发展，通信和联网功能在 PLC 上迅速崛起，将网络上层的大型计算机的强大数据处理能力和管理功能与现场网络中 PLC 的高可靠性结合起来。利用这种新型的分布式计算机控制系统，可以实现远程控制和集散系统控制。

1.2.2 PLC 的应用范围

PLC 是一种专门为当代工业生产自动化而设计开发的数字运算操作系统，可以把它简单理解成，专为工业生产领域而设计的计算机。目前，PLC 已经广泛地应用于钢铁、石化、机械制造、汽车、电力等各个行业，并取得了可观的经济效益。特别是在发达的工业国家，PLC 已广泛应用于所有工业领域。随着性价比的不断提高，PLC 的应用领域还将不断扩大。因此，PLC 不仅拥有现代计算机所拥有的全部功能，还具有一些为适应工业生产而特有的功能。

1. 开关量逻辑控制

开关量逻辑控制是 PLC 的最基本功能，PLC 的 I/O 信号都是通/断的开关信号，而且 I/O 的点数可以不受限制。在开关量逻辑控制中，PLC 已经完全取代了传统的继电器控制系统，实现了逻辑控制和顺序控制。目前，用 PLC 进行开关量控制遍及许多行业，如机床电气控制、电梯运行控制、汽车装配、啤酒灌装生产线等。

2. 运动控制

PLC 可用于直线运动或圆周运动的控制。目前，制造商已经提供了拖动步进电动机或伺服电动机的单轴或多轴位置控制模块，即把描述目标位置的数据送给模块，模块移动单轴或多轴到目标位置。当每个轴运动时，位置控制模块保持适当的速度和加速度，确保运动平稳。PLC 还提供了变频器控制的专用模块，能够实现对变频电动机的转差率控制、矢量控制、直接转矩控制、U/f 控制。PLC 的运动控制功能广泛应用于各种机械，如金属切削机床、金属成形机械、装配机械、机器人、电梯等。

3. 闭环过程控制

闭环过程控制是指对温度、压力、流量等连续变化的模拟量的闭环控制。PLC 通过模块实现 A/D、D/A 转换，能够实现对模拟量的控制，包括对稳定、压力、流量、液位等连续变化模拟量的 PID 控制。现代的大、中型 PLC 一般有 PID 闭环过程控制功能，这一功能可以用 PID 子程序或专用的 PID 模块来实现。其 PID 闭环过程控制功能已经广泛应用于锅炉、冷冻、核反应堆、水处理、酿酒等领域。

4. 数据处理

现代的 PLC 具有数学运算（包括函数运算、逻辑运算、矩阵运算）、数据处理、排序和查表、位操作等功能；可以完成数据的采集、分析和处理，也可以和存储器中的参考数据相比较，并将这些传递给其他智能装备。有些 PLC 还支持顺序控制，其与数字控制设备紧密结合，实现 CNC 功能。数据处理一般用于大、中型控制系统中。

5. 通信联网

PLC 的通信包括 PLC 与 PLC 之间、PLC 与上位计算机及其他智能设备之间的通信。PLC 与计算机之间具有串行通信接口，利用双绞线、同轴电缆将它们连成网络，实现信息交换。PLC 还可以构成"集中管理，分散控制"的分布式控制系统。联网可以增加系统的控制规模，甚至可以实现整个工厂生产的自动化控制。

目前，PLC 控制技术已在世界范围内广为流行，国际市场竞争相当激烈，产品更新也很快，用 PLC 设计自动控制系统已成为世界潮流。PLC 作为通用自动控制设备，可用于单一机电设备的控制，也可用于工艺过程的控制，而且控制精度相当高，操作简便，又具有很大的灵活性和可扩展性。PLC 广泛应用于机械制造、冶金、化工、交通、电子、电力、纺织、印刷及食品等大多数工业行业。

1.3 PLC 的基本结构与工作原理

PLC 的工作原理建立在计算机基础上，故其 CPU 以分时操作方式来处理各项任务，即串行工作方式，而继电器-接触器控制系统是实时控制的，即并行工作方式。那么如何让串行工作方式的计算机系统完成并行方式的控制任务呢？通过 PLC 的工作方式和工作过程的说明，可以理解 PLC 的工作原理。

1.3.1 PLC 的基本结构

PLC 是微机技术和控制技术相结合的产物，是一种以微处理器为核心的用于控制的特殊计算机，因此，PLC 的基本组成与一般的微机系统相似。

PLC 的种类繁多，但是其结构和工作原理基本相同。PLC 虽然专为工业现场应用而设计，但是其依然采用了典型的计算机结构，主要是由 CPU、存储器（EPRAM、ROM）、I/O 单元、扩展 I/O 接口、电源几大部分组成的。小型的 PLC 多为整体式结构，中、大型 PLC 则多为模块式结构。

如图 1-1 所示，对于整体式 PLC，所有部件都装在同一机壳内。而模块式 PLC 的各部件独立封装成模块，各模块通过总线连接，安装在机架或导轨上（图 1-2）。无论是哪种结构类型的 PLC，都可根据用户的需要进行配置和组合。

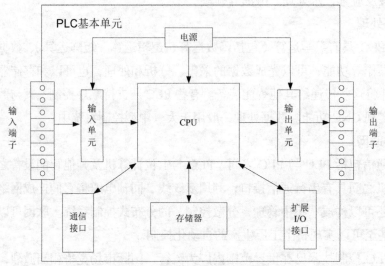

图1-1　整体式PLC硬件结构框图

1. CPU

同一般的微机一样，CPU 是 PLC 的核心。PLC 中所配置的 CPU 可分为 3 类：通用微处理器（如 Z80、8086、80286 等）、单片微处理器（如 8031、8096 等）和位片式微处理器（如 AMD29W 等）。小型 PLC 大多采用 8 位通用微处理器和单片微处理器；中型 PLC 大多采用 16 位通用微处理器或单片微处理器；大型 PLC 大多采用高速位片式微处理器。

目前，小型 PLC 为单 CPU 系统，而中、大型 PLC 则大多为双 CPU 系统，甚至有些 PLC 中配置了多达 8 个 CPU。对于双 CPU 系统，一般一个为字处理器，另外一个为位处理器。字处理器为主处理器,用于执行编程器接口功能、监视内部定时器、监视扫描时间、处理字节指令及对系统总线和位处理器进行控制等。位处理器为从属处理器,主要用于位操作指令和实现 PLC 编程语言向机器语言的转换。位处理器的采用,提高了 PLC 的速度,使 PLC 更好地满足实时控制要求。

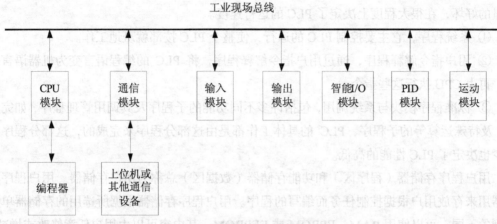

图1-2 模块式PLC硬件结构框图

CPU 的主要任务包括控制用户程序和数据的接收与存储;用扫描的方式通过 I/O 部件接收现场的状态或数据,并存入输入映像寄存器中;诊断 PLC 内部电路的工作故障和编程中的语法错误等;PLC 进入运行状态后,从存储器中逐条读取用户指令,经过命令解释后按指令规定的任务进行数据传递、逻辑或算术运算等;根据运算结果,更新有关标志位的状态和输出映像存储器中的内容,再经输出部件实现输出控制、制表打印或数据通信等功能。

不同型号的 PLC 其 CPU 芯片是不同的,有些采用通用的 CPU 芯片,有些采用厂家自行设计的专用 CPU 芯片。CPU 芯片的性能关系到 PLC 处理控制信号的能力和速度,CPU 位数越高,系统处理的信息量越大,运算速度越快。PLC 的功能随着 CPU 芯片技术的发展而提高和增强。

在 PLC 中,CPU 按系统程序赋予的功能,指挥 PLC 有条不紊地进行工作,归纳起来主要有以下几个方面。

① 接收从编程器输入的用户程序和数据。

② 诊断电源、PLC 内部电路的工作故障和编程中的语法错误等。

③ 通过输入接口接收现场的状态或数据,并存入输入映像寄存器或数据寄存器中。

④ 从存储器逐条读取用户程序,经过解释后执行。

⑤ 根据执行的结果,更新有关标志位的状态和输出映像寄存器中的内容,通过输出单元实现输出控制。

2. 存储器

存储器主要有两种：可读/写操作的随机存取存储器，只读存储器、PROM、EPROM、EEPROM。PLC 的存储器由系统程序存储器、用户程序存储器和数据存储器 3 部分组成。

系统存储器用来存放由 PLC 生产厂家编写的系统程序，并固化在 ROM 内，用户不能直接更改。它使 PLC 具有基本的功能，能够完成 PLC 设计值规定的各项工作。系统程序质量的好坏，在很大程度上决定了 PLC 的运行速度。

① 系统程序，它主要控制 PLC 的运行，使整个 PLC 按部就班地工作。

② 用户指令解释程序，通过用户指令解释程序，将 PLC 的编程语言变为机器语言指令，再由 CPU 执行这些指令。

③ 标准程序模块与系统调用，包括许多不同功能的子程序及其调用管理程序，如完成 I/O 及特殊运算等的子程序，PLC 的具体工作都是由这部分程序来完成的，这部分程序的多少也决定了 PLC 性能的高低。

用户程序存储器（程序区）和功能存储器（数据区）总称为用户存储器。用户程序存储器用来存放用户根据控制任务而编写的程序。用户程序存储器根据所选用的存储器单元类型的不同，可以使用 RAM、EPROM 或 EEPROM，其内容可以由用户任意修改或增减。用户功能存储器是用来存放用户程序中使用器件的（ON/OFF）状态/数值数据等。在数据区中，各类数据存放的位置都有严格的划分，每个存储单元有不同的地址编号。用户存储器容量的大小，关系到用户程序容量的大小，是反映 PLC 性能的重要指标之一。

用户程序是随 PLC 的控制对象的需要而编制的，由用户根据对象生产工艺和控制要求而编制的应用程序。为了便于读出、检查和修改，用户程序一般存于 CMOS 静态 RAM 中，用锂电池作为后备电源，以保证掉电时不会丢失信息。为了防止干扰对 RAM 中程序的破坏，当用户程序经过运行正常，不需要改变，可将其固化在 EPROM 中。现在许多 PLC 直接采用 EEPROM 作为用户存储器。

工作数据是 PLC 运行过程中经常变化、经常存取的一些数据。存放在 RAM 中，以适应随机存取的要求。在 PLC 的工作数据存储器中，设有存放 I/O 继电器、辅助继电器、定时器、计数器等逻辑器件的存储区，这些器件的状态都是由用户程序的初始化设置和运行情况而确定的。根据需要，部分数据在掉电后，用后备电池维持其现有的状态，这样在掉电时可保存数据的存储区域为保持数据区。

3. I/O 单元

I/O 单元是 PLC 与工业生产现场之间的连接部件。PLC 通过输入接口可以检测被控对象的各种数据，以这些数据作为 PLC 对被控对象进行控制的依据；同时 PLC 又通过输出接口将处理后的结果送给被控制对象，以实现控制的目的。

由于外部输入设备和输出设备所需的信号电平是多种多样的，而 PLC 内部 CPU 处理的信息只能是标准电平，因此 I/O 接口要实现这种转换。I/O 接口一般具有光电隔离和滤波功能，以提高 PLC 的抗干扰能力。另外，I/O 接口上通常还有状态指示，工作状况直观，便于维护。

I/O 单元包含两部分：接口电路和 I/O 映像寄存器。接口电路用于接收来自用户设备的各种控制信号，如限位开关、操作按钮、选择开关及其他传感器的信号。通过接口电路将这些信号转换成 CPU 能够识别和处理的信号，并存入输入映像寄存器。运行时 CPU 从输入映像寄存器读取输入信息并进行处理，将处理结果放到输出映像寄存器中。I/O 映像寄存器由输出点相对的触发器组成，输出接口电路将其由弱电控制信号转换成现场需要的强电信号输出，以驱动电磁阀、接触器、指示灯等被控设备的执行元件。

PLC 提供了多种操作电平和驱动能力的 I/O 接口，有各种各样功能的 I/O 接口供用户选用。由于在工业生产现场工作，PLC 的 I/O 接口必须满足两个基本要求：抗干扰能力强，适应性强。I/O 接口必须能够不受环境的温度、湿度、电磁、振动等因素的影响，同时又能够与现场各种工业信号相匹配。目前，PLC 能够提供的接口单元包括以下几种：数字量（开关量）输入接口、数字量（开关量）输出接口、模拟量输入接口、模拟量输出接口等。

（1）开关量输入接口

开关量输入接口把现场的开关量信号转换成 PLC 内部处理的标准信号。为防止各种干扰信号和高电压信号进入 PLC，影响其可靠性或造成设备损坏，现场输入接口电路一般有滤波电路和耦合隔离电路。滤波有抗干扰的作用，耦合隔离有抗干扰及产生标准信号的作用。耦合隔离电路的管径器件是光耦合器，一般由发光二极管和光敏晶体管组成。

常用的开关量输入接口按使用电源的类型不同，可分为直流输入单元（图 1-3）、交流/直流输入单元（图 1-4）和交流输入单元（图 1-5）。如图 1-3 所示，输入电路的电源可由外部提供，也可由 PLC 内部提供。

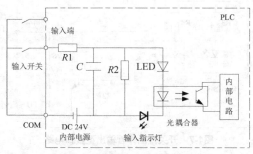

图1-3　开关量直流输入接口电路

（2）开关量输出接口

开关量输出接口把 PLC 内部的标准信号转换成执行机构所需的开关量信号。开关量输出接口按 PLC 内部使用电器件，可分为继电器输出型（图 1-6）、晶体管输出型（图 1-7）和晶闸管输出型（图 1-8）。每种输出电路都采用电气隔离技术，输出接口本身不带电源，电源由外部提供，而且在考虑外接电源时，还需考虑输出器件的类型。

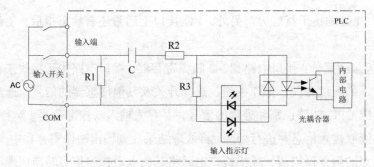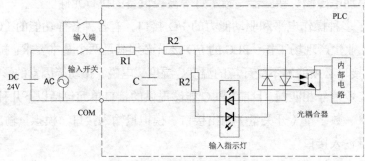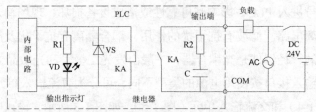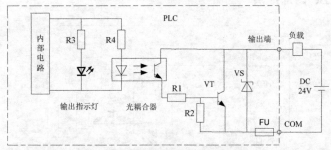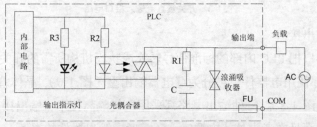

从图 1-6、图 1-7、图 1-8 可以看出，各类输出接口中也都有隔离耦合电路。继电器输出型接口可用于直流及交流两种电源，但接通断开的频率低；晶体管输出型接口有较高的通断频率，但是只适用于直流驱动的场合，晶闸管输出型接口却仅适用于交流驱动场合。

为了使 PLC 避免瞬间大电流冲击而损坏，输出端外部接线必须采取保护措施：在 I/O 公共端设置熔断器保护；采用保护电路，对交流感性负载一般用阻容吸收回路，对直流感性负载使用续流二极管。由于 PLC 的 I/O 端是靠光耦合的，在电气上完全隔离，输出端的信号不会反馈到输入端，也不会产生地线干扰或其他串扰，因此 PLC I/O 端具有很高的可靠性和极强的抗干扰能力。

（3）模拟量输入接口

模拟量输入接口把现场连续变化的模拟量标准信号转换成适合PLC内部处理的数字信号。模拟量输入接口能够处理标准模拟量电压和电流信号。由于工业现场中模拟量信号的变化范围并不标准，因此在送入模拟量接口前，一般需要经转换器处理。如图 1-9 所示，模拟量信号输入后一般经运算放大器放大后，再进行 A/D 转换，再经光耦合转换为 PLC 的数字信号。

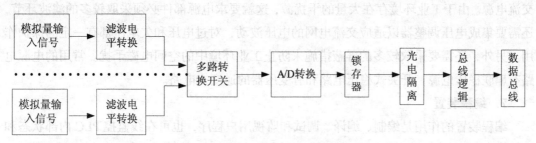

图1-9　模拟量输入接口的内部结构框图

（4）模拟量输出接口

如图 1-10 所示，模拟量输出接口将 PLC 运算处理后的数字信号转换成相应的模拟量信号输出，以满足工业生产过程中现场所需的连续控制信号的需求。模拟量输出接口一般包括光电隔离、A/D 转换、多路转换开关、输出保持等环节。

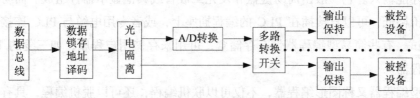

图1-10　模拟量输出接口的内部结构框图

4. 智能接口模块

智能接口模块是一个独立的计算机系统模块，它有自己的 CPU、系统程序、存储器、与 PLC 系统总线相连的接口等。智能接口模块是为了适应较复杂的控制工作而设计的，作为 PLC 系统的一个模块，通过总线与 PLC 相连，进行数据交换，如高速计数器工作单元、闭环控制模块、运动控制模块、中断控制模块、温度控制单元等。

5. 通信接口模块

PLC 配有多种通信接口模块，这些通信模块大多配有通信处理器。PLC 通过这些通信接口可与监视器、打印机、其他 PLC、计算机等设备实现通信。PLC 与打印机连接，可将过程信息、系统参数等输出打印；与监视器连接，可将控制过程图像显示出来；与其他设备连接，可组成多机系统或连成网络，实现更大规模的控制；与计算机连接，可组成多级分布式控制系统，实现控制与管理相结合。

6. 电源部件

电源部件就是将交流电转换成 PLC 正常运行的直流电。PLC 配有开关电源，小型整体式 PLC 内部有一个开关式稳压电源。电源一方面可为 CPU 板、I/O 板及控制单元提供工作电源（DC 5V），另一方面可为外部输入元件提供 DC 24V（200mA）。与普通电源相比，PLC 电源的稳定性好、抗干扰能力强。对电网提供的电源稳定度要求不高，一般运行电源电压在其额定值 ±15%的范围内波动。一般使用的是 220V 的交流电源，也可以选配到 380V 的交流电源。由于工业环境存在大量的干扰源，这就要求电源部件必须采取较多的滤波环节，还需要集成电压调整器以适应交流电网的电压波动，对过电压和欠电压都有一定的保护作用。另外，还需要采取较多的屏蔽措施来防止工业环境中的空间电磁干扰。常用的电源电路有串联稳压电源、开关式稳压电路和有变压器的逆变式电路。

7. 编程装置

编程装置的作用是编制、编译、调试和监视用户程序，也可在线监控 PLC 内部状态和参数，与 PLC 进行人机对话。它是开发、应用、维护 PLC 不可或缺的工具。编程装置可以是专用编程器，也可以是配有专用编程软件包的通用计算机系统。专用编程器是由厂家生产，专供该厂家生产的 PLC 产品使用，它主要由键盘、显示器和外部存储器接插口等部件组成。专用编程器分简易型和智能型两种，即简易型编程器和智能型编程器。

简易型编程器只能进行联机编程，且往往需要将梯形图转化成机器语言助记符（指令表）后，才能输入。它一般由简易键盘和发光二极管或其他显示器件组成。简易型编程器体积小、价格低，可以直接插在 PLC 的编程插座上，或者专用电缆与 PLC 连接，以方便编程和调试。有些简易型编程器带有存储盒，可用来存储用户程序，如三菱的 FX-20P-E 简易型编程器。

智能型编程器又称图形编程器，不仅可以联机编程，还可以脱机编程，具有 LCD 或 CRT 图形显示功能，也可以直接输入梯形图并通过屏幕进行交换。本质上它就是一台专用便携计算机，如三菱的 GP-80FX-E 智能型编程器，使用更加直观、方便，但价格较高，操作也比较复杂。大多数智能型编程器带有磁盘驱动器，提供录音机接口和打印机接口。

专用编程器只能对制定厂家的几种 PLC 进行编程，使用范围有限，价格较高。同时，由于 PLC 产品不断更新换代，专用编程器的生命周期也很有限。因此，现在的趋势是使用以 PC 为支持的编程装置，用户只需购买 PLC 厂家提供的编程软件和应用的硬件接口装置。这样，用户只用较少的投资即可得到高性能的 PLC 程序开发系统。

3 种 PLC 编程的比较见表 1-1，PLC 编程可采用的 3 种 PLC 编程方式分别具有各自的优缺点。

表 1-1　　　　　　　　　　3 种 PLC 编程方式的比较

比较项目　　　　类型	简易型编程器	智能型编程器	计算机组态软件
编程语言	语句表	梯形图	梯形图、语句表等
效率	低	较高	高
体积	小	较大	大（需要计算机连接）
价格	低	中	适中
适用范围	容量小、用量少产品的组态编程及现场调试	各型产品的组态编程及现场调试	各型产品的组态编程，不易于现场调试

8. 其他部件

PLC 还可以选配的外部设备包括编程器、EPROM 写入器、外部存储器卡（盒）、打印机、高分辨率大屏幕彩色图形监控系统和工业计算机等。

EPROM 写入器是用来将用户程序固化到 EPROM 中的一种 PLC 外部设备。为了确保调试好的用户程序不易丢失，经常用 EPROM 写入器将用户程序从 PLC 内的 RAM 保存到 EPROM 中。

PLC 可用外部的磁带、磁盘和存储盒等来存储 PLC 的用户程序，这些存储器件称为外部存储器。外部存储器一般是通过编程器或其他智能模块提供的接口，实现与内部存储器之间相互传递用户程序。

综上所述，PLC 主机在构成实际硬件系统时，至少需要建立两种双向信息交换通道。最基本的构造包括 CPU 模块、电源模块、I/O 模块。通过不断地扩展模块来实现各种通信、计数、运算等功能，通过人为灵活地变更控制规律来实现对生产过程或某些工业参数的自动控制。

1.3.2　PLC 的软件系统

软件是 PLC 的"灵魂"。当 PLC 硬件设备搭建完成后，通过软件来实现控制规律，高效地完成系统调试。PLC 的软件系统包括系统程序和用户程序。系统程序是 PLC 设备运行的基本程序；用户程序使 PLC 能够实现特定的控制规律和预期的自动化功能。

1. 系统程序

系统程序是由 PLC 制造厂商设计编写的，并存入 PLC 的系统存储器中，用户不能直接读写与更改。系统程序一般包括系统诊断程序、输入处理程序、编译程序、信息传递程序、监控程序等。PLC 的系统程序有以下 3 种类型。

（1）系统管理程序

系统管理程序控制着系统的工作节拍，包括 PLC 运行管理（各种操作的时间分配）、存储器空间管理（生成用户数据区）和系统自诊断管理（如电源、系统出错、程序语法、句法检验等）。

（2）编辑和解释程序

编辑和解释程序将用户程序变成内码形式，以便于程序进行修改、调试。解释程序能将编程语言转变为机器语言，以便 CPU 操作运行。

（3）标准子程序与调用管理程序

为提高运行速度，在程序执行中某些信息处理（如 I/O 处理）或特殊运算等是通过调用标准子程序来完成的。

2. 用户程序

PLC 的用户程序是用户利用 PLC 的编程语言，根据控制要求编制的程序。在 PLC 的应用中，最重要的是用 PLC 的编程语言来编写用户程序，以实现控制的目的。根据系统配置和控制要求而编辑的用户程序，是 PLC 应用于工程控制的一个最重要环节。由于 PLC 是专门为工业控制而开发的装置，其主要使用者是广大电气技术人员，为了满足他们的传统习惯，PLC 的主要编程语言采用比计算机语言相对简单、易懂、形象的专用语言。PLC 的编程语言多种多样，不同的 PLC 厂家提供的编程语言也不尽相同。常用的编程语言包括以下几种。

（1）梯形图（LAD）

梯形图（LAD）编程语言是从继电器控制系统原理图的基础上演变而来的。PLC 的梯形图与继电器控制系统梯形图的基本思想是一致的，只是在使用符号和表达方式上有一定的区别。梯形图是使用最多的 PLC 图形编程语言，梯形图具有直观易懂的优点，很容易被工厂熟悉继电器控制的人员掌握，特别适合于数字量逻辑控制。

梯形图由触点、绕组和用方框表示的指令框组成。触点代表逻辑输入条件，如外部的开关、按钮和内部条件等。绕组通常代表逻辑运算的结果，常用来控制外部的指示灯、交流接触器和内部的标志位等。指令框用来表示定时器、计数器或数学运算等附加指令。使用编程软件可以直接生成和编辑梯形图，并将它下载到 PLC。

图 1-11 所示为简单的梯形图，触点和绕组等组成的独立电路称为网络（Network），编程软件自动为网络编号，与其对应的语句表如图 1-12 所示。

梯形图的一个关键概念是"能流"（Power Flow），这仅是概念上的"能流"。如图 1-11 所示，把左边的母线假想为电源的"相线"，而把右边的母线假想为电源的"中性"。如果有"能流"从左至右流向绕组，则绕组被激励；如果没有"能流"，则绕组未被激励。

OB1：主程序
Network 1：启保停电路

```
A(
    O    I    0.0
    O    Q    4.0
    )
    AN   I    0.1
    =    Q    4.0
```

Network 2：置位复位电路

```
A    I    0.2
S    M    0.0
A    I    0.3
R    M    0.0
A    M    0.0
=    Q    4.3
```

图1-12　语句表

OB1：主程序
Network 1：启保停电路

Network 2：置位复位电路

图1-11　简单的梯形图

"能流"可以通过激励（ON）的常开触点和未被激励（OFF）的常闭触点自左向右流动。"能流"在任何时候都不会通过触点自右向左流动。如图 1-11 所示，当 I0.0 和 I0.1 或 Q4.0 和 I0.1 触点都接通后，绕组 Q4.0 才能接通（被激励），只要其中一个触点不接通，绕组就不会接通。

要强调指出的是，引入"能流"的概念，仅仅是为了和继电接触器控制系统相比较，可以对梯形图有一个深入的认识，其实"能流"在梯形图中是不存在的。

梯形图中的触点和绕组可以使用物理地址，如 I0.1、Q4.0 等。如果在符号表中对某些地址定义了符号，如令 I0.0 的符号为"启动"，在程序中可用符号地址"启动"来代替物理地址 I0.1，使程序便于阅读和理解。

用户可以在网络号的右边加上网络的标题，在网络号的下面为网络加上注释；还可以选择在梯形图下面自动加上该网络中使用符号的信息。

如果将两块独立电路放在同一个网络内将会出错。如果没有跳转指令，网络中程序的逻辑运算按从左到右的方向执行，与"能流"的方向一致。网络之间按从上到下的顺序执行，执行完所有的网络后，下一次循环返回最上面的网络（网络 1）重新开始执行。

（2）语句表（STL）

语句表（STL）编程语言类似于计算机中的助记符语言，它是 PLC 最基础的编程语言。所谓语句表编程，是指使用一个或几个容易记忆的字符来代表 PLC 的某种操作功能。它是一种类似于微机的汇编语言中的文本语言，由多条语句组成一个程序段。语句表比较适合经验丰富的程序员使用，可以实现某些不能用梯形图或功能块图表示的功能。图 1-12 所示为与图 1-11 梯形图所对应的语句表。

（3）功能块图（FBD）

功能块图（FBD）使用类似于布尔代数的图形逻辑符号来表示控制逻辑。一些复杂的功能（如数学运算功能等）用指令框来表示，有数字电路基础的人很容易掌握。功能块图用类似于与门、或门的方框来表示逻辑运算关系，方框的左侧为逻辑运算的输入变量，右侧为输出变量，输入、输出端的小圆圈表示"非"运算，方框被"导线"连接在一起，信号自左向右流动。

利用功能块图可以查看到像普通逻辑门图形的逻辑盒指令。它没有梯形图编程器中的触点和绕组，但有与之等价的指令，这些指令是作为盒指令出现的，程序逻辑由这些盒指令之间的连接决定。也就是说，一个指令（如 AND 盒）的输出可以用来允许另一个指令（如定时器），这样可以建立所需要的控制逻辑。这样的连接思想可以解决范围广泛的逻辑问题。功能块图编程语言有利于程序流的跟踪，但在目前使用较少。与图 1-11 梯形图相对应的功能块图如图 1-13 所示。

OB1：主程序
Network 1：启保停电路

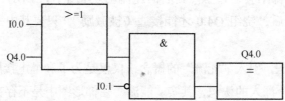

Network 2：置位复位电路

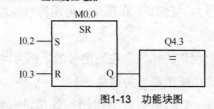

图1-13　功能块图

1.3.3　PLC 的程序结构概述

控制一个任务或过程，是通过在 RUN 模式下，使主机循环扫描并连续执行用户程序来实现的，用户程序决定了一个控制系统的功能。程序的编制可以使用编程软件在计算机或其他专用编程设备中进行（如图形输入设备、编程器等）。

广义上的程序由 3 部分组成：用户程序、数据块和参数块。

1. 用户程序

用户程序在存储器空间也称为组织块，它处于最高层次，可以管理其他块，可采用各种语言（如语句表、梯形图或功能块图等）来编制。不同机型的 CPU，其程序空间容量也不同。用户程序的结构比较简单，一个完整的用户控制程序应当包含一个主程序、若干子程序和若干中断程序 3 部分。不同的编程设备，对各程序块的安排方法也不同。PLC 程序结构示意图如图 1-14 所示。

用编程软件在计算机上编程时，利用编程软件的程序结构窗口双击主程序、子程序和终端程序的图标，即可进入各程序块的编程窗口。编译时编程软件自动对各程序段进行连接。

2. 数据块

数据块为可选部分，它主要存放控制程序运行所需的数据，在数据块中允许以下数据类型：布尔型，表示编程元件的状态；二进制、十进制或十六进制；字母、数字和字符型。

3. 参数块

参数块也是可选部分，它主要存放的是 CPU 的组态数据，如果在编程软件或其他编程工具上未进行 CPU 的组态，则系统以默认值进行自动配置。

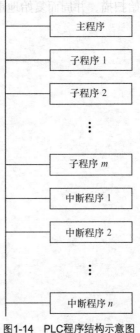

图1-14　PLC程序结构示意图

1.3.4 PLC 的扫描工作方式

PLC 的工作原理是建立在计算机工作原理基础之上，即通过执行反应控制要求的用户程序来实现的。PLC 控制器程序的执行是按照程序设定的顺序依次完成相应的电器的动作，PLC 采用的是一个不断循环的顺序扫描工作方式。每次扫描所用的时间称为扫描周期或工作周期。CPU 从第一条指令执行开始，按顺序逐条地执行用户程序直到用户程序结束，然后返回第一条指令，开始新的一轮扫描，PLC 就是这样周而复始地重复上诉循环扫描。

PLC 的工作方式是用串行输出的计算机工作方式实现并行输出的继电器-接触器工作方式，其核心手段就是循环扫描。每个工作循环的周期必须足够小以至于我们认为是并行控制。PLC 运行时，是通过执行反映控制要求的用户程序来完成控制任务的，需要执行众多的操作，但 CPU 不可能同时去执行多个操作，它只能按分时操作（串行工作）方式，每次执行一个操作，按顺序逐个执行。由于 CPU 的运算处理速度很快，因此从宏观上来看，PLC 外部出现的结果似乎是同时（并行）完成的。这种循环工作方式称为 PLC 的循环扫描工作方式。

用扫描工作方式执行用户程序时，扫描是从第一条指令开始的，在无中断或跳转控制的情况下，按程序存储顺序的先后，逐条执行用户程序，直到程序结束。然后从头开始扫描执行，周而复始地重复运行。

如图 1-15 所示，从第一条程序开始，在无中断或跳转控制的情况下，按照程序存储的地址序号递增的顺序逐条执行程序，即按顺序逐条执行程序，直到程序结束；然后从头开始扫描，并周而复始地重复进行。

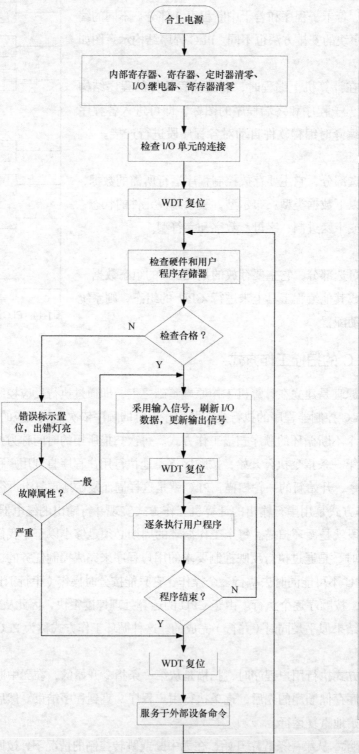

图1-15　PLC的工作过程

PLC 运行工作过程包括 3 部分。

第一部分是上电处理。PLC 上电后对 PLC 系统进行一次初始化工作，包括硬件初始化、I/O 模块配置运行方式检查，停电保持范围设定及其他初始化处理。

第二部分是扫描过程。PLC 上电处理完成后，进入扫描工作过程：先完成输入处理，再完成与其他外部设备的通信处理，进行时钟、特殊寄存器更新。因此，扫描过程又分为3 个阶段，即输入采样阶段、程序执行阶段和输出刷新阶段。当 CPU 处于 STOP 方式时，转入执行自诊断检查。当 CPU 处于 RUN 方式时，还要完成用户程序的执行和输出处理，再转入执行自诊断检查，如果发现异常，则停机并显示报警信息。

第三部分是出错处理。PLC 每扫描一次，执行一次自诊断检查，确定 PLC 自身的动作示范正常，如 CPU、电池电压、程序存储器、I/O、通信等是否异常或出错，当检查出异常时，CPU 面板上的 LED 灯及异常继电器会接通，在特殊寄存器中会存入出错代码。当出现致命错误时，CPU 被强制为 STOP 方式，所有的扫描停止。

PLC 运行正常时，扫描周期的长短与 CPU 的运算速度有关，与 I/O 点的情况有关，与用户应用程序的长短及编程情况等均有关。通常用 PLC 执行 1KB 指令所需时间来说明其扫描速度（通常为 1～10ms/KB）。值得注意的是，不同的指令其执行是不同的，从零点几微秒到上百微秒不等，故选用不同指令所用的扫描时间将会不同。若用于高速系统要缩短扫描周期，可从软硬件两个方面考虑。

1.3.5 PLC 的工作原理

一般来说，当 PLC 开始运行后，其工作过程可以分为输入采样阶段、程序执行阶段和输出刷新阶段。完成上述 3 个阶段即称为一个扫描周期，如图 1-16 所示。

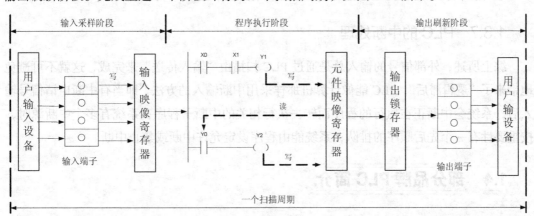

图1-16 PLC的扫描工作过程

1. 输入采样阶段

PLC 在输入采样阶段，首先扫描所有输入端子，并将各输入状态存入对应的输入映像寄存器中，此时，输入映像寄存器被刷新，接着进入程序执行阶段。在程序执行阶段或输出刷新阶段，输入元件映像寄存器与外界隔绝，无论输入信号如何变化，其内容均保持不变，直到下一个扫描周期的输入采样阶段才将输入端的新内容重新写入。

2. 程序执行阶段

PLC 根据梯形图程序扫描原则，按先左后右、先上后下的顺序逐行扫描，执行一次程序，并将结果存入元件映像寄存器中。但遇到程序跳转指令，则根据跳转条件是否满足来决定程序的跳转地址。当指令中设计输入、输出状态时，PLC 就从输入映像寄存器"读入"上一阶段采入的对应输入端子状态，从元件映像寄存器"读入"对应元件的当前状态。然后进行相应的运算，运算结果再存入元件映像寄存器中。对于元件映像寄存器，每个元件（除输入映像寄存器外）的状态会随着程序的执行而发生变化。

3. 输出刷新阶段

在所有指令执行完毕后，输出映像寄存器中所有输出继电器的状态（"1"或"0"）在输出刷新阶段被转存到输出锁存器中。再通过一定的方式输出，驱动外部负载。

1.3.6　PLC 的 I/O 原则

根据 PLC 的工作原理和工作特点，可以归纳出 PLC 在处理 I/O 时的一般原则。

① 输入映像寄存器的数据取决于输入端子板上各输入点在上一刷新周期的接通和断开状态。

② 程序执行结果取决于用户所编程序和 I/O 映像寄存器的内容及其他各元件映像寄存器的内容。

③ 输出映像寄存器的数据取决于输出指令的执行结果。

④ 输出锁存器中的数据，由上一次输出刷新期间输出映像寄存器中的数据决定。

⑤ 输出端子的接通和断开状态，由输出锁存器决定。

1.3.7　PLC 的中断处理

综上所述，外部信号的输入总是通过 PLC 扫描由"输入传送"来完成，这就不可避免地带来了"逻辑滞后"。PLC 能像计算机那样采用中断输入的方法，即当有中断申请信号输入后，系统会中断正在执行的程序而转去执行相关的中断子程序；系统有多个中断源时，按重要性有一个先后顺序的排队；系统能由程序设定允许中断或禁止中断。

1.4　部分品牌 PLC 简介

1.4.1　西门子 PLC

1. 西门子 S7–200 系列 PLC

S7-200 系列 PLC 是德国西门子公司设计和生产的一类小型 PLC。S7-200 系列的最小配置为 8DI/6DO，可扩展 2～7 个模块，最大 I/O 点数为 64DI/64DO、12AI/4AO。它具有功能强大（许多功能已经能够达到大、中型 PLC 的水平）、体积小、价格低廉等很多优点。

S7-200 推出的 CPU22*系列 PLC（它是 CPU21*的替代产品）系统具有多种可供选择的特殊功能模块和人机界面（HMI），所以其系统容易集成，并且可以非常方便地组成 PLC 网络。它同时拥有功能齐全的编程和工业控制组态软件，因此，在设计控制系统时更加方便、简单，可以完成大部分的功能控制任务。

S7-200 系列 PLC 属于小型机，采用整体式结构。因此，配置系统时，当 I/O 端口数量不足时，可以通过扩展端口来增减 I/O 的数量，也可以通过扩展其他模块的方式来实现不同的控制功能。S7-200 系列 PLC 由于带有部分 I/O 单元，既可以单机运行，又可以扩展其他模块运行。其特点是结构简单、体积较小，具有比较丰富的指令集，能实现多种控制功能，具有非常好的性价比，所以广泛应用于各个行业之中。

CPU22*系列 PLC 的主机，即 CPU 模块的外形图如图 1-17 所示。该模块包括一个 CPU、数字 I/O、通信口及电源，这些器件都被集成到一个紧凑独立的设备中。该模块的主要功能是，采集的输入信号通过 CPU 运算后，将生成结果传给输出装置，然后输出点输出控制信号，驱动外部负载。

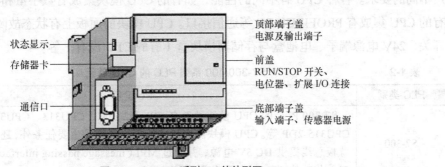

状态显示
存储器卡
通信口

顶部端子盖
电源及输出端子
前盖
RUN/STOP 开关、
电位器、扩展 I/O 连接
底部端子盖
输入端子、传感器电源

图1-17 CPU22*系列PLC的外形图

2. 西门子 S7–300/400 系列 PLC

S7-300 系列为中、小型 PLC，最多可扩展 32 个模块；而中高档性能的 S7-400 系列（图 1-18），最多可扩展 300 多个模块。S7-300/400 系列 PLC 均采用模块式结构，各种单独模块之间可以进行广泛的组合和扩展。它的主要组成部分有机架（或导轨）、电源模块、CPU 模块、接口模块、信号模块、功能模块和通信处理器模块。品种繁多的 CPU 模块、信号模块和功能模块能满足各种领域的自动控制任务，用户可以根据系统的具体情况选择合适的模块，维修时更换模块也很方便。当系统规模扩大和更为复杂时，可以增加模块，对 PLC 进行扩展。简单实用的分布式结构和强大的通信联网能力，使其应用十分灵活。近年来，它被广泛应用于机床、纺织机械、包装机械、通用机械、控制系统、普通机床、楼宇自动化、电器制造工业及相关产业等诸多领域。

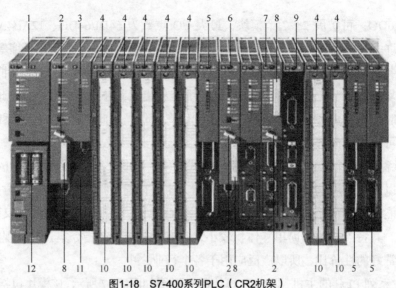

图1-18 S7-400系列PLC（CR2机架）

1. 电源模块；2. 状态开关（钥匙操作）；3. 状态和故障LED；4. I/O模块；5. 接口模块；
6. CPU2；7. FM 456-4（M7）应用模块；8. 存储器卡；9. M7扩展模块；
10. 带标签的前连接器；11. CPU1；12. 后备电池

  SIMATIC S7-300/400 系列 PLC 提供了多种不同性能的 CPU 模块，见表 1-2，以满足用户不同的要求。各种 CPU 有不同的性能，如有的 CPU 模块集成有数字量和模拟量 I/O 点，有的 CPU 集成有 PROFIBUS-DP 等通信接口。CPU 模块前面板上有状态故障指示灯、模式开关、24V 电源端子、电池盒与存储器模块盒（有的 CPU 没有）等。

表 1-2   S7-300/400 系列 PLC 的 CPU 单元

PLC 类别	CPU 介绍
S7-300	S7-300 PLC 的 CPU 模块种类有 CPU312 IFM、CPU313、CPU314、CPU315、CPU315-2DP 等。CPU 模块除完成执行用户程序的主要任务外，还为 S7-300 PLC 背板总线提供 DC 5V 电源，并通过 MPI（message passing interface，消息传递接口）与其他 CPU 或编程装置通信
S7-400	S7-400 PLC 的 CPU 模块种类有 CPU412-1、CPU413-1/413-2 DP、CPU414-1/414-2 DP、CPU416-1 等。S7-400 PLC 的 CPU 模块都具有实时时钟功能、测试功能、内置两个通信接口等特点

  信号模块是数字量 I/O 模块和模拟量 I/O 模块的总称，它们使不同的过程信号电压或电流与 PLC 内部的信号电平匹配，S7-300/400 系列 PLC 的信号模块见表 1-3。

表 1-3   S7-300/400 系列 PLC 的信号模块

PLC 类别	信号模块介绍
S7-300	S7-300 PLC 系列的信号模块有数字量输入模块 SM321、数字量输出模块 SM322 和数字量 I/O 模块 SM323、模拟量输入模块 SM331、模拟量输出模块 SM332 和模拟量 I/O 模块 SM334 及 SM335。模拟量输入模块可以输入热电阻、热电偶、DC 4~20mA 和 DC 0~10V 等多种不同类型和不同量程的模拟信号。每个信号模块都配有自编码的螺栓锁紧型前连接器，外部过程信号可方便地连在信号模块前连接器上

续表

PLC 类别	信号模块介绍
S7-400	S7-400 PLC 系列的信号模块有数字量输入模块 SM421 和数字量输出模块 SM442,模拟量输入模块 SM431 和模拟量输出模块 S432

功能模块主要用于实时性强、存储计数量较大的过程信号处理任务,S7-300/400 系列 PLC 的功能模块见表 1-4。

表 1-4　　　　　　　　　　　S7-300/400 系列 PLC 的功能模块

PLC 类别	功能模块介绍
S7-300	S7-300 系列 PLC 的功能模块有计数器模块 FM350-1/2 和 CM35、快速/慢速进给驱动位置控制模块 FM351、电子凸轮控制器模块 FM352、步进电动机定位模块 FM353、伺服电动机定位模块 FM354、定位和连续路径控制模块 FM338、闭环控制模块 FM355 和 FM355-2/2C/2S、称重模块 SIWAREX U/M 和智能位控制模块 SINUMERIK FM-NC 等
S7-400	S7-400 系列 PLC 的功能模块有计数器模块 FM450-1、快速/慢速进给驱动位置控制模块 FM451、电子凸轮控制器模块 FM452、步进电动机和伺服电动机定位模块 FM453、闭环控制模块 FM455、应用模块 FM458-1DP 和 S5 智能 I/O 模块等

3. 西门子 S7-1200 系列 PLC

S7-1200 是一款紧凑型、模块化的 PLC (图 1-19),可完成简单逻辑控制、高级逻辑控制、人机界面和网络通信等任务。其具有支持小型运动控制系统、过程控制系统的高级应用功能,可实现简单但高度精确的自动化任务。S7-1200 控制器实现了模块化和紧凑型设计,功能强大、投资安全并且完全适合各种应用。

S7-1200 系列 PLC 可实现最高标准工业通信的通信接口,以及一整套强大的集成技术功能,使该控制器成为完整、全面的自动化解决方案的重要组成部分。人机界面基础面板的性能经过优化,旨在与这个新控制器及强大的集成工程组态完美兼

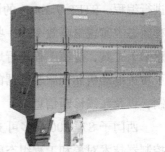

图1-19　S7-1200系列PLC

容,可确保实现简化开发、快速启动、精确监控和最高等级的可用性。

S7-1200 系统有 5 种不同模块,分别为 CPU 1211C、CPU 1212C、CPU 1214C、CPU1215C 和 CPU1217C。其中的每一种模块都可以进行扩展,以完全满足用户的系统需要。可在任何 CPU 的前方加入一个信号板,轻松扩展数字或模拟量 I/O,同时不影响控制器的实际大小。可将信号模块连接至 CPU 的右侧,进一步扩展数字量或模拟量 I/O 容量。CPU 1212C 可连接 2 个信号模块,CPU 1214C、CPU 1215C 和 CPU 1217C 可连接 8 个信号模块。最后,所有的 S7-1200 CPU 控制器的左侧均可连接多达 3 个通信模块,便于实现端到端的串行通信。

所有的 S7-1200 硬件都有内置的卡扣,可简单方便地水平或竖直安装在标准的 35mm

DIN 导轨上。这些内置的卡扣也可以卡入到已扩展的位置，当需要安装面板时，可提供安装孔，并使 S7-1200 为各种应用提供实用的解决方案。所有的 S7-1200 硬件都经过专门设计，以节省控制面板的空间。例如，经过测量，CPU 1214C 的宽度仅为 110 mm，CPU 1212C 和 CPU 1211C 的宽度仅为 90 mm。结合通信模块和信号模块的较小占用空间，在安装过程中，该模块化的紧凑系统节省了宝贵的空间。

S7-1200 具有用于进行计算和测量、闭环回路控制和运动控制的集成技术，用于速度、位置或占空比控制的高速输出，是一个功能非常强大的系统，可以实现多种类型的自动化任务。S7-1200 控制器集成了两个高速输出，可用作脉冲序列输出或调谐脉冲宽度的输出。当作为 PTO 进行组态时，以高达 100 kHz 的速度提供 50%的占空比脉冲序列，用于控制步进电动机和伺服驱动器的开环回路速度和位置。S7-1200 使用其中两个高速计数器在内部提供对脉冲序列输出的反馈。当作为 PWM 输出进行组态时，将提供带有可变占空比的固定周期数输出，用于控制电动机的速度、阀门的位置或发热组件的占空比。

西门子 S7-1200 支持控制步进电动机和伺服驱动器的开环回路速度和位置，使用轴技术对象和国际认可的 PLCopen 运动功能块，在工程组态软件西门子 STEP 7 Basic 中可轻松组态该功能。S7-1200 除了 "home" 和 "jog" 功能，也支持绝对移动、相对移动和速度移动。

使用完全集成的新工程组态 STEP 7 Basic，并借助 SIMATIC WinCC Basic 对 S7-1200 进行编程。STEP 7 Basic 的设计理念是直观、易学和易用。这种设计理念可以使用户在工程组态中实现最高效率。一些智能功能，如直观编辑器、拖放功能和 "IntelliSense"（智能感知）工具，能使工程进行地更加迅速。STEP 7 Basic 中随附的驱动调试控制面板，简化了步进电动机和伺服驱动器的启动和调试操作。它提供了单个运动轴的自动控制和手动控制，以及在线诊断信息。

西门子 S7-1200 最多可支持 16 个 PID 控制回路，用于简单的过程控制应用。借助 PID 控制器技术对象和工程组态西门子 STEP 7 Basic 中提供的支持编辑器，可轻松组态这些控制回路。另外，西门子 S7-1200 支持 PID 自动调整功能，可自动为节省时间、积分时间和微分时间计算最佳调整值。西门子 STEP 7 Basic 中随附的 PID 调试控制面板，简化了回路调整过程。它为单个控制回路提供了自动调整和手动控制功能，同时为调整过程提供了图形化的趋势视图。

4. 西门子 S7-1500 系列 PLC

S7-1500 是 S7-300/400 的升级换代产品。S7-1200/1500 与 S7-300/400 的程序结构相同，用户程序由代码块和数据块组成。其中，代码块包括组织块、函数和函数块，数据块包括全局数据块和背景数据块。

S7-1200/1500 与 S7-300/400、S7-200 的指令有较大的区别。S7-1200/1500 的指令包含 S7-300/400 的库中的某些函数、函数块、系统函数和系统函数块。S7-1200 的指令集是

S7-1500 指令集的子集。S7-1200/1500 的指令集的功能比 S7-300/400 的更强，表达方式更为简洁。例如，S7-1200/1500 的"转换值"指令 CONVERT（CONV）的输入、输出参数可以设置为十多种数据类型，包含 S7-300/400 多条指令的功能。

S7-1200/1500 的 CPU 均有 PROFINET 以太网接口，通过该接口可以与计算机、人机界面、PROFINET I/O 设备和其他 PLC 通信，支持多种通信协议。S7-1200/1500 还可以实现 PROFIBUS-DP 通信。S7-1200 与 S7-1500 具有很多相同的通信功能，其组态和编程方法相同。S7-1500 的通信功能更强大一些。

S7-1500 不是通过扩展机架，而是通过分布式 I/O 进行扩展。S7-1500 有标准型、工艺型、紧凑型、高防护等级型，具有分布式和开放式、故障安全型 CPU 和基于 PC 的软控制器，CPU 带有显示屏。ET 200SP CPU 兼备 S7-1500 的功能，其身形小巧、价格低廉。

S7-1200 与 S7-1500 的诊断功能和诊断方法基本上相同，S7-1500 还可以用 CPU 的显示屏进行诊断。

S7-1500 带有多达 3 个 PROFINET 接口。其中，两个端口具有相同的 IP 地址，适用于现场级通信；第三个端口具有独立的 IP 地址，可集成到公司网络中。通过 PROFINET IRT，可定义响应时间并确保高度精准的设备性能。

S7-1500 中提供一种更为全面的安全保护机制，包括授权级别、模块保护及通信的完整性等各个方面。"信息安全集成"机制除了可以确保投资安全，还可持续提高系统的可用性。加密算法可以有效地防范未经授权的访问和修改。这样可以避免机械设备被仿造，从而确保了投资安全。可通过绑定 SIMATIC 存储卡或 CPU 的序列号，确保程序无法在其他设备中运行。这样程序就无法复制，而且只能在指定的存储卡或 CPU 上运行。访问保护功能提供一种全面的安全保护功能，可防止未经授权的项目计划更改。S7-1500 采用为各用户组分别设置访问密码，确保具有不同级别的访问权限。此外，安全的 CP 1543-1 模块的使用，更是加强了集成防火墙的访问保护。系统对传输到控制器的数据进行保护，防止对其进行未经授权的访问。控制器可以识别发生变更的工程组态数据或来自陌生设备的工程组态数据。

S7-1500 中集成有诊断功能，无须再进行额外编程。统一的显示机制可将故障信息以文本方式显示在 TIA、人机界面、Web Server 和 CPU 的显示屏上。只需单击，无须额外编程操作，即可生成系统诊断信息。整个系统中集成有包含软硬件在内的所有诊断信息。无论是在本地还是通过 Web 远程访问，文本信息和诊断信息的显示都完全相同，从而确保所有层级上的投资安全。接线端子/ LED 标签的 1：1 分配，在测试、调试、诊断和操作过程中，通过对端子和标签进行快速便捷的显示分配，节省了大量操作时间。发生故障时，可快速准确地识别受影响的通道，从而缩短了停机时间，并提高了工厂设备的可用性。TRACE 功能适用于所有 CPU，不仅增强了用户程序和运动控制应用诊断的准确性，同时还极大地优化了驱动装置的性能。

S7-1500 中可将运动控制功能直接集成到 PLC 中，而无须使用其他模块。通过 PLCopen

技术，控制器可使用标准组件连接支持 PROFIdrive 的各种驱动装置。此外，S7-1500 还支持所有 CPU 变量的 TRACE 功能，提高调试效率的同时优化了驱动和控制器的性能。通过运动控制功能可连接各种模拟量驱动装置及支持 PROFIdrive 的驱动装置。同时该功能还支持转速轴和定位轴。其运动控制功能最多支持 20 个速度控制轴、定位轴和外部编码器，有高速计数和测量功能。运动控制功能支持速度控制轴、定位轴和外部编码器工艺对象。

S7-1500 CPU 集成的 PID 控制器有 PID 参数自整定功能，PID 3 步（3-step）控制器是脉冲宽度控制输出的控制器，此外还有适用于带积分功能的外部执行器（如阀门）的 PI 步进控制器。

如图 1-20 所示，S7-1500 采用模块化结构，各种功能皆具有可扩展性。每个控制器中都包含有以下组件：一个 CPU（自带液晶显示屏），用于执行用户程序；一个或多个电源；信号模块，用作输入、输出；相应的工艺模块和通信模块。

图1-20　S7-1500系列PLC

1.4.2　三菱 PLC

1. 三菱 FX 系列 PLC

FX 系列 PLC 是由三菱公司近年来推出的高性能小型 PLC，已逐步替代三菱公司 F 系列 PLC 产品。近几年又连续推出了将众多功能凝集在超小型机壳内的 FX_{0S}、FX_{1S}、FX_{0N}、FX_{1N}、FX_{2N}、FX_{2NC} 等系列 PLC，实现了微型化和产品多样化，具有较高的性能价格比。它们采用整体式和模块式相结合的叠装式结构，并且有很强的网络通信功能，能够满足大多数要求较高的系统的需要，在工程实际中应用广泛。

如图 1-21 所示，FX 系列 PLC 产品包括 $FX_{1S/1N/2N/3U}$ 4 种基本类型，适合于大多数单机控制的场合，是三菱公司 PLC 产品中用量最大的一种 PLC 系列产品。在 $FX_{1S/1N/2N/3U}$ 4 种基本类型中，PLC 性能依次提高，特别是用户程序存储器容量、内部继电器、定时器、计数器的数量等方面均依次大幅度提高。在通信功能方面，FX_{1S} 系列 PLC 一般只能通过 RS-232、RS-485、RS-422 等标准接口与外部设备、计算机及 PLC 之间进行数据通信。$FX_{1N/2N/3U}$ 系列产品则在 FX_{1S} 的基础上增加了现场 AS-i 接口通信功能与 CC-Link 网络通信功能。另外，$FX_{1N/2N/3U}$ 还可以与外部设备、计算机及 PLC 之间进行网络数据的传输，通信功能得到进一步的增强。

2. 三菱 Q 系列 PLC

如图 1-22 所示，Q 系列 PLC 是三菱公司从原 A 系列 PLC 基础上发展过来的中、大型 PLC 系列产品，具有节省空间、节省配线、安装灵活、更强的 CC-Link 网络功能、兼容性优良等优点，从而在过程控制领域得到了广泛的应用。

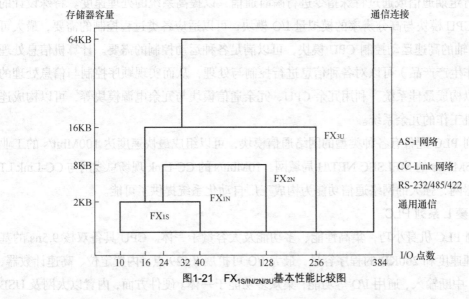

图1-21 FX~1S/1N/2N/3U~基本性能比较图

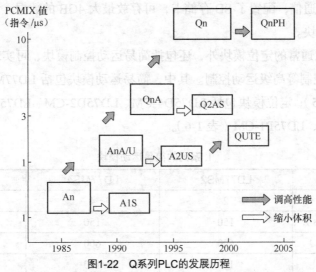

图1-22 Q系列PLC的发展历程

Q 系列 PLC 采用了模块化的结构形式，系列产品的组成与规模灵活可变，最大 I/O 点数可以达到 4096 点；最大程序存储器容量可达 252KB，采用扩展存储器后可以达到 32MB；基本指令的处理速度可以达到 34ns；其性能水平居世界领先地位，可以适合各种中等复杂机械、自动生产线的控制场合。

Q 系列 PLC 的基本组成包括电源模块、CPU 模块、基板、I/O 模块等。根据控制系统的需要，系列产品有多种电源模块、CPU 模块、基板、I/O 模块可供用户选择。通过扩展基板与 I/O 模块可以增加 I/O 点数，通过扩展存储器卡可增加程序存储器容量，通过各种特殊功能模块可提高 PLC 的性能，扩大 PLC 的应用范围。

Q 系列 PLC 可以实现多 CPU 模块在同一基板上的安装，CPU 模块之间可以通过自动刷新来进行定期通信或通过特殊指令进行瞬时通信，以提高系统的处理速度。特殊设计的过程控制 CPU 模块与高分辨率的模拟量 I/O 模块，可以适应各类过程控制的需要，最大可以控制 32 轴的高速运动控制 CPU 模块，可以满足各种运动控制的需要。计算机信息处理 CPU（合作生产产品）可以对各种信息进行控制与处理，从而实现顺序控制与信息处理的一体化，以构成最佳系统。利用冗余 CPU、冗余通信模块与冗余电源模块等，可以构成连续、不停机工作的冗余系统。

Q 系列 PLC 配备有各种类型的网络通信模块，可以组成最快速度达 100Mbit/s 的工业以太网、25Mbit/s 的 MELSEC NET/H 局域网、10Mbit/s 的 CC-Link 现场总线网与 CC-Link/LT 执行传感器网，强大的网络通信功能为构成工厂自动化系统提供了可能。

3. 三菱 L 系列 PLC

L 系列 PLC 机身小巧，集高性能、多功能及大容量于一体。CPU 具备双核 9.5ns 的基本运算处理速度和 260KB 的程序容量，最大 I/O 可扩展 8 129 点。内置定位、高速计数器、脉冲捕捉、中断输入、通用 I/O 等功能，集众多功能于一体。硬件方面，内置以太网及 USB 接口，便于编程及通信，配置了 SD 存储卡，可存放最大 4GB 的数据。无须基板，可任意增加不同功能的模块。

L 系列 PLC 除通常的定位模块外，还包括简易运动控制模块，可实现同步控制、凸轮控制、速度/转矩控制等高级运动控制。其中，简易运动模块包括 LD77MS2、LD77MS4、LD77MS16（表 1-5）；定位模块包括 LD75D4-CM、LD75D2-CM、LD75D1-CM、LD75P4-CM、LD75P2-CM、LD75P1-CM（表 1-6）。

表 1-5　　　　　　　　　　　　　　L 系列的简易运动模块

项目	LD77MS2	LD77MS4	LD77MS16
控制轴数	2	4	16
通信周期（M pulse/s）	150	150	150
定位数据（数据/轴）	600	600	600
最大连接距离（m）	100	100	100

表 1-6　　　　　　　　　　　　　　L 系列的定位模块

项目	LD75D4-CM	LD75D2-CM	LD75D1-CM	LD75P4-CM	LD75P2-CM	LD75P1-CM
控制轴数	4	2	1	4	2	1
通信周期（M pulse/s）	0.2	0.2	0.2	4	4	4
定位数据（数据/轴）	600	600	600	600	600	600
最大连接距离（m）	2	2	2	10	10	10

1.5 本章小结

本章简述了 PLC 的基本知识，主要包括 PLC 的发展历史、功能特点、工作原理、性能指标、系统基本组成及西门子、三菱 PLC 产品的特点。

本章的重点是了解 PLC 的技术发展趋势及其功能特点，难点是熟练地掌握 PLC 的工作原理和系统基本组成。

通过本章的学习，读者应对 PLC 有了一定程度的理解，为后续的设计开发打下坚实的基础。

第2章 步进电动机及驱动器概述

步进电动机是一种将电脉冲信号转变为角位移或线位移的开环控制元件。电动机的转速和停止的位置取决于脉冲信号的频率和脉冲数，即给电动机加一个脉冲信号，电动机则转过一个步距角。这一线性关系的存在，加上步进电动机只有周期性的误差而无累积误差等特点，使在速度、位置等控制领域用步进电动机来控制变得非常简单。本章主要介绍步进电动机的发展、步进电动机的分类、步进电动机驱动器及电气外部特性。

2.1 步进电动机的发展

工业生产对步进电动机性能的要求越来越高，特别是高性能稀土等新型永磁材料的出现及电子电力器件的飞速发展，许多性能更为优越的步进电动机也随之纷纷问世。步进电动机已经有 70 年的发展历史，逐渐发展成以混合式和磁阻式为主的产品格局。其中，混合式步进电动机是应用最为广泛的，总体性能也优于其他步进电动机品种。目前，市场上最常见的产品是采用双极性斩波驱动器的混合式步进电动机。

2.1.1 步进电动机的现状

自问世以来，步进电动机很快确定了在开环高分辨率的定位系统中的主导地位。在工业技术高速发展的今天，还未有适合的取代产品出现。虽然步进电动机已被广泛应用，但并不能像普通的直流电动机、交流电动机那样在常规电气控制电路中使用。它须由双环形脉冲信号、功率驱动电路等组成控制系统，涉及很多机械和电气控制方面的知识。

步进电动机的最大优势是无累积误差，使其在速度、位置等控制领域用步进电动机来控制变得简单和经济。步进电动机是将电脉冲信号转变为角位移或线位移的开环控制元件，在未超载的情况下，电动机转速与停止位置只取决于脉冲信号的频率和脉冲数，而不受负载变化的影响，从而决定了它在一些要求不是很高的场合有广泛的用途，运行可靠方便。

我国生产步进电动机的厂家不少，但能自行开发研究的厂家较少，大部分厂家规模比较小。我国步进电动机产品发展有自己的特点：20 世纪 80 年代以前是以磁阻式步进电动机为主，20 世纪 80 年代后开始发展混合式步进电动机，产品从相数上分有二相、三相、四相、五相，从步距角上分有 0.9°/1.8°、0.36°/0.72°，从规格上分有 $\phi42\sim\phi130$，从静力矩上分有 0.1～40N·m。

在大功率驱动设备市场上，大转矩步进电动机没有市场，无论是在经济性、噪声、加速度、系统惯量、最大转矩等方面，都不如采用伺服电动机或是直流电动机加编码器好。步进电动机主要应用在小功率场合。总的来说，步进电动机是一种较简易的开环控制，不适合在大功率的场合使用。步进电动机的应用领域很广，具体有如下应用场合。

① 经济型数控机床，如数控雕刻机、数控磨床、数控铣镗床等。

② 工业生产装备，如连续式、间歇式包装机、机械手等。

③ 工业器材方面，如拿放装置、性能测试装备等。

④ 小型自动化办公设备，如气动打标机、贴标机、割字机、激光打标机、绘图仪等。

2.1.2　步进电动机的发展趋势

步进电动机在技术发展上遭遇了较多瓶颈，一直被定位于低端经济型产品上，其风头完全被伺服电动机盖过，通常在要求不高的场合应用。因而在今后不断改进设计，保持它在低速低功率情况下定位精度高、成本低廉的优势是关键。体积小和操作简单是步进系统的显著优点，在不需要增加成本的情况下，步进电动机体积可以做得非常小，这是其他电动机无法做到的。把控制器和步进电动机做成一体，这样一个微型步进单元既可以提供 PLC 及集成 I/O 端口，也可以大大减小体积。发热大、噪声大是步进电动机一个较为突出的缺陷，也是急需改进的。

除了传统的旋转步进电动机，线性步进电动机近些年来也发展很快，它减少了零部件，几乎没有磨损或维修，并且易于结合机器使用，非常适合在轻负载的情况下使用。

2.2　步进电动机的分类

步进电动机种类繁多，按运动方式分为旋转步进电动机、直线步进电动机和平面步进电动机三大类；按电动机输出转矩分为快速步进电动机和功率步进电动机；按转矩产生的工作方式分为反应式步进电动机、永磁式步进电动机和混合式步进电动机3 类；按励磁组数又可分为两相步进电动机、三相步进电动机、四相步进电动机、五相步进电动机和八相步进电动机等；按电流极性分为单极性步进电动机和双极性步进电动机。图 2-1 给出了步进电动机的主要分类方式，其中最常用的分类方式是按电动机转矩产生的工作方式，混合式步进电动机是应用最为广泛的步进电动机。

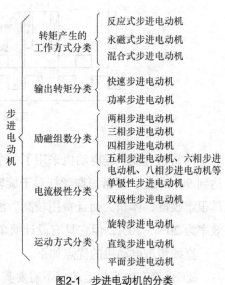

图2-1　步进电动机的分类

2.2.1 按运动方式分类

不同类型的步进电动机有其各自独特的运行方式，以实现各种复杂的运动形式。在旋转步进电动机、直线步进电动机、平面步进电动机这 3 种方式中，直线运动方式目前最为流行，很多步进电动机产品是直线步进电动机。

1. 旋转步进电动机

旋转步进电动机在电子专用设备和数控机床中应用广泛。它以自身的旋转做运动，通过传动零件使执行机构做旋转运动或直线移动。在数控设备中作为传动动力时，转矩较小是其比较突出的弱点之一。

2. 直线步进电动机

直线步进电动机近些年发展很快，在电子工业、绘图机、激光加工及自动化等设备中的应用十分广泛。如图 2-2 所示，直线步进电动机能将旋转运动转变成直线运动，将电脉冲信号转换成微步直线运动。尤其是在需要精密直线运动的地方，采用直线步进电动机尤为节省成本且方便。直线步进电动机为一种直线增量运动的电磁执行元件，即使在开环条件下，无须直线位移传感器，也能够做到精确定位控制。直线步进电动机结构简单，定位精度高，可靠性好，是一种比较理想且易开发和推广的高精度直线运动驱动装置。

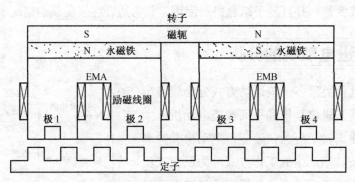

图2-2　直线步进电动机结构图

最初的直线步进电动机采用了一个滚珠螺母和丝杆的结合体，滚珠丝杆可使机械效率达到 90%以上，尽管滚珠丝杆对于旋转运动转化成线性运动是一个高效的装置，但滚珠螺母很难校准，体积大而且费用较高。混合步进电动机目前采用的是梯形螺纹，尽管提供的效率为 20%~70%，但它具有设计简单、紧凑、实用性和可靠性强等优点。

直线步进电动机的优点如下。

① 直接产生直线运动，不需要其他装置来转化。

② 在开环情况下产生精确定位，控制系统简单且易于实现。

③ 工作时累积误差较小。

④ 系统结构简单耐用。

⑤ 运行可靠，传递效率高，制造成本低，易于维护。

直线步进电动机的缺点如下。

① 采用普通控制器，效率低，步距固定。

② 输出功率有限，带负载能力十分有限。

③ 响应有大的超调，从而造成电动机振荡。

④ 在开环情况下，滚珠轴承摩擦负载增加了定位误差。

3. 平面步进电动机

平面步进电动机目前主要应用在半导体生产线和医疗仪器上等，特别适合于对定位和运动平稳性要求高的场合，工作效率高且所需工作空间很小。平面步进电动机通过气垫使转子支撑起来，消除了机械摩擦，保证了很高的定位精度。传动机构为滑轨或气垫，不同于传统的滚珠丝杆等传动机构。它不仅能像普通直线步进电动机那样做直线运动，并且在高速度和高加速度时仍能保证精确的定位。它的优点主要有以下几点。

① 机构简单，只有少量精密件，加工成本低。

② 运动部件质量小，速度与加速度较高。

③ 用气垫保持运动部件与固定部件之间的气隙，没有机械磨损，精度始终不变。

2.2.2 按电动机输出转矩分类

1. 快速步进电动机

快速步进电动机的连续工作频率高，而输出转矩小，应用范围一般局限在通信和自动控制系统中等；工作频率高，即脉冲周期短，因而速度较快。这类电动机一般应该归类为反应式步进电动机，其输出转矩通常为 $0.07\sim4N\cdot m$。

2. 功率步进电动机

功率步进电动机输出转矩较大，不需要力矩放大装置就可以直接带动较重负载，特别适合于中小型数控机床上。它具有简单的传动结构和较高的传动精度，在今后将会受到重视。其输出转矩通常为 $5\sim40N\cdot m$。

2.2.3 按转矩产生的工作方式分类

按转矩产生的工作方式分类，步进电动机可分为反应式、永磁式和混合式 3 种基本类型，每一种类型都有各自的特点和应用领域。

1. 反应式步进电动机

反应式步进电动机结构简单、步距角小。其工作原理是由改变电动机定子和转子软钢齿之间的电磁引力来改变定子和转子的相对位置（图2-3）。

2. 永磁式步进电动机

永磁式步进电动机与反应式步进电动机相比，相同体积的永磁式步进电动机转矩大，步距角也大，启动频率和运行频率较低，并且还需要采用正负脉冲供电，因此永磁式步进电动机通常用于自动化仪表制造领域中。永磁式步进电动机消耗的功率比反应式步进电动机要小，由于有永磁极的存在，在断电时具有定位转矩。永磁式步进电动机的转子铁芯上装有多条永久磁铁，转子的转动与定位是由定子、转子之间的电磁力与磁铁磁力共同作用的（图2-4）。

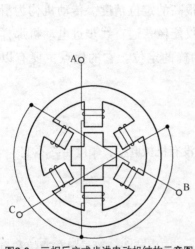

图2-3 三相反应式步进电动机结构示意图

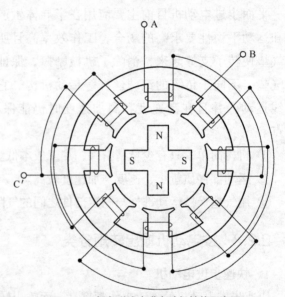

图2-4 三相永磁式步进电动机结构示意图

3. 混合式步进电动机

混合式步进电动机结合了反应式步进电动机和永磁式步进电动机的优点，采用永磁式磁铁提高电动机的转矩，采用细密的极齿来减小步距角。混合式步进电动机输出转矩大、动态性能良好，是应用最为广泛的步进电动机。在启动和运行时频率较高，消耗的功率较小，并有定位转矩。它需要由正负脉冲供电，在制造电动机时工艺也较为复杂。

最受欢迎的是两相混合式步进电动机，其市场份额约为 97%，原因是它的性价比高，配上细分驱动器后效果良好。该种电动机的基本步距角为 1.8°/步，配上半步驱动器后，步距角减少为 0.9°/步，配上细分驱动器后其步距角可细分达 256 倍（0.007°）。由于摩擦力和制造精度等原因，实际控制精度略低。同一步进电动机可配不同的细分驱动器以改变精度和效果。

2.2.4 按励磁组数分类

按照励磁组数可将步进电动机分为两相、三相、四相、五相、六相,甚至八相等。相数越多,步距角越小,但结构越复杂。相数是指电动机内部的绕组组数,目前常用的有两相、三相、四相、五相步进电动机。电动机相数不同,其步距角也不同,一般两相电动机的步距角为 0.9°/1.8°、三相电动机的步距角为 0.75°/1.5° 等、五相电动机的步距角为 0.36°/0.72°。在没有细分驱动器时,用户主要靠选择不同相数的步进电动机来满足自己对步距角的要求。

例如,n 相步进电动机有 n 个绕组,这 n 个绕组要均匀地镶嵌在定子上,因而定子的磁极数必定是 n 的整数倍,即转子转一圈的步数应该是 n 的整数倍。也就是三相步进电动机转一圈的步数是 3 的整数倍,四相步进电动机转一圈的步数是 4 的整数倍,五相步进电动机转一圈的步数是 5 的整数倍。步距角的值是不能任意取的,它跟步进电动机相数有关系。

2.2.5 按电流极性分类

按电流极性可将步进电动机分为单极性步进电动机和步进电动机,这是步进电动机最常采用的两种驱动架构。

1. 单极性步进电动机

这种步进电动机之所以称为单极性步进电动机是因为每个绕组中的电流仅沿一个方向流动。它也被称为两线步进电动机,因为它只含有两个绕组。两个绕组的极性相反,卷绕在同一铁芯上,具有同一个中间抽头。如图 2-5 所示,单极性步进电动机还被称为四相步进电动机,它具有 4 个激励绕组。单极性步进电动机的引线有 5 根或 6 根。如果步进电动机的引线是 5 根,那么其中一根是公共线(连接到+V),其他 4 根分别连到电动机的四相。如果步进电动机的引线是 6 根,那么它是多段式单极性步进电动机,有两个绕组,每个绕组分别有一个中间抽头引线。

2. 双极性步进电动机

双极性步进电动机的每个绕组都可以两个方向通电,每个绕组都既可以是 N 极又可以是 S 极。它又被称为单绕组步进电动机,因为每极只有单一的绕组;它还被称为两相步进电动机,因为具有两个分离的绕组。如图 2-6 所示,双极性步进电动机有 4 根引线,每个绕组两条,与同样尺寸和质量的单极性步进电动机相比,双极性步进电动机具有更大的驱动能力。由于双极性步进电动机比单极性步进电动机的输出力矩大,因此总是应用于空间有限的设计中。这也是磁盘驱动器的磁头步进机械系统的驱动总是采用双极性步进电动机的原因。双极性步进电动机的步距角通常是 1.8°,也就是每周 200 步。

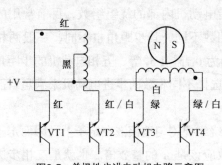

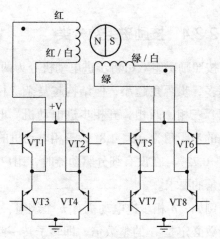

图2-5 单极性步进电动机电路示意图　　　　　图2-6 双极性步进电动机电路示意图

2.3 步进电动机驱动器

与普通电动机相比，步进电动机需要由专门的驱动器来供电，驱动器和步进电动机是一个有机整体，步进电动机的运行性能是由步进电动机及其驱动器两者配合的综合表现。目前，市场上推出的步进电动机驱动器系列化、模块化。随着电子技术的高速发展，其工艺和性能不断升级和更新。国内外有不少的公司在从事步进电动机生产，品种齐全，价位也不尽相同，竞争很激烈。

2.3.1 驱动器系统组成

如图 2-7 所示，驱动器的基本部分包括变频信号源、脉冲分配器和脉冲功率放大器 3个部分。

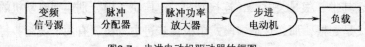

图2-7 步进电动机驱动器的框图

1. 变频信号源

变频信号源是一个脉冲频率由几赫兹到几万赫兹可以连续变化的信号发生器，一般由单片机或微处理器（CPU）产生，占空比为 0.3～0.4，电动机转速越高，占空比越大。

2. 脉冲分配器

传统的脉冲分配器是由门电路和双稳态触发器组成的逻辑电路，其作用是将单路脉冲转换成多相循环变化的脉冲信号。随着连续脉冲信号的输入，各路输出电压轮流变高和变低。利用微处理器进行并行控制时可不用脉冲分配器。例如，两相感应式步进电动机，两相电动机的工作方式有两相四拍和两相八拍等。其中，两相四拍的具体分配为 $AB \to \overline{A}B \to \overline{A}\,\overline{B} \to A\overline{B}$ ；两相八拍的具体分配为 $AB \to B \to \overline{A}B \to \overline{A} \to \overline{A}\,\overline{B} \to \overline{B} \to A\overline{B} \to AB$。

3. 脉冲功率放大器

从环形分配器或微处理器输出的电流只有几毫安，不能直接驱动步进电动机。一般要放大到几到几十安培的电流，因而在环形分配器后面应装有功率放大电路，用放大信号去驱动步进电动机。其中，功率放大器是驱动系统中最为重要的部分。步进电动机在一定转速下的转矩取决于它的动态平均电流而非静态电流。平均电流越大，电动机力矩越大，要达到平均电流就需要驱动系统尽量克服电动机的反电动势。驱动方式一般有下列几种：恒压、恒压串电阻、高低压驱动、恒流、细分数等。在不同的场合应采用不同的驱动方式。

2.3.2 驱动器参数说明

步进电动机驱动器品种繁多，两相四拍混合式步进电动机驱动器的电气特性参数如下。

1. 驱动器工作电压

驱动器的工作电压一般为直流电压 24～60V，通常供应直流 24V 电压。

2. 驱动器相电流的大小调节

驱动器一般设有拨码开关，根据负载情况来设置拨码位置，从而确定电流调定值。

3. 每转步数

每转步数反映的是步进电动机的精度，细分数根据细分设定表上提供的数据来确定，在驱动器上通过拨码开关来设定，一般在系统频率允许的情况下，尽量选用高细分。表 2-1 给出了细分后步进电动机步距角，按下列方法计算：步距角=电动机固有步距角/细分数。

表 2-1　　　　　　　　　　　　　每转步数与步距角对应表

每转步数	步距角
400	0.9°
800	0.45°
1 600	0.225°
3 200	0.112 5°
6 400	0.056 25°
12 800	0.028 125°

4. 输入脉冲方式

输入脉冲方式一般有单脉冲和双脉冲可选，由驱动器上的拨码开关来设定。其中，单脉冲模式下步进脉冲由脉冲端口接入，由方向端口的电平高低决定电动机的运转方向；双脉冲模式下，驱动器从脉冲端口接收正转脉冲，从方向端口接收反转脉冲。

2.3.3 驱动器使用方法

1. 使用步骤

① 通过拨码开关设置细分数、电动机相电流、脉冲方式等。在脉冲允许的情况下，尽

量用大的细分数；相电流设定为和电动机额定相电流相等的值，如果能拖动负载，可设定为小于电动机额定相电流的值。

② 连接信号输入线、电动机线、电源线，确定连接紧固后上电，观察指示灯和电动机的运行情况。

2. 驱动器示意图

图 2-8 中的两相四拍步进电动机驱动器的标号释义如下。

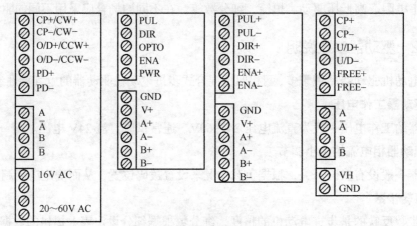

图2-8　步进电动机驱动器的示意图

① CP+：单脉冲模式，脉冲正输入端。

② CP−：单脉冲模式，脉冲负输入端。

③ U/D+：单脉冲模式，方向电平的正输入端。

④ U/D−：单脉冲模式，方向电平的负输入端。

⑤ CW+：双脉冲模式，正脉冲正输入端。

⑥ CW−：双脉冲模式，正脉冲负输入端。

⑦ CCW+：双脉冲模式，负脉冲正输入端。

⑧ CCW−：双脉冲模式，负脉冲负输入端。

⑨ PD+：脱机信号正输入端。

⑩ PD−：脱机信号负输入端。

⑪ FREE+：电动机脱机控制正端。

⑫ FREE−：电动机脱机控制负端。

⑬ DIR：方向电平。

⑭ OPTO：公共阳端，一般接直流+5V 电压。

⑮ ENA：电动机使能端，一般可以不接线。

⑯ PWR：电源信号灯，灯亮则为正常工作。

⑰ GND：公共地，连接直流电源负端。

⑱ V+/VH：电动机工作电压，连接直流电源正。

⑲ A+、A−：与电动机 A 相正负分别相连。

⑳ B+、B−：与电动机 B 相正负分别相连。

3. 电动机与驱动器接线

下面列举一些两相步进电动机与驱动器之间的接线方式。图 2-9 给出了两相四拍、两相八拍和两相六拍步进电动机与驱动器的几种接线方式。

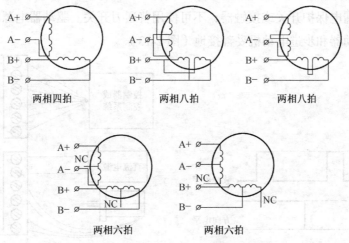

图2-9　步进电动机与驱动器接线图

4. 输入信号及内部接口电路

如图 2-10 所示，驱动器内部的脉冲信号、方向信号及使能信号内部接口电路均采用光耦器对输入信号进行隔离。

5. 脉冲输入信号脉宽和电平方式

脉冲输入信号是最为重要的一路，驱动器每接收一个脉冲信号，就驱动步进电动机旋转一步距角，此信号频率和步进电动机的转速成正比，脉冲个数决定了步进电动机旋转的角度，控制系统通过脉冲信号 CP 就可以达到电动机调速和定位的目的。正脉冲方式输入的脉冲宽度一般要求不小于 2μs，如图 2-11 所示。电平方式是设计控制系统时必须考虑的，对共阳接法的驱动器要求为负脉冲方式，即脉冲状态为低电平，无脉冲时为高电平。对共阴接法的驱动器要求为正脉冲方式，即脉冲状态为高电平，无脉冲时为低电平。

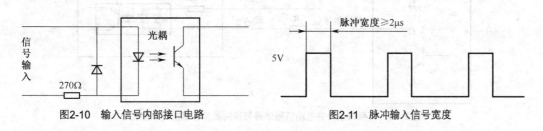

图2-10　输入信号内部接口电路　　　　图2-11　脉冲输入信号宽度

6. 方向信号作用

在电动机换向时应注意，一定要在电动机降速停止后再换向。换向信号需在前一个方向的最后一个脉冲结束后及下一个方向的第一个脉冲前发出（图2-12）。

2.3.4 驱动器连接电路

信号线和电动机动力线须采用屏蔽电缆，分别布线，要求距离大于 30cm。电动机动力和电源线流过的电流较大，接线时要接牢。驱动器未接电动机时严禁通电。电源开关可以使用断路器、漏电保护开关或接触器，不可使用普通刀开关。驱动器电源由隔离变压器提供，并保证驱动器和步进电动机妥善接地（图2-13）。

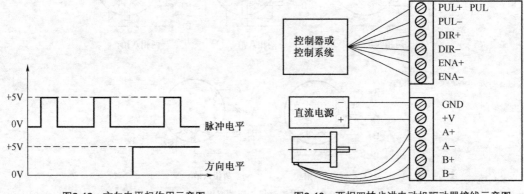

图2-12 方向电平起作用示意图　　　　图2-13 两相四拍步进电动机驱动器接线示意图

控制器与步进电动机驱动器接线是重点，不同类别控制器与步进电动机驱动器接线都有较大的差别，电阻 R 的阻值根据控制器电压 VCC 来确定（图2-14）。

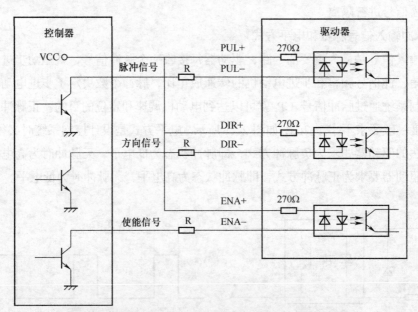

图2-14 两相四拍步进电动机驱动器与控制器共阳极接线示意图

控制器一般为单片机、PLC、工控机等。图 2-15 给出了一个 PLC 与步进电动机驱动器连接实例，选用西门子 S7-200 PLC，其 CPU 型号为 224XP，步进电动机为两相四拍，步进电动机驱动器型号为 DCM4010，高频继电器型号推荐为 OMRON G6K-2F-RF。CPU 224XP 发出高频脉冲控制高频继电器，高频继电器产生的高频脉冲控制步进电动机运转。

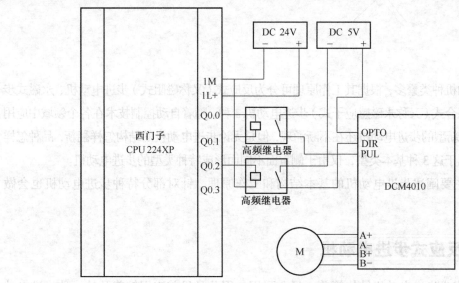

图2-15　PLC与步进电动机控制器接线示意图

2.4　本章小结

本章概要地介绍了步进电动机的发展历史、分类及驱动器，可以让读者理解以下内容：步进电动机的前景和研究方向、步进电动机的各种用途及步进电动机驱动器的外部电气特性等。通过本章的学习，读者可以对步进电动机有一个初步的了解。

第3章 步进电动机工作原理

步进电动机种类繁多，根据其工作原理可分为反应式（又称磁阻式）步进电动机、永磁式步进电动机和混合式（又称永磁感应子式）步进电动机3种。随着自动控制技术在各个领域中应用范围的扩展，新型的步进电动机还在不断涌现，但是无论步进电动机的结构怎样翻新，品种怎样发展，还是属于这3种基本类型，仅由于侧重面不同而形成特种类型的步进电动机。

本章将主要阐述步进电动机的基本结构和工作原理，针对部分特种步进电动机也会做详细的介绍。

3.1 反应式步进电动机

由于反应式步进电动机结构简单、经久耐用，因此是目前应用较普及的一种步进电动机。这种步进电动机不像传统交直流电动机那样依靠定子、转子绕组电流所产生的磁场之间的相互作用形成转矩与转速，它遵循磁通总是沿磁阻最小的路径闭合的原理，产生磁拉力形成转矩，即磁阻性质的转矩。

反应式步进电动机的优点是力矩惯性比高、步进频率高、频率响应快、不通电时转子能、自由转动、机械结构简单、寿命长、能双向旋转、有适量阻尼、正常电动机无失步区；缺点是不通电时无定位力矩，每步有振荡和过冲。

3.1.1 反应式步进电动机的结构

如图 3-1 所示，反应式步进电动机的定子具有均匀分布的 6 个磁极，磁极上绕有绕组，每相对的两极组成一相。转子由 4 个均匀分布的齿组成，其上没有绕组。当某一相控制绕组通电时，因磁通要沿着磁阻最小的路径闭合，将使转子齿和定子极对齐。当另一相控制绕组通电时，转子将在空间产生旋转。按一定的顺序使绕组依次通电，则会使转子连续旋转。电动机的转速取决于控制绕组与电源接通或断开的变化频率。电动机的转动方向取决于绕组通电的顺序。

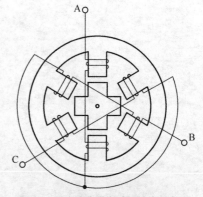

图3-1 反应式步进电动机结构示意图

3.1.2　反应式步进电动机的运行方式

定子控制绕组每改变一次通电方式称为一拍，以三相步进电动机为例，按其通电方式可分为三相单三拍、三相双三拍和三相单双六拍方式。每一拍转过的机械角度我们称之为步距角，通常用 θ_s 表示。

1. 三相单三拍

图 3-2 给出了三相单三拍运行方式的示意图。如图 3-2（a）所示，当 A 相控制绕组通电时，将使转子齿 1、3 和定子极 A-A′ 对齐。如图 3-2（b）所示，当 A 相断电，B 相控制绕组通电时，转子将在空间顺时针转过 30°，即步距角 θ_s=30°。转子齿 2、4 与定子极 B-B′ 对齐。如图 3-2（c）所示，如再使 B 相断电，C 相控制绕组通电，转子又在空间顺时针转过 θ_s=30°，使转子齿 1、3 和定子极 C-C′ 对齐。如此循环往复，按 A→B→C→A 顺序通电，电动机便按顺时针方向转动。"单"是指每次只有一相控制绕组通电，"三拍"是指经过三次切换后控制绕组回到了原来的通电状态，完成了一个循环。

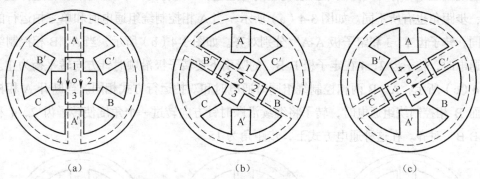

　　　　（a）　　　　　　　　　　　（b）　　　　　　　　　　　（c）

图3-2　三相单三拍反应式步进电动机的运行方式

2. 三相双三拍

在实际使用中，单三拍通电运行方式在切换时由于一相控制绕组断电后另一相控制绕组才开始通电，因此容易造成失步。此外，由单一控制绕组通电吸引转子，也容易使转子在平衡位置附近产生振荡，故运行的稳定性较差，所以很少采用。通常将它改为"双三拍"通电方式，即按 AB→BC→CA→AB 的通电顺序，即每拍都有两个绕组同时通电，假设此时电动机为正转，那么按 AB→CB→BA→AC 的通电顺序运行时电动机则反转。在双三拍通电方式下步进电动机的转子位置详见图 3-3。

如图 3-3（a）所示，当 A、B 两相同时通电时，转子齿的位置同时受到两个定子极的作用，只有 A 相极和 B 相极对转子齿所产生的磁拉力相等时才平衡；如图 3-3（b）所示，当 B、C 两相同时通电时，转子齿的位置同时受到两个定子极的作用，只有在 B 相极和 C 相极对转子齿所产生的磁拉力相等时转子才平衡。如图 3-3（c）所示，当 C、A 两相同时通电时，原理同上。从上述分析可以看出双拍运行时，同样以三拍为一循环。因此，按双三拍通电方式运行时，三相双三拍的步距角与单三拍通电方式相同，即 θ_s=30°。

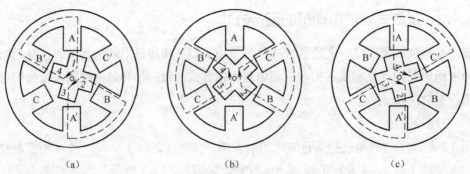

图3-3　三相双三拍反应式步进电动机运行方式

3. 三相单双六拍

若控制绕组的通电顺序为 A→AB→B→BC→C→CA→A，或是 A→AC→C→CB→B→BA→A，则称步进电动机工作在三相单双六拍通电方式。在这种通电方式下，定子三相控制绕组需要经过 6 次切换通电状态才能完成一个循环，故称"六拍"。在通电时，有时是单个控制绕组通电，有时又为两个控制绕组同时通电，因此称为"单双六拍"。在这种通电方式时，步距角也有所不同。如图 3-4（a）所示，当 A 相控制绕组通电时和单三拍运行的情况相同，转子齿 1、3 和定子极 A-A′ 分别对齐。如图 3-4（b）所示，当 A、B 相控制绕组同时通电时，转子齿 2、4 在定子极 B-B′ 的吸引下使转子极沿顺时针方向转平衡为止。如图 3-4（c）所示，A、B 两相控制绕组同时通电时和双拍运行方式相同。当断开 A 相控制绕组而 B 相控制绕组通电时，转子将继续沿顺时针方向转过一个角度使转子齿 2、4 和定子极 B-B′ 对齐。在这种通电方式下，步距角为 15°。

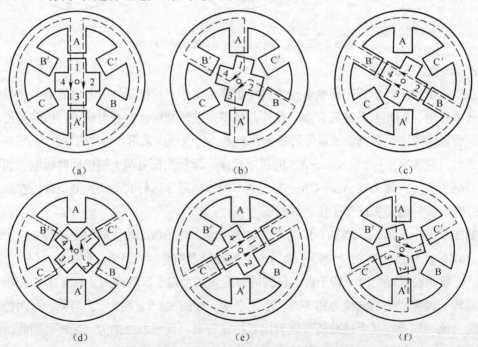

图3-4　三相单双六拍反应式步进电动机运行方式

3.1.3 小步距角步进电动机

上述反应式步进电动机结构虽然简单，但是步距角较大，往往满足不了系统的精度要求，如使用在数控机床中就会影响到加工精度。所以，在实际应用中常采用小步距角的三相反应式步进电动机。

如图 3-5 所示，三相反应式步进电动机的定子上有 6 个极，上面装有控制绕组，这些绕组组成 A、B、C 三相，转子上均匀分布 40 个齿。定子每个极面上也各有 5 个齿，定子、转子的齿宽和齿距都相同。当 A 相控制绕组通电时，电动机中产生沿 A 极轴线方向的磁场，因磁通总是沿磁阻最小的路径闭合，转子受到磁阻转矩的作用而转动，直至转子齿和定子 A 极面上的齿对齐为止。因转子上共有 40 个齿，每个齿的齿距为 360°/40=9°，而每个定子磁极的极距为 360°/6=60°，所以第一个极距所占的齿距数不是整数。

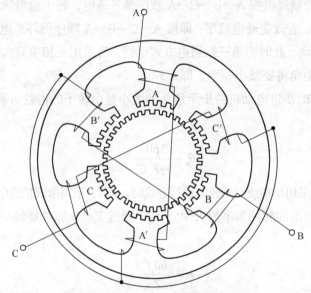

图3-5 小步距角的三相反应式步进电动机

从图 3-6 给出的步进电动机定子、转子展开图中可以看出，当 A 极下面的定子、转子齿对齐时，B′极和 C′极面下的齿数就分别和转子齿相错 1/3 的转子齿距，即 3°。

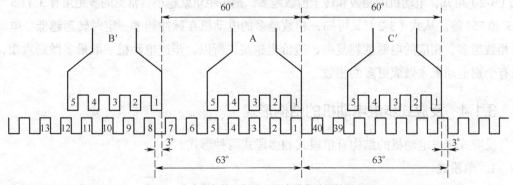

图3-6 小步距角的三相反应式步进电动机的展开图

设反应式步进电动机的转子齿数 Z_r 的大小由步距角的要求所决定。但是为了能实现"自动错位",转子的齿数必须满足一定的条件,而不能是任意数值。当定子的相邻极为相邻相时,在某一极下,若定子、转子的齿对齐,则要求在相邻极下的定子、转子齿之间应错开转子齿距的 $1/m$,即它们之间在空间位置上错开 $360°/mZ_r$。由此可得出这时转子的转子齿数应符合下式条件:

$$\frac{Z_r}{2p} = K \pm \frac{1}{m} \tag{3-1}$$

式中,$2p$ 为反应式步进电动机的定子极数;m 为电动机的相数;K 为正整数。

从图 3-5 中可以看出:若断开 A 相控制绕组而由 B 相控制绕组通电,这时电动机中产生沿 B 极轴线方向的磁场。同理,在磁阻转矩的作用下,转子按顺时针转过 3°使定子 B 极面下的齿和转子齿对齐,相应定子 A 极和 C 极面下的齿又分别和转子齿相错 1/3 的转子齿对齐。依此,当控制绕组按 A→B→C→A 顺序循环通电,转子就沿顺时针方向以每一拍转过 3°的方式转动。若改变通电顺序,即按 A→C→B→A 顺序循环通电,转子便沿反方向同样以 3°的方式转动,此时为单三拍通电方式运行。若采用三相单双六拍通电方式与前述道理一样,只是步距角将要减小一半,即 1.5°。

由以上分析可知,步进电动机的步距角 θ_s 的大小是由转子的齿数 m 和通电方式所决定。它们之间的关系为

$$\theta_s = \frac{360°}{mZ_rC} \tag{3-2}$$

式中,通电状态系统采用单拍或双拍通电运行方式时,$C=1$;采用单双拍通电运行方式时,$C=2$。

若步进电动机通电的脉冲频率为 f,由于转子经过 Z_rC 个脉冲旋转一周,则步进电动机的转速为

$$n = \frac{60f}{mZ_rC} \tag{3-3}$$

式中,f 的单位是 Hz;n 的单位是 r/min。

步进电动机除了做成三相外,也可以做成两相、四相、五相、六相或更多的相数。由式(3-2)可知,电动机的相数和转子齿数越多,则步距角就越小。常见的步距角有 3°/1.5°、1.5°/0.75°等。从式(3-2)又可知,相数越多的电动机在脉冲频率一定时转速越低。电动机相数越多,相应的电源就越复杂,造价也越高。所以,步进电动机一般最多做到六相,只有个别电动机才做成更多的相数。

3.1.4 反应式步进电动机的结构形式

反应式步进电动机的结构有单段式和多段式两种形式。

1. 单段式

图 3-5 所示即为单段式结构步进电动机,其相数沿径向分布,所以又称径向分相式。

它是目前步进电动机中使用得最多的一种结构形式，转子上没有绕组，沿圆周有均匀布置的小齿，其齿距与定子的齿距必须相等。定子的磁极数通常为相数的 2 倍，即 $2p=2m$。每个磁极上都装有控制绕组，并接成 m 相。这种结构形式使电动机制造简便，精度易于保证，步距角又可以做得较小，容易得到较高的启动频率和运行频率。其缺点是在电动机的直径较小而相数又较多时，沿径向分相较为困难。此外，这种电动机消耗的功率较大，断电时无定位转矩。

2. 多段式

多段式是指定转子铁芯沿电动机轴向按相数分成 m 段，所以又称为轴向分相式。按其磁路的特点不同，多段式又可分为轴向磁路多段式和径向磁路多段式两种。

① 径向磁路多段式步进电动机的结构。如图 3-7 所示，定子、转子铁芯沿电动机轴向按相数分段，每段定子铁芯的磁极上放置一相控制绕组。控制绕组产生的磁场方向为径向，定子的磁极数是由结构决定的，最多可与转子齿数相等，少则可为二极、四极、六极等。定子、转子圆周上有齿形相近并有相同齿距的齿槽。每一段铁芯上的定子齿都和转子齿处于相同的位置，转子齿沿圆周均匀分布并为定子极数的倍

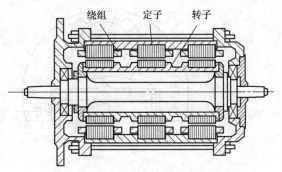

图3-7 多段式径向磁路反应式步进电动机

数。定子铁芯（或转子铁芯）每相邻两段错开 $1/m$ 个齿距。它的步距角同样可以做得较小，并使电动机的启动和运行频率较高。但铁芯段的错位工艺比较复杂。

② 轴向磁路多段式步进电动机的结构。如图 3-8 所示，定子、转子铁芯均沿电动机轴向按相数分段，每一组定子铁芯中间放置一相环形的控制绕组，控制绕组产生的磁场方向为轴向。定子、转子圆周上冲有齿形相近和齿数相同的均匀分布小齿槽。定子铁芯（或转子铁芯）每两相邻段错开 $1/m$ 齿距。这种结构使电动机的定子空间利用率较高，环形控制绕组绕制较方便，转子的惯量较低，步距角也可以做得较小，因此启动和运行频率较高。但在制造时，铁芯分段和错位工艺较复杂，精度不容易保证。

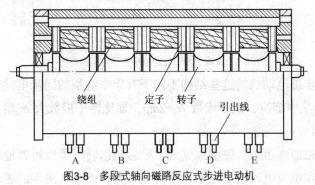

图3-8 多段式轴向磁路反应式步进电动机

3.2 永磁式步进电动机

永磁式步进电动机也称永磁转子型步进电动机，它也包括励磁转子型。其理论上可以制成多相，实际上则以一相或两相为多，也有三相的。

永磁式步进电动机的定子和反应式步进电动机的结构相似，是凸极式的，其工作原理是定子的励磁的极性与转子的永磁转子的磁极性异性相吸与同性相斥。

3.2.1 单定子结构

图 3-9 分别给出了单定子一相、两相和三相步进电动机结构的横剖面示意图。

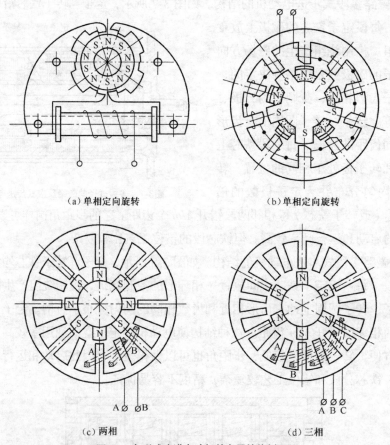

（a）单相定向旋转　　　　　　　　　　（b）单相定向旋转

（c）两相　　　　　　　　　　　（d）三相

图3-9　永磁式步进电动机单定子结构剖面图

单定子永磁式步进电动机的这些结构不同于有集中绕组的同步电动机，一般在定子上布置了 m 相控制的集中绕组，定子齿数 $N_s=2mp$，即比转子极数大 m 倍。步进电动机绕组节距 $y=m$（m 为相数）。

电动机转子励磁通常由永久磁钢来完成。励磁绕组转子可以近似地认为，绕组空间和励磁绕组的磁动势在恒定电流密度时正比于直径平方，而永久磁钢的磁动势近似地认为正比于直径的一次方。当转子直径减小时，转子齿层的利用率增加了。随着转子齿层利用率的提高，就可能通过减小转子直径来得到电动机最高的启动频率。

3.2.2　两定子结构

如图 3-10 所示，两定子结构步进电动机不同于两相单定子结构。两定子结构是在一个

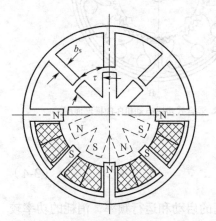

图3-10　步进电动机的两定子结构

机壳内有两个定子，且在一根转轴上有两个星形转子，而两相绕组分别处在各自独立的定子上。每相又可以分成两个半相。相与相之间的磁路无关（非共磁路型），而公共轴上的力矩则叠加。转矩相位差是依靠定子铁芯间的错位或同轴星形转子间的半个极分度而形成的。图 3-10 中的分划线指出了第二个转子相对于定子的位置。这种结构的电动机，其绕组是集中的（节距 $y=1$，$\theta_b=\pi/N_s$），齿数 $N_s=2p$，即定子是每极一齿。

与单定子结构相比，其 N_s 多一倍，其驱动线路和电压极性同单定子结构一样。

这种电动机的特点是步距角较大，启动频率和运行频率较低，并且还可以采用正、负脉冲供电。但它消耗功率比反应式步进电动机小，由于有永磁极的存在，在断电时具有定位转矩，主要应用在新型自动化仪表领域。

3.3　混合式步进电动机

混合式步进电动机又称为永磁感应子式步进电动机，最常见的为两相，现以两相永磁感应子式步进电动机为例进行分析。

3.3.1　永磁感应子式步进电动机的结构

如图 3-11、图 3-12 和图 3-13 所示，永磁感应子式步进电动机结构的定子结构与单段反应式步进电动机相似，定子有 8 个磁极，每相下有 4 个磁极，转子由环形磁钢和两端铁芯组成，两端转子铁芯的外圆上有均匀分布的齿槽，它们彼此相差 1/2 齿距，即同一磁极下若一端齿与齿对齐时，另一端齿与槽对齐。定子、转子齿数的配合与单段反应式步进电动机相似，当一相磁极下齿与齿对齐时，相邻相定子、转子的相对位置错开 1/m，所以其步距角为 $\theta_s = \dfrac{360°}{mZ_rC}$，和反应式相同。

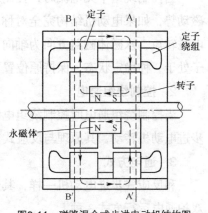

图3-11　磁路混合式步进电动机结构图

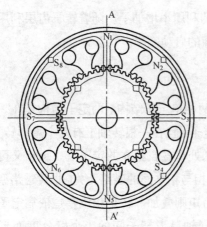

图3-12 混合式步进电动机A-A'横剖面图

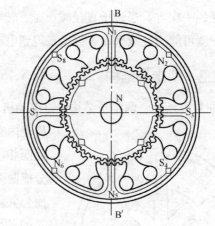

图3-13 混合式步进电动机B-B'横剖面图

用电弧度表示为

$$\theta_{se} = \frac{2\pi}{2m} = \frac{\pi}{m}$$ （3-4）

这种电动机可以做成较小的步距角，因而也有较高的启动和运行频率，消耗的功率较小，并有定位转矩。它兼有反应式和永磁式步进电动机两者的优点。但它需要有正、负脉冲供电，在制造电动机时工艺也较为复杂。

3.3.2 永磁感应子式步进电动机的工作原理

永磁感应子式步进电动机的气隙中有两个磁动势，一个是永磁体产生的磁动势，另一个是控制绕组电流产生的磁动势，两个磁动势相互作用使步进电动机转动。与反应式步进电动机相比其混入了永磁体产生的磁动势，所以永磁感应子式步进电动机也称为混合式步进电动机。

1. 控制绕组中无电流

当控制绕组中无电流时，控制绕组电流产生的磁动势为零，气隙中只有永磁体产生的磁动势，如果电动机结构完全对称，定子各磁极下的气隙磁动势完全相等，此时电动机无电磁转矩，永磁体磁路方向为轴向，永磁体产生的磁通总是沿磁阻最小的路径闭合，使转子处于一种稳定状态，保持原位置不变，因此具有定位转矩。

2. 控制绕组通电

当控制绕组通电时控制绕组电流便产生磁动势，它与永磁体产生的磁动势相互作用使步进电动机转动，其原理与反应式步进电动机基本相同。

3. 通电方式

和反应式步进电动机一样，其通电方式有单拍通电运行方式、双拍通电运行方式、单双拍通电运行方式3种。

单四拍的运行通电顺序为 AB→（-A）→（-B）→A。

双四拍的运行通电顺序为 AB→B（-A）→（-A）（-B）→（-B）A→AB。

单双八拍的通电顺序为 A→AB→B→B（-A）→（-A）→（-A）（-B）→（-B）→（-B）A→A。

单双八拍的步距角是单四或双四步距角的 1/2。假设 Z_r=50，单四或双四运行时每拍转子转动 1/4 个齿距，每转一周需 200 步，而采用单双八拍每拍转子转动 1/8 个齿距，每转一周需 400 步。

3.4　特种步进电动机

前面介绍了步进电动机的 3 种基本形式，即反应式、永磁式和磁路混合式。这几种形式是常见的电动机的品种和规格，也是最主要的品种和规格。由于步进电动机是数字伺服电动机，可以接收计算机输出的数字信号，对其进行直接控制，所以在计算机技术迅猛发展的今天，步进电动机应用范围不断扩展。正是对步进电动机的结构和性能不断提出新的要求，使得各种新型的步进电动机不断涌现。但是，无论步进电动机的结构怎样翻新，品种怎样发展，还是隶属于上述 3 种基本类型，仅由于侧重面不同而形成特种类型的步进电动机。

本节所要介绍的特种步进电动机主要有下列 3 个方面的特点。

① 体积上特微的，如指针式石英钟表用的步进电动机。

② 结构上特殊的，如机电混合式步进电动机。

③ 运行上特别的，如直线和平面的步进电动机。

3.4.1　特微型永磁式步进电动机

指针式石英表所用的步进电动机的主要特点是负载小、体积小。为了适合装入手表机芯，或其他设备（如自动相机）中作为驱动元件，一般均选用单相永磁式步进电动机。这种电动机一般只有一个励磁绕组，转子是几个极的永磁转子，此时励磁所需的能量可大大减少。若转子采用稀土磁钢，则体积可更小。其特点是结构简单，功耗小，效率高。

手表用步进电动机的常用形式有两种：一种是转子磁钢径向充磁的，如一对极偏心式或凹坑式的单相永磁式步进电动机；另一种是转子磁钢轴向充磁的，如双定子式的单相永磁式步进电动机。下面介绍这两种类型电动机的结构及工作原理。

1. 转子磁钢径向充磁的不均匀气隙前单相永磁式步进电动机

如图 3-14 所示，前单相永磁式步进电动机由转子、定子片和定子绕组 3 部分组成。

转子：由钐钴磁钢制成，呈圆柱形，径向充成一对极。

定子片：由导磁性能良好的坡莫合金做成，通常厚度在 0.5～1mm 范围内，偏心式电动机定子片的左右两部分分开，一体式的不分开。

定子绕组：绕组铁芯由合金制成，在上面绕有 10 000 匝绕组，漆包线直径 d 为 0.02～0.015mm。

图 3-15 给出了几种常见步进电动机结构示意图。如图 3-15（a）所示，双偏心式的步进电动机的定子内腔圆心和转子圆心

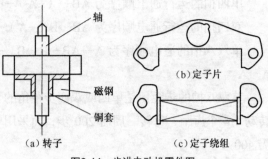

（a）转子　　（b）定子片　　（c）定子绕组

图3-14　步进电动机零件图

不重合，上下移开相等的距离，左右定子片分开，定、转子之间的气隙不均匀而成楔形；如图 3-15（b）所示，单偏心式步进电动机的左右定子片的右边一片定子片圆心和转子圆心重合，左边一片的定子片圆心与转子圆心不重合，定子、转子气隙一边均匀，一边不均匀；如图 3-15（c）所示，双凹坑式的步进电动机的结构特点是定子片做成一体式，定子内圆的圆心与转子圆心重合，定子片内圆上有两个对称的小凹坑；如图 3-15（d）所示，单凹坑式的步进电动机与双凹坑的区别在于定子内圆只有一边有一个小凹坑。

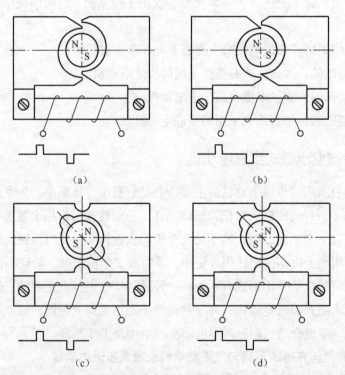

图3-15　步进电动机结构示意图

以偏心式步进电动机为例来分析这种类型电动机是如何转动的。为了使电动机正常运行，定子绕组采用正负交替脉冲供电，因此，要分析通电及不通电两种情况。

定子绕组不通电。当定子绕组不通电时，假如定子、转子之间气隙均匀，则磁力线长度处处相等，转子可停在任意位置，无固定旋转方向。由于定子与转子之间气隙不均匀，转子要停在某一固定位置上，磁力线取最短的路径，实验及理论计算都可以证明转子的主磁极大约稳定平衡在 $\alpha=45°$ 的位置上，即图 3-16 中的 A-A′线所示的位置上。

　　假如把转子左右移开一个角度，则存在一个转矩要将转子拉回到原来的位置上，这个转矩是由转子磁钢和定子片相互作用而产生的，其原因是定子、转子之间气隙不均匀。我们把电动机稳定平衡在某一位置上的这个位置称为稳定平衡位置，把定子绕组不通电时由定子片和转子磁钢作用而产生的转矩称为定位转矩，用 $M_定$ 表示。在稳定平衡点上定位转矩为零，转子稍微离开稳定平衡点后便产生定位转矩，使转子又回到稳定平衡点。转子处于不同位置定位转矩也不一样。从图 3-17 中可以看出，转子转一圈时，定位转矩为零的点共有 4 处，即 A、A′、B、B′点。但是只有 A 和 A′这两处是稳定平衡点，B 和 B′是不稳定平衡点。例如，转子平衡在 A 点，即 $\alpha=45°$，假如把转子推向 $\alpha<45°$，由图中可看出，定位转矩是正的，促使转子向正方向转动，直到 $\alpha=45°$，到 A 点为止。如果把转子推到 $\alpha>45°$ 及 $\alpha<90°$，则定位转矩小于零，促使转子又向 A 点运动，直到 A 点为止。B 与 B′是不稳定的平衡点，如转子在 B 处，如果轻推转子使 $\alpha<180°$ 时，由图中看到，定位转矩为正，使转子向 α 增加方向移动而不会回到 B 点，转子转到 A′点为止。可见，在定子绕组不通电时，由于定位转矩的存在，转子稳定平衡在一定位置上，即 $\alpha=45°$ 和 $\alpha=225°$，在其他位置上转子不会停住不动。

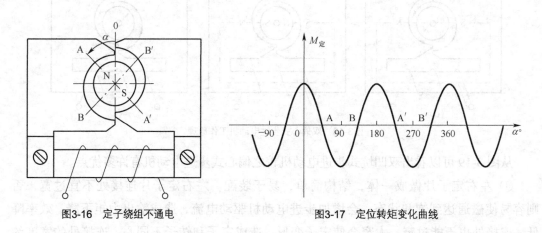

图3-16　定子绕组不通电　　　　　　　　图3-17　定位转矩变化曲线

　　如图 3-18（a）所示，定子绕组通电相当于一个通电的螺旋管，由右螺旋管定则可以绘出它产生磁场的磁力线的方向。同时，图 3-18 还绘出了定子片、转子各自的磁极，根据同极相斥、异极相吸的原理，当定子、转子的磁场产生的排斥为足够大时可以克服定位转矩，使转子转动。假如定子绕组一直通电，则电动机轴转动到转子的主磁极和定子绕组产生的磁场重合为止，即定子的磁力线走向和转子的磁力线走向相同。如图 3-18（b）所示，这时如果断电，定子绕组产生的磁场将消失，转子在定位转矩的作用下，转到如图 3-18（c）所示的位置停下。从图 3-18（c）中可以看出，这时转子的位置已从图 3-18（a）所示的位置上顺时针转动了 180°。如图 3-18（d）所示，为了使转子继续沿顺时针方向转动，需要改变定子绕组的通电方向。由于通电方向改变，因此定子绕组产生的磁场也改变，利用右螺旋管定则可以确定磁力线走向。左边定子片为 S 极、右边定子片为 N 极，利用同极相斥、异极相吸的原理，可知这时电动机的转子仍要顺时针转动，转到如图 3-18（e）所示的位置上停下来。这时如果断电，转子在定位转矩作用下将转到初始状态，即图 3-18（f）所示的位置，定子绕组电流正负变化一次，转子转了一周，回到初始状态。由于这种电动机耗电量大，定子、转子不同心造成机械加工工艺复杂和装配调整困难，影响电动机性能的参数，所以就不易制造出较好的电动机。

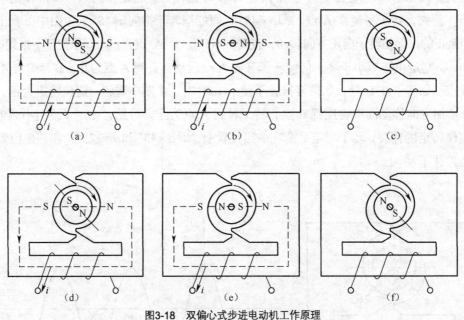

图3-18　双偏心式步进电动机工作原理

从图 3-19 可以看出双凹坑式步进电动机较之偏心式步进电动机有许多优点。

① 左右定子片做成一体，结构简单，易于装配。左右定子片连接处不宜过宽，否则容易使磁通达到饱和状态，会增加步进电动机驱动电流，造成输出力矩下降，效率降低。连接处也不能过窄，太窄会使定子变形，造成定子和转子不同心。连接处的宽度约为 0.1mm。

② 定子内圆上有一对称的小凹坑，在其他尺寸一定情况下只有凹坑的大小及位置影响电动机性能。

③ 电动机耗电小，一般可小于 1.5μA，它的驱动信号形式同偏心式步进电动机的驱动信号形式一样。

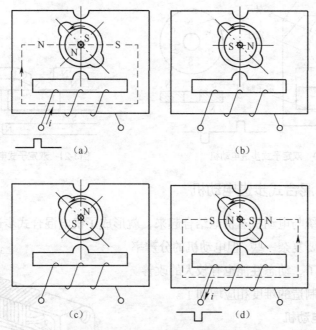

图3-19 双凹坑式步进电动机工作过程

单凹坑步进电动机比双凹坑式更简单，定子内圆只有一边有一个小凹坑，其他和双凹坑式一样。因此其工艺也较简单，性能与双凹坑一样。这种形式的步进电动机性能良好，除了在石英手表上采用这种形式的电动机外，在石英钟里也采用这种形式的步进电动机。

2. 转子磁钢轴向充磁的双定子式步进电动机

如图 3-20 所示，双定子式步进电动机主要组成部分包括：转子、双层定子片及定子绕组。

转子由钐钴磁钢制成，在转子的端面沿轴向充磁，按N-S交替充成六极。定子铁芯由左右定子片及作为绕组磁芯的导磁片组成，材料为导磁性能良好的坡莫合金。左右定子片由上下两片组成，上下定子片相互错开 60°，转子位于上下两定子片中间，定子绕组绕在坡莫合金的导磁铁芯上。

如图 3-21 所示，定子极片的前端稍有弯曲，在定子绕组不通电时，使转子磁钢的 N 极（或 S 极）中心线正好对准定子片的弯曲的尖端。因此，此时转子磁钢所产生的磁力线所走的距离最短，也就是说，由于定子极片的前端稍有弯曲，这种电动机有一定的定位转矩，转子有一定的稳定平衡点。定子绕组通电后产生磁场，根据同极相斥原理，就可以确定转子的旋转方向。转子运动过程中电流中断，则靠转子惯性及定位转矩的作用，使转子继续转到定子、转子气隙较小的位置上。由于转子是六极的，每作用一次脉冲转子转过 60°，加正负交替的双极性脉冲电压，步进电动机按一定方向旋转。

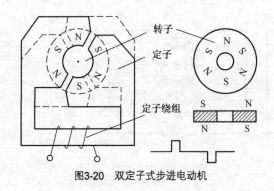

图3-20 双定子式步进电动机

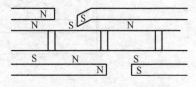

图3-21 双定子式电动机工作原理

3.4.2 机电混合式步进电动机

把机械减速系统与电动机有机地结合起来，就形成了机电混合式步进电动机。这种电动机的机电的结构要复杂一些，但电动机的分辨率和定位精度却提高了，动态性能也有较大的改善。但由于结构复杂，制造的难度相应增加了。

1. 谐波步进电动机

如图 3-22 所示，谐波步进电动机把谐波齿轮原理应用到了步进电动机上。定子为多相反应式电动机的结构，转子为一谐波齿轮（也称柔轮），其内腔布上适当的磁性材料。而与谐波齿轮相啮合的内齿轮则固定在定子一端。当电动机某相绕组通电时，谐波齿轮在磁场力的作用下发生弹性变形，且

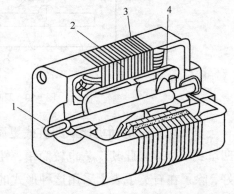

1. 输出轴；2. 内齿；3. 定子；4. 柔性齿轮
图3-22 谐波步进电动机结构

与固定在定子上的内齿轮啮合。由于定子内齿轮的齿数较谐波齿轮稍多，当定子绕组按一定顺序励磁时，随着谐波齿轮与内齿轮的不断啮合变换，转轴上产生了步进输出。

谐波步进电动机有如下特点。

① 步距角较小。

② 由于有齿轮啮合的摩擦作用，转子又是空心的，转动惯量较小，故启停时间较短，稳定时间也短，只有 6～15ms。

③ 定位精度高，重复性好。

④ 改善电动机可能存在的振荡现象。

2. 章动式步进电动机

如图 3-23 所示，在章动式步进电动机机壳内腔对称排列着多个绕组，磁场方向为轴向，当有 2 个或 3 个绕组同时供电时，即吸引具有两组斜面齿的章动盘摆动。外斜面齿用以阻止章动盘与定子产生相对转动，而内斜面齿则为一对有差异的齿轮，一个在章动盘上，另一个与转轴相连，由此得到微小的步距输出。当减速比为 100：1 时，若磁

场旋转 45°，由输出轴转动 0.45°。因此，章动式步进电动机也具有谐波步进电动机的特点，但结构更为复杂。

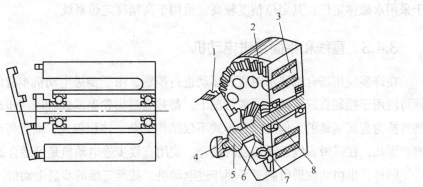

1. 外章动齿轮；2. 外调整齿轮；3. 螺旋绕组；4. 紧固螺母；
5. 球形节；6. 内章动齿轮；7. 传动齿轮；8. 轴

图3-23　章动式步进电动机结构

3. 滚切式步进电动机

滚切式步进电动机有外定子和内定子两种结构。外定子结构是滚动转子沿定子内孔做滚切运行，而内定子结构则是转子沿定子外圆做滚切运行。

本章仅对外定子的结构作简要介绍。如图 3-24 所示，滚切式步进电动机的定子与一般反应式电动机定子相仿，而转子则是由软铁材料制成的空心圆柱体，在圆柱面上开有槽，槽中嵌有铜条并相互短接作阻尼用，可防止因其自身的惯量或外加惯性负载引起的振荡。

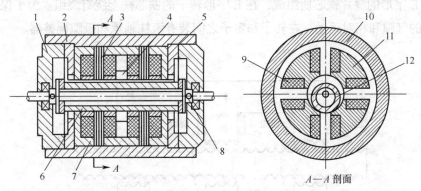

1. 端盖；2. 机壳；3. 定子铁芯；4. 位置传感器；5. 定子绕组；6. 转子；7. 永久磁铁；
8. 偏心传动件；9. 定子绕组；10. 机壳；11. 定子铁芯；12. 转子

图3-24　滚切式步进电动机结构

工作时，当多相绕组的一相供以脉冲电流后，拖动转子向前滚动一步，随后由位置传感器反馈一个与转子位置有关的信号，使第二相绕组通电，再使转子前进一步。在第一个脉冲结束而第二个脉冲尚未形成的瞬间，由定子上的 4 块永久磁铁确保转子定位。转子相对定子做偏心滚动，要把这种偏心滚动传到转轴上，还要通过一套传导附件装置。一般偏心传动机构有 3 种，即凸轮传动、波纹管传动和偏心轮传动，可按使用要求选用。

这种电动机的步距角是由定子内径和转子外径之比及传动链的比率来决定。因此，其步距角可大可小，大的步距角可达 90°，小的只有 2″。显然，其用途是广泛的。此外，由于采用永磁体定位，其定位精度较高，适用于高精度定位系统。

3.4.3 直线和平面步进电动机

在许多应用场合都要求对直线运动进行控制，由于步进电动机本身的许多特点，自然就可应用于控制直线运动。一般情况下，都是通过齿轮副或螺旋副将步进电动机的旋转运动转换为直线运动的。但是这种形式不仅结构复杂、体积较大，而且传动精度也将受到影响。因此，在需做直线运动控制的场合，使用直线步进电动机是最适合的。

同样，也由此发展研制了平面步进电动机，甚至三维的步进电动机。

当然，直线步进电动机作为步进电动机而言，它的一些性能要求，如步距精度、最大静转矩及最高启动频率等也和旋转步进电动机相一致。

1. 直线步进电动机

直线步进电动机有多种结构。就其原理来分，有反应式和混合型两类。现分别说明如下。

（1）三相反应式直线步进电动机

如图 3-25 所示，三相反应式直线步进电动机主要由定子和转子（即动子）及相应的结构件所组成。定子是呈矩形齿的齿条，由磁性材料叠合而成，固定在相应的机架上。转子由一组呈 E 字形的叠片铁芯所组成，在 E 字形转子的铁芯柱上绕有绕组。为了保证转子和定子之间的气隙和相对运动，在转子和定子之间装有滚柱轴承和极隙调整器。

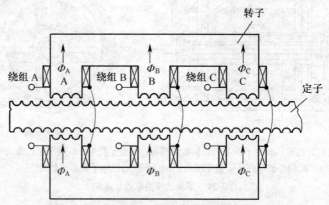

图3-25 三相反应式直线步进电动机结构原理示意图

定子和转子的齿形和齿槽尺寸是一致的。但是，在转子 E 字形铁芯的 3 个柱上各齿中心线必须互相错开 1/3 齿距。这就与旋转式步进电动机不同。因为大多数旋转式步进电动机是利用极距角与齿距角之间的特种关系来保证步进运动的，而直线步进电动机只能靠人为地移动 3 个柱的相互距离来实现步进运动。

定子、转子的齿形一般为矩形齿。这样定子和转子叠装方便，可以减小磁路中的涡流损耗，并可提高高速响应性能。叠装后，在齿的槽内可用非磁性塑料充填，以免积聚异物，同时在精加工齿平面时也不易倒齿。

反应式直线步进电动机的工作原理与旋转的反应式步进电动机相仿。当 E 字形铁芯上的绕组顺次通入电流时，转子就发生步进运动。在图 3-25 所示的情况下，励磁顺序若为 A→C→B→A…时，转子右移；反之，当顺序为 A→B→C→A…时，转子左移。

该种电动机的通电方式和绕组结构也有多种，这里从略。

（2）混合型直线步进电动机

混合型直线步进电动机有两种结构：一种为压电型，另一种为磁路混合型。磁路混合型因为是索耶的发明专利，所以也称为索耶直线步进电动机。

① 压电直线步进电动机。压电直线步进电动机主要是利用压电陶瓷的磁致伸缩原理制成微步距运动的高精度步进电动机。一般的或高性能的步进电动机，由于刚度和间隙的影响，满足不了高精度系统的要求。而压电直线步进电动机可以提供精度非常高的微位移运动，一般步距在 0.1～5μm 范围内，经过特别设计还可获得 0.01μm 的微小步距。因此，在精密镗床、磨床的进刀系统和光学聚焦系统（电子显微镜、激光干涉仪）中，可使用这种高精度的微动执行元件。

图 3-26 给出了压电直线步进电动机的一种最简单结构形式。压电陶瓷管的两端固接在两个电磁铁上，电磁铁则配放在精密 V 形导轨上，两端的电磁铁既是磁压板，又起支承的作用。当施加电压时，压电陶瓷管会伸缩，只要对施加电压加以适当控制，可任意改变运动体（压电管和电磁铁）的步距、速度和运动方向。

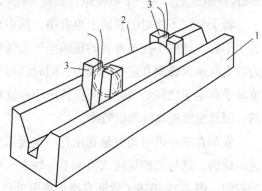

1. V 形导轨；2. 压电陶瓷管；3. 电磁铁

图3-26　压电陶瓷直线步进电动机

压电直线步进电动机的动作原理是，开始时电动机两端是压紧的，若要向前移动，则去掉后面的电磁铁的励磁，于是压电管后端不再压紧。当压电管内外壁加上电压，由于压电效应使压电管缩短（缩短的长度由所加的电压决定），这时后端电磁铁也向前移动一定距离。然后是后端电磁铁励磁，前端电磁铁去磁，压电管去掉所施加的电压，又恢复到原来长度，则前端电磁铁向前移动一步。重复上述过程，则电动机就一步一步地向前移动。向后移动程序也相仿。

压电直线步进电动机是一种新原理的电动机，无论从结构上或原理上均有别于传统电磁结构的电动机。这种压电直线步进电动机的最大特点是结构较简单，制造容易，不需要非常高的工艺水平和高精密设备；设计时也无须进行大量的烦琐计算，适于小型实验室和小型工厂试制和生产，成本较低也易于推广使用。

② 索耶直线步进电动机。索耶在 1966 年和 1967 年提出两项称作"磁性定位装置"的专利，其一就是索耶直线步进电动机。

如图 3-27 所示，索耶直线步进电动机由上下两部分组成，上面的可动部分称为转子，下面的固定部分称定子。

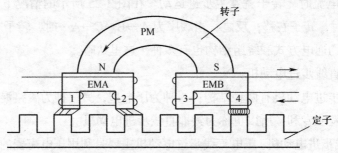

图3-27　索耶直线步进电动机结构示意图

定子部分是用铁磁材料做成的平板条，长度可按需要确定。在平板条的上平面铣有槽形，形成齿形，在槽里浇注环氧树脂后与平面一起磨平。

转子的结构稍为复杂些。它是由一个马蹄形永久磁钢 PM 和两个Π型电磁铁 EMA 和 EMB 所组成的，为一个电磁组件。在 EMA 和 EMB 上均绕有励磁绕组。

转子与定子相对的表面上也有槽，槽中也浇注环氧树脂并磨平，在转子表面上还开有若干小孔，这些小孔与外界的压缩空气皮管相通。当从外界打入压缩空气时，借助空气压力以克服永久磁钢和定子的吸力，同时将转子悬浮在定子表面。因此控制空气压力就可调节转子和定子之间的气隙使其保持极小。这种利用气浮原理的电动机在结构上是比较简单的，而且也能提高电动机效率。

索耶直线步进电动机是利用有一定规律变化的电磁铁与永久磁钢的复合作用来形成步进运动的。这与二相反应式再加上一块永久磁钢的电动机工作原理一样。电动机由正负脉冲控制，图 3-28 描述了索耶直线步进电动机的具体运行过程。

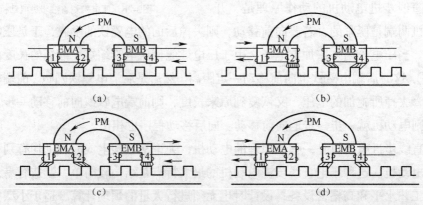

图3-28　索耶直线步进电动机运行原理图

电磁铁 EMA 和 EMB 各有 2 个小极，分别相对于定子齿错开半个齿距。当绕组中无励磁电流时，磁钢产生的磁通均等地通过 4 个极，与定子齿形成闭合磁路，而且电磁铁每个小极上的绕组所产生的磁通与永久磁钢的磁通相等，因此两者叠加的情况有如下 3 种。

（a）若绕组无励磁电流通过，则电磁铁的 2 个小极上均等地通过永久磁钢的磁通 Φ_y，每极为 $\Phi_y/2$。

（b）若在绕组中通入正脉冲，小极 1（或 3）上磁通叠加成 2 倍，即 Φ_y，而小极 2（或 4）上抵消为零。

（c）反之，若通入负脉冲，则小极 2（或 4）为 Φ_y，而小极 1（或 2）为零。

如图 3-28（a）所示，电磁铁 EMB 通入正脉冲，EMA 无电流，因电磁铁 EMA 的小极 1、小极 2 中仅有永久磁钢产生的磁通。而电磁铁 EMB 的小极 4 上磁通抵消，小极 3 为叠加，小极 3 因磁性最强而与定子齿对齐。如图 3-28（b）所示，电磁铁 EMB 切断，EMA 通入负脉冲，此时小极 2 上磁通最大，与定子齿对齐，则转子左移 1/4 齿距。如图 3-28（c）所示，电磁铁 EMA 切断，EMB 通入负脉冲。如图 3-28（d）所示，电磁铁 EMA 通入正脉冲，EMB 切断。这样每次切换，转子移动 1/4 齿距。

以上就是直线步进电动机的运行方式。如果电源采用细分方法，则每步步距就可以做得足够小。

2. 平面步进电动机

图 3-29 给出了按索耶原理制成的平面步进电动机示意图。定子的平面上的正方形齿，齿槽内填以环氧树脂形成光滑的平面。转子则为由两个呈垂直放置的直线步进电动机转子组成的磁性组件。磁性组件的小孔中吹出压缩空气，借以与磁力相平衡形成稳定的空气间隙。这样转子即可高速运动，且无机械摩擦。因此，

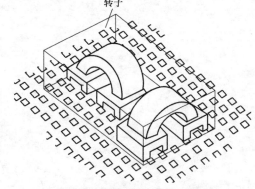

图3-29　平面步进电动机示意图

这种平面步进电动机的精度很高，性能也极好。这种电动机用作高性能绘图系统配件是特别合适的。

3.5　本章小结

步进电动机作为执行元件在数控系统中广泛应用。本章的重点是介绍常用步进电动机的工作原理、特点和分析方法，是学习和使用步进电动机的基础。

在阅读本章时要以抓住步进电动机的特点——步进为中心，通过步进电动机的电磁特性对其运行特性进行分析，了解反应式步进电动机和永磁式步进电动机的共性和个性。本

章的难点是步进电动机在不同领域应用时的变异而形成的特种步进电动机，其主要是在步进电动机的基本原理的基础上融入了特殊的机械和电磁结构，使步进电动机变成一个更加复杂的机电一体化系统。本章对步进电动机的运行方式也从传统的输出角位移扩展到了直接的线位移输出。

第4章 伺服系统概述

伺服驱动系统简称伺服系统，这一名词是从伺服机构理论发展而来的。在第二次世界大战期间，美国国防部为了发展具有自动控制功能的雷达追踪系统，委托麻省理工学院发展机械系统的闭环控制技术。伺服机构理论不仅奠定了伺服机构理论的基础，还推动着自动控制理论的不断发展。伺服系统的基本含义是以机械参数为控制对象的自动控制系统，泛指使输出变量精确地跟随或复现某个过程的控制系统，所以伺服系统又称为随动系统或跟随系统。伺服系统专指系统的输出量是机械位移或速度、加速度的反馈控制系统。本章将主要介绍伺服系统的发展、伺服系统的功能、伺服系统的结构组成、伺服系统的分类及特点。丰富的图例可方便初学者迅速掌握伺服系统的基础知识。

4.1 伺服系统的发展

伺服系统应用从最初的军事行业，如火炮控制和指挥仪、天线位置控制、导弹制导等，逐渐发展到航天、船舶、机械制造，更是在冶金、交通运输、化工、纺织业等领域得到了广泛的应用。随着微型计算机的出现，伺服系统已向数字化迈进。本节主要讲述了液压伺服系统、气动伺服系统、直流伺服系统、交流伺服系统及数字伺服系统的发展概况。通过了解伺服系统发展概况，读者可对各类伺服系统发展有一个清晰的认识。

如图 4-1 所示，伺服系统结构组成和其他形式的反馈控制系统类似，分别由比较电路、控制器、执行元件、被控对象和反馈元件 5 部分组成。伺服系统指输出量 Y 能准确按预定要求完成对输入量 R 的跟踪，如数控机床可以在不同轴上精确跟踪给定的速度、位移等输入信号。

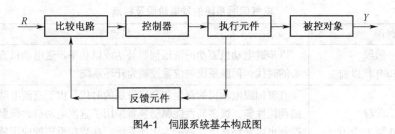

图4-1 伺服系统基本构成图

4.1.1 液压及气动伺服系统的发展

液压伺服系统不仅有自身优点，同时也存在各种缺点，这决定了其应用具有一定的局限性，发展相对缓慢。

液压伺服系统优缺点对照见表4-1，液压伺服系统具有其他伺服系统无法比拟的优点，如单位质量的设备所能输出的功率大、可产生大的加速度和小的时间常数、液压马达调速范围宽；相反液压伺服系统具有使用不方便、维护困难、油液易泄漏、过载能力低、噪声比较大的缺点。鉴于液压伺服系统的以上特点，不能在电子设备、医疗机械、食品加工机械、工艺品加工机械上广泛应用。随着计算机在液压系统中的广泛应用，液压伺服系统正向机电一体化和数字化方向发展。

表 4-1   **液压伺服系统优缺点对照表**

序号	优点	缺点
1	对于直线运动的控制对象具有优良的动态性能	使用不方便，维护困难
2	功率质量比大，即单位质量的设备所能输出的功率大	油液易泄漏
3	力矩惯量比大，即产生大的加速度、小的时间常数，并能快速响应	过载能力低
4	液压马达调速范围宽，即指马达的最大转速与最小平稳转速之比大	噪声比较大
5	易实现大功率的直线伺服驱动，结构简单，能保证系统安全和稳定性	不宜做远距离传输

气动伺服系统是以气体为工作介质，实现能量传递、转换、分配的控制系统。气动伺服系统因其节能、无污染、结构简单、价格低廉、适应温度范围广等一系列的优点而得到了迅速的发展。气动伺服系统主要应用于冶金、煤气、石油化工等各种过程控制系统。无论从产品规格、种类、数量、销售量、应用范围，还是从研究水平和研究人员的数量上来看，我国相比世界各发达工业国家，气动伺服系统的发展比较缓慢。随着高性能的电气控制元件和执行元件的迅速发展，气动伺服系统技术的研究必将取得新成果。

4.1.2 电气伺服系统的发展

电气伺服系统经历了从直流（DC）伺服向交流（AC）伺服不断转化的过程，其转化阶段见表4-2。

表 4-2   **电气伺服系统的发展阶段及特点**

时间	特点
第一阶段 （20世纪60年代以前）	以步进电动机驱动的液压伺服马达或以功率步进电动机直接驱动为中心的时代，伺服系统的位置控制为开环系统
第二阶段 （20世纪60至70年代）	直流伺服电动机的诞生和全盛发展的时代，由于直流电动机具有优良的调速性能，很多高性能驱动装置采用了直流电动机，伺服系统的位置控制也由开环系统发展成为闭环系统。在数控机床的应用领域，永磁式直流电动机占统治地位，其控制电路简单，无励磁损耗，低速性能好

续表

时间	特点
第三阶段 （20 世纪 80 年代至 21 世纪初）	以机电一体化时代作为背景，由于伺服电动机结构及其永磁材料、控制技术的突破性进展，出现了无刷直流伺服电动机（方波驱动）、交流伺服电动机（正弦波驱动）等各种新型电动机
第四阶段（21 世纪初至今）	微电子技术的快速发展，电路的集成度越来越高，对伺服系统产生了很重要的影响，交流伺服系统的控制方式迅速向微机控制方向发展，并由硬件伺服转向软件伺服，智能化的软件伺服将成为伺服控制的一个发展趋势

  自 20 世纪 80 年代后期以来，随着现代工业的快速发展，对作为工业设备的重要驱动源之一的伺服系统提出了越来越高的要求，研究和发展高性能交流伺服系统成为国内外伺服领域发展的新方向。交流异步伺服系统主要集中在性能要求不高的大功率伺服领域。近 10 年来，永磁同步电动机性能得到快速提高，与感应电动机和普通同步电动机相比，永磁同步电动机具有控制简单、低速运行性能好及性价比高的优点，使该类电动机逐渐成为交流伺服电动机的主流。随着微型计算机不断应用于伺服系统，伺服控制器也由模拟控制器向数字控制器转换，数字伺服控制器拥有模拟控制器无法比拟的优点。

  如表 4-3 所示，数字伺服系统的优点主要包括：可以明显地降低控制器硬件成本，执行速度更快，集成电路和大规模集成电路可改善系统可靠性，容易和上位计算机联运，参数容易修改及设计的软硬件可实现多种控制功能。鉴于以上优点，数字伺服系统有逐步替代传统伺服系统的趋势。

表 4-3   数字伺服系统的优点

序号	优点
1	能明显地降低控制器硬件成本。速度更快、功能更新的新一代处理机不断涌现，硬件费用会变得很低。体积小、质量小、耗能少是它们的共同优点
2	可显著改善控制的可靠性。集成电路和大规模集成电路的平均无故障工作时间（MTBF）大大低于分立元件电子电路
3	数字电路温度漂移小，也不存在参数的影响，稳定性好
4	硬件电路易标准化。在电路集成过程中采用了一些屏蔽措施，可以避免电力电子电路中过大的瞬态电流、电压引起的电磁干扰问题，因此可靠性比较高
5	采用微处理机的数字控制，使信息的双向传递能力大大增强，容易和上位计算机联运，可随时改变控制参数
6	可以设计适合于众多电力电子系统的统一硬件电路，其中软件可以模块化设计，拼装构成适用于各种应用对象的控制算法，以满足不同的用途。软件模块可以方便地增加、更改、删减，或者当实际系统变化时彻底更新
7	提高了信息存储、监控、诊断及分级控制的能力，使伺服系统更趋于智能化
8	随着微机芯片运算速度和存储器容量的不断提高，性能优异但算法复杂的控制策略有了实现的基础

4.2 伺服系统的结构及功能

引进一些先进的"复合型控制策略"来改进控制器性能，是当前发展高性能伺服系统的一个重要突破口。在介绍伺服控制器之前，首先需要了解伺服系统的功能：伺服系统的功能就是输出量对输入量的准确反映，对于一个伺服系统其作用是使输出的机械位移（或转角）准确地跟踪输入的位移（或转角）。本节主要通过两个典型实例来说明伺服系统的基本结构，同时介绍伺服系统的基本功能。

4.2.1 伺服系统的结构

1. 寻零跟踪系统

如图 4-2 所示，寻零跟踪系统是指输入量选定后输出量始终能寻至开口零位的系统。它主要包括输入选择开关、直流电动机、接触环和输出联动装置。选择开关 S1 有 3 个位置可选，与 S2 的 3 个输出触点分别对应，当 S1 选定一个位置后（即输入确定），S2 上的触点将在直流电动机带动下旋转至接触环的开口处，从而完成寻至开口零位（即输出位置）的操作。

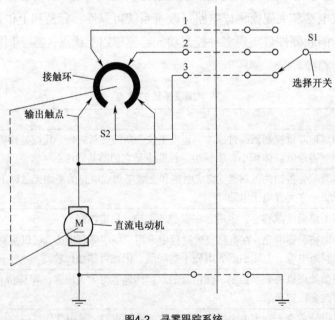

图4-2　寻零跟踪系统

2. 基于欧姆龙 NC211 的步进伺服系统

如图 4-3 所示，基于欧姆龙 NC211 的步进伺服系统结构主要分为 5 个部分：欧姆龙 C200H 系列 PLC、欧姆龙双轴位置控制单元 NC211、伺服电动机驱动器、伺服电动机和位置检测部分。欧姆龙双轴位置控制单元 NC211 采用全数字脉冲控制方式，通过总线接口与欧姆龙 PLC 进行通信，NC211 CPU 可与总线接口、存储器、脉冲发生器及 I/O 接口进行双向通信；存储器对信号数据进行存储，存储时由于 NC211 为双轴位置控制单元，需占用双倍的数据存储区和内部寄存器区，分配时应注意与其他模块单元的冲突；外部输入通过 I/O 连接器及 I/O 接口电路与 NC211 CPU 通信；脉冲发生器可产生一定频率脉冲通过 I/O 连接器控制步进伺服驱动器，脉冲输入控制步进伺服器的方式有两种：双脉冲输入和单脉冲输入；步进电动机驱动器将输入脉冲进行分配，输入至功率放大器；功率放大器变频部分采用绝缘栅双极晶体管，并进行脉冲宽度调制；步进电动机转过的电角度通过测速发电机和旋转编码器测出，并反馈回伺服电动机驱动器的比较环节和误差计数器。

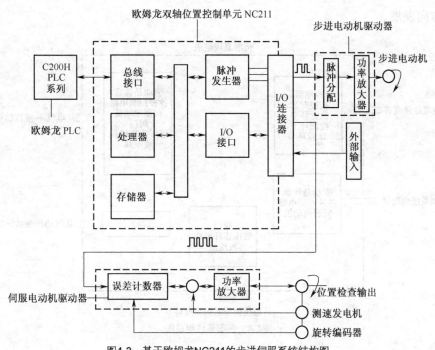

图4-3 基于欧姆龙NC211的步进伺服系统结构图

4.2.2 伺服系统的功能

随着伺服系统的应用越来越广泛，其功能也在进一步扩展。在工业领域中，伺服系统主要完成位置控制、速度控制、液位控制、温度控制等。同时微型计算机在伺服系统中不断引用，使各种不同的控制算法在伺服系统中得到实现，从而使伺服系统更加智能化、集成化及数字化。伺服系统主要实现以下 3 类功能。

① 以小功率指令信号去控制大功率负载。为了在操作控制系统时不至于由于强电流而造成人身伤害，需用小功率信号控制强电流、大功率负载，火炮控制和船舵控制就是典型的例子。

② 在没有机械连接的情况下，由输入轴控制位于远处的输出轴，实现远距离同步传动。

③ 使输出机械位移精确地跟踪电信号，如记录和指示仪表。

4.3 伺服系统的组成

由于伺服系统加入了反馈环节和各类比较环节，因此比一般控制系统复杂。在介绍了伺服系统的功能及采用伺服系统的目的之后，本节将主要介绍伺服系统的组成。

图 4-4 给出了伺服系统组成图，分别从自动控制理论、电气控制系统、液压伺服系统、气动伺服系统和电—液结合 5 个不同角度进行了讲述。针对不同的角度，伺服系统的组成元件及名称也不同。同时随着电气元件的发展，伺服系统的组成向着电—气、电—液不断结合的方向发展。

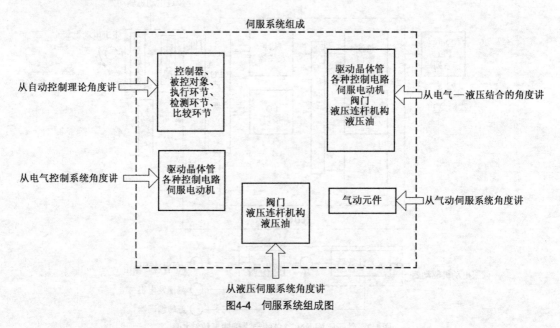

图4-4 伺服系统组成图

4.3.1 自动控制理论中的伺服系统

如图 4-5 所示，它是从自动控制理论的角度来分析伺服系统的。一个闭环系统主要包括控制器、被控对象、执行环节、检测环节、比较环节五部分。这些也是一个典型伺服系统的主要组成部分。比较环节是将输入的指令信号与系统的反馈信号进行比较，以获得输出与输入之间偏差信号的环节；控制器是将比较环节输出的偏差信号进行变换处理，并用来控制执行元件动作；执行环节就是按控制信号的要求驱动被控对象工作，如各种电动机或液压、气动伺服机构等；被控对象是指一些参数量，如位移、速度、加速度、力及力矩等；检测环节是指能够对输出进行测量的装置，一般包括传感器和转换电路。

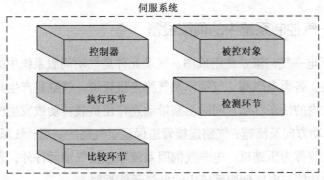

图4-5 自动控制理论下伺服系统组成图

4.3.2 电气控制系统中的伺服设备

如图 4-6 所示，电气控制系统由电气元件及被控对象两部分组成。电气元件是指各种驱动晶体管、控制电路及伺服电动机。驱动晶体管起功率放大的作用，它为执行装置提供电源；控制电路对外部信号进行检测、比较、A/D 及 D/A 转换；伺服电动机带动负载转动或发生位移。被控对象就是执行装置输出的参数，与自动控制系统中的被控对象类似。

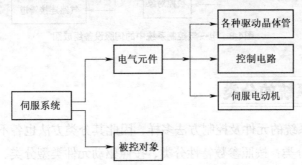

图4-6 电气控制系统中的伺服设备组成图

4.3.3 电—液控制系统中的伺服设备

如图 4-7 所示，从电气—液压结合的角度来看，伺服设备组成元件不仅包括电气元件、被控对象，还包括作为执行机构的液压元件。液压元件主要由各种阀门、液压连杆机构及液压轴组成。

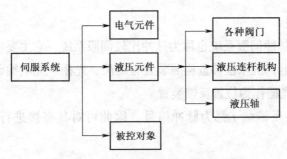

图4-7 电—液控制系统中的伺服设备组成

4.3.4　电—气控制系统中的伺服设备

图 4-8 给出了电—气伺服系统组成图。气动元件是气动伺服系统中的执行元件，气动元件主要包括气缸、各类电磁阀、气源以及气路连接管道。气缸是产生高压气体的装置，该高压气体使气缸内的活塞移动，同时活塞带动连杆使负载转动或发生位移；各类电磁阀控制气体流量、流动方向及流速；气路连接管道保证了气路的畅通；气源处产生高压气体，产生高压气体的装置称为压缩机。电—气伺服系统除包括气动元件外，还包括电气元件及被控对象，它们的功能与电气伺服系统中的电气元件类似。

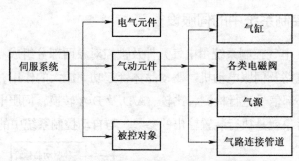

图4-8　电—气控制系统中的伺服设备组成图

4.4　伺服系统的分类

由于组成伺服系统的元件及控制方法多样，因此其分类方法也各不相同。伺服系统主要可按照 4 种方法分类：按照参数特性分类、按照驱动元件类型分类、按照控制原理分类及按照机床加工系统分类。本节首先介绍了脉冲伺服系统、相位伺服系统、幅值伺服系统及数字伺服系统，然后讲述了步进伺服系统、直流伺服系统及交流伺服系统，接着介绍了开环伺服系统、半闭环伺服系统及闭环伺服系统，最后介绍主轴伺服系统及进给伺服系统。通过对各类伺服系统进行详细的说明，读者可对伺服系统分类有深刻的认识。

4.4.1　按照参数特性分类

1. 脉冲伺服系统

如图 4-9 所示，脉冲伺服系统也称为脉冲比较伺服系统，它主要应用在数控机床中，数字脉冲由插补器给出。机床位移量检测装置有磁尺、光栅、光电编码器，都以数字脉冲作为数字信号，并以光栅作为位置反馈装置。

由于给定量 R 与反馈量 f 都为脉冲信号，因此可对其直接进行比较，得到位置偏差信号 e。

$$e=R-f \tag{4-1}$$

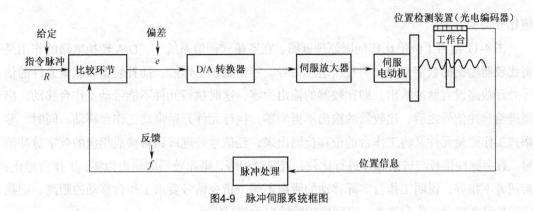

图4-9 脉冲伺服系统框图

当输入脉冲 R 为 0 时，无反馈信号（即 $f=0$），由偏差公式，即式（4-1）可得 $e=0$，工作台静止；当输入脉冲 R 为正时，工作台尚未移动（即 $f=0$），由式（4-1）得 $e>0$，工作台正向进给；当输入脉冲 R 为负时，工作台反向进给。数字量 e 经 D/A 转换后得到的模拟电压信号控制伺服电动机动作。

2. 相位伺服系统

如图 4-10 所示，相位伺服系统也称为相位比较伺服系统。相位伺服系统具有载波频率高、响应快、抗干扰性强等特点，适用于连续控制系统，也适用于感应式检测元件（如旋转变压器、感应同步器）。

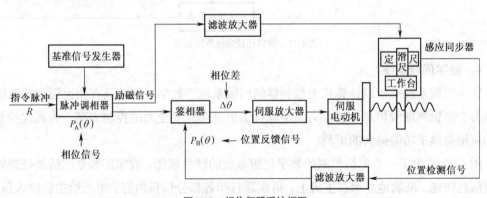

图4-10 相位伺服系统框图

脉冲调相器将进给指令脉冲 R 转换成相位信号，即变换成重复频率为 f 的相位信号 $P_A(\theta)$；感应同步器采用相位工作状态，即用定尺检测相位信号；感应同步器输出经滤波放大后产生的位置反馈信号 $P_B(\theta)$，$P_B(\theta)$ 代表机床的实际位置；相位差 $\Delta\theta$ 反映了信号 $P_A(\theta)$ 和 $P_B(\theta)$ 的偏差，偏差信号经放大后驱动机床按指令位置进给，从而实现精确的位置控制。

3. 幅值伺服系统

幅值伺服系统也称为幅值比较伺服系统，其位置检测元件（旋转变压器或感应同步器）采用幅值工作状态输出模拟量信号。幅值伺服系统的特点是幅值大小与机械位移量成正比。位置反馈信号由幅值大小决定，该信号与指令信号比较构成的闭环系统称为幅值比较伺服系统。

图 4-11 给出了幅值比较伺服原理框图。在鉴幅式伺服系统中，D/A 转换电路的作用是将比较器输出的数字量转化为直流电压信号。鉴幅系统工作前，插补装置和测量元件的信号处理线路没有脉冲输出，即比较器的输出为零，这时执行元件不能带动工作台移动；出现进给脉冲信号之后，比较器的输出不再为零，执行元件开始带动工作台移动。同时，鉴幅式工作测量元件又将工作台的位移检测出来，经信号处理线路转换成相应的数字脉冲信号。数字脉冲信号与进给脉冲进行比较，若两者相等，则比较器的输出为零，工作台停止；若两者不相等，说明工作台实际移动的距离不等于指令信号要求工作台移动的距离，则执行元件继续带动工作台移动，直到比较器输出为零时停止。

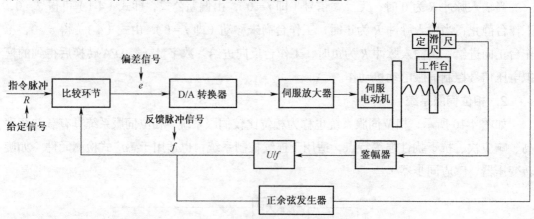

图4-11　幅值比较伺服系统框图

4. 数字伺服系统

数字伺服系统是指以计算机为控制器的伺服系统，数字计算机具有快速强大的数值计算能力、逻辑判断及信息加工能力，还能提供更复杂、更全面的控制方案，为现代控制理论的应用提供了功能强大的工具。

图 4-12 给出了一个单机控制的数字伺服系统的硬件框图。数字伺服系统的微处理器将系统信息快速、准确地显示在主机上；可实现打印各部分信息内容；键盘给主机输入信息，使信息输入更加便捷；通过总线实现主机与各个输出、输入通道的通信。

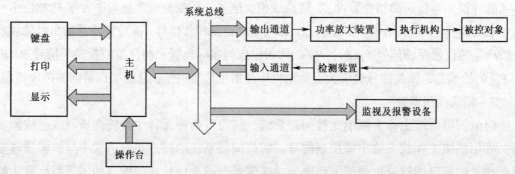

图4-12　数字伺服系统框图

4.4.2 按照驱动元件类型分类

1. 步进伺服系统

采用步进电动机作为动力元件，无反馈装置的系统称为开环步进伺服系统。由于开环步进伺服系统具有结构简单、使用维护方便、可靠性高、制造成本低等一系列优点，因此得到了广泛应用。图 4-13 给出了步进电动机的一个开环步进伺服系统框图。

图4-13 开环步进伺服系统框图

机床数控装置发出指令脉冲，经过步进电动机驱动电路、步进电动机、减速器、丝杆螺母转换成机床工作台的移动。开环系统无位置和速度反馈回路，省去了检测装置。开环系统简单可靠，不需要进行复杂的反馈设计和校正。

2. 直流伺服系统

将直流伺服电动机作为执行元件的反馈系统称为直流伺服系统。直流伺服系统常用的伺服电动机有两类：小惯量直流伺服电动机和永磁直流伺服电动机。由于小惯量伺服直流系统结构复杂，已逐渐被永磁直流伺服电动机代替。永磁直流电动机的额定转速很低（可在 1r/min 甚至 0.1r/min 下平稳运行），因此，低速的电动机转轴可以和负载直接耦合，从而省去了减速器，简化了结构，并提高了传动精度。永磁直流电动机具有宽调速、启动转矩大和响应速度快等优点，在性能要求高的数控机床上被广泛采用。永磁直流伺服电动机由于制造成本高、维护麻烦、机械换向困难，其单机容量和转速都受到限制。

3. 交流伺服系统

将交流伺服电动机作为执行元件的反馈系统称为交流伺服系统。交流异步电动机结构简单、运行可靠、维护容易，适用于恒转速机械。但交流异步电动机调速性能和转矩控制性能均不够理想，使交流伺服系统难以推广。随着电力、电子技术发展，交流变频技术的性能和各项指标已达到直流调速系统的指标，交流伺服系统有逐步替代直流伺服系统的趋势。

4.4.3 按照控制原理分类

根据反馈元件及反馈方式来对伺服系统进行分类，可将伺服系统分为开环伺服系统、半闭环伺服系统和闭环伺服系统。

1. 开环伺服系统

图 4-14 给出了开环伺服系统结构框图，该系统输出量不影响被控制量的变化，但输入量直接影响输出量，输入量经过处理器与驱动电路作用于被控对象。当出现扰动时，在没

有人干预的情况下，系统不能自动回到初始状态。由于开环伺服系统没有形成控制回路，又称为无反馈控制系统。

图4-14　开环伺服系统结构框图

2．半闭环伺服系统

图 4-15 给出了半闭环伺服系统结构框图，半闭环伺服系统与开环伺服系统的最大区别是，系统形成控制回路，输出影响输入，系统有了速度检测和位置检测元件同时系统还添加了比较环节。

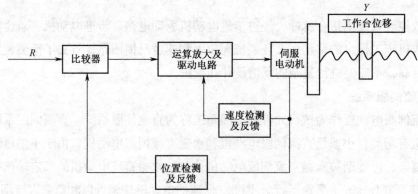

图4-15　半闭环伺服系统结构框图

3．闭环伺服系统

图 4-16 给出了闭环伺服系统结构框图，闭环伺服系统与半闭环伺服系统的最大区别是位置检测及反馈环节的检测点不同。闭环伺服系统所反馈的量是整个系统的执行环节，可以认为系统中任何一处造成的误差闭环控制都能做出补偿，而半闭环只对驱动环节进行监控和补偿。

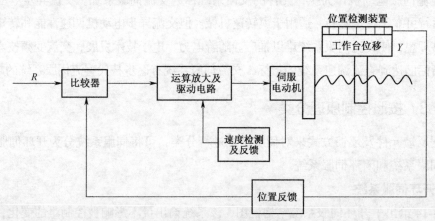

图4-16　闭环伺服系统结构框图

4.4.4 按照机床加工系统分类

1. 主轴伺服系统

主轴伺服系统主要应用于机床的主轴驱动。主轴伺服系统是一个速度可调节系统，它可以实现主轴的无极变速，并提供切削过程的转矩和功率，无须丝杆或其他直线运动装置。

2. 进给伺服系统

进给伺服系统特指机床的进给伺服系统，包括速度控制环和位置控制环。进给伺服系统完成机床各坐标的进给运动，具有定位和轮廓跟踪功能，是机床控制中要求最高的伺服系统。

4.5 伺服系统的特点

本节将主要讲述伺服系统的特性及各种比较方法。伺服系统与自动控制系统类似，也要求系统有相应的精度、稳定性及快速性。

图 4-17 给出了伺服系统特性组成图。伺服系统的主要特性包括 4 个部分：系统精度、稳定性、快速响应性及控制多样性。其中，快速响应性指系统的响应特性、调速范围及工作频率，控制多样性是指伺服系统可以采用多种反馈原理及各种比较方法。本节主要介绍前 3 种伺服特性。

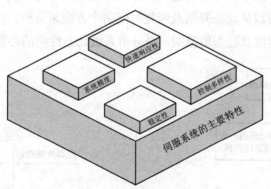

图4-17 伺服系统特性组成图

1. 伺服系统精度

伺服系统精度指伺服系统输出量偏离输入量的精确程度。伺服系统精度以动态误差、稳态误差和静态误差 3 种形式表示。伺服系统允许的偏差通常为 0.01～0.001mm，高精度伺服系统的偏差通常为 ± 0.000 1～ ± 0.000 05mm。伺服系统对分辨率也有一定的要求，系统分辨率取决于系统稳定工作性质和所使用的位置检测元件。目前的闭环伺服系统都能达到 1μm 的分辨率，同时数控测量装置的分辨率可达 0.1μm。伺服系统拥有的精确检测装置可以保证信号不失真。

由于被控对象各不相同，伺服系统精度分类也就不同。例如，在机床定位控制中，伺服系统精度主要是定位精度；在导弹跟踪系统中，伺服系统精度主要是跟踪精度；在液位控制系统中，伺服精度主要是液位精度；在温度控制系统中，伺服精度主要是温度精度等。

2. 伺服系统稳定性

伺服系统的稳定性是指当作用在系统上的干扰消失以后，系统能够恢复到原来稳定状态的能力；或者当给系统一个新的输入指令后，系统达到新的稳定运行状态的能力。伺服系统在承受额定力矩的变化时，静态速降应小于 5%，动态速降应小于 10%。

如图 4-18 所示，伺服系统稳定性研究是从画控制系统框图开始的，画控制系统框图的目的是分清系统所包含的环节，并得出各个环节的传递函数；然后对伺服系统做稳定性详细分析，主要包括对系统框图进行分解、做相应的信号流图、求传递函数、根据稳定判据来判断其稳定性；接着是对该伺服系统进行仿真，一般可应用 MATLAB 软件仿真；综合上述的分析结果进一步得出伺服系统稳定与否。

3. 伺服系统快速响应性

快速响应性指输出量跟随输入指令变化的反应速度，它决定了系统的工作效率。响应速度与许多因素有关，如计算机的运行速度、运动系统的阻尼和质量等。快速响应性是伺服系统的动态标志之一，要求伺服系统过渡过程时间短，恢复稳定的时间短，且无振荡。

如图 4-19 所示，伺服系统动态性能指标与闭环伺服系统性能指标类似，分为跟踪性能指标与抗扰性能指标。其中，跟踪性能指标分为上升时间、超调量与峰值时间及调节时间 3 类；抗扰性能指标可以从动态降落及恢复时间两个方面来分析。这些性能指标均反映系统的动态变化时间、速度及稳态值范围，是分析系统动态性能的必要组成部分。

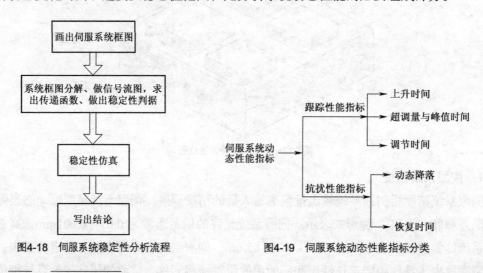

图4-18 伺服系统稳定性分析流程　　　　图4-19 伺服系统动态性能指标分类

4.6　本章小结

本章主要介绍了伺服系统的基本概念。从伺服系统的发展、功能、结构组成、分类及特点对伺服系统进行了描述。读者可以比较容易地理解液压及气动伺服系统的发展概况、电气伺服系统的发展概况、伺服系统的基本结构、伺服系统的基本功能、各类控制系统下伺服设备的组成、伺服系统在不同条件下的分类及伺服系统的特点。通过表格对各类伺服系统的优缺点进行对比，读者能快速认识每类伺服系统的特点；对典型伺服系统——寻零跟踪系统的介绍，使读者对伺服系统的基本结构有了清晰的认识；描述伺服系统组成及分类时加入了各种原理框图及组成图，从而方便读者快速掌握每一类伺服系统的特性。

丰富的框图及比较方法的应用，使伺服系统每个组成环节变得更加简单。本章内容简单易懂，结构严谨，层次清楚，图表丰富，读者可以对伺服系统有更全面的认识。

第5章 伺服系统原理

伺服系统与自动系统原理类似，二者均用来控制被控对象的某种状态，使其自动、精确地复现输入信号。由于伺服系统组成元件及实现的功能存在差异，其控制原理也就存在差别。认识了伺服系统的发展、功能、结构组成、分类及特征，还需要熟悉伺服系统的基本原理，本章将主要介绍以下 6 类典型伺服系统原理：步进式伺服系统原理、电—液伺服系统原理、气动伺服系统原理、直流伺服系统原理、交流伺服系统原理及数字伺服系统原理。通过对各类伺服系统硬件组成原理及控制方式的描述，读者能快速掌握各类伺服系统的原理。

5.1 步进式伺服系统原理

本节将重点介绍步进式伺服驱动系统的基本控制方式，同时也对构成步进式伺服系统的基本硬件组成及工作方式进行描述。组成步进式伺服系统的基本硬件有脉冲发生器、环分电路、驱动电路及步进电动机。

图 5-1 给出了一个典型的步进式伺服系统控制框图。外部输入至脉冲发生器一定频率的脉冲信号，通过脉冲发生器将此信号转换为可控制脉冲信号，并经过环分电路转换为电动机通断电信号，用该通断电信号来控制驱动电路，驱动电路产生功率放大信号来控制步进电动机。

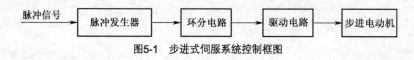

图5-1 步进式伺服系统控制框图

5.1.1 脉冲发生器

根据脉冲发生器输出脉冲信号的种类、时间及输出信号的性质，将脉冲发生器分为触发脉冲发生器、梯形脉冲发生器、晶体管脉冲发生器、定时脉冲发生器、同步脉冲发生器、光脉冲发生器、窄脉冲发生器、高压脉冲发生器、选通脉冲发生器、双脉冲发生器等。以下主要对由开环控制的双通道脉冲发生器原理进行分析。

图 5-2（a）所示是由调制、解调开关控制的双通道互补钟脉冲发生器。输出脉冲的频率、脉宽和输入钟脉冲相同。因为开关信号只对钟脉冲的上升沿起作用，所以开关信号可

以在钟脉冲周期内任何时间出现，这并不改变输出脉冲的状态。当开关信号为低电平时，Q1 和 $\overline{Q1}$ 输出钟脉冲；当开关信号为高电平时，Q2 和 $\overline{Q2}$ 输出钟脉冲。图 5-2（b）所示是双通道脉冲发生器的工作时序，开关信号改变逻辑电平时，不论钟脉冲是逻辑"1"还是逻辑"0"都不改变该发生器的输出状态，只有在钟脉冲的正向沿出现时，才会改变输出状态。如果需要一路互补输出（假定由 Q1、$\overline{Q1}$ 输出），则开关信号为"1"时无输出，开关信号为"0"时输出。如果开关信号是由钟脉冲通过一个 JK 触发器二分频供给的，那么该电路可输出双相钟脉冲。在步进控制电路中，除了有脉冲发生器产生正负脉冲信号外，还需加入加减脉冲分配电路来抵消进给脉冲产生的负向脉冲。

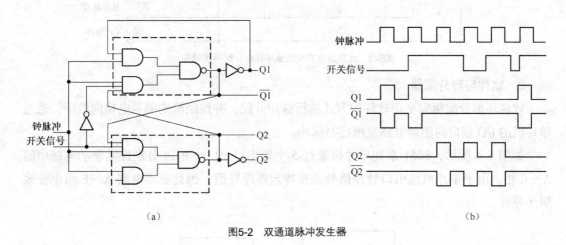

（a） （b）

图5-2 双通道脉冲发生器

5.1.2 环分电路

环形分配器的作用是将进给脉冲指令转化为电平信号，电平信号状态的改变次数及顺序与进给脉冲的个数及方向对应。环形分配器是根据步进电动机的相数和要求通电的方式来设计的。环形分配器分为硬件环形分配器和软件环形分配器。

1. 硬件环形分配器

硬件环形分配器由门电路、触发器等基本逻辑功能元件组成，它按一定的顺序导通和关断功率放大器，从而使相应的绕组通电或断电。硬件环形分配器可分为分立元件、集成触发器、单块 MOS 集成块和可编程门阵列芯片。集成元器件在环形分配器上的应用使环分电路体积大大缩小，可靠性和抗干扰性相应提高，并加快了响应速度。

如图 5-3 所示，六拍脉冲环形分配器由 3 个 JK 触发器构成。通过输入 CP 脉冲来控制 JK 触发器的 CP 端，通过置位、复位脉冲来控制 JK 触发器的 S_D 端和 R_D 端。要使步进电动机反转，通常需要正转及反转脉冲输入控制端。此外，由于步进电动机三相绕组任何时刻都不得出现 A、B、C 三相同时通电或同时断电的情况，因此脉冲分配器的三路输出不允许出现同时为高电平或同时为低电平的状态。

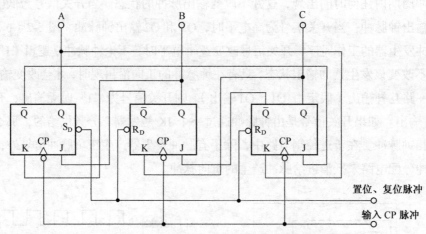

图5-3　六拍通电方式的脉冲环形分配器逻辑图

2. 软件环形分配器

软件环形分配指完全用软件的方式进行脉冲分配，并按照给定的通电换向顺序，通过单片机的 I/O 接口向驱动电路发出控制脉冲。

如图 5-4 所示，8051 系列单片机通过 5 个输出口 P1.0～P1.4 分别控制驱动电路中的 A～E 相。由于单片机输出口脉冲信号是按特定顺序导通，因此驱动电路 A～E 相也按该顺序导通。

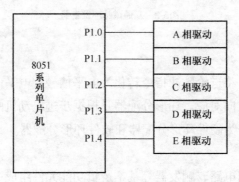

图5-4　用软件实现脉冲分配接口示意图

5.1.3　驱动电路

图 5-5 给出了三相步进电动机的驱动电路示意图。A、B、C 分别表示步进电动机的三相绕组。步进电动机按三相六拍方式运行，即要求步进电动机正转时，控制端 X=1，使电动机三相绕组的通电顺序为 A→AB→B→BC→C→CA；要求步进电动机反转时，令控制端 X=0，三相绕组的通电顺序改为 A→AC→C→BC→B→AB。同时驱动电路还包括功率放大器，利用晶体管的电流控制作用或场效应管的电压控制作用将电源功率转换为可按照输入信号变化的电流。功率放大电路的性能对步进电动机的运行状态也有很大影响。目前，国

内步进电动机功率驱动电路主要有以下 3 种。

图5-5 三相步进电动机的驱动电路示意图

① 单电压恒流功率放大电路。

② 高低电压驱动功率放大电路。

③ 调频调压功率放大电路。

5.1.4 步进电动机

步进电动机控制方法已经从最初的开环控制、闭环控制发展到步进电动机的模糊控制、矢量控制等。下面介绍步进电动机的 4 种控制方式。

1. 步进电动机的开环控制

现代工业大量使用的步进电机仍然是开环控制，开环控制步进电动机的运行精度高于其他种类电动机，并能够完成一些特殊要求下的控制任务。此类系统中运行速度与控制脉冲频率为正比关系，转角与脉冲的个数为正比关系。步进电动机开环控制存在迁出特性，即电动机转矩随电动机速度变化的关系，该特性决定了开环系统存在振荡。

如图 5-6 所示，在电动机迁出特性下低频处有振荡产生，这说明电动机速度与电动机转矩为非线性变化。为了消除这种低频振荡，采用在电动机绕组电流中加入低频分量（即幅值调制或频率调制）。

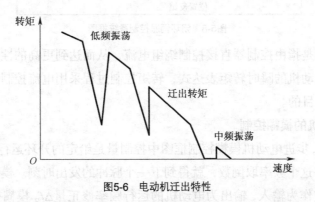

图5-6 电动机迁出特性

如图 5-7 所示，虚线框部分是利用频率调制消除振荡，主要包括放大器、二极管检波、低通滤波及可调增益发生器，这些元件用于信号放大、检波、滤波及增益调节，并最终达到消除振荡的目的。

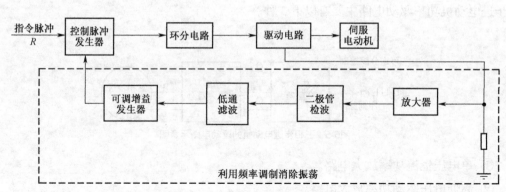

图5-7 利用频率调制消除振荡框图

2. 步进电动机的闭环控制

步进电动机的闭环控制可分为两类：一类是以现有的驱动器开环控制系统为基础，加上控制器和位置传感器构成的闭环控制；另一类为完全的闭环控制。

如图 5-8 所示，光电编码器反馈实际脉冲信号；计算机将输入的给定信号与实际脉冲位置信号进行比较，将比较后的误差信号进行调制放大，进而输出一个控制脉冲信号；驱动器接收来自计算机的控制脉冲信号，并在输出端产生一个电信号带动步进电动机转动，从而完成负载位置的改变。

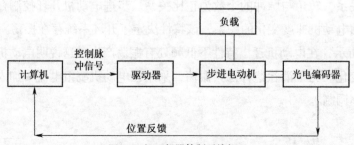

图5-8 闭环伺服控制系统框图

完全闭环控制是指由控制器直接控制绕组电流，从而达到更高的性能。这类控制器的设计是基于步进电动机的瞬时转矩表达式，转矩控制过程采用电流控制方式，并最终达到控制电动机转矩的目的。

3. 步进电动机的模糊控制

如图 5-9 所示，步进电动机模糊控制框图中控制量是给定的开环运行频率 f 与模糊控制器输出 Δf 之和。将这个频率取倒数，就得到下一个脉冲的发出时刻。模糊控制器将两路电动机运行频率误差作为输入，输出为电动机的运行频率修正量 Δf。模糊控制器的引入简化了控制器结构，它组成的系统有良好的抗非线性干扰的性能。模糊控制实质就是对控制信号进行模糊化，并应用各种模糊控制方法对控制信号进行处理，最后将处理好的信号解模糊。

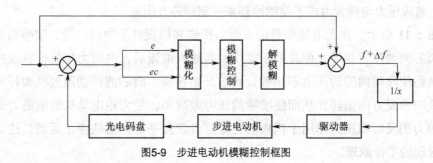

图5-9　步进电动机模糊控制框图

4. 步进电动机的矢量控制

矢量控制也称为磁场定向控制，其方式是把交流电动机解析成类似于直流电动机，使交流电动机具有转矩发生机构，从而达到直流电动机所具有的优点。矢量控制是现代电动机高性能控制的理论基础，用来实现电动机转矩的高效控制。矢量控制是建立在电动机磁场可线性叠加基础之上的。

5.2　电—液伺服系统原理

本节将重点介绍电—液伺服系统结构原理，对电—液伺服系统中的伺服阀、液压马达、反馈传感器原理进行详细介绍。通过对电—液伺服元件基本原理、分类及特点的阐述，可进一步加深读者对电—液伺服系统的认识。

如图 5-10 所示，电—液伺服系统主要由放大器、伺服阀、液压马达、反馈传感器组成。反馈传感器将液压马达的输出信号反馈回比较器，并与指令系统的给定信号比较；比较器将产生的误差信号输入给放大器；放大器驱动伺服阀动作，根据伺服阀的开启程度来控制液压马达转速；液压马达带动负载运动。

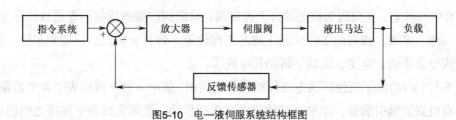

图5-10　电—液伺服系统结构框图

5.2.1　伺服阀

伺服阀就是带有负反馈的控制阀。伺服阀按其功能可分为压力式和流量式两种。压力式伺服阀是指将输入的电信号转换为液体压力，流量式伺服阀是指将输入的电信号转换为液体流量。伺服阀主要有力反馈式电液伺服阀和位置反馈式伺服阀。

1. 伺服阀的结构原理

以下主要对力反馈式电液伺服阀的原理进行介绍。反馈式电液伺服阀主要是利用作用于阀芯上的液压力与弹簧力相平衡的原理来控制阀芯开闭的。

如图 5-11 所示，在无电流信号输入时，衔铁和挡板处于中间位置，喷嘴两腔的压力相等，阀芯两端压力相等，使其处于零位；当输入电流后，电磁力矩使衔铁及挡板发生偏转，从而使喷嘴两腔的压力不相等，阀芯开始移动。阀芯的移动通过反馈杆又带动挡板和衔铁向着反方向偏转，从而使喷嘴的压力差减小，使力矩电动机的电磁力矩、作用于衔铁的力矩及喷嘴压力作用于挡板的力矩三者恢复平衡，衔铁停止运动。这就是力反馈式伺服阀的工作原理。

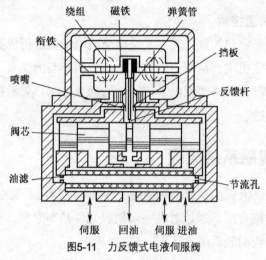

图5-11　力反馈式电液伺服阀

2. 伺服阀的流量控制

阀对流量的控制可以分为两种：开关控制和连续控制。

（1）开关控制

开关控制指对阀进行开和关两种状态的控制，流量大小也相应有两种状态：最大和最小，没有中间状态。换向阀为典型的开关控制阀。换向阀按阀所连接的管道数目分为二通、三通、四通、多通，按阀的工作状态（阀芯工作位置）数目分两位、三位和多位，按阀的控制方式分为手动、电动、液动、机动和电液式。

图 5-12（a）给出了三位四通电磁阀的内部结构图：其中 4 种灰度代表了 4 个油路通道，两边装有电磁铁吸引装置，用来推动油路中间连杆移动，进而完成各个油路之间的切换。图 5-12（b）给出了三位四通阀的符号，由于它有 3 个方块，因而有 3 个"工位"（简称"位"）；并且每个方块中的油口数为 4 个，因而称为"四通"。由于该阀控制方式采用电磁式，因此可表示为三位四通电磁阀，而其根据具体工位形式不同，又有多种型号，具体使用时可查阅有关的液压设计手册。

（2）连续控制

连续控制是指阀口可以根据需要打开任意一个开度，由此控制通过流量的大小。这类阀有手动控制方式，如节流阀；也有电动控制方式，如比例阀、伺服阀。其中，比例阀能够根据输入电信号大小按比例连续地控制液压系统的流量、压力和液流方向。

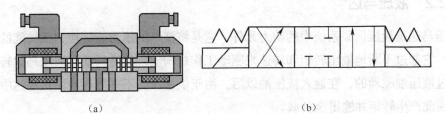

（a） （b）
图5-12 三位四通换向阀结构图及符号图

如图 5-13 所示，在绕组中施加电压时将有电流流过绕组，从而产生一个电磁场，进而给比例电磁铁产生一个推力 F，比例电磁铁与比例阀阀芯通过推杆连接，比例电磁铁在推力 F 的作用下移动时，比例阀阀芯也随之移动。推力 F 大小与流入绕组的电流 I 成正比，电流 I 越大，推力 F 越大，阀芯移动距离也相应增大，从而完成给定的开口大小。

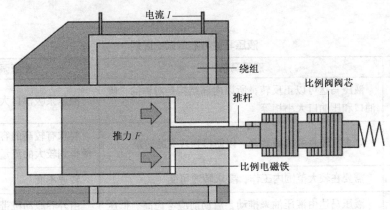

图5-13 比例阀结构示意图

比例阀特性见表 5-1，与普通控制阀一样，比例阀也有其优点和缺点。其优点主要是可连续调节流量、简化电路、使用维护方便及抗污染能力强，缺点是控制精度和响应能力差。使用比例阀或伺服阀的目的是以电控方式实现对流量的节流控制（也可实现压力控制等）。既然是节流控制，就必然有能量损失，伺服阀和其他阀不同的是它的能量损失更大一些，它需要一定的流量来维持前置级控制油路的工作。

表 5-1   比例阀特性表

序号	优点	缺点
1	与普通液压阀相比： （1）用电信号容易实现远距离和自动控制 （2）能连续调节流量、压力，实现对机构的连续控制 （3）减少元件、简化电路	控制精度 和响应能力差
2	与电液伺服阀相比： （1）使用维护方便 （2）抗污染能力强	

5.2.2　液压马达

液压马达是液压伺服系统中的动力元件，它是将液体的压力能转换为机械能的能量转换装置，它通过不断地输出转矩和转速来驱动工作机构实现旋转运动。液压马达转子的旋转是通过液压油驱动的，在通入液压油以后，由于供油压力不平衡推动液压马达中的叶片旋转，因此产生转矩并输出至负载。

1. 液压马达与液压泵的区别

液压马达与液压泵的区别主要体现在结构、效率、转速设定及启动性能等方面（表5-2）。液压马达的内部结构是对称的，吸油口和压油口大小相等，而液压泵吸油口大、压油口小；液压马达要求高的机械效率，而液压泵要求高的容积效率；液压马达在较大的转速范围内工作，而液压泵转速恒定；液压马达由液压油来推动，而液压泵由原动机来带动。

表 5-2　　　　　　　　　　　　　液压马达与液压泵的区别

区别	液压马达	液压泵
结构	液压马达可以正反转，所以内部结构是对称的，吸油口和压油口大小相等	液压泵吸油口大、压油口小
效率	要求有较高的机械效率，以便得到较大的转矩	要求有较高的容积效率，以便得到较大的流量
转速设定	需要在较大范围内工作，要求转速可变	转速不变
启动性能	液压马达由液压油来推动，启动前应考虑高、低压腔隔开的问题	由外界原动机带动，启动性能较好

2. 液压马达的结构原理

一般情况下，液压马达可分为高速和低速两大类。额定转速高于 500r/min 的属于高速液压马达，额定转速低于 500r/min 的为低速液压马达。

如图 5-14 所示，叶片式高速液压马达的转子两侧面开有环形槽，其间放置燕式弹簧，弹簧套在销子上，并将叶片压向定子内表面，从而防止了启动时高、低压腔互通，保证液压马达有足够的启动转矩输出。泵的壳体内装有梭阀，以适应液压马达正转或反转，液压马达的进、回油口互换时保证叶片底部始终通入高压油，从而使叶片与定子紧密接触，保证了密封。叶片式液压马达具有体积小、转动惯量小及动作灵敏的优点；其缺点是液压马达容易泄漏，并且低速工作时不稳定，因而叶片式液压马达多用于转速高、转矩小和动作要求灵敏的场合。叶片式液压马达与叶片泵一样，也是有单作用式和双作用式之分。由于单作用式叶片液压马达偏心量小，容积效率低，结构复杂，因此一般用双作用式叶片液压马达。

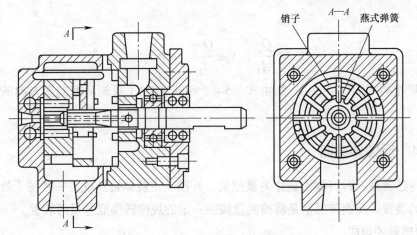

图5-14　叶片式高速液压马达结构图

5.2.3 液压缸的基本原理

下面以单杆活塞式液压缸为例来分析液压缸的工作原理。

如图 5-15 所示，无活塞杆腔截面面积为 A_1，有活塞杆腔截面面积为 A_2。腔 1 进油，腔 2 回油，活塞被推动往右运动。单杆液压缸有以下特点：

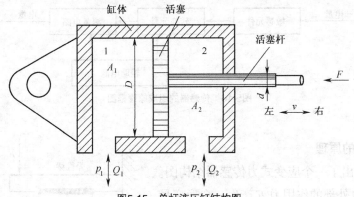

图5-15　单杆液压缸结构图

$$A_1 = \frac{\pi}{4}D^2 , \quad A_2 = \frac{\pi}{4}(D^2 - d^2) , \quad A_1 \neq A_2 \tag{5-1}$$

D 和 d 为活塞和活塞杆的直径，式（5-1）表明，当 $D \neq d$ 时，两腔截面面积不同。

$$F = p_1 A_1 - p_2 A_2 \tag{5-2}$$

p_1 和 p_2 为液压缸两腔压强，式（5-2）表明输出力 F 为两腔推力之差。活塞杆运动速度公式可表示为

$$v = \frac{Q_1}{A_1} = \frac{Q_2}{A_2} \tag{5-3}$$

Q_1 和 Q_2 为两腔进出流量，式（5-3）与式（5-1）联立可得到活塞运动进、出流量不同（即

$Q_1 \neq Q_2$)。

$$v_1 = \frac{Q_\lambda}{A_1}, \quad v_2 = \frac{Q_\lambda}{A_2}, \quad v_1 \neq v_2 \tag{5-4}$$

若两腔流量相同（即 $Q_1 = Q_2$），则由式（5-4）和式（5-1）可知活塞向两方向的运动速度不相等。

5.2.4 反馈传感器

反馈传感器是一种将输出量作为被控量，并按一定规律转换成另一种便于处理和传输的物理量的装置。反馈传感器是将被测量按照一定的规律转换成电量的装置。

1. 传感器的组成

如图 5-16 所示，传感器主要由敏感元件、转换元件、测量电路及辅助电源组成。敏感元件的作用是将测量转换成一种易于变换成电量的物理量，也称预变换元件；转换元件的作用是将中间变量转换为电量；测量电路主要是将转换元件输出的电量转换为便于传输和处理的有用电信号；辅助电源是为转换元件和测量电路提供外部电源。不是每个传感器都包含以上几个环节，有时敏感元件与转换元件可以合二为一。

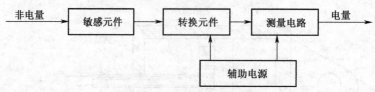

图5-16　传感器的组成原理框图

2. 传感器的原理

图 5-17 给出了一个应变式力传感器结构图。弹性梁接收来自外部的作用力 F 产生一个形变量，并通过应变片转换为电量，该电量应便于传输和处理。新材料、新工艺的引入也使传感器在伺服系统中的应用更加广泛。

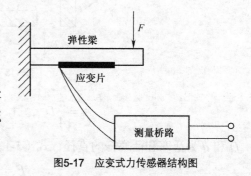

图5-17　应变式力传感器结构图

5.3　气动伺服系统原理

气动伺服系统以其结构简单、价格低廉、工作可靠、寿命长、适应温度范围广等优点而得到了迅速的发展。本节将主要介绍气动伺服系统的构成、分类及气动伺服系统的气路原理。

5.3.1 气动伺服系统的构成

气动伺服系统是指以高压气体作为驱动源的伺服系统，气动伺服系统中的执行机构一般采用活塞式气缸。气动伺服系统按功能一般可分为位置控制系统、速度控制系统、力控制系统及位置与力复合控制系统。气动伺服系统有以下 3 种方式。

1. 气动伺服阀控制系统

这种方式性能最佳，但由于气动伺服阀结构复杂、价格较高、使用条件苛刻，其应用受到一定的限制。

2. 气动比例阀控制系统

随着比例电磁技术的日益成熟，气动比例阀已出现在各类商品化产品中。由于其价格适中、性能稳定，是工业生产中应用最多的控制系统。

3. 气动开关阀控制系统

该系统配合 PWM、PCM、PNM 等控制方式构成气动伺服系统，气动开关阀成本最为低廉，因而气动开关阀控制系统的应用也比较广泛。

5.3.2 气动伺服系统的气路原理

如图 5-18 所示，气动伺服系统由气源、二联件、两位三通高速电磁阀、无杆线性驱动气缸组成。来自气源的压缩空气通过过滤器和减压阀调至基本工作压力，将过滤和减压后的气体分成两路经过高速电磁阀 1、2，最后进入无杆气缸的左、右腔。其中，电磁阀的通断由微控制器进行控制。气动二联件是指空气减压阀和油雾器，安装在距离用气设备较近的位置，该元件是压缩空气质量的最后保证。无杆气缸是指只有活塞而没有活塞杆的气缸，活塞安装在导轨中，外部负载与活塞相连，通过进气压力大小来控制活塞位移。

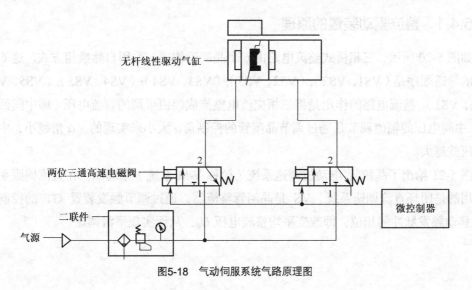

图5-18 气动伺服系统气路原理图

5.4 直流伺服系统原理

直流伺服系统是从直流可控电源发展而来的，经历了旋转变压器组、交流电动机和直流发电机组成的机组、直流斩波或脉宽调制变换器 3 个发展阶段。随着大功率晶体管容量的增加及开关速度不断地提高，PWM 驱动装置一跃成为现代伺服控制系统的佼佼者，受到越来越多控制工程师的重视。本节将主要介绍直流伺服系统中的整流驱动装置、脉宽调制系统及反馈检测装置的工作原理。

图 5-19 给出了一个直流伺服系统控制框图，直流伺服系统主要由整流驱动装置、直流电动机、脉宽调制系统及反馈检测装置组成。交流信号经过电力电子器件整流成直流信号；直流电动机通过电力电子器件中的功率放大元件和控制电路进行驱动和控制；反馈检测装置为直流检测装置，通过反馈信号与给定的直流信号进行比较，并将产生的误差信号经放大器作为电力电子器件变换器的输入。

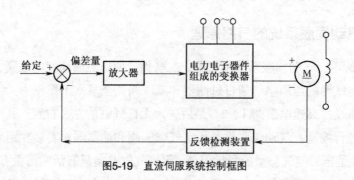

图5-19 直流伺服系统控制框图

5.4.1 整流驱动装置的原理

如图 5-20 所示，三相桥式整流电路由 6 个晶闸管构成，采用自然换相方式。这 6 个晶闸管的导通顺序是（VS1，VS2）；（VS2，VS3）；（VS3，VS4）；（VS4，VS5）；（VS5，VS6）；（VS6，VS1）。整流电路的作用是将三相交流电整流成幅值可调的直流电压（即中间回路电压）。中间电压的幅值调节是通过调节晶闸管的控制角 α 大小来实现的，α 角越小，中间回路电压就越大。

图 5-21 给出了晶闸管-电动机调速系统（简称 V-M 系统）原理图。在直流伺服系统中最常用的是闭环直流调速系统，VS 是晶闸管整流器，通过调节触发装置 GT 的控制电压 U_c 来移动触发脉冲的相位，即改变平均整流电压 U_d，从而实现平滑调速。

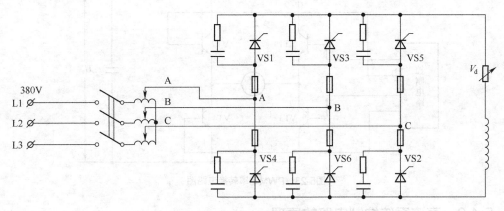

图5-20　三相6脉动晶闸管桥整流电路

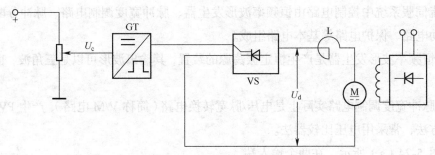

图5-21　V-M系统原理图

5.4.2　直流 PWM 伺服驱动装置的工作原理

如图 5-22 所示，可控开关 S 以一定的时间间隔重复地接通和断开。当 S 接通时，供电电源 U_s 通过开关 S 施加到电动机两端，电源向电动机提供能量，电动机储能；当开关 S 断开时，中断了供电电源 U_s 向电动机提供能量，但在开关 S 接通期间电枢电感所储存的能量将通过续流二极管 VD 使电动机继续运转。PWM 驱动装置的控制结构可分为两大部分：从主电源将能量传递给电动机的电路称为功率转换电路，其余为控制电路。

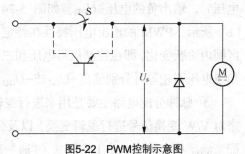

图5-22　PWM控制示意图

图 5-23 给出了 PWM 功率转换电路。三相交流电源经过三相整流后转化为直流电压 U_s，U_s 被施加到桥式功率转换电路上，该桥式电路由 4 个放大功率晶体管 VT1、VT2、VT3、VT4 组成。控制电路给 VT1、VT4 和 VT2、VT3 提供相位差为 180° 的基极电压，促使晶体管 VT1、VT4 和 VT2、VT3 交替导通，这 4 个晶体管的作用是将直流电压 U_s 调制成方波脉冲电压，并将方波脉冲电压作用到电动机电枢两端，为电动机提供能量。

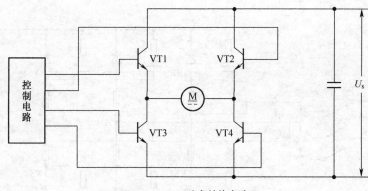

图5-23　PWM功率转换电路图

5.4.3　直流系统控制电路的原理

直流伺服系统中控制电路由恒频率波形发生器、脉冲宽度调制电路、脉冲分配电路、基极驱动电路、保护电路等基本电路组成。

① 恒频率波形发生器是产生恒定振荡源的装置，其输出波形可以是三角波，也可以是矩形波。

② 脉冲宽度调制电路实际上是电压/脉宽转换电路（简称 V/M 电路），产生 PWM 信号有多种方法，常采用电压比较器法。

如图 5-24（a）所示，在两个输入端上分别施加了三角波信号和控制信号电压，此时比较器输出将按下述规律变化：控制信号电压大于三角波电压时，输出正的电压+U_{CC}；控制信号电压小于三角波电压时，输出负的电压−U_{DD}。如图 5-24（b）所示，PWM 的输出电压特性在特定区间内阶跃变化，即在控制信号电压和三角波电压不相等时分别输出+U_{CC} 或−U_{DD}。

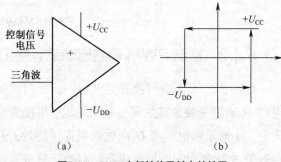

(a)　　　　　　　(b)

图5-24　PWM内部结构及继电特性图

③ 脉冲分配电路主要是用来进行逻辑变换和分配脉冲电压。由大功率晶体管导通次序来对 V/W 变换信号进行逻辑变换，以及分配给基极驱动电路脉冲电压，通过这些变化和分配来满足功率转换电路工作制式（"通"和"断"）。

④ 基极驱动电路是指对脉冲分配电路提供的脉冲进行前置功率放大，并用来激励功率转换电路的大功率晶体管。

⑤ 保护电路与晶体管控制电路类似，主要提供对驱动电路的保护。PWM 驱动电路同样需要设置过电流、过电压、欠电压及过热保护，以便在发生故障后切断功率转换电路。

5.4.4 测速元件的工作原理

测速元件是速度闭环控制系统中的重要元件。为了扩大调速范围，改善低速平稳性，要求测速元件具有低速输出稳定、纹波小及抗干扰强的特性。

1. 模拟量测速元件（直流测速发电机）

直流发电机分为永磁式和他励式两类，直流发电机应满足以下几部分要求：输出电压-转速特性曲线呈线性；输出特性的频率大；温度变化对输出的影响小；输出电压的纹波小；输出特性的对称性好。

2. 数字测速元件（光电脉冲测速机）

如图 5-25 所示，光源发出一束光，光束透过光电码盘的间隙进入光敏元件；光电码盘随机械轴同步旋转；光敏元件感应光信号，并将其转为电信号送入放大整形电路，经放大整形电路 A、B 两端子输出。当没有光照过间隙时，A、B 两端子无输出；当有光照过间隙时，A、B 两端子输出高电平信号。这样依次产生一连串脉冲信号，脉冲信号个数与旋转轴速度成正比。

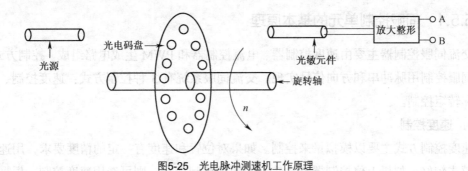

图5-25 光电脉冲测速机工作原理

5.5 交流伺服系统原理

交流伺服系统中有关各种新型控制算法不断涌现，如自适应控制、磁场定向控制、直接转矩控制及智能控制等，这些算法的出现使交流伺服系统原理更加复杂。本节将深入浅出地讲解交流伺服系统的基本控制原理及伺服单元基本控制方式，并阐述功率放大单元的逆变环节、感应电动机原理。最后介绍反馈检测中的速度、位置及角度检测原理。

如图 5-26 所示，速度控制器比较速度指令和速度反馈信号，并输出电流指令信号，该信号表征电流幅值。但由于电动机是交流电动机，要求在其定子绕组中通入交流电流，因此必须将速度控制器输出的直流信号指令交流化。位置检测器输出的磁极位置信号在乘法器中与直流电流指令值相乘，输出端就获得了交流电流指令值。交流电流指令值与电流反馈信号相比较后，差值送入电流控制器。电流控制器输出一定频率和幅值的电流信号，并用来对电流脉冲宽度进行调制，最后将调制后的脉宽信号作为逆变器的输入，逆变器输出一个波形与交流电流指令相似但幅值要高得多的正弦电流，该正弦电流与永磁体相互作用产生电磁转矩，推动交流伺服电动机转动。

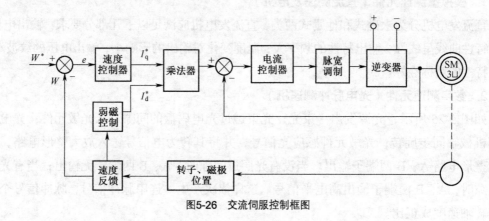

图5-26 交流伺服控制框图

5.5.1 伺服控制单元的基本原理

交流伺服控制器主要由速度控制器、电流控制器和 PWM 生成电路组成。控制方式上，交流伺服控制用脉冲串和方向信号实现。交流伺服系统有 3 种控制方式：速度控制、位置控制和转矩控制。

1. 速度控制

速度控制方式主要以模拟量来控制。如果对位置和速度有一定的精度要求，用速度或位置模式较好；如果上位控制器有比较好的闭环控制功能，则可选用速度控制。根据电动机的类型，调速控制系统也分不同类型，如异步电动机的变频调速和同步电动机的变频调速，异步电动机的变频调速分为笼型异步电动机的变频调速和 PWM 型变频调速。下面以 PWM 型变频调速为例来详细说明交流伺服控制原理。

图 5-27 给出了 PWM 调速系统示意图，主电路由不可控整流器 UR、平波电容器 C 和逆变器 UI 构成。逆变器输入为固定不变的直流电压 U_d，通过调节逆变器输出电压的脉冲宽度和频率来实现调压和调频，同时减小三相电流波形畸变的输出。这种形式主电路的特点如下。

① 由于主要电路只有一个功率控制级 UI，因此结构简单。

② 由于使用了不可控整流器，因此电网功率因数跟逆变器的输出大小无关。

③ 逆变器在调频时实现调压，与中间直流环节的元件参数无关，从而加快了系统的动态响应。实际的变频调速系统一都需要加上完善的保护以确保系统安全地运行。

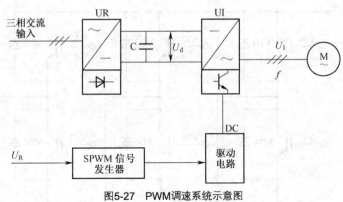

图5-27 PWM调速系统示意图

2. 位置控制

在有上位控制装置的外环 PID 控制时速度模式也可以进行定位，但必须把电动机的位置信号或直接负载的位置信号给上位反馈以做运算用。位置模式也支持直接负载外环检测位置信号，电动机轴端的编码器只检测电动机的转速。由于位置模式对速度和位置都有很严格的控制，因此其主要应用于定位装置，如数控机床、印刷机械等。

3. 转矩控制

转矩控制方式实际上就是通过外部模拟量的输入或直接的地址赋值来设定电动机轴输出转矩。例如，10V 对应 5N·m 的话，当外部模拟量设定为 5V 时，电动机轴输出为 2.5N·m。如果电动机轴负载低于 2.5N·m 时，电动机正转；外部负载等于 2.5N·m 时，电动机不转；外部负载大于 2.5N·m 时，电动机反转（通常在有重力负载情况下产生）。可以通过即时改变模拟量的设定来改变设定力矩大小，也可通过通信方式改变对应的地址的数值来实现。转矩控制主要应用在对材质的受力有严格要求的缠绕和放卷的装置中，如绕线装置或拉光纤设备。

5.5.2 功率放大单元的基本原理

在交流伺服系统中，功率放大电路主要包括整流环节和逆变环节。接下来将主要介绍功率放大电路的逆变环节。

如图 5-28 所示，该逆变桥式电路每个周期共有 6 个工作状态，采用 180° 导电型。每个工作状态都有 3 个晶闸管同时导通。这 6 个工作状态分别是（VT1，VT2，VT3）；（VT2，VT3，VT4）；（VT3，VT4，VT5）；（VT4，VT5，VT6）；（VT5，VT6，VT1）；（VT6，VT1，VT2）。VD1~VD6 是续流二极管。逆变电路的作用是将直流电逆变成频率可调的三相交流电。在分析逆变器工作时，通常要分析稳定工作状态和换相过程两种状态，稳定工作状态持续时间长；在换相过程中，希望逆变管 VT1~VT6 能够顺利快速地换向并且无差错。

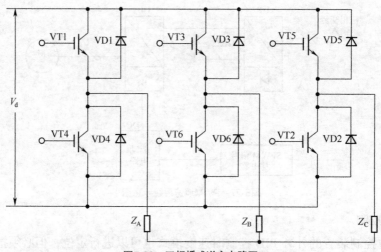

图5-28 三相桥式逆变电路图

5.5.3 感应电动机的基本原理

感应电动机是指将转子置于转动磁场中，由于涡电流的作用使转子转动的装置。转动磁场并不是用机械方法生成的，而是以交流电通于数对电磁铁中，并使其磁极性质循环改变。感应电流有反抗磁场与转子发生相对运动的效应，故转子随磁场转动。但此转子的转动速度没有磁场变换速度高，否则磁力线将不能为导体所切割。感应电动机和同步电动机定子是一样的，只是转子结构不同而已。

图 5-29 给出了一个笼型感应电动机的工作原理。转子槽内有导体，导体两端用断路环连接起来，从而形成一个闭合绕组。当定子绕组加上对称的三相交流电压后，定子三相绕组中便有对称的三相电流通过，转子及定子绕组联合产生一个定子旋转磁场（N、S极）。设定子旋转磁场以转速 n_1 沿逆时针方向旋转，则它的磁力线将切割转子导体而感应电动势，电动势的方向可用右手定则确定。在该电动势的作用下转子导体内便产生电流。由电磁力定律可知，转子导体电流与旋转磁场相互作用使转子导体受到电磁力 f 的作用，它的方向可由左手定则确定。在电磁力 f 的作用下，电动机转子便开始转动，如果在转子轴上加上机械负载，则电动机拖动机械负载旋转。感应电动机的转速总是低于同步转速，即两种转速之间总是存在差异，因而感应电动机又称为异步电动机。

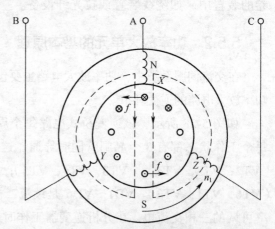

图5-29 笼型感应电动机的工作原理

5.5.4 反馈元件的基本原理

反馈元件就是对模拟量信号进行处理的测量装置。调节系统中测量装置的作用是产生一个与被调节量等效的电信号，而不是原来的被调节量（如转速、位移、转角、电流、电压等）。

1. 转速测量装置原理

交流伺服系统转速测量一般采用测速发电机，测速发电机主要有多相中频测速发电机、两相异步测速发电机和电动势测速桥电路。

图 5-30（a）中多相中频测速发电机是根据磁阻原理构成的，其定子输出三相或多相交流电压，该交流电压经整流和滤波后作为直流测量信号。多相中频测速发电机的优点是输出电压有很宽的线性工作范围。图 5-30（b）中两相异步测速发电机也是一种应用广泛的速度测量装置，特别是转子异步测速发电机，其惯性极小，适合在小功率系统中应用。图 5-30（c）中测速桥测量方法具有较小的传递系数、较低的测量精度及测量电路与功率电路没有电位隔离的缺点，因而适用于小容量及不宜安装测速发电机的场合。

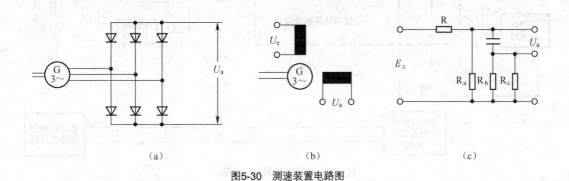

（a） （b） （c）

图5-30 测速装置电路图

2. 位置、角度的测量

位置、转角的测量一般采用自整角机和旋转电位器。将单个自整角机的两相定子绕组通以单相交流电，则在转子绕组上产生感应电压，从而可以检测出被测装置实际转过的角度。在位置调节系统中常用两个旋转变压器构成角度传输装置，此时两个旋转电位器用 4根导线连接。

5.6 数字伺服系统原理

微型计算机在自动化设备上不断应用，数字伺服系统应用也越来越广泛。数字伺服系统与其他伺服系统最大区别是，闭环系统中速度环及位置环信号全采用数字量进行控制。采用数字控制器可以大大改善系统的性能，提高系统的快速性、准确性及稳定性。

如图 5-31 所示，数字信号发生器可以发出阶跃信号、等速正转信号、等速反转信号和正弦信号，这4种信号均以16位自然二进制码的形式给出。在测试系统时，数字信号发生器用来模拟数字伺服系统的上级计算机；误差角显示器根据θ_i、粗θ_o和精θ_o计算出该系统的误差角θ_e，以模拟、打印等多种显示手段显示该系统的动态响应或稳态误差，误差角显示器为调试和测试该系统带来很大的方便。数字伺服系统主要由控制计算机及接口电路、模拟滤波器、多级双通道旋转变压器、PWM放大器、执行电动机及反馈装置等组成。其中，执行电动机、反馈装置及PWM放大器原理在前面都逐一做了介绍，本节将主要介绍构成数字伺服系统的控制计算机及接口电路、模拟滤波器及多级双通道旋转变压器的原理。

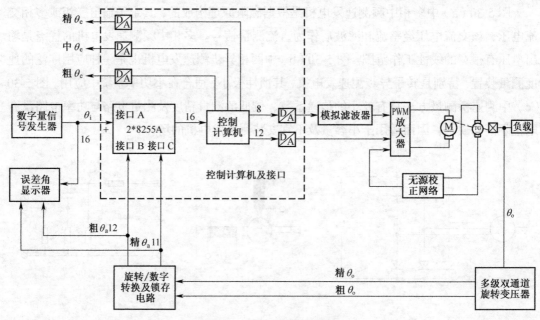

图5-31　数字伺服系统原理图

5.6.1　控制计算机及接口原理

图5-32给出了伺服系统原理图，控制计算机采样数字伺服系统输入角θ_i通过输入接口Ⅰ实现，系统输出角θ_o必须通过控制计算机另一个输入接口Ⅱ实现。控制计算机将其数据总线接至D/A转换电路，如果控制计算机是16位的，而D/A转换线路是8位的，需将8根数据总线接至D/A转换电路。

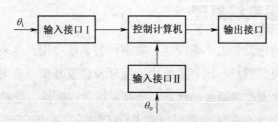

图5-32　数字伺服系统原理图

5.6.2　模拟低通滤波器原理

由于未加滤波器的系统中存在纹波，有时会严重影响系统稳定性导致无法达到控制要求，因此在信号处理时还需加入低通滤波器。

如图 5-33 所示，低通滤波器主要由两组运算放大器和阻容元件组成。运算放大器的加入对输出低频信号产生了放大作用；阻容元件是对输入信号的积分，同时它也引起了系统的滞后；输入信号通过两组放大器及阻容元件串联组成的电路后，将高频信号抵消了，只容许低频信号通过，从而达到过滤高频信号的目的。

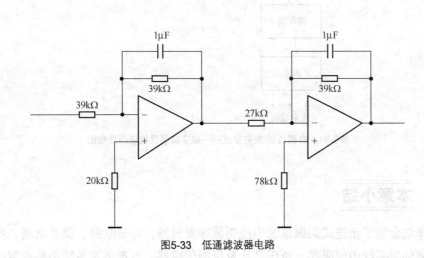

图5-33　低通滤波器电路

5.6.3　自整角机—数字转换器原理

自整角机/旋转变压器—数字转换器（SDC）模块的作用是把自整角机和旋转变压器输出的三相交流信号变换成数字信号。

如图 5-34 所示，自整角机输出的三线电压或旋转变压器输出的四线电压分别对应接至转换器 SDC 或 RDC 的输入端 S1、S2、S3 或 S1、S2、S3、S4。从微型 Scott 变压器输出的两路信号经过高速数字乘法器后产生一个误差信号，该误差信号经过误差放大器、相敏解调器、积分器、高动态检测仪、加/减计数器及锁存器，最后输出三态数字信号。自整角机—数字转换器和旋转变压器—数字转换器的接线方法不同，如果器件是自整角机—数字转换器，则自整角机三线输出应连接到转换器上的 S1、S2 和 S3 端，那么微型 Scott 变压器将这些信号转换成正弦、余弦形式；如果器件是旋转变压器—数字转换器，则旋转变压器四线输出应连接到转换器上的 S1、S2、S3 和 S4 端，此时的微型变压器只起隔离和变压作用。

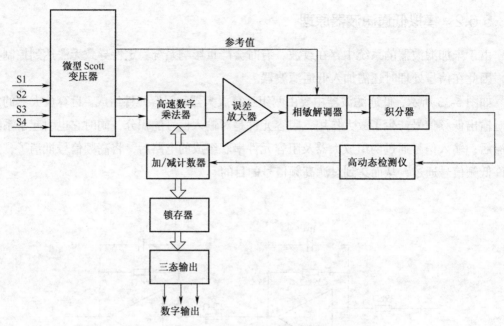

图5-34 自整角机/旋转变压器—数字转换器模块原理框图

5.7 本章小结

本章详细介绍了步进式伺服系统中控制脉冲发射器、环分电路、驱动电路、步进电动机，电—液伺服系统中伺服阀、液压马达及反馈传感器，直流伺服系统中整流驱动装置、直流电动机及脉宽调制系统，交流伺服系中统逆变环节、控制单元、功率放大单元，数字伺服系统中控制计算机及其接口电路、模拟低通滤波器及自整角机—数字转换器。读者可以比较容易地理解如下内容：步进伺服系统原理、电—液伺服系统原理、气动伺服系统原理、直流伺服系统原理、交流伺服系统原理及数字伺服系统原理，叙述时加入了各类伺服系统结构框图，简化了伺服系统的原理，能直观地看出其组成及信号流向。步进式伺服系统中控制脉冲发射器、环分电路、驱动电路原理是本章的难点。通过对各类伺服系统结构图片进行分析，深入浅出地介绍了各类伺服系统基本原理。经过本章的学习，读者可以系统地掌握各类伺服系统结构原理和工作方式。

提高篇

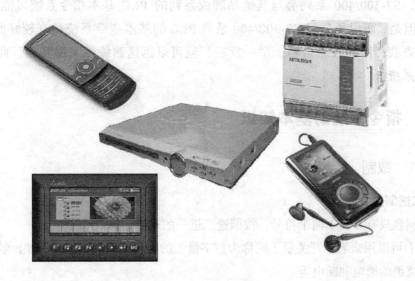

第6章 PLC 的基本指令系统

PLC 的程序由两部分组成：一是操作系统，二是用户程序。操作系统由 PLC 生产厂家提供，它支持用户程序的运行；用户程序是用户为完成特定的控制任务而编写的应用程序。用户要开发应用程序，就要用到 PLC 的编程语言。

STEP 7 是与西门子公司 SIMATIC S7 系列 PLC 相配套的支持用户开发应用程序的软件包。STEP 7 软件包提供了梯形图（LAD）、语句表（STL，又称指令表）和功能块图（FBD）3 种基本编程语言，这 3 种语言可以在 STEP 7 中相互转换。此外，还支持其他可选的编程语言，如标准控制语言（SCL，又称结构化控制语言）、顺序控制图形编程语言（GRAPH，又称顺序功能图）、图形编程语言（HiGraph，又称状态图）、连续功能图（CFC）、C 语言等。用户可以选择一种语言编程，如果需要，也可混合使用几种语言编程。这些编程语言都是面向用户的，它使控制程序的编写工作大大简化。对用户来说，开发、输入、调试和修改程序都极为方便。

本章主要以 S7-300/400 系列为基础介绍 PLC 的基本指令系统，包括常用的语句表和梯形图编程语言。指令系统包括二进制操作、数字运算、组织功能和功能块编程等。虽然，S7-300/400 系列会与其他品牌或系列的 PLC 基本指令系统可能存在一定的区别。但是，西门子公司 S7-300/400 系列 PLC 的基本指令系统具有较好的通用性，读者仅需查找相应的技术资料，举一反三，就可以迅速熟练地掌握其他厂商 PLC 的基本指令系统。

6.1 指令系统的基本知识

6.1.1 数制

1. 二进制数

二进制数只有 0 和 1 两个符号，按照逢二进一的规则运算。

0 和 1 可以用来表示开关量（或称为数字量）的两种不同的状态。例如，触点的断开和接通、绕组的通电和断电等。

二进制常数用 2# 表示，如 2#1111011010010001 是 16 位二进制常数。

2. 十六进制数

十六进制数的 16 个数字是 0~9 和 A~F（对应于十进制数的 10~15），按照逢十六进一的规则运算，每个数字占二进制数的 4 位。

十六进制常数的表示法如下。

① B#16#、W#16#、DW#16#分别用来表示十六进制字节、字和双字常数，如 W#16# 13BE。

② 用字符"H"表示十六进制常数，如 W#16# 13BE 可以表示为 13BEH。

3. BCD 码

BCD 码就是用二进制数表示十进制数，每位十进制数用 4 位二进制数来表示。例如，十进制数 9 对应的二进制数为 1001。4 位二进制数共有 16 种组合，BCD 码只用其前 10 个组合来表示 0~9，其余 6 种组合（1010~1111）没有使用。

6.1.2　数据类型

STEP 7 编程语言中大多数指令要与具有一定大小的数据对象一起进行操作。例如，位逻辑指令以二进制数执行它们的操作；装载和传送指令以字节、字或双字来执行它们的操作。不同的数据类型具有不同的格式选择和数制。程序所用的数据可指定一种数据类型。指定数据类型时，要确定数据大小和数据的位结构。

STEP 7 中的数据可分为 3 种类型：基本数据类型、复合数据类型和参数类型。

1. 基本数据类型

基本数据类型有布尔型（BOOL，位数据）、字节数据、字数据、双字数据、16 位整数、32 位整数、32 位浮点数等，每种数据类型在分配存储空间时有固定长度。例如，布尔数据类型为 1 位，1 字节（BYTE）是 8 位，1 个字（WORD）是双字节（16 位），双字是 4 字节（32 位）。STEP 7 中所支持的基本数据类型见表 6-1。

表 6-1　　　　　　　　　　　STEP 7 中所支持的基本数据类型

数据类型	位数	说明	
布尔：BOOL	1	位	范围：TRUE 或 FALSE
字节：BYTE	8	字节	范围：0~255
字：WORD	16	字	范围：0~65 535
双字：DWORD	32	双字	范围：0~（$2^{32}-1$）
字符：CHAR	8	字符	范围：任何可打印的字符（ASCII>31，不含 DEL 和"）
整型：INT	16	整型	范围：−32 768~32 767
双整型：DINT	32	双字整型	范围：-2^{31}~（$2^{31}-1$）
实数：REAL	32	IEEE 浮点数	
时间：TIME	32	IEC 时间，增量为 1ms（毫秒）	

续表

数据类型	位数	说明
日期：DATE	32	IEC 时间，增量为 1d（天）
当天时间：TOD（Time_of_Day）	32	间隔为 1ms（毫秒），每天时间：小时（0～23），分（0～59），秒（0～59），毫秒（0～999）
S5 系统时间	32	定时器的预置时间范围：0H_0M_0S_0MS～2H_46M_30S_0MS，增量为 10ms（毫秒）

2. 复合数据类型

通过组合基本数据类型和已存在的复合数据类型可生成复合数据类型。STEP 7 中的 4 种复合数据类型见表 6-2。

表 6-2   STEP 7 中的 4 种复合数据类型

数据类型	说明
日期_时间：DT Day_and_Time	定义 8 字节，用于存储年（字节 0）、月（字节 1）、日（字节 2）、时（字节 3）、分（字节 4）、秒（字节 5）、毫秒（字节 6 和字节 7 的一半）和星期（字节 7 的另一半），用 BCD 格式保存。星期天的代码为 1，星期一至星期六的代码为 2～7。例如，DT#2004-07-15-12:30:15.200 为 2004 年 7 月 15 日 12 时 30 分 15.2 秒
字符串：STRING	可定义多达 254 个字符（CHAR），组成一维数组。字符串的默认大小为 256 字节，存放 256 个字符，外加 2 字节字头。可定义字符实际数目来减少预留空间，如 STRING [7]"Simens"
数组：ATTAY	将一组同一类型的数据组合在一起，形成一个单元
结构：STRUCT	将一组不同的数据组合在一起，形成一个单元

此外，用户可以定义复合数据类型，称为用户数据类型（User_Defined Data Types，UDT）。利用 STEP 7 程序编辑器（Program Editor）产生的可命名结构，通过将大量数据组织到 UDT 中，在生成数据块或在变量声明表中声明变量时，利用 UDT 数据类型输入更加方便。

3. 参数类型

参数类型是为在逻辑块之间传递参数的形参（Formal Parameter，形式参数）定义的数据类型。STEP 7 提供以下类型的参数。

（1）定时器（TIMER）或计数器（COUNTER）

定时器和计数器是指指定执行逻辑块时要使用的定时器和计数器。对应的实参（Actually Parameters，实际参数）应为定时器或计数器的编号，如 T3、C21。

（2）块（BLOCK）

指定一个块用作输入和输出，参数声明决定了使用块的类型，如 FB、FC、DB 等。块参数类型的实参应为同类型块的绝对地址编号（如 FB2）或符号名（如"Motor"）。

（3）指针（POINTER）

指针指向一个变量的地址，即用地址作为实参。例如，P#M50.0 是指向 M50.0 的双字地址指针。

（4）任意参数（ANY）

当实参的类型不能确定或可使用任何数据类型时，可使用该参数，其占 10 字节。

此外，参数也可以是用户自定义的数据类型。参数类型说明见表 6-3。

表 6-3 参数类型说明

参数	字节长度	说明
定时器：TIMER	2	在被调用的逻辑块内定义一个特殊定时器格式：T1
计数器：COUNTER	2	在被调用的逻辑块内定义一个特殊计数器格式：C1
块：BLOCK Block_FB Block_FC Block_DB Block_SDB	2	指定一个块用作输入和输出格式 FB2 FC101 DB42 SDB210
指针：POINTER	6	定义内存单元格式：P#M50.0
ANY	10	当实参的数据类型未知格式 P#M50.0 byte 10 P#M50.0 word 5

4. 数据的格式标记

在程序设计中，各指令涉及的数据类型是以其标记体现的。大多数标记对应于特定的数据类型或参数类型，有些标记可表示多种数据类型。STEP 7 提供下列数据格式的标记。

（1）时间/日期标记

时间/日期标记说明见表 6-4，这些时间/日期标记不仅用来为 CPU 输入日期和时间，也可为定时器赋值。

表 6-4 时间/日期标记说明

标记	数据类型	说明	示例
T#（Time#）	时间（TIME）	T#天 D_小时 H_分 M_秒 S_毫秒 MS（输入时可省去下划线）	T#0D_1H_10M_22S_0MS
D#（Date#）	日期（DATE）	D#年_月_日	D#2009-5-13
TOD# （Time_of_day#）	当天时间 （Time_of_day）	TOD#小时:分:秒.毫秒	TOD#12M_22S_100MS
DT# （Date_and_Time#）	日期和时间 （Date_and_Time）	DT#年_月_日_小时:分:秒.毫秒	DT#2009-5-13-19:01.355

（2）数值标记

数值标记说明见表 6-5，STEP 7 提供了数值的不同格式，这些标记用来输入常数或检测数据。它包括二进制格式、布尔格式（真或假）、字节格式（输入字或双字时每字节中的值）、计时器常数格式、十六进制、带符号的整数格式（含 16 位和 32 位）、实数格式（浮点数）。

表 6-5　　　　　　　　　　　　　　数值标记说明

标记	数据类型	说明	示例
2#	WORD DWORD	二进制：16 位（字）32 位（双字）	2#001_0000_1101_1100 2#001_0000_1101_1100_ 1001_1100_1001_1111
TRUE/TALSE	BOOL	布尔值（真=1，假=0）	TRUE
B#（..）或 Byte#（..）	WORD DWORD	字节：16 位（字）32 位（双字）	B#（10，20） B#（1，14，19，123）
B#16#或 Byte#16#	BYTE	十六进制：8 位（字节）	B#16#4F
W#16#或 Word#16#	WORD	十六进制：16（字）	W#16#4F12
DW#16#或 DWord#16#	DWORD	十六进制：32 位（双字）	DW#16#09A2_FF12
Integer	INT	IEC 整数格式：16 位（其中，最高位为符号位，补码存储）	612 −2270
L#	DINT	"长"整数格式：32 位（其中，最高位为符号位，补码存储）	L#44520 L#338245
Real number	REAL	IEC 实数（浮点数）格式：32 位	3.14 1.234e+13
C#	WORD	计数器常数：16 位，0～999（BCD 码）	C#500

（3）字符/文字标记

STEP 7 允许输入字符/文字信息，字符/文字标记说明见表 6-6。

表 6-6　　　　　　　　　　　　　　字符/文字标记说明

标记	数据类型	说明	示例
'Character'	CHAR	ASCII 字符：8 位	'A'
'String'	STRING	IEC 字符串格式：可达 254 个字符	'Siemens'

（4）参数类型标记

参数类型标记见表 6-7。

表 6-7　　　　　　　　　　　　　　参数类型标记

标记	说明	示例
定时器	T*nn*（*nn* 为定时器号）	T10
计数器	C*nn*（*nn* 为计数器号）	C25
FB 块	FB*nn*（*nn* 为 FB 块号）	FB100
FC 块	FC*nn*（*nn* 为 FC 块号）	FC20

续表

标记	说明	示例
DB 块	DB*nn*（*nn* 为 DB 块号）	DB101
SDB 块	SDB*nn*（*nn* 为 SDB 块号）	SDB210
指针	P#*存储区地址*	P#M50.0
任意参数	P#*存储区地址_数据类型_长度*	P#M10.0word5

5. 指令的基本组成

指令是程序的最小独立单位，用户程序是由若干条顺序排列的指令构成的。对应语句表（STL）和梯形图（LAD）两种编程语言，指令也有语句指令与梯形逻辑指令之分。它们的表达形式不同，但表示的内容是相同或类似的。

（1）语句指令

一条语句指令由一个操作码和一个操作数组成，操作数由标识符和参数组成。操作码定义要执行的功能，它告诉 CPU 该做什么；操作数为执行该操作所需要的信息，它告诉 CPU 用什么去做。例如：

```
    A    I1.0
```

以上示例是一条位逻辑操作指令。其中，"A" 是操作码，它表示执行"与"操作；"I1.0" 是操作数，它指出这是对输入继电器 I1.0 进行的操作。

有些语句指令不带操作数，它们的操作对象是唯一的，故为简便起见，不再特别说明。例如，"NOT" 是对逻辑操作结果（RLO）取反。

（2）梯形逻辑指令

梯形逻辑指令用图形元素表示 PLC 要完成的操作。在梯形逻辑指令中，其操作码是用图素表示的，该图素形象地表明了 CPU 做什么，其操作数的表示方法与语句指令相同。

如图 6-1 所示，在该梯形逻辑指令中，"—( )—" 可认为是操作码，表示一个二进制赋值操作；Q4.0 是操作数，表示赋值的对象。

梯形逻辑指令也可不带操作数，如 "—|NOT|—"，对逻辑操作结果
（RLO）取反的操作。

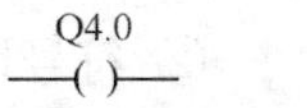

Q4.0
—( )—

图6-1 梯形逻辑指令

6. 操作数

（1）标识符与标识参数

一般情况下，指令的操作数位于 PLC 的存储器中，此时操作数由操作数标识符和标识参数组成。操作数标识符告诉 CPU 操作数放在存储器的哪个区域及操作数的位数；标识参数则进一步说明操作数在该存储区域内的具体位置。

操作数的标识符由主标识符和辅助标识符组成。主标识符表示操作数所在的存储区，辅助标识符进一步说明操作数的位数长度。若没有辅助标识符则指操作数的位数是 1 位。主标识符有 I（输入过程映像存储区）、Q（输出过程映像存储区）、M（位存储区）、PI（外

部输入）、PQ（外部输出）、T（定时器）、C（计数器）、DB（数据块）、L（本地数据）；辅助标识符有 X（位）、B（字节）、W（字，2 字节）、D（双字，4 字节）。

PLC 的物理存储器是以字节为单元的，所以存储单元规定为字节单元。位地址参数用一个点与字节地址分开，如 M10.1，其中"10"为位地址参数，"1"表示其字节地址。

当操作数长度是字或双字时，标识符后给出的标识参数是字或双字内的最低字节单元号。字节、字和双字的相互关系及表示方法如图 6-2 所示。当使用宽度为字或双字的地址时，应保证没有生成任何重叠的字节分配，以免造成数据读写错误。

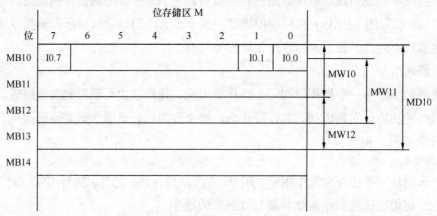

图6-2 以字节单元为基准标记存储器单元

（2）操作数的表示法

在 STEP 7 中，操作数有两种表示方法：物理地址（绝对地址）表示法和符号地址表示法。

① 物理地址（绝对地址）表示法。用物理地址表示操作数时，要明确指出操作数所在的存储区、该操作数位数和具体位置。

例如，Q4.0 是用物理地址表示的操作数，其中 Q 表示这是一个在输出过程映像区中的输出位，具体位置是第 4 字节的第 0 位。

② 符号地址表示法。STEP 7 允许用符号地址表示操作数。

例如，Q4.0 可用符号名 MOTOR_ON 来表示。

符号名必须先定义后使用，而且符号必须是唯一的，不能重名。定义符号时，需要指明操作存储区、操作数的位数、具体位置及数据类型。

采用符号地址表示法可使程序的可读性增强，并可降低编程时由于笔误造成的程序错误。

6.2 位逻辑指令

6.2.1 触点指令

STEP 7 中提供的触点指令见表 6-8，在触点指令中分为标准触点指令、取反指令和沿检测指令。

（1）标准触点指令

触点表示一个位信号的状态，地址可以选择 I、Q、M、DB、L 数据区，触点可以是输入信号、程序处理的中间点及与其他站点通信的数据位信号，在 LAD 中常开触点指令为"—| |—"，常闭触点为"—|/|—"。当前值为 1 时，常开触点闭合；当前值为 0 时，常闭触点闭合。在 LAD 编程时，标准触点间的"与""或""异或"操作没有相应的指令，需要通过标准指令搭接出来。使用 STL 编程，对常开触点使用 A（与）、O（或）、X（异或）指令，对常闭触点使用 AN（与非）、ON（或非）、XN（异或非）指令，两段程序的逻辑操作，需要使用嵌套符号"( )"。

表 6-8 　　　　　　　　　　　　STEP 7 中提供的触点指令

	LAD	说明	STL	说明
触点指令	—| |—	常开触点（地址）	A	"与"操作
	—|/|—	常闭触点（地址）	A(	"与"操作嵌套开始
	—|NOT|—	信号流反向	AN	"与非"操作
	—(N)—	RLO 下降沿检测	AN(	"与非"操作嵌套开始
	—(P)—	RLO 上升沿检测	O	"或"操作
	NEG	地址下降沿检测	O(	"或"操作嵌套开始
	POS	地址上升沿检测	ON	"或非"操作
			ON(	"或非"操作嵌套开始
			X	"异或"操作
			X(	"异或"操作嵌套开始
			XN	"异或非"操作
			XN(	"异或非"操作嵌套开始
			)	嵌套闭合
			NOT	非操作（RLO 取反）
			FN	下降沿
			FP	上升沿

（2）取反指令

取反指令（—|NOT|—、NOT）改变能流输入的状态，将当前值由 0 变为 1，或者由 1变为 0。

（3）沿检测指令

信号沿的检测分为上升沿检测（—(P)—、FP）和下降沿检测（—(N)—、FN），沿信号在程序中比较常见，如电动机启动、停止信号或故障信号的捕捉等都是通过沿信号实现的。上升沿检测指令每检测一次 0 到 1 的正跳变，让能流接通一个扫描周期，下降沿检测指令每检测一次 1 到 0 的负跳变，让能流接通一个扫描周期。—(P)—与 POS、—

(N)—与 NEG 功能相同，前者检测指令前面 RLO 信号的跳变，后者检测一个位地址的跳变。

所有的触点指令不能对外部设备输入、输出区进行操作。例如，A PI0.0 指令为非法。在程序中能流不能反向，"或"操作不能短路，如图 6-3 所示，在这些情况下，STEP 7 会自动检查，程序不能进行有效的连接。

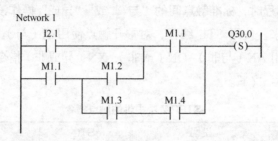

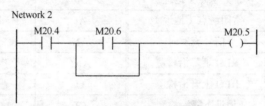

图6-3　触点编程错误举例

6.2.2 绕组指令

STEP 7 中提供的绕组指令见表 6-9，在绕组指令中分为输出指令和置位/复位指令。

表 6-9　　　　　　　　　　STEP 7 中提供的绕组指令

	LAD	说明	STL	说明
绕组指令	—( )	结果输出/赋值	=	赋值
	—(#)—	中间输出		
	—(R)	复位	R	复位
	—(S)	置位	S	置位
	RS	复位置位触发器		
	SR	置位复位触发器		

（1）绕组输出指令

绕组指令对一个位信号进行赋值，地址可以选择 Q、M、DB、L 数据区，绕组可以是输出信号、程序处理的中间点。当触发条件满足（RLO = 1），绕组被赋值 1；当条件再次不满足时（RLO = 0），绕组被赋值 0。在程序处理中，每个绕组可以带有若干个触点（没有限制），绕组的值决定常开触点、常闭触点的状态。在 LAD 中绕组输出指令为"—( )"，总是在一个程序段的最右边，如果需要得到逻辑处理的中间状态，可以使用中间输出指令

"—(#)—"查询,中间输出指令不能在一个程序段的两端使用;STL 编程中只有赋值指令"=",中间输出指令可以通过编程实现。

（2）置位/复位指令

当触发条件满足（RLO = 1），置位指令将一个绕组置 1；当条件再次不满足（RLO = 0），绕组值保持不变，只有触发复位指令才能将绕组值复位为 0。单独的复位指令也可以对定时器、计数器的值进行清零。LAD 编程指令中 RS、SR 触发器带有触发优先级，置位、复位信号同时为 1 时，优先级高的指令触发。STL 编程中没有 RS、SR 触发器，置位、复位的优先级与指令在程序中的位置有关，通常指令在后的优先级高。

所有的绕组指令不能对外部设备输入、输出区进行操作。例如，= P Q0.0 指令为非法。只有触发条件才能触发输出或置位、复位。

6.2.3　RLO 操作指令

在位操作中,还有一些指令可以直接对状态字中的逻辑结果位——RLO 进行操作,RLO 操作指令见表 6-10。

表 6-10　　　　　　　　　　　　　　RLO 操作指令

RLO 操作指令	LAD	说明	STL	说明
	—(SAVE)	将 RLO 存入 BR 寄存器	SAVE	把 RLO 存入 BR 寄存器
			CLR	RLO 清零（=0）
			SET	RLO 置位（=1）

—(SAVE) /SAVE 指令将 RLO 状态存入 BR 寄存器,如果没有存储 BR 位信号,编写的函数或函数块使用 LAD 语言直接调用时,函数的输出 ENO 不使能,函数显示为虚线,如图 6-4 所示,FC1 的 ENO 不输出,M100.1 不能为 1。

从程序显示上看,FC1 似乎没有调用,实际已经调用,只是显示问题,在调用 FC1 前加入条件（常开或常闭触点）或在 FC1 的程序结尾使用 SAVE 指令,可以改变 FC1 调用的显示状态,如在 FC1 结尾加入如下语句:

```
Network X:
SET
SAVE
```

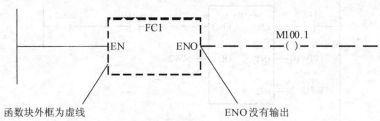

图6-4　没有将RLO位存入BR调用FC1显示状态

在程序结尾使用 SAVE 指令后，主程序中调用 FC1 的在线监控状态变为图 6-5，FC1 的显示发生变化。

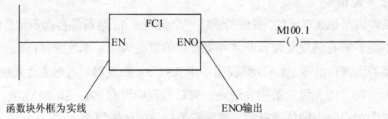

图6-5　将RLO位存入BR寄存器后调用FC1的显示状态

SET 和 CLR 指令只有在 STL 编程中使用，可以将上面的操作结果 RLO 置位或复位，影响绕组指令的输出，举例如下：

```
SET
=       M    10.1
=       M    10.2
CLR
=       M    10.3
=       M    10.4
```

语句执行后，M10.1、M10.2 输出为 1，M10.3、M10.4 输出为 0。

6.2.4　立即读与立即写

（1）立即读

立即读可以不经过过程映像区的处理，直接读出外部设备输入地址的信息。例如，16 点的输入模块设定的地址为 10，地址位于过程映像输入区，通常情况下使用输入地址标识符 "I" 查询输入模块信息，如果 CPU 的扫描时间为 40ms，输入信号的状态需要 40ms 更新一次。使用立即读的方法，不依赖 CPU 的扫描时间，当程序执行到该地址区（使用外部设备地址的地址区 PI 替代 I）时，立即更新输入点信号进行逻辑处理。立即读不考虑输入信号的一致性，着重于输入信号的立即采集，适合有严格时间要求的应用，在程序中可以多次使用立即读访问同一个地址区，这样在一个程序执行周期中（一个 CPU 扫描）可以多次更新一个输入模块的状态（使用过程映像区，一个扫描周期只更新一次）。立即读有固定的编程格式，如图 6-6 所示。

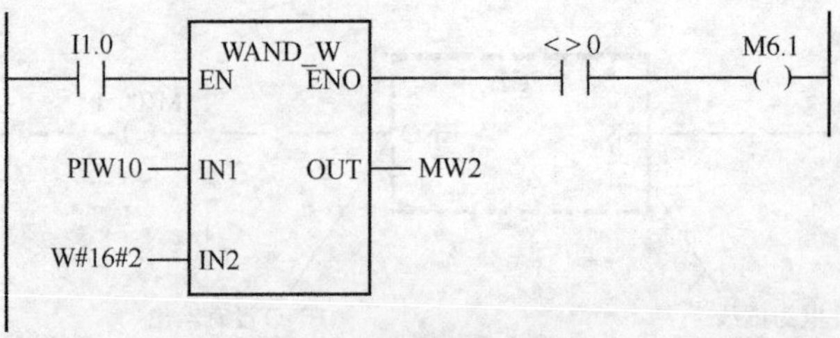

图6-6　立即读的编程模式

当程序执行 PIW10 时，将输入地址为 10 的 16 点输入模块的信号状态立即读出（外部设摆输入区只能使用字节、字、双字读出），通过 WAND_W（两个字相"与"）指令过滤其他位信号，指令处理如下：

```
PIW10      0000000000101010
W#16#2     0000000000000010
MW2        0000000000000010
```

只对 PIW10 中第二个位信号进行处理，如果 I1.0、第二个位信号为 1，字相"与"的结果不为 0，<>0 导通，赋值 M6.1 为 1 。图 6-6 所示为 LAD 程序，可以转换为 STL 程序，在 STL 程序中使用 BR 位判断字逻辑结果。

（2）立即写

立即写与立即读功能相同，可以不经过过程映像区的处理，直接将逻辑结果写到输出地址区。使用立即写不依赖 CPU 的扫描时间，当程序执行到该地址区（使用外部设备地址地址区 PQ 替代 Q）时，立即更新输出点状态。在程序中可以多次使用立即写功能访问同一地址区，这样在一个程序执行周期中，可以多次更新一个输出状态。立即写的编程格式如图 6-7 所示。

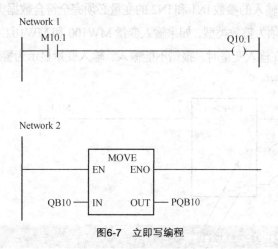

图6-7　立即写编程

在程序段 1 中，M10.1 为 1 时，只有经过输出过程映像区更新时才能触发 Q10.1 输出（等待一个扫描周期）。在程序段 2 中，将 QB10 传送到 PQB10 中，当程序扫描到 PQB10 时，立即输出，更新输出模块的状态。

6.3　比较指令

LAD 的比较指令是对两个输入参数 IN1 和 IN2 的值进行比较，比较的内容可以是相等、不等、大于、小于、大于等于或小于等于。如果比较结果为真，则逻辑结果为"1"。比较指令有 3 类，分别用于整数、双整数和浮点。STL 分别将两个值装载到累加器 1 和 2 中，然后将累加器进行比较，比较的内容和指令类别与 LAD 相同，但是 STL 编程更灵活，可以将字节间、字节与字、字与双字相比较。使用 LAD 编程时，参数 IN1 和 IN2 的数据类型必须相同。比较指令见表 6-11。

表 6-11　　　　　　　　　　　　　　　比较指令

	LAD	说明	STL	说明
比较指令	CMP>=D	双整数比较 ==: 等于 <>: 不等于 >: 大于 <: 小于 >=: 大于等于 <=: 小于等于	>=D	双整数比较（32 位） ==: 等于 <>: 不等于 >: 大于 <: 小于 >=: 大于等于 <=: 小于等于
	CMP>=I	整数比较（==, <>, >, <, >=, <=）	>=I	整数比较（16 位），==, <>, >, <, >=, <=
	CMP>=R	浮点比较（==, <>, >, <, >=, <=）	>=R	浮点比较 ==, <>, >, <, >=, <=

使用 LAD 编程时，输入的参数 IN1 和 IN2 的变量必须完全符合数据类型的要求，如 CMP>=I 比较指令，输入参数必须为整数类型，如果输入变量 MW100 和 MW102 在符号表中的定义数据类型为 "WORD"，则在输入变量时，报错不能输入，输入变量显示为警示颜色（图 6-8）。

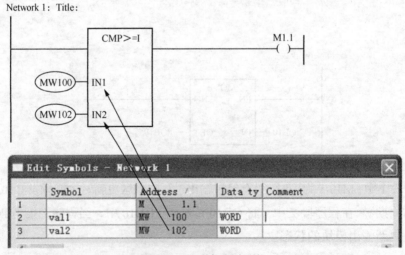

图6-8　输入数据类型不符

使用 STL 编程，程序相同但是不会提示故障信息，程序如下：

```
L    MW   100
L    MW   102
>= I
=    M    1.1
```

实际上数据已经自动转换为整数类型（带有符号位），如 MW100 的值为 W#16#8001，MW102 的值为 W#16#0001，但是不能输出 M1.1。因为 W#16#8001 转换为整数类型后变为

−32767，W#16#0001 转换为整数类型后变为 1，MW100 小于 MW102 不能触发 M1.1 输出，其他数据类型的比较也会转换为指定的数据类型。

使用 STL 编程时，不同数据类型的变量也可以相比较，例如：

```
L    MB    100
L    MD    102
>=I
=    M     1.1
```

将 MB100 与 MD102 相比，指定比较的数据类型为整数，实际上将存储于变量 MB100 中的整数值与 MW104（MD102 的低字）中的整数值相比较。

注意：在实际的编程中，最好使用相同类型的数据进行比较。

6.4　转换指令

转换指令可以将一个输入参数的数据类型转换为一个需要的数据类型，在大多数的逻辑运算时，数据类型有可能不同，如数据类型可能为整数、双整数、浮点等，这样需要转换为统一的数据类型进行运算。字与整数类型不需要转换，在符号表或在数据块中可以定义变量的数据类型。如果没有定义变量的数据类型，如 MW100 在编程时既可以作为一个字类型也可以作为一个整数类型，数据类型根据指令自动转换。转换指令见表 6-12。

表 6-12　　　　　　　　　　　　　转换指令

	LAD	说明	STL	说明
转换指令	BCD_I	BCD 码转换为整数	BTI	BCD 转成单字整数（16 位）
	I_BCD	整数转换为 BCD 码	ITB	16 位整数转换为 BCD 数
	I_DI	整数转换为双整数	ITD	单字（16 位）转换为双字整数（32 位）
	BCD_DI	BCD 码转换为双整数	BTD	BCD 码转成双字整数（32 码）
	DI_BCD	双整数转换为 BCD 码	DTB	双字整数（32 位）转换成 BCD 数
	DI_R	双整数转换为实数	DTR	双字整数（32 位）转换为浮点数（32 位 IEEE 浮点数）
	INV_I	整数的二进制反码	INVI	单字整数反码（16 位）
	INV_DI	双整数的二进制反码	INVD	双字整数反码（32 位）
	NEG_DI	双整数的二进制补码	NEGD	双字整数补码（32 位）
	NEG_I	整数的二进制补码	NEGI	单字整数补码（16 位）
	NEG_R	浮点数求反	NEGR	浮点求反（32 位 IEEE FP）
	ROUND	取整	RND	取整
	TRUNC	舍去小数，取整为双整数	TRUNC	截尾取整
	CEIL	上取整	RND+	取整为较大的双字整数
	FLOOR	下取整	RND−	取整为较小的双字整数
			CAD	改变 ACCU1 字节的次序（32 位）
			CAW	改变 ACCU1 字中字节的次序（16 位）

6.5 计数器指令

在 CPU 的系统存储器中，留有计数器存储区。该存储区为每个计数器地址保留一个 16 位字。而能够使用计数器的个数由具体的 CPU 类型决定。计数器指令见表 6-13。

表 6-13 计数器指令

	LAD	说明	STL	说明
计数器指令	—(CD)	减计数器绕组	CD	降计数器
	—(CU)	加计数器绕组	CU	升计数器
	—(SC)	预置计数器值	S	计数值置初值，例如：S　C15
	S_CD	减计数器	R	复位计数器，例如：R　C15
	S_CUD	加-减计数器	L	以整数形式将当前的计数器值写入 ACCU1，例如：L　C15
			LC	把当前的计数器值以 BCD 码形式装入 ACCU1，例如：LC　C15

使用 LAD 编程，计数器指令分为两种。

① 加、减计数器绕组—(CD)、—(CU)。使用计数器绕组时必须与预置计数器值指令—(SC)、计数器复位指令结合使用。

② 加减计数器。计数器中包含计数器复位、预置等功能。

使用 STL 编程，计数器指令只有升计数器 CU 和降计数器 CD 两个指令，S、R 指令为位操作指令，可以对计数器进行预置初值和复位操作，FR 指令可以重新启动计数器。例如，设定计数器初值需要一个沿触发信号，如果触发信号常为 1，不能再次触发设定指令，使用 FR 指令，将清除计数器的沿存储器，常 1 的触发信号可以再次产生信号并重新设定计数器初值，FR 指令在实际编程中很少使用。

注意：计算计数器采样的最大频率时，需要考虑 CPU 的扫描时间，输入信号 0→1 的跳变时间和 1→0 的跳变时间，如果输入频率过高，计数器可能丢失采样脉冲，建议采用高速计数器模块。

6.6 数据块操作指令

数据块占用 CPU 的工作存储区和装载存储区，数据块的个数及每个数据块的大小，用户可以自由定义（数据块的个数和大小不能超出 CPU 的最大限制），数据块中包含用户定义的变量，访问数据块中的变量首先需要将数据块打开。数据块的打开指令是一个数据块的无条件使用。数据块打开后，可以通过 CPU 内的数据块寄存器 DB 或 DI 直接访问数据块的内容。数据块操作指令见表 6-14。

表 6-14　　　　　　　　　　　　　数据块操作指令

数据块操作指令	LAD	说明	STL	说明
	—(OPN)	打开数据库	OPN	打开数据块
			CDB	交换 DB 与 DI 寄存器
			L DBLG	把共享数据块的长度写入 ACCU1
			L DBNO	把共享数据块的号写入 ACCU1
			L DILG	把背景数据块的长度写入 ACCU1
			L DINO	把背景数据块的号写入 ACCU1

6.7 逻辑控制指令

逻辑控制指令包含各种跳转指令，通过跳转指令及程序跳转标签控制程序的跳转。逻辑控制指令见表 6-15。

表 6-15　　　　　　　　　　　　　逻辑控制指令

逻辑控制指令	LAD	说明	STL	说明
	—(JMP)	跳转	JC	如果 RLO=1，则跳转
	—(JMPN)	若非则跳转	JCN	如果 RLO=0，则跳转
	LABEL	标号	JCB	如果 RLO=1，则跳转，并把 RLO 的值存于状态字的 BR 位中
			JB1	如果 BR=1，则跳转
			JL	跳转到表格（多路多支跳转）
			JM	如果为负，则跳转
			JMZ	如果小于等于 0，则跳转
			JN	如果非 0，则跳转
			JNB	如果 RLO=0，则跳转，并把 RLO 的值存于状态字的 BR 位中
			JNB1	如果 BR=0，则跳转
			JO	如果 OV=1，则跳转
			JOS	如果 OS=1，则跳转
			JP	如果大于 0，则跳转
			JPZ	如果大于等于 0，则跳转
			JU	无条件跳转
			JUO	若无效数，则跳转
			JZ	如果为 0，则跳转
			LOOP	循环

使用 LAD 编程，程序跳转指令少，使用比较简单。使用 STL 编程时，可以根据状态位的状态进行程序跳转，跳转指令比较灵活。

6.8 运算指令

6.8.1 整数运算指令

整数运算指令实现 16 位整数或 32 位双整数之间的加、减、乘、除、取余等算术运算。整数运算指令见表 6-16。

表 6-16 整数运算指令

	LAD	说明	STL	说明
整数运算指令	ADD_DI	双整数加法	+D	ACCU1 和 ACCU2 双字整数相加（32 位）
	ADD_I	整数加法	+I	ACCU1 和 ACCU2 整数相加
			+	整数常数加法（16 位，32 位）
	SUB_DI	双整数减法	−D	从 ACCU2 减去 ACCU1 双整数（32 位）
	SUB_I	整数减法	−I	从 ACCU2 减去 ACCU1 整数（16 位）
	MUL_DI	双整数乘法	*D	ACCU1 和 ACCU2 双字整数相乘（32 位）
	MUL_I	整数乘法	*I	ACCU1 和 ACCU2 整数相乘（16 位）
	DIV_DI	双整数除法	/D	ACCU2 除以 ACCU1 双字整数（32 位）
	DIV_I	整数除法	/I	ACCU2 除以 ACCU1 整数（16 位）
	MOD_DI	双整数取余数	MOD	双字整数形式的除法取余数（32 位）

注意：在 LAD 编程时，输入参数 IN1 和 IN2 时，输入的变量必须为整数数据类型。如果输入变量在符号表中定义数据类型为"WORD"和"DWORD"，则在输入变量时，报错不能输入。

6.8.2 浮点运算指令

浮点运算指令实现对 32 位浮点的算术运算。与整数运算相比，浮点运算结果可以有小数，所以多出一些适合浮点运算的指令，如平方、平方根、正余弦运算等。浮点运算指令见表 6-17。

表 6-17 浮点运算指令

	LAD	说明	STL	说明
浮点运算指令	ADD_R	浮点加法	+R	ACCU1、ACCU2 相加（32 位 IEEE 浮点数）
	SUB_R	浮点减法	−R	从 ACCU2 减去 ACCU1 浮点（32 位 IEEE 浮点数）
	MUL_R	浮点乘法	*R	ACCU1、ACCU2 相乘（32 位 IEEE 浮点数）
	DIV_R	浮点除法	/R	ACCU2 除以 ACCU1（32 位 IEEE 浮点数）
	ABS	浮点数绝对值运算	ABS	绝对值（32 位 IEEE 浮点数）
	SQR	浮点数平方	SQR	求平方（32 位 IEEE 浮点数）

续表

LAD	说明	STL	说明
SQRT	浮点数平方根	SQRT	求平方根（32 位 IEEE 浮点数）
EXP	浮点数指数运算	EXP	求指数（32 位 IEEE 浮点数）
LN	浮点数自然对数运算	LN	求自然对数（32 位 IEEE 浮点数）
COS	浮点数余弦运算	COS	余弦（32 位 IEEE 浮点数）
SIN	浮点数正弦运算	SIN	正弦（32 位 IEEE 浮点数）
TAN	浮点数正切运算	TAN	正切（32 位 IEEE 浮点数）
ACOS	浮点数反余弦运算	ACOS	反余弦（32 位 IEEE 浮点数）
ASIN	浮点数反正弦运算	ASIN	反正弦（32 位 IEEE 浮点数）
ATAN	浮点数反正切运算	ATAN	反正切（32 位 IEEE 浮点数）

（浮点运算指令）

6.8.3 赋值指令

LAD 编程语言 MOVE（赋值）指令将输入端 IN 指定地址中的值或常数赋值到输出端 OUT 指定的地址中。MOVE 最多可以赋值 4 字节的变量，用户定义的数据类型（如数组或结构）必须使用系统功能"BLKMOVE"（SFC 20）进行赋值。在 STL 编程语言中，使用装载和传递指令实现相同功能，装载功能实现将一个最大 4 字节的常数、变量或地址寄存器传送到累加器；传递功能实现将累加器中的值传送到变量。除此之外，装载和传递指令中还包含对地址寄存器操作的指令。

CPU 内部寄存器中有两个地址寄存器，分别以 AR1、AR2 表示，每个地址寄存器占有 32 位地址空间。地址寄存器存储区域内部和区域交叉地址指针，用于地址的间接寻址、地址寄存器及指针的使用，在地址指针章节中将详细介绍。赋值指令见表 6-18。

表 6-18　　　　　　　　　　　　　赋值指令

	LAD	说明	STL	说明
赋值指令	MOVE	赋值	L	把数据装载入 ACCU1
			L STW	把状态字写入 ACCU1
			LAR1	将 ACCU1 存储的地址指针写入 AR1
			LAR1<D>	将指明的地址指针写入 AR1
			LAR1 AR2	将 AR2 的内容写入 AR1
			LAR2	将 ACCU1 存储的地址指针写入 AR2
			LAR2<D>	将指明的地址指针写入 AR2
			T	把 ACCU1 的内容传到目标单元
			T STW	把 ACCU1 的内容传输给状态字
			TAR1	将 AR1 存储的地址指针传输 ACCU1
			TAR1<D>	将 AR1 存储的地址指针传输给指明的变量

续表

	LAD	说明	STL	说明
赋值指令			TAR1 AR2	将 AR1 存储的地址指针传输 ACCU2
			TAR2	将 AR2 存储的地址指针传输 ACCU1
			TAR2<D>	将 AR2 存储的地址指针传输给指明的变量
			CAR	交换 AR1 和 AR2 的内容

从指令表中可以看到，使用 LAD 编程语言只有赋值指令，使用 STL 编程语言指令分为装载和传递指令，其中包含地址寄存器的处理指令。

6.9 程序控制指令

程序控制指令实现函数、函数块的调用及通过主控传递方式（Master Control Relay，MCR）实现程序段使能的控制，程序控制指令见表 6-19。

表 6-19 程序控制指令

	LAD	说明	STL	说明
程序控制指令	—(MCR<)	主控传递接通	MCR(	把 RLO 存入 MCR 堆栈,开始 MCR
	—(MCR>)	主控传递断开	)MCR	把 RLO 从 MCR 堆栈中弹出，结束 MCR
	—(MCRA)	主控传递启动	MCRA	激活 MCR 区域
	—(MCRD)	主控传递停止	MCRD	去活 MCR 区域
	—(CALL)	调用 FC/SFC（无参数）	CALL	块调用
	CALL_FB	调用 FB	CC	条件调用
	CALL_FC	调用 FC	UC	无条件调用
	CALL_SFB	调用 SFB	BE	块结束
	CALL_SFC	调用 SFC	BEC	条件块结束
	—(RET)	返回	BEU	无条件块结束

1. LAD 程序控制指令

（1）主控传递指令

主控传递可以将程序段分区、嵌套控制。在控制启动指令—(MCRA)和控制停止指令—(MCRD)间，通过主控传递接通指令—(MCR<)和主控传递断开指令—(MCR>)，可以最多将一段程序分成 8 个区。只有打开第一个区，才能打开第二个区，以此类推，每打开一个区，才能执行本区的程序。—(MCRA)、—(MCRD)及—(MCR>)指令前不能加入触发条件，—(MCR<)指令前必须加入触发条件。主控传递指令使用的示例程序如图 6-9 所示。

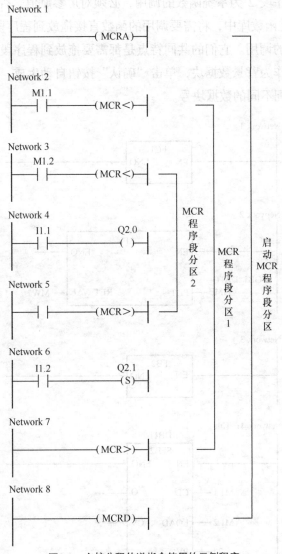

图6-9　主控分程传递指令使用的示例程序

在示例程序中，如果 M1.1 为 1，打开 MCR 程序段分区 1，分区 1 中的程序可以运行，如 I1.2 为 1，将置位 Q2.1；如果 M1.2 为 1，打开 MCR 程序段分区 2，分区 2 中的程序可以运行，如 I1.1 为 1，触发 Q2.0 输出；如果 M1.1 为 0，分区 1 关闭，即使 I1.1 为 1 也不能触发 Q2.0 输出，程序分区相互嵌套。

（2）程序调用指令

集成于 STEP 7 函数库 "Libraries" 或用户编写的函数及函数块（FB Blocks、FC Blocks 目录）必须在主程序中才能运行，使用指令 CALL_FB、CALL_FC、CALL_SFB、CALL_SFC 可以对不同函数、函数块进行调用，指令的使用如图 6-10 所示。程序段 1 中调用无形参必须赋值，否则报错，如果已经编写 FC1，在 "FC Blocks" 库中可以找到，可以将 FC1 直接拖放到程序段中。程序段 2 为系统函数的调用，必须对形参赋值，否则报错，在"System Function Blocks"系统函数库中，将需要调用的函数直接拖放到程序段中。程序段 3、4 为函数块和系统函数块的调用。它们的共同特点是都需要拖放到程序段中，在函数块的上方写入未使用的数据块作为背景数据块，单击"确认"按钮自动生成，每次调用函数块或系统函数块时，必须分配不同的数据块号。

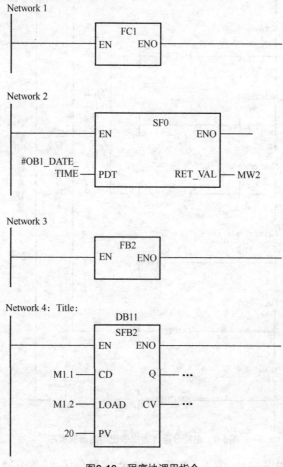

图6-10　程序块调用指令

使用—(CALL)指令只能调用函数 FC 和系统函数 SFC，并且函数不能带有形参，否则不能赋实参，指令的使用如图 6-11 所示。

图6-11　—(CALL)指令的使用

在图 6-11 所示的程序中，如果 M1.1 为 1，调用函数 FC1，FC1 必须用手动输入。注意：如果没有预先创建函数或函数块，调用函数 FC1，FC1 必须用手动输入。

（3）—(RET)返回指令

如果在主程序中执行返回指令，程序扫描重新开始；如果在子程序中执行返回指令，程序扫描返回子程序调用处，以上两点共同的特点是返回指令后面的程序不执行。

在图 6-12 所示的程序中，如果 M1.2 为 1，执行返回指令，CPU 不扫描程序段 3 的程序。

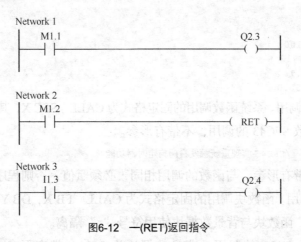

图6-12 —(RET)返回指令

2. STL 控制指令

（1）主控传递指令

STL 主控传递指令与 LAD 编程语言中使用主控传递指令的方法相同，使用 STL 编程的实例程序介绍如下：

```
MCRA
A    I    10.0        //启动 MCR 分区
MCR(                  //I10.0 为 1，激活 MCR 分区 1，I10.0 为 0，关闭 MCR 分区 1
A    I    10.2
MCR(                  //I10.2 为 1，激活 MCR 分区 2，I10.2 为 0，关闭 MCR 分区 2
A    I    40.0
=    Q    80.0        //如果 MCR 分区 2 关闭，Q80.0 被复位 0，与 I40.0 的值无关
L    MW   20
T    QW   100         //如果 MCR 分区 2 关闭，0 将传送到 QW100 中
)MCR                  //MCR 分区 2 结束
A    I    10.4
=    Q    80.2        //如果 MCR 分区 1 关闭，Q80.2 被复位 0，与 U10.4 的值无关
)MCR                  //MCR 分区 1 结束
MCRD                  //MCR 分区结束
A    I    10.1        //下面的指令与 MCR 分区无关
=    Q    80.1
```

（2）程序调用指令

STL 编程语言中包括 "CALL" "CC" 和 "UC" 指令，用于程序的调用。CC（有条件调用）与 UC（无条件调用）指令只能调用无形参的函数、函数块，与 LAD 中—(CALL)指令的使用相同。"CALL" 指令相当于 LAD 编程语言中的 CALL_FB、CALL_FC、

CALL_SFB、CALL_SFC 指令，—(CALL)指令的使用参考示例程序如下。

① 函数的调用。函数调用的固定格式为 CALL　FC X，X 为函数块。

例如，函数 FC6 的调用，FC6 带有形参，符号 ":" 左边为形参，右边为赋的实参，如果形参不赋值，程序调用报错。

```
CALL    FC6
形参            实参
NO OF TOOL:=MW100
TIME OUT  :=S5T#12 S
FOUND     :=Q 0.1
ERROR     :=Q 100.0
```

② 系统函数的调用。系统函数调用的固定格式为 CALL　SFC X，其中 X 为系统函数号。

例如，系统函数 SFC43 的调用，不带有形参。

```
CALL    SFC43  //SFC43 实现重新触发看门狗定时器功能
```

系统函数如果带有形参，与函数的调用相同，必须赋值，否则程序调用报错。

③ 函数块的调用。函数块调用的固定格式为 CALL　FB X，DB Y，其中 X 为函数号，Y 为背景数据块号，函数块与背景数据块使用符号 "," 隔离。

例如，函数块 FB99 的调用，背景数据块为 DB1，带有形参，符号 ":" 左边为形参，右边为赋的实参，由于调用函数块带有背景数据块，形参可以直接赋值，也可以稍后对背景数据块中的变量赋值。多次调用函数块时，必须分配不同的数据块作为背景数据块。

```
CALL  FB99, DB1
形参        实参
MAX_RPM:  =#RPM1_MAX
MIN_RPM:   =MW2
MAX_POWER:=MW4
MAX_TEMP: =#TEMP1
```

如果函数块 A 作为函数块 B 的形参，在函数块 B 调用函数块 A 时，不分配背景数据块，如函数块 FB_A 的调用：

```
CALL    #FB_A
IN_1    :=
IN_2    :=
OUT_1   :=
OUT_2   :=
```

调用函数块 B 时，分配的背景数据块中包括所有函数 A 和 B 的背景参数，如果在函数块 B 中插入多个函数块作为形参，程序调用是只使用一个数据块作为背景数据块，节省数据块的资源（不能节省 CPU 的存储区），这样函数块具有多重背景数据块的能力，在函数块创建时可以选择。

④ 系统函数块的调用。系统函数块调用的固定格式为 CALL　SFB X，DB Y，X 为函数块号，Y 为背景数据块号，系统函数块与背景数据块使用符号 "," 隔离。

例如，函数块 SFB4 的调用，背景数据块为 DB4，带有形参，符号 ":" 左边为形参，右边为赋的实参，由于调用系统函数块带有背景数据块，形参可以直接赋值，也可以稍后对背景数据块中的变量赋值。多次调用系统函数块时，必须分配不同的数据块作为背景数据块。

```
CALL  SF4, DB4
形参          实参
IN           :=I0.1
PT           :=T#20s
Q            :=M0.0
ET           :=MW10
```

（3）程序结束指令

BE（程序结束）与 BEU（程序无条件结束）指令的使用方法相同。如果程序执行上述指令，CPU 终止当前程序块的扫描，跳回程序块调用处继续扫描其他程序；如果程序结束指令被跳转指令跳过，程序扫描不结束，从跳转的目标点继续扫描。指令的使用示例程序如下：

```
      A    I    1.0
      JC   NEXT        //如果 I1.0 为 1，程序跳转到 NEXT
      L    IW   4       //如果没有跳转，程序从这里连续扫描
      T    IW   10
      A    I    6.0
      A    I    6.1
      S    M    12.0
      BE                //程序结束
NEXT: NOP  0            //跳转执行，程序从这里连续扫描
```

BEC 为有条件程序结束，在 BEC 指令前，必须加入条件触发，示例程序如下：

```
      A    M    1.1
      BEC
      =    M    1.2
```

如果 M1.1 为 1，程序结束；如果 M1.1 为 0，程序继续运行。与 BE、BEU 指令不同，BEC 指令触发条件没有满足，置 RLO 位为 1，所以 M1.1 为 0 时，M1.2 为 1。

6.10　定时器指令

在 CPU 的系统存储器中，为定时器保留有存储区，每一定时器占用一个 16 位的字。具体能够使用定时器的个数由具体的 CPU 类型决定。定时器指令见表 6-20。

表 6-20　定时器指令

定时器指令	LAD	说明	STL	说明
定时器指令	S_PULSE	脉冲 S5 定时器	SP	脉冲定时器
定时器指令	S_PEXT	扩展脉冲 S5 定时器	SE	扩展脉冲定时器
定时器指令	S_ODT	接通延时 S5 定时器	SD	接通延时定时器
定时器指令	S_ODTS	保持型接通延时 S5 定时器	SS	带保持的接通延时定时器

	LAD	说明	STL	说明
定时器指令	S_OFFDT	断电延时 S5 定时器	SF	断电延时定时器
	—[SP]	脉冲定时器输出		
	—[SE]	扩展脉冲定时器输出		
	—[SD]	接通延时定时器输出		
	—[SS]	保持型接通延时定时器输出		
	—[FF]	断开延时定时器输出		
			FR	定时器允许（如 FR　T0）
			L	以整数形式把当前的定时器值写入 ACCU1（例如：L　T32）
			LC	把当前的定时器值以 BCD 码形式装入 ACCU1（例如：LC　T32）
			R	复位定时器（例如：R　T32）

在 LAD 编程语言中，对定时器的操作指令分为定时器指令［如 S_PULSE（脉冲定时器）］和定时器绕组指令［如—（SP）（脉冲定时器输出）］。定时器指令为一个指令块，包含触发条件、定时器复位、预置值等与定时器所有相关的条件参数；定时器绕组指令将与定时器相关的条件参数分开使用，可以在不同的程序段中对定时器参数进行赋值和读取。使用 STL 编程语言，定时器指令与 LAD 中的定时器绕组指令的使用方式相同。除此之外，FR 指令可以重新启动定时器。例如，设定定时器初值需要一个沿触发信号，如果触发信号常为 1，不能再次触发设定指令。使用 FR 指令，可以清除定时器的沿存储器，常 1 的触发信号可以再次产生沿信号并触发定时器重新开始定时，FR 指令在实际编程中很少使用。L 指令以整数的格式将定时器的定时剩余值写入累加器 1 中，LC 指令以 BCD 码的格式将定时器的定时剩余值和时基一同写入累加器 1 中，使用普通复位指令 R 可以将定时器复位（禁止启动）。

定时器使用的时间值为 BCD 码，给定时器赋值可以带有时基格式，如 W#16#TXYZ，T 为时基值，XYZ 为时间值（BCD 码），总的定时时间为 T×XYZ。一个字的 12 位、13 位（T 的最低两位）组合选择时基值，00 表示时基为 10ms，01 表示时基为 100ms，10 表示时基为 1s，11 表示时基为 10s。例如，W#16#1234 转换时间值为 100×234ms＝23s400ms。定时器赋值也可以直接输入时间常数，格式为 S5T#aH_bM_cS_dMS，a 为小时值，b 为分钟值，c 为秒值，d 为毫秒值。如，S5T#23s400ms。时基根据输入的时间长短自动选择，如 10ms 到 9s_990ms 的分辨率为 10ms（时间的最小变化为 10ms），1s 到 16m_39s 的分辨率为 1s（时间的最小变化为 1s）。

定时器指令中包括 5 种类型的定时器，对于定时器的应用必须选择合适的类型。不同类型的定时器实现的功能如图 6-13 所示。

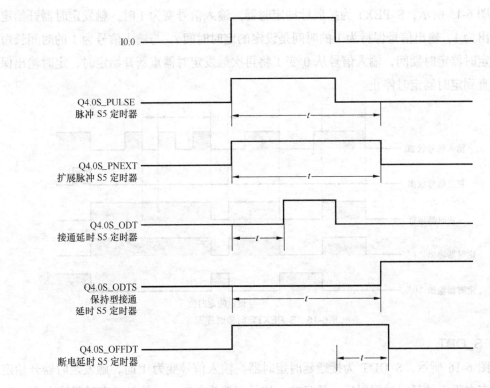

注：I0.0 为输入信号，Q4.0 为定时器输出，t 为定时时间。

图6-13　定时器的类型

1．S_PUSLE

如图 6-14 所示，S_PULSE 为脉冲定时器。输入信号变为 1，触发定时器开始定时，并输出为 1，输出信号保持为 1 的时间为设定的定时时间 t。如果输入信号在设定的定时时间内变为 0，则定时器输出为 0，与定时时间长短无关。

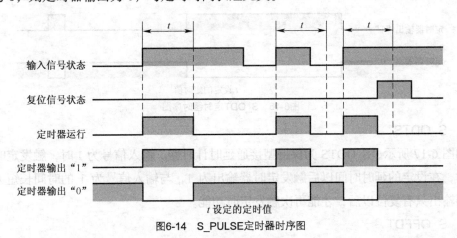

图6-14　S_PULSE定时器时序图

2. S_PEXT

如图 6-15 所示，S_PEXT 为扩展脉冲定时器。输入信号变为 1 时，触发定时器开始定时并输出为 1，输出信号保持为 1 的时间是设定的定时时间 t，与输入信号为 1 的时间长短无关。定时器定时期间，输入信号从 0 变 1 将再次触发定时器重新开始定时，定时输出保持为 1 直到定时器定时停止。

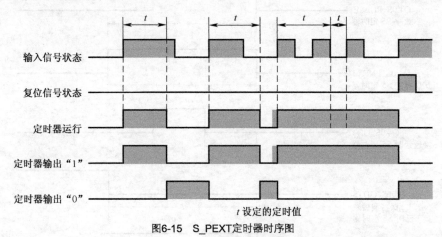

t 设定的定时值

图6-15　S_PEXT定时器时序图

3. S_ODT

如图 6-16 所示，S_ODT 为接通延时定时器。输入信号变为 1 时，触发定时器开始定时，只有在设定的延时时间以后，并且输入信号仍然为 1 时，才能触发定时器输出为 1。

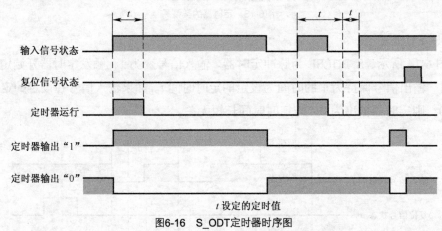

t 设定的定时值

图6-16　S_ODT定时器时序图

4. S_ODTS

如图 6-17 所示，S_ODTS 为保持型接通延时计时器。输入信号为 1 时，触发定时器开始定时，在设定的延时时间以后触发定时器输出为 1，与输入信号为 1 的时间长短无关。定时器输出只有复位以后，才能再次触发定时功能。

5. S_OFFDT

图 6-18 给出了 S_OFFDT 定时器的时序：断电延时定时器，输入信号为 1 时，定时器

输出为 1，输入信号从 1 变为 0，触发定时器开始定时，在设定的延时时间以后，赋值定时器输出为 0。定时器定时期间，输入信号从 0 变为 1 时将复位定时器，只有输入信号再次从 1 变为 0 时才能触发定时器开始定时，定时器输出在输入信号为 1 或定时器没有完成时，保持为 1。

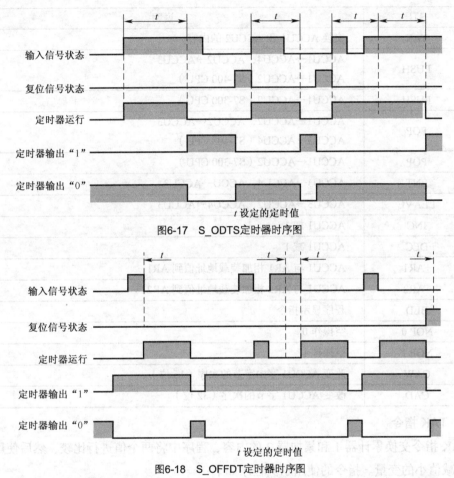

图6-17　S_ODTS定时器时序图

图6-18　S_OFFDT定时器时序图

注意：一个定时器不能在同一时刻多次调用、运行，如果程序中多处使用同一个定时器，应注意定时器启动的时序。

6.11　累加器指令

累加器指令对累加器 1（ACCU1）、累加器 2（ACCU2）、累加器 3（ACCU3）、累加器 4（ACCU4）进行操作，并且只适合 STL 编程语言。S7-300 CPU 只有累加器 1 和累加器 2，S7-400 CPU 具有 4 个累加器，累加器 3、累加器 4 的使用减少了中间运算变量的使用。对累加器 1、累加器 2 进行数据的装载和传送，使用 L、T 就可以完成；对累加器 3、累加器 4 进行操作，必须使用累加器指令，累加器指令见表 6-21。

一个累加器占用 32 位，如果装载一个 16 位的字或整数数据，只占用累加器的低 16 位或低"字"。如果装载一个 32 位的双字、双整数、浮点数据，则将累加器占满。在下面的示例程序说明中，ACCU N（1～4）表示累加器 N，ACCU N-L 表示累加器 N 的低 16 位。

表 6-21　　　　　　　　　　　　　　　　累加器指令

	STL	说明
累加器指令	TAK	交换 ACCU1 和 ACCU2 的内容
	PUSH	ACCU1→ACCU4，ACCU2→ACCU3 ACCU1→ACCU2（S7-400 CPU）
	PUSH	ACCU1→ACCU2（S7-300 CPU）
	POP	ACCU1←ACCU2，ACCU2←ACCU3 ACCU3←ACCU4（S7-400 CPU）
	POP	ACCU1←ACCU2（S7-300 CPU）
	ENT	ACCU3→ACCU4，ACCU→ACCU3
	LEAVE	ACCU3→ACCU2，ACCU4→ACCU3
	INC	ACCU1 加 1
	DEC	ACCU1 减 1
	+AR1	ACCU1 与 AR1 相加装载地址值到 AR1
	+AR2	ACCU1 与 AR2 相加装载地址值到 AR2
	BLD	程序显示指令
	NOP 0	空操作 0
	NOP 1	空操作 1
	CAW	改变 ACCU1 字中字节的次序（16 位）
	CAD	改变 ACCU1 字节的次序（32 位）

1. TAK 指令

TAK 指令交换累计器 1 和累加器 2 的内容，程序中将两个值进行比较，然后使用值大的变量减值小的变量。指令的使用示例程序如下：

```
    L    MW   10      //装载 MW10 的内容到 ACCU 1-L
    L    MW   12      //装载 ACCU 1-L 的内容到 ACCU 2-L，装载 MW10 的内容到 ACCU 1-L
    >I                //检测 ACCU 2-L（MW10）是否大于 ACCU 1-L（MW12）
    JP   NEXT         //如果 ACCU 2（MW10）大于 ACCU 1（MW12），跳转到程序标号 NEXT
    TAK               //如果小于，交换 ACCU 1 和 ACCU 2 的内容
NEXT: -I              //执行 ACCU 2-L 减 ACCU 1-L 操作
    T    MW   14      //将结果传送到 MW14
```

2. PUSH 指令

PUSH 指令在 S7-300 系列 PLC CPU 中使用时，将累加器 1 的值复制到累加器 2 中，累加器 1 中的值不变；指令在 S7-400 系列 PLC CPU 中使用时，将累加器 3 的值复制到累加器 4 中，将累加器 2 的值复制到累加器 3 中，将累加器 1 的值复制到累加器 2 中，累加

器 1 中的值不变。

PUSH 指令执行前后累加器中值的变化见表 6-22。

表 6-22   PUSH 指令执行前后累加器中值的变化

内容	ACCU1	ACCU2	ACCU3	ACCU4
执行 PUSH 指令前	值 A	值 B	值 C	值 D
执行 PUSH 指令后	值 A	值 A	值 B	值 C

指令的使用示例程序如下:

```
L    MW   10     //装载 MW10 的内容到 ACCU 1-L
PUSH                //将 ACCU 3 的内容复制到 ACCU 4，将 ACCU 2 的内容复制到 ACCU 3，将 ACCU1
的内容复制到 ACCU 2，ACCU 1 的值未变为 MW10
```

3. POP 指令

POP 指令与 PUSH 指令复制的方向相反，在 S7-300 系列 PLC CPU 中使用时，将累加器 2 的值复制到累加器 1 中，累加器 2 中的值不变；指令在 S7-400 系列 PLC CPU 中使用时，将累加器 2 的值复制到累加器 1 中，将累加器 3 的值复制到累加器 2 中，将累加器 4 的值复制到累加器 3 中，累加器 4 中的值不变。POP 指令执行前后累加器中值的变化见表 6-23。

表 6-23   POP 指令执行前后累加器中值的变化

内容	ACCU1	ACCU2	ACCU3	ACCU4
执行 POP 指令前	值 A	值 B	值 C	值 D
执行 POP 指令后	值 B	值 C	值 D	值 D

指令的使用示例程序如下:

```
T    MD   10     //将 ACCU 1 中的值（值 A）传送到 MD10 中
POP                 //复制 ACCU 2 中的值到 ACCU 1 中
T    MD   14     //将 ACCU 1 中的值（值 B）传送到 MD14 中
```

4. ENT 指令

ENT 指令将累加器 3 的值复制到累加器 4 中，将累加器 2 的值复制到累加器 3 中，如果直接在 L 指令前使用，将运算的中间结果存储于 ACCU 3 中。指令的使用示例程序如下:

```
L    DBD   0    //装载 DBD0 到 ACCU 1（浮点格式）
L    DBD   4    //复制 ACCU 1 中的值到 ACCU 2，装载 DBD4 到 ACCU 1（浮点格式）
+R             //将 ACCU 1 和 ACCU 2 中的值相加，结果存储于 ACCU 1 中
L    DBD   8    //复制 ACCU 1 中的值到 ACCU 2，装载 DBD8 到 ACCU 1
ENT            //复制 ACCU 3 中的值到 ACCU 4，复制 ACCU 2 中的值（中间结
               //果 DBD+DBD4）到 ACCU 3
L    DBD   12   //复制 ACCU 1 中的值到 ACCU 2，装载 DBD12 到 ACCU 1
-R             //ACCU 2 减去 ACCU 1 的值并存储于 ACCU 1 中，复制 ACCU 3
               //中的值到 ACCU 2，复制 ACCU 4 中的值到 ACCU 3
```

/R			//ACCU 2 中的值（DBD0+DBD4）除以 ACCU 1 的值（DBD8-DBD12）
			//并将结果存储于 ACCU 1 中
T	DBD	16	//将运算结果传送到 DBD16 中

5. LEAVE 指令

LEAVE 指令与 ENT 指令复制的方向相反，将累加器 3 的值复制到累加器 2 中，将累加器 4 的值复制到累加器 3 中，累加器 1 和累加器 4 中的值不变。

6. INC 与 DEC 指令

INC 指令将累加器 1 低 8 位（ACCU 1-L-L）中存储的值加 1（8 位的整数值），DEC 指令将累加器 1 低 8 位（ACCU 1-L-L）中存储的值减 1（8 位的整数值），累加器 1 中其他位保持不变，由于指令只对累加器 1 低 8 位进行操作，最大增减值为 255。指令的示例程序如下：

L	MB	22	//装载到 MB22 到 ACCU 1
INC	15		//ACCU 1（MB22）增加 15，将结果存储于 ACCU 1-L-L
T	MB	22	//将 ACCU 1-L-L 的值传送到 MB22
L	MB	42	//装载 MB42 到 ACCU 1
DEC	20		//ACCU 1（MB42）减少 20，将结果存储于 ACCU 1-L-L
T	MB	42	//将 ACCU 1-L-L 的值传送到 MB42

7. +AR1 与+AR2 指令

+AR1 指令将累加器 1 中的值装载到地址寄存器 1 中，+AR2 指令将累加器 1 中的值装载到地址寄存器 2 中。指令后面可以直接定义地址指针，如+AR1 P#10.0，将 P#10.0 装载到地址寄存器 1 中，指令的使用示例程序如下：

L	P#200.0	//装载地址指针 P#200.0 到 ACCU 1
+AR1		//将 ACCU 1 中的值（P#200.0）装载到地址寄存器 1 中
+AR2	P#300.0	//将 P#300.0 装载到地址寄存器 2 中
L	MW [AR1,P#0.0]	//装载 MW200 到 ACCU 1
L	MW [AR2,P#0.0]	//将 ACCU 1 中的值复制到 ACCU 2 中，装载 MW300 到 ACCU 1
-I		//ACCU 2-ACCU 1
T	MW	4	//运算结果传送到 MW4 中

8. CAW 与 CAD 指令

CAW 指令将累加器 1 低字中包含的两字节相互转换，CAD 指令将累加器 1 中包含的 4 字节相互转换。

CAW 指令执行前后累加器 1 中值的变化见表 6-24。

表 6-24　　　　　　　　　　CAW 指令执行前后累加器 1 中值的变化

内容	ACCU 1	ACCU 2	ACCU 3	ACCU 4
执行 CAW 指令前	值 A	值 B	值 C	值 D
执行 CAW 指令后	值 A	值 B	值 D	值 C

CAD 指令执行前后累加器 1 中值的变化见表 6-25。

表 6-25　　　　　　　　　　CAD 指令执行前后累加器 1 中值的变化

内容	ACCU 1	ACCU 2	ACCU 3	ACCU 4
执行 CAD 指令前	值 A	值 B	值 C	值 D
执行 CAD 指令后	值 D	值 C	值 B	值 A

指令的使用示例程序如下：

```
L      W#16#1234        //装载参数 W#16#1234 到 ACCU 1
CAW                     //转换 ACCU 1-L 中两字节存储值的次序
T      MW   10          //运算结果传送到 MW10 中，MW10 中的值为 W#16#3412
L      DW#16#12345678   //装载参数 DW#16#12345678 到 ACCU 1
CAD                     //转换 ACCU 1 中 4 字节存储值的次序
T      MD   20          //运算结果传送到 MD20 中，MD20 中的值为 DW#16#78563412
```

9. NOP0、NOP1 与 BLD 指令

NOP0、NOP1、BLD 指令用于 LAD、FBD 编程语言的显示，当 LAD、FBD 编程语言转换为 STL 编程语言时自动产生。

6.12　本章小结

本章以西门子 S7-300/400 系列为例介绍了 PLC 常用的基本指令系统，这是 PLC 的编程基础，只有熟练掌握各种指令的用法，才能读懂程序，进而开发出所需的控制系统。本章在讲解 PLC 常用的基本指令系统及其使用方法的同时，还给出了许多例子，使读者能够理解指令的作用、用法和在实际应用中如何编程，为读者学习程序的编写打下了良好的基础。

本章的重点是 PLC 程序的基本结构及数制和数据类型；难点是 S7-300/400 系列 PLC 的指令系统，包括位逻辑指令、比较指令、转换指令、计数器指令、数据块操作指令等 15 项指令。

第7章 PLC 控制系统的设计方法

在掌握了 PLC 的指令系统和编程方法后，就可以结合实际问题进行 PLC 控制系统的设计，将 PLC 应用于实际的工业控制系统中。本章从工程实际出发，介绍如何应用前面所学的知识，设计出经济实用的 PLC 控制系统。

7.1 安全用电常识

7.1.1 触电的原因和危害

电流通过人体就会导致触电。一般而言，当流过人体的电流大于 0.05A 时，在 220V、50Hz 的交流工频电网下，就有可能导致触电死亡的严重事故。虽然，这与电流流过人体的途径、部位有关，通过人体电流的大小又取决于人体电阻及所触及的电压高低。人体的电阻并不是固定的，通常为 $600\sim100\,000\,\Omega$。

由于人体最小电阻约为 $600\,\Omega$，如果接触到的电压达到 60V，通过人体的电流就可能达到 0.1A。也就说明只要碰到 60V 电压的线路上，就可能发生触电死亡事故。所以，一般规定 36V 以下的电压为安全电压。

触电事故对人体的危害非常大。对于 $220\sim380V$ 的低压工频电网，一旦发生触电事故，不能及时脱离，就会造成人体的肌肉痉挛，灼伤。达到一定的时间后，肢体就会冒烟，黑炭化。通过人体的电流会刺激肌肉收缩，造成大脑昏厥，触电事故的受害人很难自行脱离。因此，触电事故，大部分会造成截肢的重伤，甚至死亡的严重后果。

7.1.2 触电的种类和形式

1. 触电的种类

根据电流通过人体的部位不同，触电事故包括以下两种。

① 电伤，电流通过人体外部表层造成局部伤害。

② 电击，电流通过人体内部器官，对人体心脏及神经系统造成破坏甚至死亡。

2. 触电的形式

根据接触电路的形式不同，触电事故包括以下 3 种。

① 单线触电，人站在地面或其他接地体上，而人的某一部位触及带电体。这种形式比较常见，多为意外接触了带电体造成的。

② 双线触电，人体两处同时触及三相或两相带电体，而形成回路造成的触电。

③ 跨步电压触电，带电体着地时，电流流过周围土壤，产生电压降，人接近着地点时，两脚之间形成跨步电压，其大小决定于离着地点的远近及两脚正对着地点的跨步距离。跨步电压触电多发生于雨雪天气。

7.1.3　安全措施

1. 保护接地

把电动机、变压器等电气设备的金属外壳用电阻很小的导线与埋在地中的接地装置可靠地连接起来，起到接地保护作用。

2. 保护接中线

把电气设备的金属外壳接到电线路系统的中性点上叫作保护接中线（或叫保护接零）。

3. 用电安全保护

在电气设备接线过程中，必须佩戴绝缘手套，穿防护服，戴绝缘鞋，并持证上岗。在工作中必须注意以下几点。

① 无论何时何地，禁止用手来判断接线端子或裸露导体是否带电。

② 换接熔丝时，首先要切断电源，切勿带电操作。如果确实有必要带电操作，则应采取安全措施。

③ 常用的电气设备的金属外壳必须接有专用的接地导线。

④ 处理好导线的带电接头的绝缘。

⑤ 操作电器开关、按钮等，手应保持干燥。

⑥ 若遇人触电，应立即切断电源，不可用手直接拉触电者使之脱离电源。

⑦ 严格遵守电气设备的安全操作规程。

7.1.4　触电的急救

发生触电时，应该迅速切断总电源，首先让触电者脱离电源，尽快进行现场抢救。若发现触电者停止呼吸或心脏停止跳动，绝不可以为触电者已死亡而不去抢救，应立即在现场进行人工呼吸和人工胸外心脏按压，并尽快通知医院。

1. 人工呼吸

口对口人工呼吸是人工呼吸法中最有效的一种，实施前，应迅速将触电者身上妨碍呼吸的衣领、大衣、裙带等解开，并取出触电者口腔内脱落的假牙、血块、呕吐物等，使呼吸道通畅。然后使触电者仰卧，头部充分后仰，使鼻子也朝上。具体操作步骤如下。

① 一手捏紧触电者鼻孔，另一只手将其下颌拉向前下方（或托住其颈后），救护人深吸一口气后紧贴触电者的口向内吹气，同时观察胸部是否隆起，以确保吹气有效，维持约 2s。

② 吹气完毕，立即离开触电者的口，并放松捏紧的鼻子，使其自动呼气，注意胸部的复原情况，时间约 3s。

按照上述步骤连续不断地进行操作，直到触电者开始呼吸为止。触电者如是儿童，只可小口吹气或不捏紧鼻子，任其自然漏气，以免肺泡破裂；如发现触电者胃部充分膨胀，可一面用手轻轻加压于其上腹部，一面继续吹气和换气，如无法使触电者的嘴张开，可改为口对鼻人工呼吸。

2. 胸外心脏按压

胸外心脏按压法是触电者心脏骤停后的急救方法，其目的是强迫心脏恢复自主跳动。胸外心脏按压法施救时，应该使触电者卧在比较坚实、平整、稳固的地方，保持呼吸道畅通（具体要求同口对口人工呼吸法），抢救者跪在病人腰旁，动作如下。

① 一只手用中指指尖对准病人胸部凹陷的下缘，手掌按在胸部，另一只手压在该手的手背上，掌跟用力向下压，使胸骨下段相连的肋骨下陷 3～4cm，压出心脏里面的血液。

② 按压后突然放松，掌跟不必离开胸膛，依靠胸廓弹性，使胸骨复位，此时心脏舒张，大静脉的血液回流心脏。

按照上述步骤，连续有节奏地进行，每秒一次，一直到触电者的嘴唇及身上皮肤的颜色转为红润，以及摸到动脉搏动为止。

进行胸外心脏按压时，靠救护者的体重和肩肌适度用力，要有一定的冲击力量，而不是缓慢用力，但也不要用力过猛。如触电者是儿童，可以用一只手按压，以免损伤胸骨，而且以每分钟按压 100 次左右为宜。

7.2　PLC 控制系统的设计流程

一个完整的 PLC 应用系统包含两方面的内容：PLC 控制系统和人机界面。PLC 控制系统对控制现场进行参数采集并完成控制功能，人机界面是人与控制系统进行信息及数据交流的一个窗口。设计人员不但要熟悉 PLC 的硬件，还要熟悉 PLC 软件，以及人机界面软件的编制方法和遵循的原则。此处主要介绍 PLC 应用系统的总体设计方法，针对一个具体 PLC 控制系统的详细设计步骤，以及设计过程中应该遵循的原则，人机界面设计的方法和步骤可参考专门讲解 PLC 人机界面设计的相关书籍。

7.2.1　PLC 控制系统的基本原则

任何一个控制系统都是为了实现生产设备或生产过程的控制要求和工艺需要，以提高产品质量和生产效率。因此，在设计 PLC 应用系统时，应遵循以下的基本原则。

1. 充分发挥 PLC 的功能，最大限度地满足被控对象的控制要求

充分发挥 PLC 的功能，最大限度地满足被控对象的控制需求，是设计 PLC 控制系统的首要前提，这也是设计中最重要的一条原则。这就要求设计人员在设计前就要深入现场进行调查研究，收集控制现场的资料和相关先进的国内、国外资料。同时，要注意和现场的工程管理人员、工程技术人员、现场操作人员紧密配合，拟定控制方案，共同解决设计中的重点问题和疑难问题。

2. 在满足控制要求的前提下，力求使控制系统简单、经济、使用及维修方便

一个新的控制工程固然能提高产品的质量和数量，带来巨大的经济效益和社会效益，但新工程的投入、技术的培训、设备的维护也将导致运行资金的增加。因此，在满足控制要求的前提下，一方面要注意不断地扩大工程的效益，另一方面也要注意不断地降低工程的成本。这就要求设计者不仅应该使控制系统简单、经济，而且要使控制系统的使用和维护方便、成本低，不宜盲目追求自动化和高指标。

3. 保证控制系统安全、可靠

保证 PLC 控制系统能够长期安全、稳定、可靠地运行，是设计控制系统的重要原则之一。这就要求设计者在系统设计、元器件选择、软件编程上要全面考虑，以确保控制系统安全可靠。例如，应该保证 PLC 程序不仅在正常条件下运行，而且在非正常情况下（如突然掉电再上电、按钮按错等）也能正常工作。控制系统的稳定、可靠是提高生产效率和产品质量的必要保证，是衡量控制系统好坏的因素之一。只有稳定、可靠的控制系统才能为客户提供真正的方便。要保证系统的稳定、可靠，不仅前期的系统需求分析要做得很充分，而且设计过程中也应该综合考虑现场的实际应用情况，从硬件角度添加相应的保护措施，软件方面采取一些消噪处理。

4. 适应发展的需要

由于技术的不断发展，控制系统的要求也将会不断地提高，设计时要适当考虑生产的发展和工艺的改进。在选择 PLC 的型号、I/O 点数和存储器容量等内容时，应适当地留有余量，以满足以后生产的发展和工艺改进的需要。

5. 控制系统应具有良好的人机界面

良好的人机界面可以方便用户与控制系统的沟通，降低用户对整个控制系统操作的复杂度。软件设计时应该充分考虑用户的使用习惯，根据用户的特点设计方便用户使用的界面。

7.2.2　PLC 控制系统的设计内容

PLC 控制系统的硬件设备主要由 PLC 及 I/O 设备构成，下面重点讲述 PLC 控制系统中硬件系统设计的基本步骤和硬件系统设计中完成的主要任务。

1. 选择 I/O 设备

输入设备（如按钮、操作开关、限位开关和传感器等）输入参数给 PLC 控制系统，PLC 控制系统接收这些参数，执行相应的控制；输出设备（如继电器、接触器、信号灯等执行机构）是控制系统的执行机构，执行 PLC 输出的控制信号。控制系统中，I/O 设备是 PLC 与控制对象连接的唯一桥梁。需求分析中，应该详细分析控制系统中涉及的输入设备、输出设备，分析输入设备的输入点数、输入类型和输出设备的输出点数、输出类型。

2. 选择合适的 PLC

PLC 是控制系统的核心部件，选择合适的 PLC 对于保证整个控制系统的性能指标和质量有着决定性影响。选择 PLC 应从 PLC 的机型、容量、I/O 模块和电源等角度综合考虑，根据工程实际需求做出合理的决定。

（1）I/O 点的分配。根据 I/O 设备的类型、I/O 的点数，绘制 I/O 端子的连接图，保证合理分配 I/O 点。

（2）PLC 容量的选择。容量选择应该考虑 I/O 点数和程序的存储容量，I/O 点数已在 I/O 分配中确定，程序的存储容量不仅和控制的功能密切相关，而且和设计者的代码编写水平、编写方式密切相关。应该根据系统功能、设计者本人对代码编写的熟练程度选择程序存储容量并且留有裕量。此处给出一个参考的估算公式：存储容量（字节）＝开关量 I/O 点数×10+模拟量 I/O 通道数×100，在此基础上可再加 20%～30%的裕量。

（3）控制台、电气柜的设计。根据设计的 PLC 控制系统硬件结构图，选择相应的电气柜。

（4）控制程序的设计。控制程序是整个控制系统发挥作用、正常工作的核心环节，是保证系统工作正常、安全、可靠的关键部分之一。控制程序的设计过程中，首先应该根据系统控制需求画出流程图，按照流程图设计各模块。可以分块调试各模块，各子模块调试完成后，整个程序联合调试，直到满足要求为止。

（5）控制系统技术文件的编制。系统技术文件包括说明书、电气原理图、电气布置图、电气安装图、PLC 梯形图等。说明书介绍了整个控制系统的功能与性能指标；电气原理图说明了控制系统的硬件设计、PLC 的 I/O 口与 I/O 设备之间的连接；电气布置图及电气安装图说明了控制系统中应用的各种电气设备之间的联系及安装；PLC 梯形图一般不提交给使用者，提交给使用者可能会因为使用者修改程序而影响控制系统功能的稳定性，所以，PLC 梯形图一般只在产品开发设计者内部传递。

7.2.3 PLC 控制系统的设计步骤

如图 7-1 所示，PLC 控制系统设计的基本步骤如下。

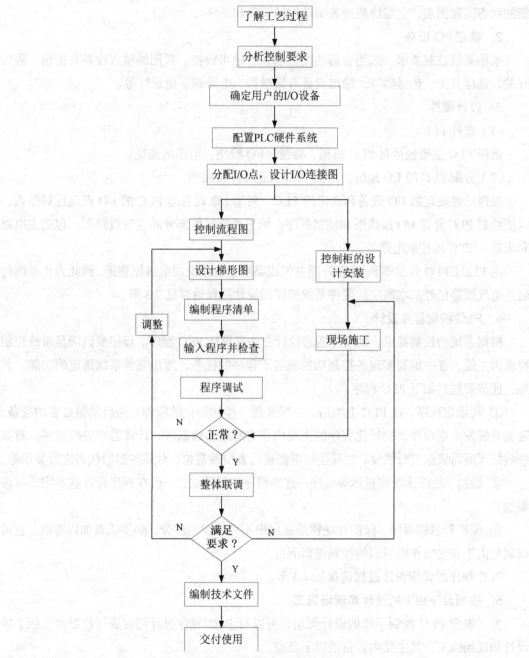

图7-1 PLC控制系统设计流程图

1. 了解工艺过程，分析控制要求

首先要详细了解被控对象的工作原理、工艺流程、机械结构和操作方法，了解工艺过程和机械运动与电气执行元件之间的关系和对控制系统的要求，了解设备的运动要求、运动方式和步骤，在此基础上确定被控对象对 PLC 控制系统的控制要求，画出被控对象的工艺流程图。对于较复杂的控制系统，根据生产工艺要求画出工作循环图表，必要时画出详

细的状态流程图表，它能清楚地表明动作的顺序和条件。

2. 确定 I/O 设备

根据系统控制要求，选用合适的用户输入、输出设备。常用的输入设备有按钮、限位开关、选择开关、传感器等，输出设备有接触器、电磁阀、指示灯等。

3. 设计硬件

（1）选择 PLC

选择 PLC 主要包括对 PLC 机械、容量、I/O 模块、电源的选择。

（2）分配 PLC 的 I/O 地址，绘制 PLC 外部 I/O 接线图

根据已经确定的 I/O 设备和选定的 PLC，列出 I/O 设备与 PLC 的 I/O 点地址对照表，以便绘制 PLC 外部 I/O 接线图和编制程序。画出系统其他部分的电气线路图，包括主电路和未进入 PLC 的控制电路等。

由 PLC 的 I/O 连接图和 PLC 外围电气线路图组成系统的电气原理图。到此为止系统的硬件电气线路已经基本确定。硬件系统的详细设计过程请参见 7.3 节。

4. PLC 控制程序设计

根据系统的控制要求，采用合适的设计方法来设计 PLC 程序。程序要以满足系统控制要求为主线，逐一编写实现各控制功能或各子程序的任务，逐步完善系统指定的功能。另外，还需要包括如下 PLC 程序。

① 初始化程序。在 PLC 上电后，一般要做一些初始化的操作，为启动做必要的准备，避免系统发生误动作。初始化程序的主要内容有对某些数据区、计算器等进行清零，对某些数据区所需数据进行恢复，对某些继电器进行置位或复位，对某些初始状态进行显示等。

② 检测、故障诊断和显示等程序。这些程序相对独立，一般在程序设计基本完成时再添加。

③ 保护和联锁程序。保护和联锁是程序中不可缺少的部分，必须认真加以考虑。它可以避免由于非法操作而引起的控制逻辑混乱。

PLC 程序的详细设计过程请参见 7.4 节。

5. 控制台（柜）的设计和现场施工

为了缩短 PLC 控制系统的设计周期，可以与 PLC 程序设计同时进行控制台（柜）的设计和现场施工，其主要内容包括以下几点。

① 设计控制柜和操作台等部分的电器布置图及安装接线图。

② 设计系统各部分之间的电气互连图。

③ 根据施工图纸进行现场接线，并进行详细检查。

6. 调试

（1）模拟调试

程序模拟调试的基本思想是，以方便的形式模拟产生现场实际状态，为程序的运行创

造必要的环境条件。首先要逐条检查，改正程序设计中的逻辑、语法、数据错误或输入过程中的按键及传输错误，然后在实验室中进行模拟调试。模拟调试时，输入信号用按钮来模拟，各输出量的通/断状态用 PLC 上有关的发光二极管来显示，观察在各种可能的情况下各个输入量、输出量之间的变化关系是否符合设计要求，发现问题及时修改，直到完全满足控制要求为止。

（2）联机调试

程序模拟调试通过后，将 PLC 安装在控制现场进行联机调试。开始时，先带上输出设备（接触器绕组、信号指示灯等），不带负载（电动机和电磁阀等）进行调试。各部分都调试正常后，再带上实际负载进行调试。如不符合要求，则对硬件和程序进行调整，直到完全满足设计要求为止。

全部调试完成后，还要经过一段时间的试运行，以检验系统的可靠性。如果工作正常，程序不需要修改，应将程序固化到 EPROM 中，以防程序丢失。

7. 编制技术文件

编写控制系统说明书、电气原理图、电气布置图、元器件明细表、PLC 梯形图等文件，可方便现场施工的安装，方便控制系统的日后维护和升级。

8. 交付

系统试运行一段时间后，便可以将全套的技术文件，和相关试验、检验证明交付给用户。

以上是 PLC 自动控制系统设计的一般步骤，可根据实际情况和控制对象的具体情况适当调整某些步骤。

7.3 PLC 的硬件系统设计选型方法

随着 PLC 技术的发展，PLC 产品的种类也越来越多。不同型号的 PLC，其结构形式、性能、容量、指令系统、编程方式、价格等也各有不同，适用的场合也各有侧重。因此，合理地进行 PLC 应用系统的硬件设计，对于提高 PLC 控制系统的技术经济指标有着重要意义。

PLC 应用系统的硬件设计主要从 PLC 的机型、容量、I/O 模块、电源模块、特殊功能模块、通信联网能力等方面加以综合考虑。

7.3.1 PLC 硬件系统设计的基本流程

在对项目任务书进行详细分析后，便可以开始初步的 PLC 硬件系统设计。如图 7-2 所示，PLC 硬件系统设计的基本流程如下：①估算 I/O 点数，确定自动控制系统规模，估算存储器容量；②根据 I/O 点数、存储器容量、硬件功能需求来选择合适的主机和 CPU；③根据项目控制对象的特点及技术指标等参数要求,确定 PLC 硬件需要具备的电源模块及编程器;④分配 I/O 地址,充分利用资源;⑤综合考虑系统性能指标和经济性等多方面因素,选配外部设备及专用模块。

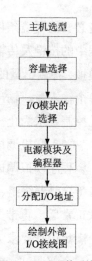

图7-2 PLC硬件系统设计的基本流程图

7.3.2 机型的选择

选择 PLC 机型的基本原则是,在满足控制要求的前提下,保证工作可靠,使用维护方便,以获得最佳的性价比。PLC 的型号种类繁多,选用时应考虑以下几个问题。

1. PLC 的性能应与控制任务相适应

① 只需要开关量控制的设备,一般选用具有逻辑运算、定时和计数等功能的小型(低档)PLC。

② 对于以开关量控制为主、带少量模拟量的控制系统,可选择带 A/D 和 D/A 单元、具有算术运算、数据传送功能的增强型低档 PLC。

③ 对于控制较复杂、控制功能要求高的系统,如要求实现 PID 运算、闭环控制和通信联网等功能,可视控制系统规模大小及复杂程度,选用中档或高档 PLC。其中高档机主要用于大规模过程控制、分布式控制系统及整个工厂的自动化等。

2. 结构形式合理,机型尽可能统一

① 整体式 PLC 的每个 I/O 点的平均价格比模块式的便宜,且体积相对较小,硬件配置不如模块式灵活,所以一般用于系统工艺过程较为固定的小型控制系统。

② 模块式 PLC 的功能扩展灵活方便,I/O 点数量、输入点数与输出点数的比例和 I/O 模块的种类等方面,选择余地较大,维修时只需要更换模块,判断故障的范围小,排除故障的时间短。因此,模块式 PLC 一般用于较复杂系统和维修量大的场合。

③ 在一个单位里,应尽量使用同一系列的 PLC。这不仅使模块通用性好,减少备件量,而且给编程和维修带来极大的方便,有利于技术力量的培训、技术水平的提高和功能的开发,也有利于系统的扩展升级和资源共享。

3. 对 PLC 响应时间的要求

PLC 输入信号与响应的输出信号之间由于扫描工作方式而引起的延迟时间可达 2~3 个扫描周期。对于大多数应用场合(如以开关量控制为主的系统)来说,这是允许的。

然而对于模拟量控制的系统,特别是具有较多闭环控制的系统,不允许有较大的滞后时间。为了减少 PLC 的 I/O 响应的延迟时间,可以选择 CPU 处理速度快的 PLC,或选用具有高速 I/O 处理功能指令的 PLC,或选用具有快速响应模块和中断输入模块的 PLC 等。

4. 应考虑是否在线编辑

(1)离线编程的 PLC,主机和编程器共用一个 CPU

编程器上有一个"编程/运行"选择开关,选择编程状态时,CPU 将失去对现场的控制,只为编程器服务，这就是所谓的"离线"编程。程序编写好后，如选择"运行"状态，CPU则去执行程序而对现场进行控制。由于节省了一个 CPU，价格比较便宜，中、小型 PLC 多采用离线编程。

（2）在线编程的 PLC，主机和编程器各有一个 CPU

编程器的 CPU 随时处理由键盘输入的各种编程指令，主机的 CPU 则负责对现场的控制，并在一个扫描周期结束时和编程器通信，编程器把编好或修改好的程序发送给主机，在下一个扫描周期主机将按新送入的程序控制现场，这就是"在线"编程。由于增加了 CPU，故价格较高，大型 PLC 多采用在线编程。

是否采用在线编程，应根据被控设备工艺要求来选择。对于工艺不常变动的设备和产品定型的设备，应选用离线编程的 PLC。反之，可考虑选用在线编程的 PLC。

关于 PLC 的选型问题，当然还要考虑 PLC 的通信联网功能、价格因素、系统的可靠性等。

7.3.3　容量选择

PLC 的容量包括两个方面：一是 I/O 点数，二是用户存储器的容量。

1. I/O 点数

PLC 平均每个 I/O 点的价格较高，应合理选用 PLC 的 I/O 点的数量。一般根据被控对象的 I/O 信号的总点数，再考虑 10%～15%的备用量，以便以后调整或扩充。

2. 用户存储器容量

用户储存器容量是 PLC 用于存储用户程序的存储器容量。用户应用程序所占用的储存单元的大小与很多因素有关，如 I/O 点数、控制要求、运算处理量、程序结构等。因此，在程序设计之前只能粗略地估算，根据经验，每个 I/O 点及有关功能器件占用的内存大致如下。

开关量输入：所需存储器字数=输入点数×10。

开关量输出：所需存储器字数=输出点数×8。

定时器/计数器：所需存储器字数=定时器/计数器×2。

模拟量：所需存储器字数=模拟量通道数×100。

通信接口：所需存储器字数=接口个数×300。

根据存储器的总字数再考虑 20%～30%的备用量。

7.3.4　I/O 模块的选择

一般的 I/O 模块的价格占 PLC 价格的一半以上。PLC 的 I/O 模块有开关量 I/O 模块、模拟量 I/O 模块及各种特殊功能模块等。不同的 I/O 模块，其电路及功能不同，直接影响

PLC 的应用范围和价格，应根据实际需要加以选择。

1. 开关量输入模块的选择

PLC 输入模块用来检测并转换来自现场设备（按钮、限位开关、接近开关、温控开关等）的高电平信号为 PLC 内部接收的低电平信号。选择开关量输入模块时，要熟悉掌握输入模块的不同类型，应从以下几个方面考虑。

（1）输入模块的工作电压

输入模块的工作电压，常用的有直流 5V、12V、24V、48V、60V，交流 110V、220V等。若现场输入设备与输入模块距离较近，则采用低电压模块，反之，则采用电压等级较高的模块。直流输入模块的延迟时间短，可直接与电子输入设备连接，交流输入模块适合在恶劣的环境下使用。

（2）输入模块的输入点数

输入模块的输入点数，常用的有 8 点、12 点、16 点、32 点等，高密度的输入模块（如32 点、48 点）能运行同时接通的点数取决于输入电压和环境温度。一般同时接通的点数不得超过总输入点数的 60%；为了提高系统的可靠性，必须考虑输入门槛电平的大小。门槛电平越高，抗干扰能力越强，传输距离也越远，具体可参阅 PLC 说明书。

（3）输入模块的外部接线方式

输入模块的外部接线方式主要有汇点式输入、分组式输入等。

如图 7-3 所示，汇点式的开关量输入模块所有输入点共用一个公共端（COM）；而分组式的开关量输入模块是将输入点分成若干组，每一组有一个公共端，各组之间是分隔的。分组式的开关量输入模块价格较汇点式的高，如果输入信号之间不需要分隔，一般选用汇点式的。

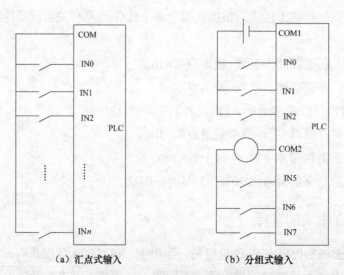

图7-3　输入模块的外部接线方式

2. 开关量输出模块的选择

开关量输出模块用来将 PLC 内部低电平信号转化为外部所需电平的输出信号，驱动外部负载。输出模块有 3 种输出方式：晶闸管输出、晶体管输出、继电器输出。

（1）晶闸管输出和晶体管输出

晶闸管输出和晶体管输出都属于无触点开关量输出，适用于开关频率高、电感低功率因数的负载。晶闸管输出用于交流负载，晶体管输出用于直流负载。由于电感性负载在断开瞬间会产生较高的反压，必须采取抑制措施。

（2）继电器输出

继电器输出模块价格低廉，既可以用于驱动交流负载，又可以用于直流负载，其具有使用电压范围广等优点。由于继电器输出属于有触点开关输出，其缺点是寿命较短，相应速度较慢、可靠性较差，只能适用于不频繁通断的场合。

（3）输出模块的外部接线方式

输出模块的外部接线方式主要有分组式输出、分隔式输出等。

如图 7-4（a）所示，分组式的开关量输出模块的所有输出点分成若干组，每一组有一个公共端，各组之间是分隔的，可以用于驱动不同电源的外部输出设备；如图 7-4（b）所示，分隔式的开关量输出模块的每个输出点只有一个公共端，各输出点之间相互隔离。选择时，主要根据 PLC 输出设备的电源类型和电压等级的多少而定。一般整体式 PLC 既有分组式输出，又有分隔式输出。

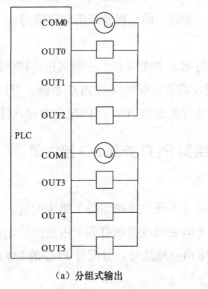
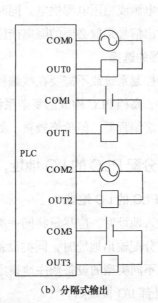

（a）分组式输出　　　　　　　（b）分隔式输出

图7-4　输出模块的外部接线方式

输出模块同时接通点数的电流累加值必须小于公共端所允许通过的电流值；输出模块的输出电流必须大于负载电流的额定值；如果负载电流过大，输出模块不能够直接驱动，应增加中间放大环节。

3. 其他功能模块的选择

（1）模拟量 I/O 模块的选择

在工业控制中，除了开关量信号，还有温度、压力、流量等模拟量。模拟量 I/O 模块的作用就是将现场由传感器检测而产生的连续模拟量转换为 PLC 可以接收的数字信号，或者将 PLC 内的数字信号转换为模拟量信号输出，同时为了安全还具有电气隔离的功能。

典型模拟量 I/O 模块的量程一般为 $-10\sim+10V$、$0\sim+10V$、$4\sim20mA$ 等，可以根据实际需要选用，同时还应考虑其分辨率和转换精度等因素。

（2）特殊功能模块的选择

可供选择的特殊功能模块包括位置控制、脉冲计数、凸轮模拟器、PID 控制、联网通信等多种特殊功能模块。这些特殊功能模块也经常应用到步进、伺服控制系统中。

7.3.5　电源模块及编程器的选择

1. 电源模块的选择

电源模块的选择较为简单，只需考虑电源模块的额定输出电流。电源模块的额定输出电流必须大于 CPU 模块、I/O 模块及其他模块的总消耗电流。电源模块的选择仅对于模块式结构的 PLC 而言，对于整体式 PLC 不存在电源的选择问题。选择 PLC 的电源模块时，应充分考虑所有供电设备，并根据 PLC 说明书要求来设计选用。在重要的应用场合，通常会采用不间断电源或稳压电源供电。同时为了避免外部高压电因误操作而引入 PLC，通常会对输入和输出信号采取必要的隔离措施，如简单的二极管或熔丝隔离等。

2. 编程器的选择

对于小型控制系统或不需要在线编程的 PLC 控制系统，一般选用价格低廉的简易编程器。对于由中、高档 PLC 构成的复杂系统或需要在线编辑的 PLC 系统，可以选配功能强、编程方便的智能编程器，但价格较贵。如果有现成的 PC，可以配合编程软件包实现编程。

7.3.6　分配 PLC 的 I/O 地址，绘制 PLC 外部 I/O 接线图

1. 分配 PLC 的 I/O 地址

在分配输入地址时，应尽量将同一类信号（开关或按钮等）集中配置，地址号按顺序连续安排。在分配输出地址时，同类设备（电磁阀或指示灯等）占用的输出点地址应集中在一起，按照不同类型的设备顺序地指定输出点地址号。分配好 PLC 的 I/O 地址之后，即可绘制 PLC 外部 I/O 接线图。

2. 绘制 PLC 外部 I/O 接线图

（1）PLC 与常用输入设备的连接

如图 7-5 所示，PLC 与常用输入设备的连接形式为直流汇点式，即所有输入点共用

一个公共端 COM，同时，COM 端内带有 DC 24V 电源。若是采用分组式输入，也可参照图 7-3（b）的方法进行连接。PLC 常见的输入设备包括按钮、限位开关、接近开关、转换开关、拨码器、各种传感器等。

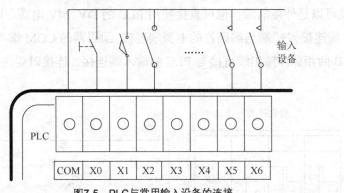

图7-5　PLC与常用输入设备的连接

（2）PLC 与常用输出设备的连接

如图 7-6 所示，PLC 与常用输出设备的连接形式为分组式，即所有输出点共用一个公共端 COM。若是采用分隔式输入，也可参照图 7-4（b）的方法进行连接。PLC 常见的输出设备包括继电器、接触器、电磁阀等。

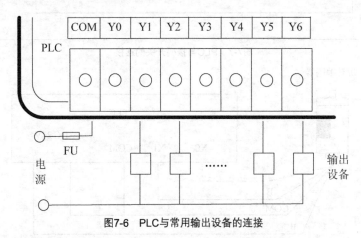

图7-6　PLC与常用输出设备的连接

（3）PLC 与拨码开关的连接

如果 PLC 控制系统中的某些数据需要经常修改，可使用多位拨码开关与 PLC 连接，在 PLC 外部进行数据设定。如图 7-7 所示，4 位拨码开关组装在一起后逐一和 PLC 连接，而各位拨码开关的 COM 端连在一起后，再接在 PLC 输入侧的 COM 端子上。每位拨码开关的 4 条数据线按一定的顺序接在 PLC 的 4 个端子上。1 位拨码开关能输入 1 位十进制数 0～9，或 1 位十六进制数 0～F。

（4）PLC 与旋转编码器的连接

旋转编码器是一种光电式旋转测量装置，它将被测的角位移直接转换成数字信号（高速脉冲信号）。因此，可将旋转编码器的输出脉冲信号直接输入 PLC，利用 PLC 的高速计数器对其脉冲信号进行计数，以获得测量结果。如图 7-8 所示，旋转编码器的输出为两相脉冲，其一共有 4 条引线，其中两条是脉冲输出线，1 条是 COM 端线，1 条是电源线。编码器的电源线可以是外接电源，也可直接使用 PLC 的 DV 24V 电源。电源"–"端要与编码器的 COM 端连接，"+"端与编码器的电源端连接。编码器的 COM 端与 PLC 的输入 COM端连接，A、B 两相脉冲输出线直接与 PLC 的输入端连接，连接时要注意 PLC 输入的相应时间。

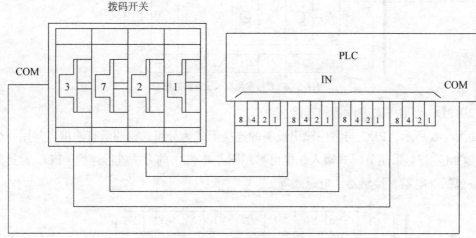

图7-7 PLC与拨码开关的连接

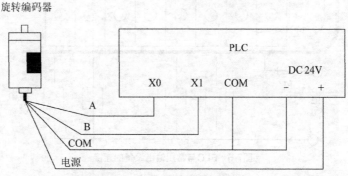

图7-8 PLC与旋转编码器的连接

（5）PLC 与七段 LED 显示器的连接

PLC 可直接用开关量输出与七段 LED 显示器连接。如图 7-9 所示，电路中采用了具有锁存、译码、驱动功能的芯片 CD4513 驱动共阴极 LED 七段显示器。两只 CD4513 的数据输入端 A～D 共用 PLC 的 4 个输出端，其中 A 为最低位，D 为最高位。LE 是锁存使能输入端，在 LE 信号的上升沿将数据输入端输入的 BCD 数锁存在片内的寄存器中，并将该数译码后显示出来。如果输入的不是十进制数，显示器熄灭。LE 为高电平时，显示的数不受数据输入信号的影响。显然，N 个显示器占用的输出点数为 $P=4+N$。

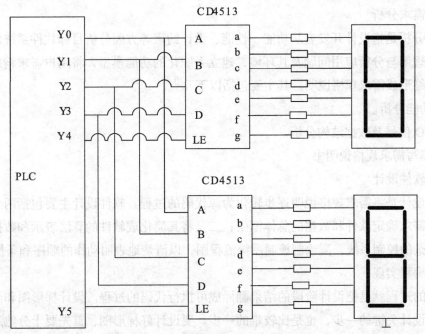

图7-9　PLC与两位七段LED显示器的连接

7.4　PLC 的控制程序设计方法

7.4.1　PLC 控制程序的设计步骤

PLC控制系统软件开发的过程与其他软件的开发一样，需要进行需求分析、软件设计、编码实现、软件调试和修改等几个环节。如图 7-10 所示，PLC 应用系统软件设计与开发过程中主要包括以下几个环节。

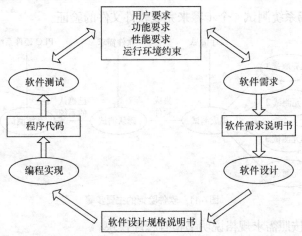

图7-10　PLC应用系统软件设计与开发过程中的主要环节关系图

153

（1）需求分析

需求分析是指设计开发者从功能、性能、设计约束等方面分析目标软件系统的期望需求；通过理解与分析应用问题及其环境，建立系统化的功能模型，将用户需求精确化、系统化，最终形成需求规格说明。其主要包括以下几点。

① 功能分析。

② I/O 信号及数据结构分析。

③ 编写需求规格说明书。

（2）软件设计

软件设计是将需求规格说明逐步转化为源代码的过程。软件设计主要包括两个部分：一是根据需求确定软件和数据的总体框架；二是将其简化成软件的算法表示和数据结构。对于较复杂的控制系统，需绘制控制系统流程图，以清楚地表明动作的顺序和条件。

（3）编程实现

编码的过程就是把设计阶段的结果翻译成可执行代码的过程。设计梯形图和语句表，这是程序设计关键的一步，也是比较难的一步。要设计好梯形图，首先要十分熟悉控制要求，同时还要有一定的电气设计实践经验。程序设计力求做到正确、可靠、简短、省时、可读和易改。编码阶段不应单纯追求编码效率，而应全面考虑编写程序、测试程序、说明程序和修改程序等各项工作。

（4）软件调试和修改

在编码过程中，程序不可避免地存在逻辑、设计上的错误。实践表明，在软件开发过程中要完全避免出错是不可能的，也是不现实的，问题在于如何及时地发现和排除明显的或隐藏的错误，因此需要做软件测试工作。各种不同的软件有不同的测试方法和手段，但它们测试的内容大体相同。

如图 7-11 所示，为了保证软件的质量能满足以上的要求，通常可以按单元测试、集成测试、确认测试和现场系统测试 4 个步骤来完成软件文件的验证。

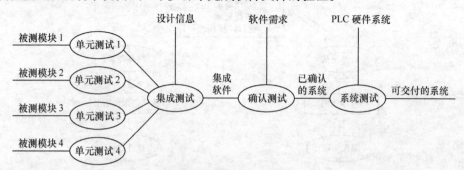

图7-11 软件验证的主要步骤

① 单元测试，按照需求规格说明书检查程序模块。

② 集成测试，寻找程序中的错误。寻找程序中隐藏的有可能导致失控的错误。

③ 确认测试，测试软件是否满足用户需求。

④ 系统测试，结合 PLC 硬件系统，测试程序运行限制条件与软件功能。程序运行的限制条件是什么，弄清该软件不能做什么。

7.4.2　PLC 控制程序的设计方法

在实际的工作中，软件的实现方法有很多种，具体使用哪种方法，因人和控制对象而异，以下是几种常用的方法。

（1）经验设计法

在一些典型的控制环节和电路的基础上，根据被控制对象的实际需求，凭经验选择、组合典型的控制环节和电路。对设计者而言，这种设计方法没有一个固定的规律，具有很大的试探性和随意性，需要设计者的大量试探和组合，最后得到的结果也不是唯一的，设计所用的时间、设计的质量与设计者的经验多少有关。

对于一些相对简单的控制系统的设计，经验设计法是很有效的。但是，由于这种设计方法的关键是设计人员的开发经验，如果设计开发经验较丰富，则设计的合理性、有效性越高，反之，则越低。所以，使用该法设计控制系统，要求设计者有丰富的实践经验，熟悉工业控制系统和工业上常用的各种典型环节。对于相对复杂的控制系统，经验法由于需要大量的试探、组合，设计周期长，后续的维护困难。因此，经验法一般只适合于比较简单的或与某些典型系统相类似的控制系统的设计。

（2）逻辑设计法

传统工业电气控制线路中，大多使用继电器等电气元件来设计并实现控制系统。继电器、交流接触器的触点只有吸合和断开两种状态，因此，用"0"和"1"两种取值的逻辑代数设计电气控制线路。逻辑设计方法同样也适用于 PLC 程序的设计。用逻辑设计法设计应用程序的一般步骤如下。

① 列出执行元件动作节拍表。

② 绘制电气控制系统的状态转移图。

③ 进行系统的逻辑设计。

④ 编写程序。

⑤ 检测、修改和完善程序。

（3）顺序功能图法

所谓的顺序功能图法是根据系统的工艺流程设计顺序功能图，依据顺序功能图设计顺序控制程序。使用顺序功能图设计系统实现转换时，前几步的活动结束而使后续步骤的活动开始，各步之间不发生重叠，从而在各步的转换中，使复杂的联锁关系得以解决；而对于每一步程序段，只需处理相对简单的逻辑关系。因而这种编程方法简单易学、规律性强，设计出的控制程序结构清晰、可读性好，程序的调试和运行也很方便，可以极大地提高工作效率。

7.5 设计经验与注意事项

7.5.1 干扰和抗干扰措施

1. 干扰源

影响控制系统的干扰源大都产生在电流或电压剧烈变化的部位，原因主要是由于电流改变而产生了磁场，对设备产生电磁辐射。通常电磁干扰按干扰模式不同，可分为共模干扰和差模干扰。PLC 系统中的干扰的主要来源有以下几种。

（1）强电干扰

PLC 系统的正常供电电源均为电网供电。由于电网覆盖范围广，会受到所有空间电磁干扰产生在线路上的感应电压影响。尤其是电网内部的变化，大型电力设备启停、交直流传动装置引起的谐波，电网短路瞬态冲击等，都会通过输电线路传到 PLC 电源。

（2）柜内干扰

柜内干扰主要来自于控制柜内的高压电器、大的感性负载、杂乱的布线等，它们都容易对 PLC 造成一定程度的干扰。

（3）信号线引入的干扰

这种信号线引入的干扰主要有两种，一是通过变送器供电电源或共用信号仪表的供电电源串入的电网干扰；二是信号线上的外部感应干扰。

（4）接地系统混乱干扰

正确的接地，既能减少电磁干扰的影响，又能抑制设备向外发出干扰；而错误的接地，反而会引入严重的干扰信号，使 PLC 系统无法正常工作。

（5）系统内部干扰

内部干扰主要由系统的内部元器件及电路间的相互电磁辐射产生，如逻辑电路相互辐射及其对模拟电路的影响等。

（6）变频器干扰

变频器启动及运行过程中均会产生谐波，这些谐波会对电网产生传导干扰，引起电压畸变，影响电网的供电质量。另外变频器的输出也会产生较强的电磁辐射干扰，影响周边设备的正常工作。

2. 主要抗干扰措施

（1）采用性能优良的电源，抑制电网引入的干扰

在 PLC 控制系统中，电源占有极其重要的地位。电网干扰串入 PLC 控制系统主要是通过 PLC 系统的供电电源（如 CPU 的电源、I/O 模块电源灯）、变送器供电电源和与 PLC 系统具有直接电气连接的仪表供电电源等耦合进入的。现在对于 PLC 系统供电的电源，一

般采用隔离性能较好的电源，以减少其对 PLC 系统的干扰。

（2）正确选择电缆和实施分槽走线

不同类型的信号应分别由不同类型的电缆传输。信号电缆应按传输信号种类分层铺设，严禁用同一电缆的不同导线同时传输动力电源和信号，如动力线、控制线及 PLC 的电源线和 I/O 线应分别配线。应将 PLC 的 I/O 线和大功率线缆分开走线，如果必须在同一线槽内，可加隔离板，以将干扰降到最低限度。

（3）硬件滤波及软件抗干扰措施

信号在接入计算机之前，在信号线与地间并接电容，以减少共模干扰；在信号两级间加装滤波器可减少差模干扰。

由于电磁干扰的复杂性，要从根本上消除干扰的影响是不可能的，因此在 PLC 控制系统的软件设计和组态时，还应在软件方面进行抗干扰处理，以进一步提供系统的可靠性。常用的软件措施包括：数字滤波和工频整形采样，可有效消除周期性干扰；定时校正参考点电位，并采用动态零点，可防止电位漂移；采用信息冗余技术，设计相应的软件标志位；采用间接跳转、设置软件保护等。

（4）正确选择接地点，完善接地系统

接地的目的一是保证安全，二是抑制干扰。完善的接地系统是 PLC 控制系统抗电磁干扰的重要措施之一。

（5）对变频器干扰的抑制

变频器的干扰处理一般有以下几种方法：加隔离变压器，主要针对来自电源的传导干扰，可以将绝大部分的传导干扰阻隔在隔离变压器之前；使用滤波器能有效防止将设备本身的干扰传导给电源，有些滤波器还兼有尖峰电压吸收功能；使用输出电抗器减少变频器输出在能量传输过程中线路产生电磁辐射，影响其他设备的正常工作。

7.5.2　节省 I/O 点数的方法

1. 节省输入点数的方法

（1）采用分组输入

在实际系统中，大都有手动操作和自动操作两种状态。由于手动和自动不会同时操作，因此可将手动和自动信号叠加在一起，按不同控制状态进行分组输入。

如图 7-12（a）所示，系统中有自动和手动两种工作模式。将这两种工作模式的输入信号分成两组：自动工作模式开关 SA1、SA2、SA7。手动工作模式开关 S1、S2、S7。共用输入点 I1.1、I1.2、I1.7。用工作模式选择开关 S0 切换工作模式，并利用 I1.0 来判断是自动模式还是手动模式。图中的二极管是为了防止出现寄生电流、产生错误输入信号而设置。

（2）采用合并输入

如图 7-12（b）所示，进行 PLC 外部电路设计时，尽量把某些具有相同功能的输入点串联或并联后再输入 PLC 中。某系统有两个启动信号 SB4、SB5，3 个停止信号 SB1、SB2、SB3，采用合并输入方式后，将两个启动信号并联，将 3 个停止信号串联。这样不仅节省了输入点数，还简化了程序设计。

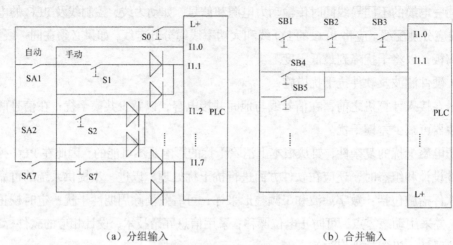

（a）分组输入　　　　　　　　　　（b）合并输入

图7-12　节省输入点数的方法

（3）将某些信号设在 PLC 的外部接线中

控制系统中的某些信号功能单一，如热继电器 FR、手动操作按钮等输入信号，没有必要作为 PLC 的输入信号，就可以将这些信号设置在 PLC 外部接线中。

2. 节省输出点数的方法

（1）在输出功率运行的前提下，某些工作状态完全相同的负载可以并联在一起共用一个输出点。例如，在十字路口交通灯控制系统中，东边红灯就可以和西边红灯并联在一起，共用同一个输出点。

（2）尽量减少数字显示所需的输出点数。例如，在需要数码管显示时，可利用 CD4513 译码驱动芯片。在显示数字较多的场合，可使用 TD200 文本显示器等设备以减少输出点数。

7.5.3　PLC 的安装与维护

1. PLC 的工作环境

尽管 PLC 的设计生产过程中已经充分考虑了其工作环境恶劣，但是为了保证 PLC 控制系统正常、可靠、稳定地运行，在使用 PLC 过程中必须考虑以下因素。

（1）温度

正常温度下，环境温度对 PLC 的工作性能没有很大影响。一般而言，PLC 安装的环境温度范围为 0℃～55℃，安装的位置四周通风散热空间的大小以基本单元和扩展单元之间的间隔至少在 30mm 以上为标准。为防止太阳光的直接照射，开关柜上、下部应有通风的百叶窗。如果周围环境超过 55℃，需要安装电风扇强迫通风。

（2）湿度

防止空气湿度对 PLC 工作的影响，PLC 工作的环境空气相对湿度应小于 85%（无凝露），以保证 PLC 的绝缘性能。

（3）振动

超过一定程度的振动会严重影响 PLC 的正常可靠工作，因此，要避免 PLC 近距离接触强烈的振动源；当使用环境存在不可避免的振动时，必须采取减振措施，如采用减振胶等，减弱振动对 PLC 工作性能的影响。

（4）空气

空气质量对 PLC 的正常工作影响不是很大。但是，对于在某些存在化学变化、反应情况下工作的 PLC，应避免接触氯化氢、硫化氢等易腐蚀、易燃的气体；对于空气中存在较多粉尘或腐蚀性气体的空间，可将 PLC 密封起来，并安装于空气净化装置内。

2. PLC 的安装与布线

（1）安装

PLC 常用的安装方式有两种：一是底板安装，二是标准 DIN 导轨安装。底板安装时利用 PLC 机体外壳 4 个角上的安装孔，用螺钉将其固定在底板上。DIN 导轨安装是利用模块上的 DIN 夹子，把模块固定在一个标准的 DIN 导轨上。导轨安装既可以水平安装，也可以垂直安装。

在安装时，CPU 模块和扩展模块通过总线连接在一起，排成一排。在模块较多时，也可以扩展连接电缆把两组模块分成两排进行安装。如果 CPU 模块和扩展模块是采用自然对流散热形式，则每个单元的上、下方均应预留至少 25cm 的散热空间，与后板间的深度应大于 75cm。

模块安装到导轨上的步骤：先打开模块底部 DIN 导轨的夹子，把模块放在导轨上，再合上 DIN 夹子，然后检查一下模块是否固定好了。在进行多个模块安装时，应注意将 CPU 模块放在最左边，其他模块依次放在 CPU 的右边。在固定好各个模块后，将总线连接电缆依次连接即可。在拆卸时，顺序相反，先拆除模块上的连接电缆和外部接线后，松开 DIN 导轨夹子，取下模块即可。值得注意是，在安装和拆卸各模块前，必须先断开电源，否则有可能导致设备损坏。

（2）I/O 端的输入接线

考虑到输入接线越长，受到的干扰越大，因此，输入接线一般不超过 30m；除非环境较好，各种干扰很少，输入线路两端的电压下降不大，输入接线可以适当延长。I/O 接线最好分开接线，避免使用同一根电缆；I/O 接线尽可能采用常开触点形式连接到 PLC 的 I/O 接口。

（3）I/O 端的输出接线

输出端接线有两种形式，分别为独立输出和公共输出。如果输出属于同一组，输出只能采用同一类型、同一点电压等级的输出电压；如果输出属于不同组，应使用不同类型和电压等级的输出电压。另外，PLC 的输出接口应使用熔丝等保护元器件，因为焊接在电路板上的 PLC 输出元件与端子板相连接，如果负载发生短路，印制电路板将可能被烧毁，因此，应使用保护措施。针对感性负载选择输出继电器时，应选择寿命长的继电器；因为继电器形式输出所承受的感性负载会影响继电器的使用寿命。

3. PLC 的保护和接地

（1）外部安全电路

实际应用中存在一些威胁用户安全的危险负载，针对这类负载，不仅要从软件角度采取相应的保护措施，而且硬件电路上也应该采取一些安全电路。紧急情况下可以通过急停电路切断电源，使控制系统停止工作，减小损失。

（2）保护电路

硬件上除了设置一些安全电路外，还应设置一些保护电路。例如，外部电器设置互锁保护电路，保障正/反转运行的可靠性；设置外部限位保护电路，防止往复运行及升降移动超出应有的限度。

（3）电源过负荷的防护

PLC 的供电电源对 PLC 的正常工作起着关键性影响，但是并不是只要电源切断，PLC 立刻就能停止工作。由于 PLC 内部特殊的结构，当电源切断时间不超过 10ms 时，PLC 仍能正常工作；但是，如果电源切断时间超过 10ms，PLC 将不能正常工作，处于停止状态。PLC 处于停止状态后，所有 PLC 的输出点均断开，因此应采取一些保护措施，防止因为 PLC 的输出点断开而引起的误动作。

（4）重大故障的报警及防护

如果 PLC 工作在容易发生重大事故的场合，为了在发生重大事故的情况下控制系统仍能够可靠地报警、执行相应的保护措施，应在硬件电路上引出与重大故障相关的信号。

（5）PLC 的接地

接地对 PLC 的正常可靠工作有着重要影响，良好的接地可以减小电压冲击带来的危害。接地时，被控对象的接地端和 PLC 的接地端连接起来，通过接地线连接一个电阻值不小于 100Ω 的接地电阻到接地点。

（6）冗余系统与热备用系统

某些实际生产场合对控制系统的可靠性要求很高，不允许控制系统发生故障。一旦控制系统发生故障，将造成重大的事故，导致设备损坏。例如，水电站控制机组转速的调速器对 PLC 的正常工作要求很高，对于大型水电站的水轮机调速器常使用两台甚至 3 台 PLC，构成备用调速器，防止单台 PLC 调速器发生故障。所以，生产实际当中，针对可靠性要求较高的场合，通常通过多台 PLC 控制器构成备用控制系统，提高控制系统的可靠性。

4．PLC 的检修与维护

PLC 是由半导体器件组成的，长期使用后老化现象是不可避免的。所以，应对 PLC 定期进行检修和维护。检修时间通常为一年 1～2 次比较合适，若工作环境比较恶劣，应根据实际情况加大检修与维护频率。检修的主要项目包括以下几个。

① 检修电源：可在电源端子处测量电源的变化范围是否在允许的 ±10% 之间。

② 工作环境：重点检查温度、湿度、振动、粉尘、干扰等是否符合标准工作环境。

③ 输入、输出用电源：可在相应的端子处测量电压变化范围是否满足规格。

④ 检查各模块与模块相连的各导线及模块间的电缆是否松动，元件是否老化。

⑤ 检查后备电池电压是否符合标准、金属部件是否锈蚀等。

在检修与维护的过程中，若发现有不符合要求的情况，应及时调整、更换、修复及记录备查。

5．PLC 的故障诊断

PLC 系统的常见故障，一方面可能来自 PLC 内部，如 CPU、存储器、电源、I/O 接口电路等；另一方面也可能来自外部设备，如各种传感器、开关及负载等。

由于 PLC 本身的可靠性较高，并且具有自诊断功能，通过自诊断程序可以非常方便地找到出故障的部件。而大量的工程实践表明，外部设备的故障发生率远高于 PLC 自身的故障率。针对外部设备的故障，我们可以通过程序进行分析。例如，在机械手抓紧工件和松开工件的过程中，有两个相对的限位开关不可能同时导通，说明至少有一个开关出现了故障，应停止运行进行维护。在程序中，可以将这两个限位开关对应的常开触点串联，来驱动一个表示限位开关故障的储存器位。表 7-1 给出了 PLC 常见故障及其解决方法。

表 7-1　　　　　　　　　　　　　PLC 常见故障及其解决方法

问题描述	故障原因分析	解决方法
PLC 不输出	① 程序有错误； ② 输出的电气浪涌使被控设备出现故障； ③ 接线不正确； ④ 输出过载； ⑤ 强制输出	① 修改程序； ② 当接电动机等感性负载时，需接抑制电路； ③ 检查接线； ④ 检查负载； ⑤ 检查是否有强制输出
CPU SF 灯亮	① 程序错误：看门狗错误 0003、间接寻址错误 0011、非法浮点数 0012 等； ② 电气干扰：0001～0009； ③ 元器件故障：0001～0010	① 检查程序中循环、跳转、比较等指令是否正确； ② 检查接线； ③ 找出故障原因并更换元器件
电源故障	电源线引入过电压	把电源分析器连接到系统，检查过电压尖峰的幅值和持续时间，并给系统配置合适的抑制设备

续表

问题描述	故障原因分析	解决方法
电磁干扰问题	① 不合适的接地； ② 在控制柜中有交叉配线； ③ 对快速信号配置了输入滤波器	① 进行正确的接地； ② 进行合理布线。把 DC 24V 传感器电压的 M 端子接地； ③ 增加输入滤波器的延迟时间
通信网络故障	如果所有的非隔离设备连接在一个网络中，而该网络没有一个共同的参考点。通信电缆会出现一个预想不到的电源，导致通信错误或设备损坏	检查通信网络；更换隔离型 PC/PPI 电缆；使用隔离型 RS485 中继器

7.6 本章小结

本章详细讲述了用电安全常识、PLC 控制系统的设计流程、硬件系统设计选型方法和控制程序设计方法等内容。最后详细介绍了设计经验与注意事项，并讲解了如何利用 PLC 来实现工业生产自动化控制的详细过程。

本章的重点是 PLC 的硬件系统设计选型方法和控制程序设计方法这两部分内容，难点是 PLC 控制系统的设计流程。通过本章的学习，读者基本掌握了各种常用 PLC 的设计流程，并能自主编写 PLC 程序，构建一个简单的 PLC 控制系统。

第8章 步进电动机系统设计

步进电动机在数控系统中的优异特性使其应用领域不断扩大。与此同时，人们对步进电动机的特性有了更高的要求，这就对步进电动机的设计者不断提出新的课题。因此，要想设计出性能优良的步进电动机就应深入地学习步进电动机的特性。同样，对于步进电动机的使用者在根据控制系统的要求选择步进电动机时，其主要工作之一就是根据实际使用的需求来选择步进电动机。本章阐述了步进电动机的主要特性及结果分析方法，为步进电动机和控制系统的设计提供了理论依据。

本章主要介绍了步进电动机的特性、特性参数的测试与估算方法。通过典型条例不仅分析了步进电动机的数学模型，还给出了步进电动机特有的振动和噪声处理方法。

8.1 步进电动机特性

步进拖动的特性由驱动线路、机械结构和步进电动机各自的特性所决定。驱动线路的参数实质上影响电动机控制绕组的形状、数值及电动机的机械特性。机械结构的惯性矩和负载特性则决定了电动机输出轴的速度、加速度和有效功率，而其影响的程度还取决于电动机所处工作状态的转子的运动特性。但电动机每一状态的特性又取决于控制脉冲的频段和这个频率脉冲的供给方式。根据步进电动机的工作状态，可以把步进电动机的特性分为静态特性和动态特性，而动态特性又可分为运行特性、频率特性、机械谐振与阻尼特性等。

8.1.1 静态特性

步进电动机的静态特性是指控制绕组的一相或几相通入直流电流，且通电状态保持不变，电动机处于稳定状态下，电动机的矩角特性、最大静转矩及矩角特性族。在实际工作时，虽然步进电动机总在动态情况下运行，但静态特性是分析步进电动机运行性能的基础。

1. 矩角特性

通电状态保持不变且步进电动机在空载情况下，转子最后稳定平衡的位置称为初始稳定平衡位置。从理论上讲，此时电动机的静转矩（电磁转矩）为零。当有扰动作用时，转子偏离初始稳定平衡位置，偏离的电角度 θ 称为失调角。静转矩与失调角的关系，即 $T=f(\theta)$，称为矩角特性。在反应式步进电动机中，转子一个齿距所对应的电角度就为 2π 弧度或 $360°$。

如图 8-1 所示（a），假设 θ 增大的方向为静转矩的正方向，当一相通电时，该极下定子、转子齿正好对齐，即当 $\theta=0°$ 时，静转矩 $T=0$；如图 8-1（c）所示，若转子齿正对定子槽中间，即当 $\theta=180°$ 时，静转矩 $T=0$；如图 8-1（b）所示，当 $\theta>0°$ 时，T 为负值；如图 8-1（d）所示，当 $\theta<0°$ 时，T 为正值。

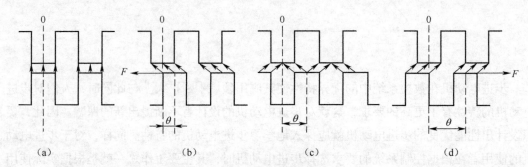

图8-1　不同失调角时的静转矩

根据电动机的机电转换原理，可推导出反应式步进电动机的矩角特性的数学表达式。

若忽略电动机磁路铁芯部分磁场能量或磁共能变化的影响，只考虑气隙共能的变化，当只有一相绕组通电时，储存在电动机气隙中的磁场能量为

$$W = \frac{1}{2}LI^2 \tag{8-1}$$

式中，L 为每相绕组的自感；I 为通入控制绕组中的电流。

当控制绕组电流 I 不变时，静转矩的大小等于磁场能量对机械角位移变化率，即

$$T = \frac{\mathrm{d}W_{\mathrm{m}}}{\mathrm{d}\beta} \tag{8-2}$$

式中，β 为电动机转子的机械偏转角，即定子、转子齿中心之间的夹角，也可以用失调角来表示，即 $\beta=Z_{\mathrm{r}}\theta$。

每相的电感：

$$L = \frac{N\Phi}{I} = N^2\Lambda \tag{8-3}$$

式中，N 为每极控制绕组的匝数；Λ 为定子每极气隙的磁导。

步进电动机中气隙磁导 Λ 可用气隙比磁导 λ 来表示。λ 是指电动机单位铁芯长度上一个齿距内定子、转子气隙的磁导，则

$$\Lambda = Z_{\mathrm{s}}l\lambda \tag{8-4}$$

式中，Z_{s} 为定子每极的齿数；l 为电动机铁芯长度。

气隙比磁导 λ 的大小和齿形、齿宽与齿距的比值、气隙与齿距的比值，以及齿部的饱和度有关。通常将气隙比磁导 λ 以傅里叶级数来表示：

$$\lambda = \lambda_{av} + \sum_{n=1}^{\infty} \lambda_m \cos\theta \qquad (8-5)$$

式中，λ_{av} 为气隙比磁导的平均值；λ_m 为气隙比磁导中 n 次谐波的幅值。

若略去气隙比磁导中高次谐波的影响，则

$$\lambda = \lambda_{av} + \lambda_1 \cos\theta \qquad (8-6)$$

$$\left.\begin{array}{l} \lambda_{av} = \dfrac{1}{2}(\lambda_{max} + \lambda_{min}) \\[2mm] \lambda_1 = \dfrac{1}{2}(\lambda_{max} - \lambda_{min}) \end{array}\right\} \qquad (8-7)$$

式中，λ_{max} 为气隙比磁导的最大值，即 $\theta = 0°$ 时气隙比磁导的值；λ_{min} 为气隙比磁导的最小值，即 $\theta = \pm\pi$ 时气隙比磁导的值。

考虑到每相控制绕组是安放在相对的两个定子磁极下，则

$$T = 2 \times \frac{\mathrm{d}W_m}{\mathrm{d}\beta} = 2 \times \frac{\mathrm{d}\left(\dfrac{1}{2}LI^2\right)}{\mathrm{d}\left(\dfrac{\theta}{Z_r}\right)} = Z_r I^2 \frac{\mathrm{d}L}{\mathrm{d}\theta} = Z_r I^2 \frac{\mathrm{d}(N^2\Lambda)}{\mathrm{d}\theta} = Z_r I^2 N^2 \frac{\mathrm{d}\Lambda}{\mathrm{d}\theta}$$

而 $F_\delta = IN$，$\Lambda = Z_s l \lambda$，代入上式，得

$$T = Z_s Z_r l F_\delta^2 \frac{\mathrm{d}\lambda}{\mathrm{d}\theta} \qquad (8-8)$$

将式（8-5）代入式（8-8），则

$$T = -Z_s Z_r l F_\delta^2 \lambda_1 \sin\theta \qquad (8-9)$$

如图 8-2 所示，矩角特性表示了步进电动机的静转矩 T 与失调角 θ 的关系。理想的矩角特性是一个正弦波形。

由上述分析可知，在静转矩的作用下，转子有一定的稳定平衡位置。当电动机处于空载时，其稳定平衡的位置对应于 $\theta = 0°$ 处。而 $\theta = \pm\pi$ 处则为不稳定平衡位置。在静态情况下，如转矩消除后，电动机转子在静转矩作用下仍可以回到原来的稳定平衡位置。所以两个不稳定平衡点之间的区域称为静稳定区，即 $-\pi < \theta < \pi$，

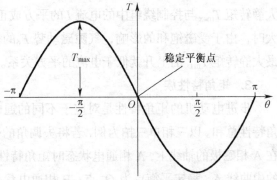

图8-2 步进电动机的矩角特性

如图 8-2 所示。在这一区域，当转子上有负载转矩，并且与静转矩平衡时，转子能稳定在某一位置；当负载转矩消失时，转子又能回到初始稳定平衡位置。

2. 最大静转矩及其特性

（1）最大静转矩

矩角特性上静转矩的最大值称为最大静转矩。由式（8-9）可知，当一相控制绕组通电，在 $\theta = \pm 90°$ 时，有最大静转矩为

$$T_{\max} = Z_s Z_r l F_\delta^2 \lambda_1 \qquad (8-10)$$

若为多相控制绕组同时通电时，最大静转矩为

$$T_{\max} = K Z_s Z_r l F_\delta^2 \lambda_1 \qquad (8-11)$$

式中，K 为转矩增大系数。

如图 8-3 所示，当两相控制绕组同时通电时，K 的计算公式如下：

$$K = 2\cos(\pi/m)$$

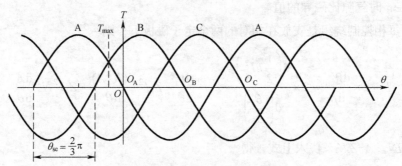

图8-3　两相同时通电时的最大静转矩

同理可求，当三相控制绕组同时通电时，$K = 1 + 2\cos(\pi/m)$。

（2）最大静转矩特性

如图 8-4 所示，在一定通电状态下，最大静转矩与控制绕组内电流的关系，即 $T_{\max} = f(I)$，称为最大静转矩特性。

由式（8-11）可以看出，当电动机的磁路不饱和时，最大静转矩 $T_{\max}$ 与控制绕组中的电流 I 的平方成正比。电流增大时，由于受磁饱和的影响，气隙磁动势 F_δ 的增加变慢，最大静转矩 $T_{\max}$ 的上升就低于电流的平方关系。

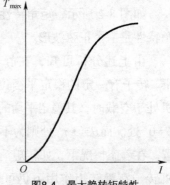

图8-4　最大静转矩特性

3. 矩角特性族

步进电动机的矩角特性是对应于不同的通电状态的矩角特性总和。以三相单三拍为例，若将失调角的坐标统一取在 A 相磁极的轴线上，A 相通电状态时矩角特性详见图 8-3 的中曲线 A，稳定平衡点为 O_A 点；B 相通电状态时，转子转过 1/3 齿距，相当于转过 $2\pi/3$ 电角度，转子空载时的稳定平衡点为 O_B，矩角特性详见图 8-3 中的曲线 B；同理 C 相通电状态时的矩角特性详见图 8-3 中的曲线 C。这 3 条曲线构成了三相单三拍通电方式的矩角

特性族。总之，矩角特性族中的每一条曲线错开一个用电角度表示的 θ_{se}。

$$\theta_{se}=Z_r\theta_s \qquad (8-12)$$

A、B、C 3 条曲线就构成三相单三拍 A→B→C→A 通电方式时的矩角特性。同理，也可以得到三相单双六拍(A→AB→B→BC→C→CA→A)通电方式时的矩角特性族(图 8-5)。

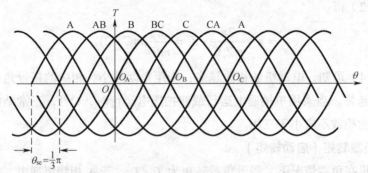

图8-5 矩角特性族

8.1.2 运行特性

步进电动机的运行特性是指电动机在脉冲作用下，连续运行的特性。下面以单步运行的状态为例进行分析。

步进电动机的单步运行是指电动机仅仅改变一次通电状态的运行方式。

1. 动稳定区

设步进电动机初始状态的矩角特性详见图 8-6 中的曲线 "0"。若电动机空载，则转子处于稳定平衡点 O_0 处。输入一个脉冲，通电状态改变后，矩角特性变为曲线 "1"，转子新的稳定平衡点为 O_1。在改变通电状态时，只有当转子起始位置位于 ab 之间时，才能使它向 O_1 点运动达到该稳定平衡位置。步进电动机稳定区是指从一种通电状态切换到另一种通电状态时，不致引起失步的区域。因此，区间 ab 称为电动机空载时的动稳定区，用失调角表示应为$(-\pi+\theta_{se})<\theta<(\pi+\theta_{se})$。

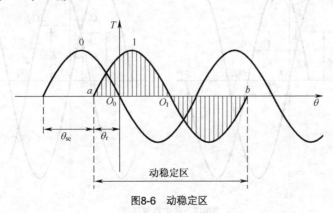

图8-6 动稳定区

动稳定区的边界 a 点到初始稳定平衡位置 O_0 点的区域 θ_r 称为裕量角。裕量角越大，从一个动稳定区到达另一动稳定区的时间就越短，电动机运行越稳定。若其值趋于零，则电动机就不能稳定地工作，也就没有带负载的能力。裕量角 θ_r 用电度角表示为

$$\theta_r = \pi - \theta_{se} \tag{8-13}$$

由式（8-12）得

$$\theta_r = \pi - \frac{2\pi}{mZ_rC} \times Z_r = \frac{\pi}{mC}(mC-2) \tag{8-14}$$

由式（8-14）可知，电动机的相数越多，步距角就越小，相应的裕量角也就越大，运行的稳定性也越好。当采用单拍通电运行或双拍通电运行时，$C=1$，正常结构的反应式步进电动机最少的相数不应小于三相。

2. 最大负载转矩（启动转矩）

步进电动机在负载情况下，假设负载转矩为 $T_{l1}<T_{st}$，若 A 相绕组通电，则电动机的稳定平衡位置在图 8-7（a）曲线 A 上的 O'_A 点。当通电状态由 A 变为 B 相，转子仍位于位置 a 处还来不及改变，这时可看到 a 对应于新的矩角特性曲线 B 上的 b' 点的电磁转矩值大于 T_1，将使转子加速并向 θ 增大的方向运动。电动机最后达到新的平衡位置 O'_B 点。

若负载转矩 $T_{l2}>T_{st}$，A 相绕组通电时，电动机的稳定平衡位置对应于图 8-7（b）曲线 A 上的 O''_A 点。当输入一个脉冲，通电状态由 A 变成 B 相，转子仍位于位置 a 处还来不及改变，这时可看到 a 对应于新的矩角特性 B 上的 b'' 点的电磁转矩值小于 T_1。这样转子便不能达到新的稳定平衡位置，而是向失调角 θ 减小的方向滑动。也就是说，尽管这时电动机的最大静转矩 T_{max} 比负载转矩要大，电动机能在静态情况下保持稳定，但它却不能带动负载转矩 T_{l2} 做步进运动。此时的步进电动机处于失步状态。

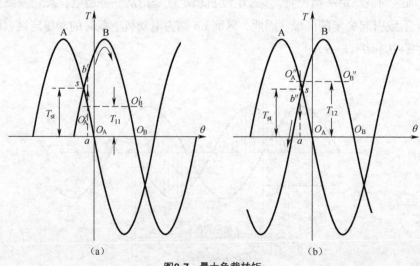

（a）　　　　　　　　　　　　　（b）

图8-7　最大负载转矩

由上述分析可知，步进电动机能带动的最大负载转矩要比最大静转矩要小。电动机能带动的最大负载转矩值可由矩角特性族上相邻的两条矩角特性的交点所决定，即图 8-7 中的 s 点。T_{st} 就是最大负载转矩值，当负载转矩大于该值时，步进电动机就不能启动，所以也称它为步进电动机的启动转矩。

当矩角特性曲线为幅值相同的正弦波形时，可得出：

$$T_{st} = T_{max} \sin \frac{\pi - \theta_{se}}{2} = T_{max} \cos \frac{\theta_{se}}{2} = T_{max} \cos \frac{\pi}{mC} \tag{8-15}$$

同样，由式（8-15）可知，当通电状态系数 $C=1$ 时，正常结构的反应式步进电动机最少的相数必须是三。如果电动机的相数增多，通电状态系统较大时，它的最大负载转矩值与随之增大。

3. 转子的自由振荡

由于转子具有惯性，在稳定平衡位置存在一个振荡过程。如果开始时 A 相通电，转子处于失调角为 $\theta = 0°$ 的位置。当绕组换接并使 B 相通电时，B 相定子齿轴线与转子齿轴线错开 θ_{se} 角，矩角特性向前移动了一个步距角 θ_{se}，转子在电磁转矩的作用下由 a 点向新的平衡位置 $\theta = \theta_{se}$ 的 b 点（B 相定子齿轴线和转子齿轴线重合）的位置做步进运动。到达 b 点位置时，转矩就为 0，但转速不为 0。由于惯性作用，转子要越过平衡位置继续运动。当 $\theta > \theta_{se}$ 时，电磁转矩为负值，因而电动机减速。失调角 θ 越大，负的转矩越大，电动机减速越快，直至速度为 0 的 c 点。如果电动机没有受到阻尼作用，c 点所对应的失调角为 $2\theta_{se}$，这时 B 相定子齿轴线与转子齿轴线反方向错开 θ_{se} 角。以后电动机在负转矩作用下向反方向转动，又越过平衡位置回到出发点 a 点。这样，绕组每换接一次，如果无阻尼作用，电动机就环绕新的平衡位置来回做不衰减的振荡，称为自由振荡（图 8-8）。

自由振荡的频率 f_0 由电动机本身的电磁和机械参数决定，可以由运动方程式求得。在空载并不计阻尼时，电磁转矩与加速转矩相平衡，即

$$T = -T_{max} \sin(\theta - \theta_{se}) = J \frac{d\Omega}{dt} \tag{8-16}$$

为简化起见，先不考虑电路时间常数的影响，即认为在改变通电状态时，原先通电相的电流立即降为 0，新通电相的电流立即达到稳态值，也就是认为电路的时间常数为 0。这样电磁转矩与静态的矩角特性完全一致，如图 8-7 所示。当步距角 θ_{se} 不太大时，转角变动的范围就较小，初步近似地认为

$$\sin(\theta - \theta_{se}) \approx \theta - \theta_{se} = Z_r(\beta - \theta_s) \tag{8-17}$$

则有

$$-T_{max} Z_r(\beta - \theta_s) = J \frac{d\Omega}{dt}$$

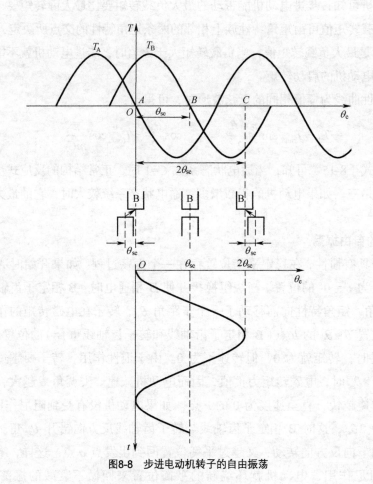

图8-8 步进电动机转子的自由振荡

由初始条件 $t = 0$ 时，$\beta = 0$，$\Omega = 0$，求解微分方程，得

$$\Omega_0 = \sqrt{\frac{Z_r T_{max}}{J}} \qquad (8\text{-}18)$$

由此可得出自由振荡的角频率为

$$f_0 = \frac{1}{2\pi}\sqrt{\frac{Z_r T_{max}}{J}} \qquad (8\text{-}19)$$

式中，J 为转动部分的转动惯量。它包括转子本身的转动惯量和负载的转动惯量。

由式（8-19）可知，转子的自由振荡频率与转子的齿数、最大转矩及转动惯量有关。实际步进电动机的自由振荡过程因存在摩擦等阻尼力矩的影响，总是衰减的。电动机的转子经过几次振荡之后就停止在新的平衡位置（图 8-9）。衰减的速度取决于电动机的电磁阻尼和机械阻尼的大小。

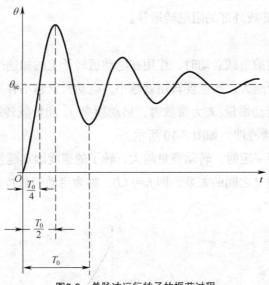

图8-9 单脉冲运行转子的振荡过程

8.1.3 频率特性

步进电动机的转速与其输入的脉冲频率有关，在实际应用中，要使步进电动机在不失步和不越步的前提下启动和制动，以及在运行过程中加速和减速，对脉冲频率的控制必须符合被控制的步进电动机自身的频率特性。

1. 启动频率

步进电动机的启动频率 f_{st} 是指它在一定负载转矩下能够不失步地启动的最高脉冲频率。它的大小与电动机本身的参数、负载转矩及转动惯量的大小，以及电源条件等因素有关。它是步进电动机的一项重要技术指标。

步进电动机运动时，转子要从静止状态加速，电动机的电磁转矩除了克服负载转矩之外，还要使转子加速。所以启动时，步进电动机的负担要比连续运行时重。当启动频率过高时，转子的运动速度跟不上定子磁场的变化，转子就要落后稳定平衡位置一个角度。当落后的角度使转子的位置在动稳定区之外时，步进电动机就会失步或振荡，就不能正常地运行。为此，对启动频率就要有一定的限制。电动机一旦启动后，如果再逐渐升高频率，由于这时转子的角加速度较小，惯性转矩不大，因此电动机仍能升速。显然，连续运行频率要比启动频率高。

要提高启动频率，可以从以下几方面考虑。

① 增加电动机的相数、运行的拍数和转子的齿数。

② 增大最大静转矩。

③ 减小电动机的负载和转动惯量。

④ 减小电路的时间常数。

⑤ 减小电动机内部或外部的阻尼转矩等。

2. 启动特性

当电动机带着一定的负载启动时，作用在电动机转子上的加速度转矩为电磁转矩与负载转矩之差。负载转矩越大，加速度转矩就越小，电动机就越不容易启动，其启动的脉冲频率就应该越低。在转动惯量 J 为常数时，启动频率 f_{st} 和负载转矩 T_L 之间的关系，即 $f_{st}=f(T_L)$，称为启动矩频特性，如图 8-10 所示。

另外，在负载转矩一定时，转动惯量越大，转子的速度增加越慢，启动频率也越低。启动频率 f_{st} 和转动惯量 J 之间的关系，即 $f_{st}=f(J)$，称为启动惯频特性（图 8-11）。

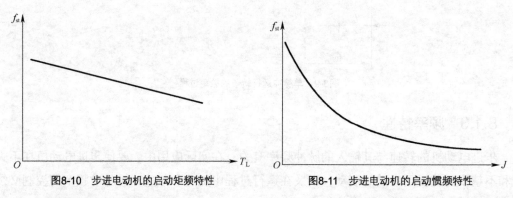

图8-10 步进电动机的启动矩频特性　　　图8-11 步进电动机的启动惯频特性

3. 连续运行的矩频特性

在实际运行中，步进电动机一般处于连续转动状态。在运行过程中有良好的动态性能是保证控制系统可靠工作的前提。在控制系统的控制下，步进电动机经常做启动、制动、正转、反转等动作，并在各种频率下运行，这就要求电动机的步数与脉冲数严格相等，既不失步又不越步，而且转子的运动应是平衡的。但这些要求常常不能满足，这就有必要对步进电动机的动态特性做一定的分析。

假设步进电动机做单步运行时的最大允许负载转矩为 T_1，但当控制脉冲频率逐步增加，电动机转速逐步升高时，步进电动机所能带动的最大负载转矩值将逐步下降。这就是说，电动机连续转动时所产生的最大输出转矩 T 是随着脉冲频率 f 的升高而减少的。T 与 f 两者之间的关系曲线称为步进电动机运行的矩频特性，它是一条下降曲线（图 8-12）。

为了正确选用步进电动机，必须考虑负载转动惯量的大小对电动机启动过程的影响。如图 8-13 所示，当频率升高以后步进电动机的负载能力就要下降，主要原因就是定子绕组电感的影响。因为步进电动机每相绕组是一个电感线圈，它具有一定的电感 L，而电感有延缓电流变化的特性。当控制脉冲使某一相绕组通电时，在绕组上已加上电压，但绕组中的电流不会立即上升到规定的数值，而是按指数规律上升。同样，当某相绕组断电时，绕组中的电流不会立即下降到 0，而是通过放电回路按指数规律下降。每相电压控制信号和绕组中的电流波形参见图 8-14。电流上升的速度与通电回路的时间常数 τ 有关。

$$\tau = \frac{L}{R} \tag{8-20}$$

式中，L 为绕组的电感；R 为通电回路的总电阻。

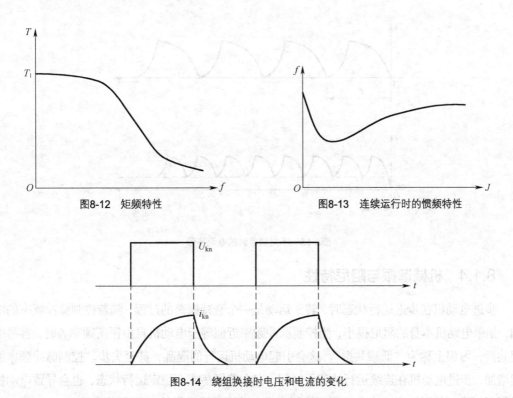

图8-12 矩频特性　　　　　图8-13 连续运行时的惯频特性

图8-14 绕组换接时电压和电流的变化

当输入脉冲频率比较低时，每相绕组通电和断电的周期 T 比较长，电流 i 的波形接近于理想的矩形波，如图 8-15（a）所示。这时，通电时间内电流的平均值较大；当频率升高后，周期 T 缩短，电流 i 的波形就和理想的矩形波有较大的差别，如图 8-15（b）所示；当频率进一步升高，周期 T 进一步缩短时，电流 i 的波形接近于三角形波，同时幅值也降低，因而电流的平均值大大减小，如图 8-15（c）所示。由式（8-9）可知，转矩近似地与电流平方成正比。这样频率超高绕组中的平均电流越小，电动机产生的平均转矩大大下降，负载能力也就大大下降了。

此外，随着频率上升，转子转速升高，在定子绕组中产生的附加旋转电动势使电动机受到更大的阻尼转矩，电动机铁芯中的涡流损耗也将很快增加。这些都是导致步进电动机的输出功率和输出转矩下降的因素。所以，输入脉冲频率增高后，步进电动机的负载能力逐渐下降，到某一频率以后，步进电动机已带不动任何负载，只要受到很小的扰动，就会振荡、失步以至停转。

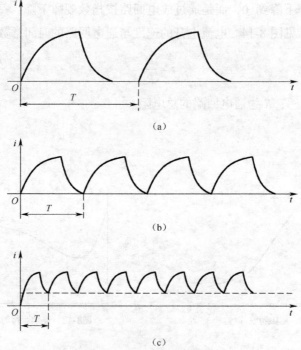

(a)

(b)

(c)

图8-15 不同频率时的电流波形

8.1.4 机械谐振与阻尼特性

步进电动机在步进运行状态时，转子运动是一个衰减振荡的过程。随着控制脉冲频率的增加，如果电动机本身的阻尼很小，当控制脉冲频率近似等于电动机自由振荡频率 f_0 时，容易引起共振，习惯上称为"低频共振"。这会引起电动机运行的混乱，甚至失步。控制脉冲频率继续增加，步进电动机在连续运行的若干区间，存在着振荡或不稳定运行状态，也会导致电动机运行不正常，甚至失步。这也是开环控制步进电动机系统运行的一个主要障碍。

1. 低频共振

步进电动机在低频步进运行时，每改变一次通电状态，转子前进了一个步距角。由于转子的自由振荡，它将不能及时停留在新的平衡位置，而是按自由振荡频率振荡几次才衰减到新的平衡位置。由于控制脉冲的频率低、周期长，在一个周期内转子来得及把振荡衰减得差不多，并稳定于新的平衡位置或其附近，而下一个控制脉冲到来时，电动机好像又从不动的状态开始，故其每一步都和单步运动一样，此时电动机具有步进的特征（图8-16）。

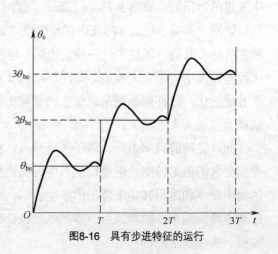

图8-16 具有步进特征的运行

电动机在这种情况下运行时，一般来说是处于欠阻尼的情况，振荡是不可避免的，但最大振幅不会超过步距角 θ_{be}，因而不会出现丢步、过冲越步等现象。

当控制脉冲的频率增加时，脉冲周期缩短，因而在一个周期内转子振动还未衰减完时下一个脉冲就来到，这就是说，下一个脉冲到来时（前一步终了时）转子位置处在什么位置与脉冲的频率有关。如图 8-17 所示，当脉冲周期为 $T'(T'=1/f')$ 时，转子离开平衡位置的角度为 θ'_{e0}；周期为 $T''(T''=1/f'')$ 时，转子离开平衡位置的角度为 θ''_{e0}。

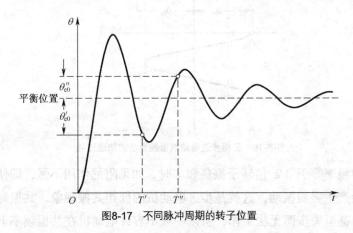

图8-17　不同脉冲周期的转子位置

当控制脉冲频率等于或接近步进电动机振荡频率的 $1/k$ 倍时（$k=1$，2，3，…），电动机就会出现强烈振动，甚至失步而无法工作，这就是低频共振和低频丢步现象。

图 8-18 给出了三相步进电动机低频丢步的物理过程。假定开始时转子处于 A 相矩角特性的平衡位置 a_0 点，第一个脉冲到来时，通电绕组换为 B 相，矩角特性移动一步距角 θ_{be}，则转子应向 B 相的平衡位置 b_0 点运动。由于转子的运动过程是一个衰减振荡，它要在 b_0 点附近做若干次振荡，其振荡频率接近于单步运动的频率 ω'_0，周期为 $T'_0=2\pi/\omega'_0$，如果控制脉冲的频率也为 ω'_0，则转子做衰减振荡正好处于第一次回摆最大值（对应图中 R 点的步距角）。第二个脉冲到来时，通电绕组换为 C 相，矩角特性又移动了 θ_{be} 角。如果转子对应于 R 点的位置是处在对于 b_0 点的动稳定区之外，即 R 点的失调角 $\theta_{eR}<(-\pi+\theta_{be})$，那么当 C 相绕组一通电时，转子受到的电磁转矩为负值，即转矩方向是使转子由 R 点位置不是向 c_0 点位置运动，而是向 c'_0 点位置运动。第三个脉冲到来时，转子再由 c'_0 点向 a_0 点位置运动，转子经过 3 个脉冲仍然回到原来的位置 a_0 点，也就是丢了三步。这就是低频丢步的物理过程。一般情况下，一次丢步的步数是运行拍数 N 的整数倍，丢步严重的转子停留在一个位置上或围绕一个位置振动。

如果阻尼作用比较强，那么电动机振荡衰减得比较快，转子振荡回摆的幅值就比较小，转子对应于 R 点的位置如果处在动稳定区之内，则电磁转矩就是正的，电动机就不会立即失步。

另外，拍数越多，步距角 θ_{be} 越小，动稳定区接近静稳定区，这样也可以消除低频失步。

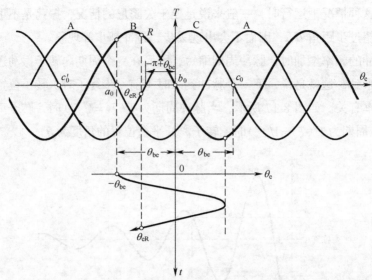

图8-18　三相步进电动机低频丢步的物理过程

当控制脉冲频率等于 $1/k$ 倍转子振荡频率时，如果阻尼作用不强，即使电动机不发生低频失步，也会产生强烈振动，这就是步进电动机的低频共振现象。共振时，电动机就会出现强烈振动，甚至失步而无法工作，所以一般不容许电动机在共振频率下运行。但是如果采用较多拍数，再加上一定的阻尼和干摩擦负载，电动机振动的振幅可以减小，并能稳定运行。为了减少低频共振现象，很多电动机专门设置了阻尼器，依靠阻尼器消耗振动的能量，限制振动的振幅。

2. 高频振荡（高频运行的不稳定性）

当脉冲频率逐渐增高，在高频连续运行的某些频段，有时也明显表现出振荡现象。电动机在这一频段运行时，用示波器观察会发现绕组内电流波动，转子转动不均匀，甚至失步或转子停止不转。但是，脉冲频率快速越过这一频段达到更高值时，电动机仍能稳定运行。这频段的数值，一般总是高于自由振荡频率，常常接近极限启动频率或高于启动频率2～3倍。显然，这种振荡绝不能用低频振荡现象来说明，甚至用"共振"这一术语也欠妥当，而应称为不稳定现象。这种发生在高频连续运行中的不稳定现象有如下主要特征。

① 在这个不稳定范围内，是在稳态同步速度上叠加有转子速度的振荡分量，这振荡分量的频率相对来说是较低的（5～200Hz），这个振荡分量可以是一个，也可以是几个。

② 当步进电动机进入这一不稳定运行区时，速度扰动的幅值增加的时间较长，往往超过数秒时间，直到电动机失步，并停止转动。产生这种现象的原因是转矩的稳态分量随着振荡幅值的上升而减少。当电动机的转矩小于所需负载转矩时，电动机失步了。

③ 振荡的频率及幅值与驱动电源及运行方式（整步距或半步距驱动）有关。

④ 在不稳定运行的范围内会造成矩频特性下跌。如图 8-19 所示，因阻尼器不同，其跌落程度及越过这种下跌区域而向高速移动的能力会有很大的变化。

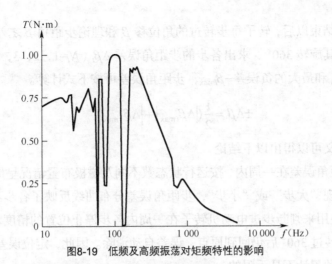

图8-19 低频及高频振荡对矩频特性的影响

⑤ 惯量影响很大，惯量越大，一般地振荡也越大。

步进电动机高频运行时，经常伴随着这种低频振荡的不良后果，主要表现在两方面。首先，在某些频段产生的速度波动在许多应用场合是令人无法接受的，影响控制精度；其次，高频振荡降低了输出转矩，使步进电动机带负载能力下降，因而在振荡时的最高运行频率明显低于在稳定运行时的最高运行频率。

对步进电动机的高频运行不稳定性的研究是比较困难的，它不仅与电动机结构及制造工艺有关，而且与电动机驱动方式及驱动电源的参数有很大的关系。在这个方面需要有进一步的研究。

8.1.5 步距误差特性

步进电动机的精度可用两种不同的误差值来表示。

第一种误差称为定位误差或静态步距角累计误差，用 $\pm\Delta\theta_l$ 表示。其定义为，步进电动机转子在一周内从任意位置算起，运行一定步数停止后，实际转过的角位移与理论上应转过的角位移之差。例如，以 $\theta=0°$ 位置作为基准点，转过 N_i 步时，理论位置为

$$\theta_n = N_i\beta \ (N_i = 1, 2, 3, \cdots) \tag{8-21}$$

而实际转过的角位移为 α_i，故定位误差为

$$\Delta\theta_l = \alpha_i - N_i\beta \tag{8-22}$$

$\Delta\theta_l$ 有正负之分。

给步进电动机加 N_i 个脉冲，使其旋转 $360°$，求出各点的定位误差 $\Delta\theta_{li}$，其中必有最大的正误差 $\Delta\theta_{i\max}$ 和最大的负误差 $-\Delta\theta_{j\max}$，定位误差可按下式计算。

$$\Delta\theta_l = \frac{1}{2}(|\Delta\theta_{i\max}| + |\Delta\theta_{j\max}|) \tag{8-23}$$

第二种误差称为静态步距角误差，用 $\pm\Delta\beta$ 表示，即步进电动机空载时以单脉冲输入，

在转子运动过程结束以后，转子每步转过的角位移 β_i 和理论步距角 β 之差。加 N_i 个脉冲给步进电动机，使其旋转 360°，求出各步的步距角误差 $\Delta\beta_i$（N_i=1，2，3，…），其中必有最大的正误差+β_{imax} 和最大的负误差-β_{jmax}，步距角误差可按下式计算。

$$\pm\Delta\beta = \frac{1}{2}\left(\left|\Delta\beta_{i\max}\right| + \left|\Delta\beta_{j\max}\right|\right) \tag{8-24}$$

根据上述定义可以得出以下结论。

① 静态步距角误差在一周内，按运行状态数不同及磁极布置情况呈周期性变化。在一个周期内可能出现"大步"或"小步"，步距角误差分布曲线反映了各步不均匀的程度。

② 定位误差用来判断步进电动机转子在一周内各步停止位置的精度。在 360° 内各步误差会积累，但转过 360° 后仍回到原点，误差自动消除。因此，定位误差虽然也叫步距角累计误差，但这种累计不是无限的。

③ 分析误差分布曲线可掌握电动机的制造精度和电磁方面的不对称性，精度高的步进电动机，其启动频率和运行频率都很高。

④ 同时给出定位误差与步距角误差没有必要，可以从其中一个计算出另外一个。

8.2 控制系统

步进电动机是一种将电脉冲信号变换成相应的角位移或直线位移的机电执行元件。步进电动机的角位移量与电脉冲数严格成比例，即每当输入一个电脉冲时，它便转过一个固定的角度，这个固定的角度称为步距角，即步进电动机的最高控制精度；步进电动机转子运动的速度取决于脉冲信号的频率。步进电动机的特性使它更适合于计算机的直接控制，这样如果用步进电动机作为伺服电动机应用于自动控制系统，往往可以使自动控制系统中省略位置检测反馈元件，使系统的整体可靠性得到提高，所以步进电动机大多用于没有位置反馈元件的自动控制系统中，即所谓的开环系统。当然步进电动机也可用于有位置反馈元件的闭环系统中，但要注意的是，步进电动机的步距角是最高控制精度，在设计位置反馈精度时不应超过步进电动机的最高控制精度。步进电动机在多数情况下可以代替交直流伺服电动机。

8.2.1 开环控制系统

如图 8-20 所示，步进电动机的控制方式一般分为开环控制和闭环控制。

在开环控制系统中，步进电动机的旋转速度取决于指令脉冲的频率。也就是说，控制步进电动机的运行速度，实际上就是控制系统发出脉冲的频率或换相的周期。系统可用两种方法来确定脉冲的周期：一种是软件延时，另一种是定时器延时。软件延时的方法是通过调用延时子程序的方法来实现的，它占用 CPU 时间；定时器延时方法是通过设置定时时间常数的方法来实现的。图 8-21 给出了步进电动机的点-位控制系统示意图,从起点到终点的运行速度都有一定的要求。如果要求运行的速度小于系统极限启动频率,则系统可以按要求的速度直接启动,运行至终点后可直接发脉冲串令其停止,系统在这样的运行方式下速度可以认为是恒定的。但在一般情况下,系统的极限启动频率是比较低的,而要求的运行速度往往很高。如果系统以要求的运行速度直接启动,由于该速度已经超过极限启动频率而导致系统不能正常启动,即可能发生失步或根本不运行的情况。系统运行起来之后,如果到达终点时突然停发脉冲串,令其立即停止,则因为系统的惯性原因,会发生冲过终点的滑步现象,使点-位控制发生偏差。

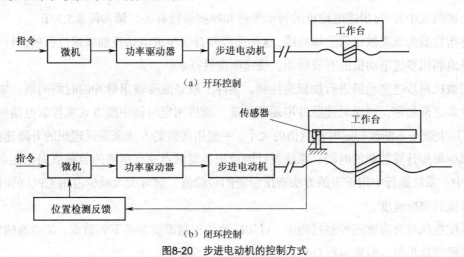

（a）开环控制

（b）闭环控制

图8-20 步进电动机的控制方式

因此,必须用低速启动,然后慢慢加速到高速,实现高速运行。同样,停止时也要从高速慢慢降到低速,最后停下来,只有这样才能保证开环控制的高速定位。要满足这种升降速规律,步进电动机必须采用变速方式工作。

如图 8-21 所示,运行速度都需要有一个"加速—恒速—减速—低恒速—停止"的加减速过程,各种系统在工作过程中,都要求加减速过程时间尽量短,而恒速时间尽量长。如果移动距离比较短,为了提高速度,可以无高速恒定运行阶段。在前半段距离内加速运行,而在后半段距离内减速运行,形成类三角形变化的运动频率轨迹。升降速规律一般可有两种选择:一是按照直线规律升降速,二是按照指数规律升降速。升降速曲线如果是按指数递增减进行的,则升速可用下式表示其频率:

$$f = f_{max}(1 - e^{-\frac{t}{\tau}}) \tag{8-25}$$

式中,f_{max} 为步进电动机的最高运行频率。

按指数递减进行的减速可用下式表示频率:

$$f = f_0 e^{-\frac{t}{\tau}} \tag{8-26}$$

式中,f_0 为步进电动机减速的初始频率。

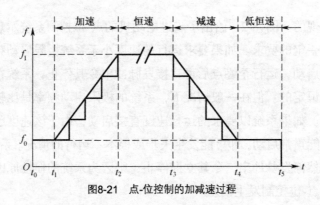

图8-21　点-位控制的加减速过程

上述两式中的τ与步进电动机的转动惯量和摩擦系数有关，请参阅 8.5.3 节。

将指数型曲线离散化为阶梯曲线，这种曲线较符合步进电动机加减速过程的运行规律，能充分地利用步进电动机的有效转矩，快速响应性好。

用微机对步进电动机进行加减速控制，实际上就是改变输出脉冲的时间间隔。加速时使脉冲串逐渐加密，减速时使脉冲串逐渐稀疏。微机用定时器中断方式来控制电动机变速时，实际上就是不断改变定时器载值的大小。一般用离散的方法来逼近理想的升降速曲线。为了减少每步计算装载的时间，系统设计时就把各离散点速度所需的装载值固化在系统的ROM 中，系统运行中用查表的方法查出所需的装载值，这可大大减少占用 CPU 的时间，提高系统的响应速度。

系统在执行升降速的控制过程中，对加减速的控制需要准备下列数据：加减速的斜率、升速过程的总步数、恒速运行总步数和减速运行的总步数。

对升降速过程的控制有很多种方法，软件编程也十分灵活，技巧很多。此外，利用 A/D 集成电路也可实现升降速控制，但缺点是实现起来较复杂且不灵活。

步进电动机的控制也完全可以用 PLC 来实现，改变 PLC 的控制程序，可实现步进电动机灵活多变的运行方式。

总之，开环系统的结构简单，只要设计出优质的控制脉冲序列就能够实现精确定位。

8.2.2　闭环控制系统

步进电动机的开环控制系统，其输入的脉冲不依赖于转子的位置，而是事先按一定的规律给定的，缺点是电动机的输出转矩加速度在很大的程度上取决于驱动电源和控制方式。对于不同的电动机或同一种电动机的不同负载，很难找到通用的加减速规律，因此，步进电动机性能指标的提高受到限制。

闭环控制系统是指直接或间接地检测转子的位置和速度，位置检测装置将测得的工作台实际位置信号与指令位置信号相比较，然后用它们的差值（即误差）进行控制，即由此差值自动给出驱动的脉冲串。采用闭环控制不仅可以获得更加精确的位置控制和高得多、平稳得多的转速，而且可以使闭环控制技术在步进电动机的其他许多领域内获得更强的通用性。

步进电动机的输出转矩是励磁电流和失调角的子函数。为了获得较高的输出转矩，必须考虑电流的变化和失调角的大小，对于开环控制主要有核步法、延迟时间法、带位置传感器的闭环控制系统法等。

图 8-22 给出了采用光电脉冲编码器作为位置检测元件的闭环控制系统框图，其中编码器的分辨率必须与步进电动机的步距角相匹配。该系统不同于通常控制技术中的闭环控制，步进电动机由微机发出的一个初始脉冲启动，后续控制脉冲则取决于编码器的检测信号。

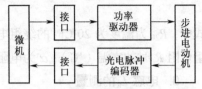

图8-22 步进电动机的闭环控制系统框图

编码器直接反映切换角这一参数，然而编码器相对于电动机的位置是固定的，因此发出相切换的信号是一定的，只能是一种固定的切换角数值。采用时间延迟的方法可获得不同的转速。在闭环控制系统中，为了扩大切换角的范围，有时还要插入或删除切换脉冲。通常在加速时要插入脉冲，而在减速时要删除脉冲，从而实现电动机的加速和减速控制。

在固定切换角的情况下，如负载增加，则电动机转速将下降。要实现匀速控制可利用编码器测出电动机的实际转速（编码器两次发出脉冲信号的时间间隔），以此作为反馈信号不断地调节切换角，从而补偿由负载所引起的转速变化。

8.3 参数测试

步进电动机各种参数和性能指标是比较复杂的，在许多情况下，为了实现系统设计目标及有关质量检查，用户需要独立进行试验。因此，了解产品目录的数据如何独立进行试验，掌握步进电动机参数及特性的测试方法对用户都是有必要的。在这里对常用的方法作扼要的介绍。

8.3.1 静态参数测试

1. 步距角 β 的测定

步距角的测定可以直接采用读数显微镜、光电编码器等精密测角设备，测出每个脉冲转过的角度。由于步进电动机接收一个脉冲信号就要相应地转过一定的角度，当接收了 $N_r=360°/\beta$ 个脉冲时，电动机即旋转了一周。所以，检查试验也可以采用预置脉冲数 N_r 的方法核对每转步数，间接地检查步距角是否正确。其方法是，在转子的起始位置做好标记，经过 N_r 个脉冲后，转子仍回到初始位置。否则，需检查电动机的接线和运行方式，核对步距角值。如果发现电动机摆动或明显的步距不均匀，应将电动机拆下返修。

2. 电阻 R_b 的测定

可用单臂或双臂电桥测量每相直流电阻值。因电阻随温度而变化，测定时将电动机放在与室温相同的温度下，然后测定定子各相直流电阻，按下式换算至20℃时的电阻值，此值应和样本给出的直流电阻或图纸标定的直流电阻相符。

$$R_{20} = \frac{R_t}{1 + \alpha(t - 20)} \tag{8-27}$$

式中，R_{20} 为温度为20℃时的绕组电阻（Ω）；R_t 为温度为 t 时的绕组电阻（Ω）；t 为测量绕组电阻 R_t 时的室温（℃）；α 为电阻温度系统，铜导线 $\alpha = 0.003\ 91$（1/℃）。

3. 电感 L_p 的测量

测量电感的方法较多，可以用电桥测量，也可以采用阻抗法或功率法测量。目前，国内尚没有增量电感电桥供应，因此动态电感不测量。制造厂家就测量每相绕组的电感，供用户参考。一般仅在做形式试验时，采用功率法测量电动机的平均电感。

功率法测量平均电感可以采用如图 8-23 所示的线路。电动机绕组两端加以 400Hz 的交流电压，缓慢地转动定子（或转子），找出每相绕组最大与最小电感值的位置。按式（8-28）计算每相最大与最小电感值（L_{pmax} 及 L_{pmin}）。

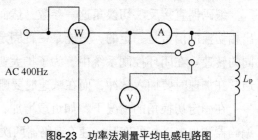

图8-23　功率法测量平均电感电路图

$$L_{pmax} = \frac{U}{2\pi fI}\sin\phi \times 10^{-3} \tag{8-28}$$

$$\sin\phi = \sqrt{1 - \left(\frac{P}{UI}\right)^2} \tag{8-29}$$

式中，U 为绕组两端的电压值（V）；I 为绕组电流值（A）；P 为功率值（W）；L_{pmax} 为相电感最大值（mH）。

平均电感可按式（8-29）求出：

$$L_p = \frac{L_{pmax} + L_{pmin}}{2} \tag{8-30}$$

4. 转子的转动惯量 J_r 的测量

转动惯量测量方法较多，一般多采用比较法。其方法为，先将转子从电动机中取出来，用直径为 1.5mm 的钢丝将转子悬挂起来。转子、钢丝、夹套三者应保持同心，如图 8-24 所示。钢丝越细越好，但不能由于转子的质量作用而使钢丝被拉长。悬挂起来后使其扭转摆动，往复 20 次，测出所需时间 t_r。然后将一个与被测转子大小相接近的圆柱形的标准转子同样悬挂起来，使其扭转摆动，往复 20 次，测出所需时间 t_s。扭转的角度以 45° 为宜。按式（8-31）求出转子的转动惯量。

$$J_r = J_s \left(\frac{t_r}{t_s} \right)^2 - J_c \qquad (8-31)$$

式中，J_s 为标准转子的转动惯量（$kg \cdot m^2$）；J_c 为夹套的转动惯量（$kg \cdot m^2$）；t_r 为转子摆动的时间（ms）；t_s 为标准转子摆动的时间（ms）。

5. 矩角特性及最大静转矩的测量

矩角特性是电动机最基本的特性，它与驱动电源无关，测量时只要有容量足够大、电压可调的直流电源，能保证励磁绕组达到额定电流即可。

测绘矩角特性必须测出不同转子位置的静转矩。国内现在没有专门的矩角特性测绘系统设备，因此必须具备测量电动机转角及测量静转矩设备才能完成此项试验。

如图 8-25 所示，测量步进电动机转角设备可以采用读数显微镜、光栅和分度头等，测角设备的分辨率要求不高，只是步进电动机分辨率的 1/10 即可。静转矩可以用各种转矩仪来测量，也可以利用磁粉测功器、应变仪、具有适当夹紧装置的转矩扳手、滑轮绳索吊砝码及转矩杆（转矩臂）和弹簧秤来测量。

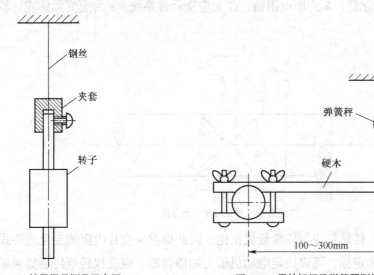

图8-24　转子惯量测量示意图　　　　图8-25　用转矩杆及弹簧秤测静转矩

当采用转矩杆测量转矩时，应将转矩杆本身的质量所产生的转矩加上或减去，这要看受力的方向来定，按式（8-32）计算：

$$T_j = F_1 l \pm G \frac{l}{2} \qquad (8-32)$$

式中，F_1 为弹簧秤读数；l 为转矩杆长度；G 为转矩杆质量。

当转矩杆在水平位置放置时，"+"表示 F_1 与 G 的方向相同，"-"表示 F_1 与 G 的方向相反，而 G 的方向永远是向下的。

如果转矩杆竖着放置，则第二项可以忽略不计。

用上述测量转矩的方法，很容易测出最大静转矩之前区域（$0 \leqslant \theta_s \leqslant \pi/2$）的转矩值，和对应的转角配合可以画出矩角特性的前半部分，但不能测量达到最大静转矩后半部分的（$\pi/2 \leqslant \theta_s \leqslant \pi$）转矩值。因为在这一区域，转矩是逐渐下降的，由于悬挂砝码或弹簧秤的拉力会使转子迅速滑向不稳定平衡点，因此不采用特殊方法很难测出完整矩角特性。要测量 $\pi/2 \leqslant \theta_s \leqslant \pi$ 区域的静转矩和转角的对应关系，必须使步进电动机的转子在这一区域任何位置都能制动住，而且能测量出其静转矩。可以采用电阻应变仪法测量静转矩，应变仪的转矩传感器利用 4 片电阻应变片，贴在轴颈或贴在安装在轴颈上的轴套上。电阻应变片必须沿压缩和拉伸方向放置，组成桥式电路，以便提高灵敏度，除了补偿轴端负载引起的变形外，又补偿了因温度改变而引起的变化。

如图 8-26 所示，这种电阻应变转矩传感器是利用电阻应变片的电阻在很大范围随转轴转矩而变化的。

$$\frac{\Delta R}{R} = Ge \tag{8-33}$$

式中，ΔR 为电阻变化量；R 为原电阻值；G 为应变元件系统；e 为应变元件或转轴中的应变量。

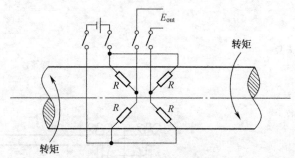

图8-26　桥式应变仪示意图

在弹性极限内，转轴转矩与应变量成正比。因此根据应变片电阻的变化或桥式电路的输出电压经过适当的定标，可以决定电动机轴上的静转矩。应变仪转矩传感器通常通过滑环供给励磁，并由滑环将信号引到放大器或应变仪。

根据测得的矩角特性，可以很方便地找到最大静转矩值 T_k 及所对应的角度 θ_k。由于矩角特性测量较麻烦，而且国标也未规定，一般厂家不给出此项性能指标，但是最大静转矩必须测量。制造厂家在形式试验项目中应进行最大转矩试验，其方法为，在额定供电状态下，电动机锁住，测出一个分配周期内任何一个分配状态下的最大转矩。按此规定，测定转子静转矩是比较方便的，因为无须测定最大静转矩 T_k 对应的角度 θ_k，不需要测角设备，仅要一个直流电源及简易的测量静转矩设备即可。

试验时，根据步进电动机额定工作状态，将其分为单相、两相、三相，按额定电流供给电动机绕组。在输出轴上安装滑轮或测转矩杆，以电动机轴为支点，缓慢增加负载（吊砝码或角弹簧秤拉）。当电动机突然转动的瞬间，跨过了一个或几个步距，此时的负载转矩即为该种状态的最大静转矩。由于测试存在分散性及不同位置的静态转矩也有可能出现差别，因此每种状态应分别测出转子在 3 种不同位置时的静转矩，然后取测试中的最小值作为最大静转矩。

6. 步距精度的测量

步进电动机的步距精度和其他性能指标有着密切的关系，因此不仅位置控制系统把精度看作是一次重要指标，其他系统也同样都把精度看作是一项重要指标。按精度的定义，步距精度可分为定位精度和步距角精度两种，下面分别介绍它们的测量方法。

（1）定位精度

将电动机的输出轴与一个较高分辨率的光学增量编码器连接，然后使编码器输出的脉冲信号送到可逆计数器或用步距精度测试仪来测量定位精度。

例如，一台步距角为 15° 的四相反应式步进电动机，其转轴连接一个每转产生 36 000 脉冲信号的编码器，每步 15° 即对应 15 00 个脉冲信号。

试验时，电动机在额定供电状态下，先使步进电动机锁住不动，计数器清零，步进电动机按单脉冲方式一步一步地转动，旋转一周的理论位置应为 1 500，3 000，4 500，…，36 000 等，即 1 500 的整倍数。实际位置与 1 500 整倍数之差即为定位精度。

（2）步距角精度

步距角精度与定位精度的测量方法的不同之处在于，每走一步之前，计数器必须清零。每步实际转过的角度所对应的脉冲数与 1 500 之差即为步距角精度。

由试验可知，无论定位精度或步距角精度，它们均在一周 360° 范围内，按运行状态数不同呈周期性变化。

定位精度表示步进电动机转子在一周 360° 内停止在某一位置时的精度，若安装精度较高、摩擦转矩也不大时，转过 360° 后仍将回到起始点。

步距角精度可以由相邻两步的定位角精度的代数和求出。但按步距角精度求定位精度却不太方便，需要对各步进行累计运算。一般采用定位精度表示一台步进电动机的精度即可，而没有必要同时给出定位精度和步距角精度。

8.3.2 动态参数测试

本节提出一些实用的方法对步进电动机的主要参数进行测试。由于步进电动机的参数测试与驱动电源特性的关系密切，即不同的驱动电源有时会有较大的参数测试误差，因此在这里介绍的参数测试结果也只能作为参考。

1. 启动矩频特性试验

电动机在额定供电状态，采用预置脉冲数或其他能检查失步的方法，按选定的负载转矩先加载，然后突然启动。在启动频率范围内，在每个测定点按正反两个转向各启停 3~5次，电动机应无失步现象。这项试验的关键在于电动机必须在锁住状态先将负载转矩加上去。电动机转轴和负载连接时的机械间隙，最好做到刚性连接。加载用砝码或其他能产生摩擦转矩的方式为宜，电动机应在不同的几个位置上锁住，分别进行测量，然后以突跳的脉冲频率启动，不应失步，测出不同频率下的启动转矩。当负载为零时，即为空载启动频率。一般只提启动转矩是不确切的，应指出某个频率下的启动转矩，随着频率的提高，启动转矩将下降。如果负载与电动机输出轴连接不可靠或存在间隙，这种试验方法就不准确，相当于电动机在空载的情况下已运行了几步，然后负载才加上，失去了真实性。机座比较小的电动机采用线轮负载法测启动转矩比较准确。功率比较大的步进电动机，启动转矩测量是较困难的，如用磁粉制动器及磅秤系统，由于加载时有弹性，很难保证启动的瞬时负载确实加上去了。另外，启动与无失步联系在一起，测试时必须能可靠地检查启动过程有无失步现象。

2. 运行矩频特性试验

电动机在额定供电状态下，按规定方式在较低频率下空载启动。然后频率逐渐增加，随着控制脉冲频率连续上升，能不失步运行的最高频率即为空载连续运行频率。在做运行矩频特性试验时，先升频到某个频率（f_1）连续运转，再缓慢地增加负载，加载时不应增加惯量，一般用磁粉测功机、摩擦轮等加载，直至电动机失步，此时就测出了频率 f_1 下的负载转矩。依次测定各运行频率下能加的最大负载转矩，即可绘出运行矩频特性。这种加载方式称为先升频后加载。另一种方法为先加载后升频，即先使电动机加上一定的负载转矩，然后按一定规律升频，测出电动机能不失步运行的频率。依次测定各转矩下的不失步运行频率，即可绘出运行矩频特性。从试验结果来看，先加载后升频的性能要偏低，而先升频后加载的性能则偏高。采用不同的连接和不同的加载手段，电动机测试性能指标也将有所区别。电动机的运行矩频特性对驱动电源的依赖性很大，不同电源测得的运行矩频特性相差很多，因此绘制运行矩频特性时要标出电源条件。

3. 启动惯频特性试验

测量惯频特性需在电动机轴上牢固地安装具有一定惯量的纯惯量的负载。电动机在额定供电状态锁定，采用预置脉冲数或其他能检查失步的方法，电动机带纯惯性负载突然启动，测出不同负载惯量下不失步的启动频率。测试时注意电动机输出轴与惯性负载的连接尽量避免间隙。为防止测试中引起的误差，试验时，测出转子在任意 3 个不同位置上，正反两个转向的启动频率，取其最小值，作为惯频特性。当电动机空载时，按上述方法测出的启动频率即为空载启动频率。

4. 温升试验

按步进电动机运行状态，温升可分为静态和动态两种情况。

（1）静态温升试验

在额定供电状态下，按分配方式出现最多的相数以额定的直流电进行温升试验。试验开始前，首先应将电动机在室温下放置 2h 以上，测量绕组的直流电阻，记下室温 t_1。电动机安装在有规定尺寸的散热板上，按额定供电状态给绕组通电，当机壳表面温升在 30min 内变化不大于 0.5℃时，即认为温度已达到稳定状态。这时断电并迅速测量绕组电阻，记录温升稳定时的室温，温升由下式计算确定：

$$\theta = \frac{R_2 - R_1}{R_1}(235 + t_1) + t_1 - t_2 \tag{8-34}$$

式中，t_1 为试验开始时的室温（℃）；t_2 为试验结束时的室温（℃）；R_1 为试验前绕组的电阻（Ω）；R_2 为断电时曲线外推到时间为零的电阻值（Ω）。

（2）动态温升试验

① 定时法。在额定供电状态下，将电动机从静止状态启动并升到规定的频率，电动机空载运行 30min。然后断电，按照测量静态温升相同的方法测出绕组温升值。此温升就是在规定时间下电动机在某一频率运行的动态温升。

② 计算法。由于绕组电流的波形随频率升高而发生变化，可以证明绕组的铜耗随频率的增加而减小，而涡流和磁滞损耗是随频率的增加而增加的。

电动机绕组温升随时间变化的规律可以认为是指数函数，如式（8-35）所示：

$$\theta_1(t) = A\left(1 - e^{-\frac{t}{T_1}}\right) + B\left(1 - e^{-\frac{t}{T_2}}\right) + C\left(1 - e^{-\frac{t}{T_3}}\right) \tag{8-35}$$

式中，T_i（i=1，2，3）为升温时间常数，它们仅与电动机尺寸、结构材料的导热性质及散热条件有关，与电动机上的各种损耗无关；A、B、C 为待定系数，可由初始条件及热路方程来确定。

当初始条件为 $\theta_1(t)|_{t=0}=0$、$\theta_2(t)|_{t=0}=0$、$\theta_3(t)_{t=0}=0$ 时，对于线性热路系统，系数 A、B、C 必然为铜耗 p_{Cu} 和铁耗 p_{Fe} 的线性组合，而 p_{Cu} 及 p_{Fe} 均与运行频率 f 有关，所以：

$$A = \alpha_1 + \beta_1 f \tag{8-36}$$

$$B = \alpha_2 + \beta_2 f \tag{8-37}$$

$$C = \alpha_3 + \beta_3 f \tag{8-38}$$

式中，α_i、β_i（i=1，2，3）为常数；f 为步进电动机的运行频率。

当 α_i、β_i 已知后，即可求出任意给定频率下绕组在某时刻的温升及稳定温升。利用如下方法可以确定时间常数 T_i、α_i、β_i。

首先在频率为 f_1 时进行温升试验，得到一条绕组的实测温升曲线，选取 6 个不同时刻的温升，按式（8-35）可以建立一个六元方程组，利用计算机求解这个非线性代数方程，可以求得升温时间常数 T_1、T_2、T_3 及 A_1、B_1、C_1 常数。再在频率为 f_2 时进行温升试验，得到另一条实测温升曲线，用同样的方法可以求得频率为 f_2 时 A_2、B_2、C_2 值，将 A_1、B_1、C_1、A_2、B_2、C_2 代入式（8-36）～式（8-38），即可求得 α_i、β_i 各值。

以上把电动机各运行频率的动态温升当作指数曲线，得出了任意控制频率下定子绕组动态温升的解析表达式。对于已经制成的电动机，通过 2～3 次试验，可以得到解析表达式中的全部待定系数，根据这些常数，不难求得任何频率时的动态温升。

8.4 参数选型

步进电动机的设计者和使用者都希望电动机的性能优良，而性能的主要指标就是电动机的动特性，也就是频率特性。电动机的特性取决于多种因素，掌握这些因素与电动机性能的关系，就能使设计者设计出满足设计要求的电动机，对于电动机用户也可以通过这些知识选择符合使用要求的步进电动机。

8.4.1 参数估算

目前，反应式步进电动机的设计程序已经具备，但往往只对某一个机座外径的电动机适用，有一定的局限性，且精度也不高；而且这样的设计程序往往要计算到快结束时才知道能否合适，计算也很烦琐，工作量很大。因此，实际上大多先采用简便的估算法，待电动机试制后再按实测结果进行适当的修正计算。本节介绍反应式步进电动机估算的有关常数和具体方法。

1. 设计常数和数据

为了找出一些估算规律，把有关力能指标和磁动势同转子相联系，由此可以发现有的指标接近于一个常数。表 8-1 介绍一些步进电动机的实际数据供参考，表中有的电动机是设计得较好的，但也有早期设计的，其性能就较差。

对该表尚需说明几点。

① 转子体积是按外径计算的。空心转子一律按实心计算。

② 饱和电流和饱和的静转矩是指电动机静特性曲线饱和点上相应的值。

③ 转子单位体积的饱和转矩值简称单位体积转矩 T_D，该数值大则表示同样体积转子的电动机出力大。从表中可以看出，不管是大电动机还是小电动机，这个值接近于常数，均在 $0.5 \times 10^{-3} N \cdot m/cm^3$ 左右。

④ 单位面积磁动势是维持磁路中单位面积上的磁动势，也就是说，要产生这样大的饱和转矩所需消耗的能量。这个值越小越好。

表中所列的电动机，有的是每相一对磁极，即每相有两个气隙；还有每相 4 个磁极的，即有 4 个气隙。从表中可以看出：每相两个磁极的电动机每相单位面积磁动势为 1.9～2.49 安匝，每相单位面积磁动势为 3.8～4.98 安匝；而每相 4 个磁极的电动机每相单位面积磁动势为 3.32～5.84 安匝。因此可以认为，不管是每相两个磁极还是每相 4 个磁极的电动机，其单位面积磁动势接近于一个常数，平均可以看作 5 安匝。实际上大多数电动机的单面积磁动势在 4 安匝/毫米^2 左右。由此，通常在设计估算时，每相总的单位面积磁动势取 5 安匝就足够了。

表 8-1　部分步进电动机的数据表

序号	电动机型号	相数	每极匝数	每相极数	每极齿数	齿槽比	齿宽 (mm)	转子外径 (mm)	转子长度 (mm)	转子体积 (cm³)	饱和电流 (A)	饱和静转矩 (10⁻³N·m)	单位体积转矩 (10⁻³N·m/cm³)	单位面积磁动势 (At/mm²)	每相单位面积磁电势 (At/mm²)	备注
1	BF300736	3 (1.5°/3°)	76	2	6	0.37	0.37	$\phi13$	22	2.9	1.6	1.44	0.497	2.49	4.98	
2	BF300736	3 (3°/6°)	76	2	6	0.37	0.37	$\phi13$	22	2.9	1.2	1.5	0.517			
3	BF301045	3	65	2	6	0.373	0.46	$\phi16$	31	5.94	2.5	2.9	0.488	1.9	3.8	变压器式绕组
4	BF301045	3	65	2	6	0.34		$\phi17$		6.5	4.5	3.2	0.494			
5	BF301045	3	65	2	6	0.37		$\phi17$		6.5	4	3.75	0.577			
6	BF301045	3	65	2	6	0.37	0.55	$\phi19$	31	8.5	3	4.1	0.482	1.91	3.82	
7	BF301045（早）	3	65	2	6	0.5		$\phi13$	31	4	2.5	0.65	0.18			
8	BF301045	3	65	2	6	0.5		$\phi13$	31	4	3	1.2	0.3			
9	BF184075（早）	3	55	2	6	0.5	1.18	$\phi30$	24	18.4	6	4.3	0.234			
10	BF184075	3	55	2	6	0.375	0.88	$\phi30$	24	18.4	5	11.5	0.625	2.17	4.34	二相励磁
11	BF184075	5	55	2	6	0.375	0.47	$\phi30$	31	18.4	7	5.8	0.314	4.2	8.4	
12	BF184075	5	55	2	6	0.375	0.47	$\phi30$	31	18.4	8	10	0.543	4.82	19.28	
13	BF184075	3	55	2	6	0.375	0.88	$\phi30$	40		8					
14	BFG090411B	3	90	4	6	0.33	0.66	$\phi50$	80	157	4	87	0.555	1.13	4.52	
15	BFG090411BII	3	90	4	6	0.33	0.77	$\phi60$	80	226	6	130	0.575	1.46	5.84	
16	BFG090411C	3	45	4	6	0.33	0.66	$\phi50$	80	157	8	79	0.497	1.13	4.52	
17	BFG090411CII	3	30	4	6	0.33	0.77	$\phi60$	55	154	7	90	0.58	0.83	3.32	

⑤ 表 8-1 中所列出的数据，实际上也包括其他参数的影响在内。首先是气隙，因为气隙是电动机磁回路的一个组成部分，而磁动势总是大部分消耗在气隙之中，并且进行电能和机械能的转换。气隙应尽可能得小。

⑥ 齿槽比也是一个重要参数，因为它不仅直接决定齿宽和齿部面积，而且有一个关系电动机性能的最佳值。齿槽比应选在最佳值附近。

⑦ 只有以前面的原则来确定电动机的参数，电动机的饱和磁动势及饱和转矩才能进入表中所列的常数范围。还应指出的是，表中所列电动机大多是三相反应式步进电动机，因此这两个常数值的范围只对三相电动机适用。其他相数和永磁式步进电动机也应该有各自的常数范围，不能通用。

2. 三相反应式步进电动机的设计估算

步进电动机可根据设计之前已知的最大静转矩或某一频率下的转矩、步距角及启动频率等指标来选用或设计估算。

（1）估算法

对步进电动机设计估算的出发点是利用单位体积转矩 T_D，因为

$$T_D = \frac{T_{max}}{V_r} \tag{8-39}$$

式中，T_{max} 为电动机处于饱和点的最大静转矩（$10^{-3}\mathrm{N \cdot m}$）；$V_r$ 为转子体积（$\mathrm{cm^3}$）。

由于

$$V_r = \frac{\pi}{4}d^2 L \tag{8-40}$$

式中，d 为转子外径（cm）；L 为转子铁芯有效长度（cm）。

估算时，就取单位体积转矩范围的最小值。这样使电动机不留有一定的余地，即取 $T_D = 0.48\mathrm{N \cdot m/cm^3}$，这时

$$d^2 L = \frac{4T_{max}}{0.48\pi} = \frac{T_{max}}{0.38} \tag{8-41}$$

由此，确定 d^2L 值后，就可按照电动机长径比和内外径比的范围，以电动机所拖动负载的具体情况来确定转子外径、定子外径和有效铁芯长度，进而确定是粗短型还是细长型。当然，定子外径还应和有关标准所规定的机座号相符。

至于具体确定电动机是粗短型还是细长型，还需进行启动频率的验算，即

$$\bar{f}_q = \frac{1}{\theta_b}\sqrt{2(\pi - \theta_b)(1 - \mu)} \tag{8-42}$$

对于电动机为三相六拍工作时，$\theta_b = \frac{2\pi}{6} = \frac{\pi}{3}$，代入上式，得

$$\bar{f}_q = 1.954\,4\sqrt{1 - \mu} \tag{8-43}$$

所以，实际的启动频率为

$$\overline{f}_{q} = 1.954\,4\omega_0\sqrt{1-\mu} = 1.954\,4\sqrt{\frac{T_{\mathrm{av}}p(1-\mu)}{J_{\mathrm{r}} - J_{\mathrm{L}}}} \tag{8-44}$$

式中，ω_0 为特征振荡频率；μ 为相对负载矩；T_{av} 为平均力矩；p 为步进电动机转子极对数，在反应式电动机中即为转子的齿数 N_{r}；J_{r} 为步进电动机转子转动惯量；J_{L} 为负载的转动惯量。

当 $J_{\mathrm{L}}=0$，$\mu=0$ 时，即为最高空载启动频率

$$\overline{f}_{q0} = 1.954\,4\sqrt{\frac{T_{\mathrm{av}}p}{J_{\mathrm{r}}}} \tag{8-45}$$

由于 $T_{\mathrm{av}} = \dfrac{2}{\pi}T_{\max}$，代入上式，化简得

$$\overline{f}_{q0} = 1.244\,2\sqrt{\frac{T_{\max}p}{J_{\mathrm{r}}}} \tag{8-46}$$

由此可以看出，影响最高空载启动频率的是转子的转动惯量。降低转子转动惯量可以提高启动频率，但速率不大。

反之，如果电动机的最高空载启动频率在设计前已有要求，则仍可按上式求转子转动惯量 J_{r}，然后求出电动机的 d 和 L。

当电动机的结构参数——铁芯长度、外径、齿槽比、齿形等均已确定之后，可使用第二个常数——单位面积磁动势，一般取 5 安匝/毫米 ^{2}，定出每相总的励磁安匝数。再根据合理的电流密度算出线径和匝数，验算电动机嵌线窗口面积。

如果已知负载条件，就可根据负载的 μ 和 J_{L} 值来验算电动机带负载启动的启动频率 f_{q}，或者从 μ 和 J_{L} 值求出电动机的转子外径 d 和铁芯有效长度 L。

（2）估算程序

综上所述，已知步距角 θ_{b}、最大静转矩 $T_{\max}$ 或最高空载启动频率 f_{q0}、负载特性 μ 和 J_{L} 等，可以归纳出电动机初步设计的估算程序如下。

① 按单位体积转矩常数算出 d^2L。

② 确定不同的 d 和 L 值来验算 f_{q0}，或根据已要求的 f_{q0} 来求出 d 和 L。

③ 根据单位面积磁动势常数及合理的电流密度算出每相线径和匝数。

④ 进行具体的结构选择。

⑤ 最后根据求得的电气参数和时间常数要求，进行线路设计。

8.4.2 参数设定

本节将以单定子三相反应式步进电动机为基础，讨论电动机设计中各个参数的选择对电动机性能的影响。

1. 工作电流的选择

步进电动机的设计与一般电动机类同，在电参数的确定上，也是先选定一个电流密度

及一个以转子外圆为基础的磁负荷，而磁负荷又决定电流的大小。因此，总的电气参数是决定电流幅值和电流密度，也就是保证电动机气隙中有足够的磁通和绕组中有足够的工作电流。

步进电动机工作电流的特点如下。

① 步进电动机的电流是脉冲电流，周期地接通和切断。接通的时间随控制脉冲的频率而变化，频率越高则接通时间就越短。

② 步进电动机的工作电流就是启动电流。这与一般电动机不同，一般电动机总要设法减小启动电流，大容量的电动机更是如此，以免造成电源故障。而步进电动机是设法增大启动电流，以提高电动机的工作能力。这是由于注入步进电动机绕组中的工作电流是瞬时的脉冲电流，且以指数函数形式上升，$i = I_{\mathrm{H}}\mathrm{e}^{-\frac{t}{T_j}}$。这是因为步进电动机是电感性负载，所以步进电动机的工作电流不是固定值，即使其他条件均不变，注入绕组的电流值也将随频率的变化而变化。

③ 选择步进电动机工作电流的幅值，一般是根据每种步进电动机的静特性的磁化曲线，即最大静转矩-电流曲线来确定的，通常是定在饱和点附近。因为在饱和点之前，电流值逐步增大时，最大静转矩也相应增加；越接近饱和点，最大静转矩增长的速率越缓慢；但电流值再上升，达到甚至超过饱和点之后，则最大静转矩增加很少或根本不增加，结果反而使电动机温升提高，效果更差。因此，一般步进电动机的电流幅值是取在曲线的饱和点附近。

2. 线路电压的选择

步进电动机样本或铭牌上所提供的电气参数——电流、电压与一般电动机不同，并不是绝对不能变的。这有两个方面的含义：一是指电流、电压值可以按照使用要求予以适当的增减；二是指即使其他条件不变，加在电路上的电压的脉宽和注入绕组的电流最大值，均将随频率的提高而减小。因此，步进电动机的电气参数不能按一般电动机的额定值来理解。

步进电动机的电压或线路电压，并不是指加在电动机绕组两端的额定电压，而是施加到电动机的一相绕组、大功率管和外接电阻上的总电压。实际加到电动机绕组上的电压要比样本值小得多，而且这个电压是以矩形脉冲的形式加在整个线路上的，并不是一般的正弦波形。随着脉冲频率的不断提高，时序脉冲的周期越来越短，这个矩形的宽度将越来越窄。因此，在步进电动机样本上仅规定了电压脉冲的幅值，而对脉冲的宽度则不作规定。

用外接电阻可以降低线路的时间常数，以提高和改善电动机的特性。但此时为了保持线路电流幅值不变，线路电压也将增加很多，线路的输入功率因而也大大增加。

对一台步进电动机而言，它所规定的电流、电压值及相应的频率特性等，是在确定的外接电阻的情况下规定和测定出来的。而这个外接电阻值是在综合电动机特性和各种情况后才定出来的。也就是说，如果改变电动机驱动电源中的外接电阻值，那么电动机的电气参数及特性均将改变。

外接电阻与线路电压的关系如下。

① 时间常数大的，所需的电压低，电动机的最高空载启动频率也低，特性曲线也较差。随着线路电压增高、时间常数的改善，最高空载启动频率提高了，频率特性曲线也随之逐步改善。

② 当线路电压高于某一值后，低频段往往出现低频振荡，甚至产生失步。这是由于低频段电流有足够的时间达到稳定值，输入能量过剩而造成的。

3. 转子直径和铁芯有效长度的选择

在设计步进电动机考虑静态最大同步力矩时，对于力矩要求相同的场合，可以选用细长的转子，也可采用粗短的转子。但是，对于同一机座号的电动机，为了获得较大的出力及下降坡度较小的频率特性曲线，一般均推荐采用细长的转子。

当电动机体积恒定时，最合适的转子直径应使该电动机具有最大的静态力矩。而这个合适的转子直径则由合理的励磁安匝数和合适的定子槽满率所决定。步进电动机允许的槽满率与普通电动机的槽满率的概念是有差别的。其原因是，普通电动机的绕组节距大，而步进电动机则为1；普通电动机的槽口可按工艺和其他原因来选取，而步进电动机则是由步距角来决定的。大步距角电动机每个极上的齿数少，而小步距角的每个极上齿数多形成极靴，对嵌线带来一定的困难；而且反应式步进电动机的绕组的线径较粗，嵌线更困难。因此，在步进电动机上，槽满率的系数应根据不同的场合来确定，不能只规定一个固定值。

（1）现有的数据

① 目前已有电动机的转子直径（d）与电动机外径（D）之比有表 8-2 所列的几种。

表 8-2　已有电动机的转子直径、电动机外径及其比值　　　　　　　　　　　　　（mm）

d	13	16	19	22	26	30	50	60
D	36	45	45	60	60	75	110	110
d/D（比值）	0.361	0.356	0.422	0.367	0.433	0.400	0.455	0.545

② 转子外径与硅钢片叠厚确定后，电动机的最大静转矩就基本确定了。目前已制成的电动机有效长度（L）与转子直径（d）之比有表 8-3 所列的几种。

表 8-3　　　　　已制成的电动机有效长度、转子直径及其比值　　　　　　　（mm）

L	30	30	30	40	40	24	40	80	80	55
d	13	16	19	22	26	30	30	50	60	60
L/d（比值）	2.31	1.88	1.58	1.82	1.54	0.80	1.33	1.60	1.33	0.92

（2）有关结论

① 转子粗短型和细长型各有利弊。具体地讲，细长型的转子惯量小，产生一定的角加

速度只要小电流即可；粗短型的转子惯量大，产生一定的角加速度需要较大的电流。

② 粗短型和细长型是相对的。由两方面数字表示，即电动机外径和转子外径比及转子的长径比。目前步进电动机中所用的范围：d/D 比值在 0.356～0.546 范围内，这些电动机的频率特性曲线都很好，只是小比值耗电流较小，大比值耗电流较大；L/d 比值在 0.8～2.3 范围内，小比值特性较硬。

③ 步进电动机的内外径比和长径比是互相制约的。内外径比值取较大值时，铁芯长度 L 的取值就较小，反之则较大。

4. 齿数的选择

（1）转子齿数

步进电动机的步距角通常是由用户根据脉冲当量、最优传输系数和机械结构的要求给定的，因此在设计时可以说是已知的。但是，为了保证电动机具有工作能力，定子相数和转子齿数之间则要保证一定的关系。这些关系已经在第 2 章中讨论过，此处不再赘述。

尽管转子的齿数是根据定子相数和步距角来确定的，但同时还要受到齿的强度和工艺可能性的限制，并不是任意选择的。

（2）定子齿数

定子齿数应和转子齿数相接近。若定子、转子齿数相等（事实上不存在），则相间漏磁较大，定子下线困难；若齿数相差过大，又将引起输出转矩下降。

5. 齿形、齿深和齿槽比的选择

（1）齿形

根据已有的研究资料，定子、转子齿形都选用矩形的较好。

（2）齿深

在设计电动机时，齿槽的深浅对电动机的性能也有影响。因为槽过深时，齿的磁压降就很大，加重了励磁的负担，也会加大电磁时间常数，这是不可取的；但过浅，则齿上最大磁通和槽上最小磁通相差不是很大，磁通变化率不大，电动机的出力降低，致使电动机的最高空载启动频率和整个频率特性曲线都要下降。槽深约取一个齿距为好。

（3）齿槽比的选择

齿槽比就是齿宽与齿距之比，即在一个齿距中齿宽所占的比例。

在步进电动机设计中，齿槽比是一个重要且综合的参数。它在不同场合有不同的需要，很难做出全面的结论。

因此，这里根据一些实测的数据得出以下一般的结论。

① 对步进电动机而言，齿槽比存在一个最佳值。

② 齿槽比的最佳值与励磁的饱和程度有关。励磁在正常饱和状态下，最佳值在 0.36～0.375 范围内；在不饱和状态下约为 0.405；而在过饱和状态下可能低于 0.36。其实后两种情况是不可取的，因为既浪费有效材料，又浪费能源；而且为达到同样的出力，必然要增

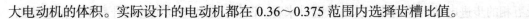

大电动机的体积。实际设计的电动机都在 0.36～0.375 范围内选择齿槽比值。

③ 齿槽比的最佳值是相对的，如果仅从消除振荡和使频率特性曲线不出现失步区的角度出发，也可采用其他的方法。

6. 磁路分析

由于主磁路是由定子轭—极臂—定子齿—气隙—转子齿—转子轭—转子齿—气隙—定子齿—定子极臂—定子轭所组成的回路，其中定子齿、转子齿的横截面相等，或按设计要求来确定。而极臂、定转子轭的磁路面积应比定子齿、转子齿的横截面大 1.5～2 倍，以保证励磁绕组所提供的磁动势尽可能在气隙中转变为机械能，磁路损耗尽可能小。也就是要求极臂、磁轭等部分的磁路保证不会饱和，所以要求磁路面积应大些，而极臂的面积最好更大一些。

不管是定子或是转子，当某部分的磁路设计得较小时，除引起励磁负担增加外，仅影响特性曲线的低频部分，而对高频部分则无影响。其原因就是频率高时脉宽变窄，由于时间常数的作用，励磁安匝来不及充分发挥作用，故在设计高频步进电动机时，其磁路可以更饱和些；如果设计低频步进电动机时，磁路选用富裕一些较好，能增加出力。

7. 气隙的选择

步进电动机的气隙与一般电动机一样，也是一个主要的参数，气隙越大，则所需的励磁安匝也越大。因此同励磁电流和绕组匝数有关，励磁电流增加对驱动电源不利；而绕组匝数增加则会引起电路时间常数增加，将对频率特性不利，由此使电动机的体积加大。

根据已有的数据表明，共磁路电动机采取齿槽不等宽，不管用何种绕组形式，其频率特性与气隙的关系，以及非共磁路电动机与气隙的关系，都是气隙越小特性越好，即出力增加，振荡减小。当气隙小到一定值后，失步区就会消失。当气隙再减小时，出力增长放慢，但运行越趋平稳，即步进平稳性好。

因此，在设计中尽量选择较小的气隙，一般按工艺许可值选取。通常，电动机外径较大、出力大，定子、转子之间的磁拉力也大，则气隙取较大值；反之，小电动机的气隙可取较小值。

要说明的是，气隙大小不是引起电动机振荡的主要原因，仅是一个与振荡有关联的参数。

8. 相数的选择

对于齿形对称的反应式步进电动机，为了保证产生有效的启动力矩，至少应有 3 个控制绕组，即要制成三相。至于选用三相、四相或五相，甚至更多，则要对它们的性能进行比较，然后选择一个适合于设计应用场合的最佳方案。

从实测频率特性的结果综合来看，在同一体积且参数基本一致的条件下，三相、四相及五相的步进电动机差别并不大。从温升来看，四相、五相电动机的温升高于三相电动机。从电动机的噪声或振荡的角度来看，三相的选择是可取的。

由于现代化工业的发展，高频大功率步进电动机的应用日益广泛。高频电动机设计的最大特点是要求绕组电感量小，即励磁绕组的匝数要少，磁通电流要相应加大。但由于步进电动机本身的效率比较低，而大功率电动机又要求出力大，因此用低效率来产生大功率输出，就必然要求大功率的驱动电源。然而，驱动电源的输出功率受元件允许的最高电流、电压所限制。为了减轻每相驱动功率的负担，一般采用多相制。显然相数越多，每相的输出功率就可减小，且能提高频率特性。不过多相制的采用，同时使驱动电源的复杂性和成本增加。

8.5　数学模型

由于步进拖动系统和数字控制系统主要着重于动特性，找出该类步进电动机的数学模型，再用计算机解出各自状态下的动特性，就可以方便地获得步进电动机伺服系统的稳定性、运动质量、快速性、工作范围等重要指标及最优控制规律。

从系统的角度来表示电动机的数学模型，可以在计算机上进行数字模拟，求取电动机的动态性能，如启动频率、最高运行频率、运行特性及低频振荡等。

描写一个系统或元件各物理量之间关系的数学表达式就是该系统或元件的数学模型。同一个系统，可用不同的数学模型来表达，数学模型的复杂程度也不同，微分方程是数学模型，传递子函数、状态变量表达式等也是数学模型。

步进电动机运行的基本理论与任何旋转电磁能量转换装置在本质上是一样的。其运行规律符合四条最基本的定律，即能量守恒定律、磁场定律、电路定律和牛顿力学定律。

8.5.1　状态变量与传递函数

本节介绍适当地选取状态变量，把微分方程组转换成状态方程，还介绍用传统的传递函数方法研究步进电动机的特性。

1. 以状态变量表示的数学模型

状态变量要针对系统所研究的问题、中间变量的可观性和可控性灵活选取。在电路方面，由于在时域中描述电量的状态方程是一阶微分方程组，而电路的无功元件（即储能元件）数目正好决定了微分方程的阶数，相应地也就决定了状态方程的个数。步进电动机绕组为电感性元件，一般可选取相电流或磁链为状态变量。而对机械运动，由于物体惯量为二阶储能元件，也就决定了机械运动为二阶微分方程，相应地也确定了两个状态方程，一般选取角位移和角速度作为状态变量。对于步进电动机这样简单的系统，选定状态变量后，可直接写出状态方程。

（1）反应式步进电动机

① 多段反应式步进电动机。选取 m 个电流（i_a，i_b，…，i_m）、角位移 θ、角速度 $\omega = \mathrm{d}\theta/\mathrm{d}t$ 为状态变量，写出 m 相多段反应式步进电动机的状态方程：

$$
\left.
\begin{aligned}
\frac{\mathrm{d}i_a}{\mathrm{d}t} &= \frac{1}{l_{aa}}\left(U_a - R_a i_a - \frac{\partial L_{aa}}{\partial \theta} - \frac{\mathrm{d}\theta}{\mathrm{d}t}i_a\right)\\
\frac{\mathrm{d}i_b}{\mathrm{d}t} &= \frac{1}{l_{bb}}\left(U_b - R_b i_b - \frac{\partial L_{bb}}{\partial \theta} - \frac{\mathrm{d}\theta}{\mathrm{d}t}i_b\right)\\
&\vdots\\
\frac{\mathrm{d}i_m}{\mathrm{d}t} &= \frac{1}{l_{mm}}\left(U_m - R_m i_m - \frac{\partial L_{mm}}{\partial \theta} - \frac{\mathrm{d}\theta}{\mathrm{d}t}i_m\right)\\
\frac{\mathrm{d}\theta}{\mathrm{d}t} &= \omega\\
\frac{\mathrm{d}\omega}{\mathrm{d}t} &= \frac{1}{J}\left(T_e - D\omega - T_1\right)
\end{aligned}
\right\}
\tag{8-47}
$$

式中，T_e 为电动机输出力矩或产生力矩；J 为转子转动惯量；D 为黏性摩擦系数；T_1 为库仑摩擦力矩；θ 为转子位置；ω 为转子的角速度。

对于多段三相反应式步进电动机如忽略相间互感的单段三相反应式步进电动机，式（8-47）可以用矩阵形式表示：

$$
\begin{bmatrix} i_a \\ i_b \\ i_c \\ \theta \\ \omega \end{bmatrix}
=
\begin{bmatrix}
-\dfrac{R_a}{l_{aa}} & 0 & 0 & 0 & -\dfrac{1}{l_{aa}}\dfrac{\partial L_{aa}}{\partial \theta}i_a \\
0 & -\dfrac{R_b}{l_{bb}} & 0 & 0 & -\dfrac{1}{l_{bb}}\dfrac{\partial L_{bb}}{\partial \theta}i_b \\
0 & 0 & -\dfrac{R_c}{l_{cc}} & 0 & -\dfrac{1}{l_{cc}}\dfrac{\partial L_{cc}}{\partial \theta}i_c \\
0 & 0 & 0 & 0 & 1 \\
0 & 0 & 0 & 0 & \dfrac{1}{J}
\end{bmatrix}
\begin{bmatrix} i_a \\ i_b \\ i_c \\ \theta \\ 0 \end{bmatrix}
+
\begin{bmatrix}
\dfrac{1}{l_{aa}} & 0 & 0 & 0 & 0 \\
0 & \dfrac{1}{l_{bb}} & 0 & 0 & 0 \\
0 & 0 & \dfrac{1}{l_{cc}} & 0 & 0 \\
0 & 0 & 0 & 0 & 0 \\
0 & 0 & 0 & 0 & \dfrac{1}{J}
\end{bmatrix}
\begin{bmatrix} U_a \\ U_b \\ U_c \\ 0 \\ T_e - T_1 \end{bmatrix}
\tag{8-48}
$$

式（8-48）所表示的数学模型可用图 8-27 来表示。

$$
\dot{X}(t) = \left[i_a, i_a, i_a, \theta, \omega\right]^{\mathrm{T}}
$$

$$
\dot{U}(t) = \left[U_a, U_b, U_c, 0, T_e - T_1\right]^{\mathrm{T}}
$$

可以化为非线性状态方程的标准形式：

$$
\dot{X}(t) = f(X, U, t)
\tag{8-49}
$$

式中，$\dot{X}(t)$ 为状态相量；$\dot{U}(t)$ 为控制相量。

整个状态方程只要知道控制相量 $\dot{U}(t)$ 及初始状态相量 $\dot{X}(0)$，即可求出状态响应，获取步进电动机的动特性。

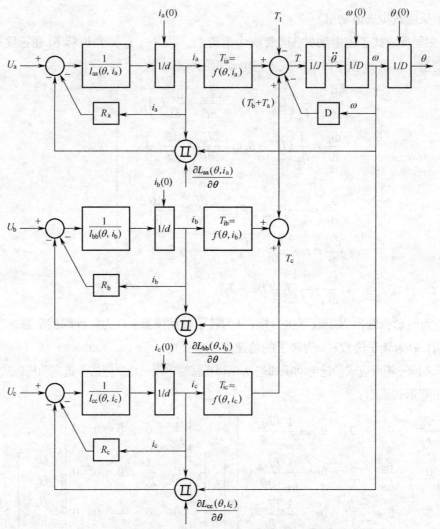

图8-27 多段三相反应式步进电动机数学模型框图

如果选取磁链为电路的状态变量，机械系统仍选取角位移 θ 及角速度 ω 为状态变量，写出以磁链为状态变量的三相反应式步进电动机的状态方程：

$$\left.\begin{aligned}
\frac{\mathrm{d}\varLambda_{\mathrm{a}}}{\mathrm{d}t} &= U_{\mathrm{a}} - R_{\mathrm{a}}i_{\mathrm{a}} \\
\frac{\mathrm{d}\varLambda_{\mathrm{b}}}{\mathrm{d}t} &= U_{\mathrm{b}} - R_{\mathrm{b}}i_{\mathrm{b}} \\
\frac{\mathrm{d}\varLambda_{\mathrm{c}}}{\mathrm{d}t} &= U_{\mathrm{c}} - R_{\mathrm{c}}i_{\mathrm{c}} \\
\frac{\mathrm{d}\theta}{\mathrm{d}t} &= \omega \\
\frac{\mathrm{d}\omega}{\mathrm{d}t} &= -\frac{1}{J}\Big[D\omega - (T_{\mathrm{e}} - T_{\mathrm{l}})\Big]
\end{aligned}\right\} \qquad (8\text{-}50)$$

比较式（8-47）和式（8-50）可以看出：采用磁链为状态变量的方程比采用相电流为状态变量的方程简捷，参数处理也容易。同时考虑到步进电动机磁路饱和，磁链的变化率不像电流变化率那样大，在相同步长下，以磁链作为状态变量的计算精度较高。在给定精度要求下，以磁链作为状态变量的积分步长可增大，计算时间将缩短。因此，在进行动态性能数字模拟中，不要求观察电流变化，用磁链作为状态变量更合适。

② 单段反应式步进电动机。根据单段反应式步进电动机的电压平衡方程式：

$$U = RI + L\frac{dI}{dt} + \omega\frac{\partial L}{\partial \theta}I \qquad (8\text{-}51)$$

电路采用相电流作为状态变量，对三相步进电动机，采用矩阵表达：

$$U = \begin{bmatrix} U_a \\ U_b \\ U_c \end{bmatrix}$$

$$I = \begin{bmatrix} i_a \\ i_b \\ i_c \end{bmatrix}$$

$$R = \begin{bmatrix} R_a & 0 & 0 \\ 0 & R_b & 0 \\ 0 & 0 & R_c \end{bmatrix}$$

$$l = \begin{bmatrix} l_{aa} & l_{ab} & l_{ac} \\ l_{ba} & l_{bb} & l_{bc} \\ l_{ca} & l_{cb} & l_{cc} \end{bmatrix}$$

$$L = \begin{bmatrix} L_{aa} & L_{ab} & L_{ac} \\ L_{ba} & L_{bb} & L_{bc} \\ L_{ca} & L_{cb} & L_{cc} \end{bmatrix}$$

则状态方程：

$$\left.\begin{aligned} \frac{dI}{dt} &= l^{-1}\left(U - RI - \omega\frac{\partial L}{\partial \theta}I\right) \\ \frac{d\theta}{dt} &= \omega \\ \frac{d\omega}{dt} &= \frac{-1}{J}[D\omega - (T_e - T_1)] \end{aligned}\right\} \qquad (8\text{-}52)$$

（2）永磁式步进电动机

这类电动机仅有两个与绕组参数有关的独立微分方程。若选取相电流 i_a 和 i_b 作为系统的状态变量，不难写出电路的状态方程，但是求解状态方程不太方便。当电压跃变时，由于每相绕组电流可能存在跃变，电流作为状态变量在每次相绕组转换时都要重新设置初始值，若用计算机模拟动态特性要增加很多工作量。如果在这种电动机的状态变量方程中选用磁链作为状态变量就可避开电流跃变问题，获得很简单的形式。

选用磁链 $\varLambda_a$ 及 $\varLambda_b$ 作为电路状态变量，机械系统仍选角位移 θ 及角速度 ω 作为状态变量，则有

$$\left.\begin{array}{l} \dfrac{\mathrm{d}\varLambda_a}{\mathrm{d}t} = \dfrac{1}{2}(U_a - U_c) - \dfrac{R}{2L_1}\varLambda_a \dfrac{RK_f}{2L_1}\cos(Z_r\theta) \\[3mm] \dfrac{\mathrm{d}\varLambda_b}{\mathrm{d}t} = \dfrac{1}{2}(U_b - U_d) - \dfrac{R}{2L_1}\varLambda_b \dfrac{RK_f}{2L_1}\cos\left(Z_r\theta - \dfrac{\pi}{2}\right) \end{array}\right\} \tag{8-53}$$

此为四相永磁感应式步进电动机电路的状态方程式。

2. 以传递函数表示的数学模型

传递函数可以作各种定义，由于步进电动机主要作为控制电动机应用，电动机要按控制指令运动到定位位置 θ_i，一般是从前一励磁状态的稳定平衡点向新的稳定平衡点转动。而电动机实际位置 θ_0 可能因为各种有关原因与激励量有一微小的差距，如果用拉氏变换来表示目标值 $\theta_i(S)$ 和控制量 $\theta_0(S)$，则传递函数可定义为

$$G(S) = \frac{\theta_0(S)}{\theta_i(S)} \tag{8-54}$$

据此定义，从简单情况出发，依次推导各类步进电动机的传递函数如下。

（1）反应式步进电动机

① 单相励磁情况。反应式步进电动机转矩为

$$T_a = -\frac{Z_r L}{2}i_a^2 \sin Z_r\theta = -K_T i_a^2 \sin Z_r\theta \tag{8-55}$$

假设电动机空载，即 $T_t = 0$，则有

$$J\frac{\mathrm{d}^2\theta}{\mathrm{d}t^2} - D\frac{\mathrm{d}\theta}{\mathrm{d}t} + K_T i_a^2 \sin Z_r\theta = 0 \tag{8-56}$$

在 $t = 0$ 瞬时，在 $\theta = 0$、$\mathrm{d}\theta/\mathrm{d}t = 0$ 位置上，如果有一微小振荡 $\delta\theta(t)$ 发生，由于单相励磁，绕组直接和电源相连，没有其他回路，认为发生该微小变化时电流未变，则运动方程可以写为

$$J\frac{\mathrm{d}^2\delta\theta(t)}{\mathrm{d}t^2} - D\frac{\mathrm{d}\delta\theta(t)}{\mathrm{d}t} + K_T i_a^2 \sin\left[Z_r\delta\theta(t)\right] = 0 \tag{8-57}$$

由于 $\delta\theta(t)$ 很小，作如下线性近似：

$$\sin\left[Z_r\delta\theta(t)\right] = Z_r\delta\theta(t) \tag{8-58}$$

因此式（8-57）可写为

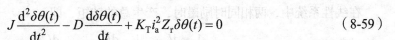

$$J\frac{d^2\delta\theta(t)}{dt^2} - D\frac{d\delta\theta(t)}{dt} + K_T i_a^2 Z_r \delta\theta(t) = 0 \tag{8-59}$$

式中，$\delta\theta(t)$ 为控制量和目标值之差，即

$$\delta\theta(t) = \theta_0(t) - \theta_i(t) \tag{8-60}$$

考虑初始条件 $\theta|_{t=0} = \theta_i = 0$，将式代入

$$J\frac{d^2\theta_0(t)}{dt^2} - D\frac{d\theta_0(t)}{dt} + K_T i_a^2 Z_r \theta_0(t) = K_T i_a^2 Z_r \theta_i(t) \tag{8-61}$$

作拉氏变换，并计入零初始条件，可写为

$$(S^2 J + SD + Z_r K_T i_a^2)\theta_0(S) = Z_r K_T i_a^2 \theta_i(S) \tag{8-62}$$

由此得出反应式步进电动机单相励磁时的传递函数为

$$G(S) = \frac{\theta_0(S)}{\theta_i(S)} = \frac{Z_r K_T i_a^2}{S^2 J + SD + Z_r K_T i_a^2} = \frac{\omega_n^2}{S^2 + \frac{D}{J}S + \omega_n^2} \tag{8-63}$$

式中，$\omega_n = \sqrt{\dfrac{Z_r K_T i_a^2}{J}} = \sqrt{\dfrac{Z_r T_k}{J}}$，即电动机自由振荡角频率；$T_k$ 为单相通电的最大静转矩。

② 两相同时励磁情况。如图 8-28 所示，两相同时励磁转子稳定平衡位置处于 $\theta = \beta/2$ 处。

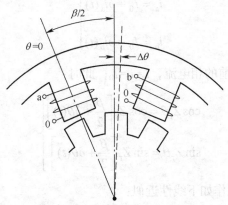

图8-28 反应式步进电动机两相励磁

两相同时励磁时，电感为

$$\left.\begin{array}{l} L_{aa} = L_0 + L_1 \cos Z_r \theta \\[2mm] L_{bb} = L_0 + L_1 \cos Z_r(\theta - \beta) \\[2mm] L_{ab} = L_0 + L_{11} \cos Z_r\left(\theta - \frac{\beta}{2}\right) \end{array}\right\} \tag{8-64}$$

在线性系统中，两相同时励磁时，产生总的转矩，即

$$T_e = \frac{1}{2} i_a^2 \frac{dL_{aa}}{d\theta} + \frac{1}{2} i_b^2 \frac{dL_{bb}}{d\theta} + i_a i_b \frac{dL_{ab}}{d\theta} \tag{8-65}$$

将式（8-64）代入式（8-65），其结果再代入 $T_e = J \dfrac{d^2\theta}{dt^2} + D \dfrac{d\theta}{dt} + T_1$，则

$$J \frac{d^2\theta}{dt^2} + D \frac{d\theta}{dt} + \frac{Z_r L_1}{2} i_a^2 \sin Z_r \theta + \frac{Z_r L_1}{2} i_b^2 \sin Z_r (\theta - \beta) + Z_r L_{11} i_a i_b \sin Z_r \left(\theta - \frac{\beta}{2}\right) = 0 \tag{8-66}$$

两相通电的电压平衡方程为

$$\left.\begin{aligned}
U_a - R_a i_a - \frac{d(L_{aa} i_a)}{dt} - \frac{d(L_{ab} i_b)}{dt} = 0 \\
U_b - R_b i_b - \frac{d(L_{bb} i_b)}{dt} - \frac{d(L_{ab} i_a)}{dt} = 0
\end{aligned}\right\} \tag{8-67}$$

假设在 $t = 0$ 时，$\theta = \beta/2$，$d\theta/dt = 0$。转子离开平衡位置存在一微小扰动 $\delta\theta(t)$。这时由于电磁感应使各相电流也产生微小变化 $\delta i_a(t)$ 及 $\delta i_b(t)$。和单相励磁不同，这电流可在两相间的回路流动，因此式（8-66）及式（8-67）应作相应变化，按如下方法使其线性化：

$$\left.\begin{aligned}
\theta &= \frac{\beta}{2} + \delta\theta(t) \\
i_a &= I_0 + \delta i_a(t) \\
i_b &= I_0 + \delta i_b(t)
\end{aligned}\right\} \tag{8-68}$$

式中，I_0 为扰动发生前的相电流，$i_a = i_b = I_0$；此时：

$$\left.\begin{aligned}
\cos Z_r \theta &= \cos Z_r \left[\frac{\beta}{2} + \delta\theta(t)\right] \\
\sin Z_r \theta &= \sin Z_r \left[\frac{\beta}{2} + \delta\theta(t)\right]
\end{aligned}\right\} \tag{8-69}$$

由于 $\delta\theta(t)$ 很小，可以作如下线性近似：

$$\left.\begin{aligned}
\cos Z_r \delta\theta(t) &= 1 \\
\sin Z_r \delta\theta(t) &= Z_r \delta\theta(t)
\end{aligned}\right\} \tag{8-70}$$

将式（8-70）代入式（8-69）并展开：

$$\left.\begin{aligned}
\sin Z_r \theta &= \sin Z_r \left[\frac{\beta}{2} + \delta\theta(t)\right] = \sin \frac{Z_r \beta}{2} + Z_r \delta\theta(t) \cos \frac{Z_r \beta}{2} \\
\cos Z_r \theta &= \cos Z_r \left[\frac{\beta}{2} + \delta\theta(t)\right] = \cos \frac{Z_r \beta}{2} + Z_r \delta\theta(t) \sin \frac{Z_r \beta}{2}
\end{aligned}\right\} \tag{8-71}$$

同理，有

$$\left.\begin{aligned}\sin Z_r(\theta - \beta) &= \sin Z_r\left[\frac{\beta}{2} + \delta\theta(t) - \beta\right] = -\sin\frac{Z_r\beta}{2} + Z_r\delta\theta(t)\cos\frac{Z_r\beta}{2}\\\cos Z_r(\theta - \beta) &= \cos Z_r\left[\frac{\beta}{2} + \delta\theta(t) - \beta\right] = \cos\frac{Z_r\beta}{2} + Z_r\delta\theta(t)\sin\frac{Z_r\beta}{2}\end{aligned}\right\} \quad (8\text{-}72)$$

$$\left.\begin{aligned}\sin Z_r\left(\theta - \frac{\beta}{2}\right) &= \sin Z_r\left[\frac{\beta}{2} + \delta\theta(t) - \frac{\beta}{2}\right] = Z_r\delta\theta(t)\\\cos Z_r\left(\theta - \frac{\beta}{2}\right) &= \cos Z_r\left[\frac{\beta}{2} + \delta\theta(t) - \frac{\beta}{2}\right] = 1\end{aligned}\right\} \quad (8\text{-}73)$$

将式（8-71）～式（8-73）代入式（8-66）得

$$J\frac{\mathrm{d}^2}{\mathrm{d}t^2}[\delta\theta(t)] + D\frac{\mathrm{d}}{\mathrm{d}t}[\delta\theta(t)] + \frac{Z_r L_1}{2}[I_0 + \delta i_a(t)]^2\left[\sin\frac{Z_r\beta}{2} + Z_r\delta\theta(t)\cos\frac{Z_r\beta}{2}\right] + \frac{Z_r L_1}{2}$$

$$[I_0 + \delta i_b(t)]^2\left[-\sin\frac{Z_r\beta}{2} + Z_r\delta\theta(t)\cos\frac{Z_r\beta}{2}\right] + Z_r L_{11}[I_0 + \delta i_a(t)][I_0 + \delta i_b(t)]Z_r\delta\theta(t) = 0 \quad (8\text{-}74)$$

忽略 $\delta i_a(t)$、$\delta i_a(t)$ 及 $[\delta i_a(t)]^2$ 等高阶无穷小，式（8-74）可写为

$$J\frac{\mathrm{d}^2}{\mathrm{d}t^2}[\delta\theta(t)] + D\frac{\mathrm{d}}{\mathrm{d}t}[\delta\theta(t)] + Z_r^2 I_0^2\left(L_{11} + L_1\cos\frac{Z_r\beta}{2}\right)\delta\theta(t) + Z_r I_0 L_1\sin\frac{Z_r\beta}{2}[\delta i_a(t) - \delta i_b(t)] = 0 \quad (8\text{-}75)$$

将式（8-71）～式（8-73）代入式（8-67），忽略 $\delta i_a(t)$、$\delta i_a(t)$ 及 $[\delta i_a(t)]^2$ 等高阶无穷小，电压平衡方程为

$$\left.\begin{aligned}R[\delta i_a(t)] + \left[L_0 + L_1\cos\frac{Z_r\beta}{2}\right]\frac{\mathrm{d}}{\mathrm{d}t}[\delta i_a(t)] + (L_{11} - L_{01})\frac{\mathrm{d}}{\mathrm{d}t}[\delta i_b(t)] - Z_r I_0 L_1\sin\frac{Z_r\beta}{2}\frac{\mathrm{d}}{\mathrm{d}t}[\delta\theta(t)] = 0\\R[\delta i_b(t)] + \left[L_0 + L_1\cos\frac{Z_r\beta}{2}\right]\frac{\mathrm{d}}{\mathrm{d}t}[\delta i_b(t)] + (L_{11} - L_{01})\frac{\mathrm{d}}{\mathrm{d}t}[\delta i_a(t)] - Z_r I_0 L_1\sin\frac{Z_r\beta}{2}\frac{\mathrm{d}}{\mathrm{d}t}[\delta\theta(t)] = 0\end{aligned}\right\} \quad (8\text{-}76)$$

式（8-75）及式（8-76）即是转子在稳定平衡位置发生微小扰动后线性化了的运动方程及电压平衡方程。以 $t = 0$、$\theta = \theta_i = \beta/2$、$\mathrm{d}\theta/\mathrm{d}t = 0$、$i_a = i_b = I_0$ 为初始条件，用拉氏变换来研究，即令

$$\delta\theta(t) \to \theta(S)$$
$$\delta i_a(t) \to i_a(S)$$
$$\delta i_b(t) \to i_b(S)$$

代入式（8-76），可以解出：

$$i_a(S) = -i_b(S) = \frac{Z_r I_0 L_1\sin\left(\dfrac{Z_r\beta}{2}\right)[S\theta_0(S) - \theta_i(S)]}{R + \left[L_0 + L_1\cos\left(\dfrac{Z_r\beta}{2}\right) + (L_{11} - L_{01})\right]S} = \frac{Z_r I_0 L_1\sin\left(\dfrac{Z_r\beta}{2}\right)[S\theta_0(S) - \theta_i(S)]}{R + L_v S} \quad (8\text{-}77)$$

式中：

$$L_v = L_0 + L_1 \cos\left(\frac{Z_r\beta}{2}\right) + L_{11} - L_{01} \tag{8-78}$$

同样，考虑 $\delta\theta(S) = \theta_0(S) - \theta_i(S)$ 及初始条件 $\theta = \theta_i = \beta/2$、$d\theta/dt = 0$，对式（8-75）作拉氏变换，并将式（8-77）代入，化简、整理可得

$$\theta_0(S) = \frac{\left[S^2 + \left(\frac{R}{L_v} + \frac{D}{J}\right)S + \frac{R}{L_v}\frac{D}{J} + k_v\omega_{nv}^2 \right]\theta_i(S)}{S^3 + \left(\frac{R}{L_v} + \frac{D}{J}\right)S^2 + \left[\frac{R}{L_v}\frac{D}{J} + \omega_{nv}^2(1+k_v)\right]S + \frac{R}{L_v}\omega_{nv}^2} \tag{8-79}$$

$$k_v = \frac{2L_1^2 \sin^2\frac{Z_r\beta}{2}}{L_v\left(L_{11} + L_1\cos\frac{Z_r\beta}{2}\right)} \tag{8-80}$$

$$\omega_{nv}^2 = \frac{Z_r I_0\left(L_{11} + L_1\cos\frac{Z_r\beta}{2}\right)}{J} \tag{8-81}$$

和单相励磁情况一样，求两相励磁时，由于在平衡位置有微小扰动，电动机传递函数可直接从式（8-79）写出。考虑 $S=0$ 时（即 $t \to \infty$，稳态时），小值振荡恢复在平衡位置 θ_i 上，故在 $S=0$ 时，传递函数 $G(S)$ 就为 1，这样决定两相励磁情况下的传递函数。

$$G(S) = \frac{\theta_0(S)}{\theta_i(S)} = \frac{\frac{R}{L_v}\omega_{nv}^2}{S^3 + \left(\frac{R}{L_v} + \frac{D}{J}\right)S^2 + \left[\frac{R}{L_v}\frac{D}{J} + \omega_{nv}^2(1+k_v)\right]S + \frac{R}{L_v}\omega_{nv}^2} \tag{8-82}$$

（2）永磁式步进电动机

① 单相励磁情况。永磁式步进电动机转矩表达式和反应式步进电动机有相同形式，运动方程也相同。

$$J\frac{d^2\theta}{dt^2} + D\frac{d\theta}{dt} + K_{Tp}i_a\sin Z_r\theta = 0 \tag{8-83}$$

用同样方法可以求出永磁式步进电动机单相励磁时的传递函数与式（8-63）相同，重写如下：

$$G(S) = \frac{\omega_n^2}{S^2 + \frac{D}{J}S + \omega_n^2} \tag{8-84}$$

式中

$$\omega_n = \sqrt{\frac{Z_r K_{Tp} i_a}{J}} = \sqrt{\frac{Z_r T_k}{J}} \qquad (8-85)$$

② 两相励磁情况。如图 8-29 所示，转子处于稳定平衡位置 $\beta/2$ 处，可直接写出通电相的电压方程。

$$\left. \begin{array}{l} U_a - R_a i_a - L_1 \dfrac{\mathrm{d}i_a}{\mathrm{d}t} - L_{12} \dfrac{\mathrm{d}i_b}{\mathrm{d}t} + \dfrac{\mathrm{d}}{\mathrm{d}t} K_f \cos Z_r \theta = 0 \\[3mm] U_b - R_b i_b - L_1 \dfrac{\mathrm{d}i_b}{\mathrm{d}t} - L_{12} \dfrac{\mathrm{d}i_a}{\mathrm{d}t} + \dfrac{\mathrm{d}}{\mathrm{d}t} K_f \cos Z_r (\theta - \beta) = 0 \end{array} \right\} \qquad (8-86)$$

式中，L_1 及 L_{12} 为 a 相、b 相的自电感及互电感；K_f 为永磁体和相绕组的耦合系数，它与相磁导、匝数及磁通强度有关。

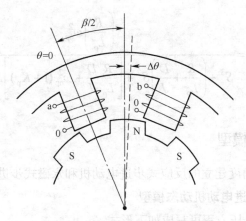

图8-29 永磁式步进电动机两相励磁

机械运动方程为

$$J \frac{\mathrm{d}^2 \theta}{\mathrm{d}t^2} + D \frac{\mathrm{d}\theta}{\mathrm{d}t} + K_{Tp} i_a \sin Z_r \theta + K_{Tp} i_b \sin Z_r (\theta - \beta) = 0 \qquad (8-87)$$

和推导反应式步进电动机两相励磁时的传递函数一样，对电压平衡方程式（8-86）及运动方程式（8-87）进行线性化处理，可以得出与反应式步进电动机类似的关系式：

$$i_a(S) = -i_b(S) = \frac{Z_r K_f \sin \dfrac{Z_r \beta}{2} [S\theta_0(S) - \theta_i(S)]}{R + L_p S} \qquad (8-88)$$

$$\theta_0(S) = \frac{\left[S^2 + \left(\dfrac{R}{L_p} + \dfrac{D}{J} \right) S + \dfrac{R}{L_p} \dfrac{D}{J} + K_p \omega_{np}^2 \right] \theta_i(S)}{S^3 + \left(\dfrac{R}{L_p} + \dfrac{D}{J} \right) S^2 + \left[\dfrac{R}{L_p} \dfrac{D}{J} + \omega_{np}^2 (1 + K_p) \right] S + \dfrac{R}{L_p} \omega_{np}^2} \qquad (8-89)$$

式中：

$$L_p = L_1 - L_{12} \tag{8-90}$$

$$K_p = \frac{K_f}{I_0 L_p} \frac{\sin\left(\dfrac{Z_r \beta}{2}\right)}{\cos\left(\dfrac{Z_r \beta}{2}\right)} \tag{8-91}$$

$$\omega_{np}^2 = \frac{Z_r K_{Tp} I_0 \cos \dfrac{Z_r \beta}{2}}{J} = \frac{Z_r T_k \cos \dfrac{Z_r \beta}{2}}{J} \tag{8-92}$$

以同样的初始条件及 $S \to 0$、$G(S)=1$ 代入，得出两相励磁时的传递函数为

$$G(S) = \frac{\theta_0(S)}{\theta_i(S)} = \frac{\left(\dfrac{R}{L_p}\right)\omega_{np}^2}{S^3 + \left(\dfrac{R}{L_p} + \dfrac{D}{J}\right)S^2 + \left[\dfrac{R}{L_p}\dfrac{D}{J} + \omega_{np}^2(1 + K_p)\right]S + \dfrac{R}{L_p}\omega_{np}^2} \tag{8-93}$$

8.5.2 动态特性模型

本节介绍从动态的角度建立的反应式步进电动机和永磁式步进电动机的数学模型。

1. 多定子反应式步进电动机动态模型

（1）N 相电动机的电压方程可写成如下形式

$$\left. \begin{aligned} U_a &= i_a r_a + \frac{\mathrm{d}\psi_a}{\mathrm{d}t} \\ U_b &= i_b r_b + \frac{\mathrm{d}\psi_b}{\mathrm{d}t} \\ &\vdots \\ U_N &= i_N r_N + \frac{\mathrm{d}\psi_N}{\mathrm{d}t} \end{aligned} \right\} \tag{8-94}$$

多定子电动机相间互相耦合可忽略不计。因此，磁链表示为

$$\left. \begin{aligned} \psi_a &= L_a i_a \\ \psi_b &= L_b i_b \\ &\vdots \\ \psi_N &= L_N i_N \end{aligned} \right\} \tag{8-95}$$

式中，L_a，L_b，$\cdots$，L_N 是相绕组的自感，为转子位置 θ 的函数。为了确定这些自感，单独讨论步进电动机的第 K 相。每相绕组的磁导随着转子的运动而波动，当定子齿、转子齿完全对准为最大，反之当定子齿、转子齿完全错开时为最小。这个波动的频率等于转子齿数。

若所有高次谐波与第一次谐波相比可忽略不计，则每一定子极的磁导可表示为

$$\lambda = \lambda_0 + \lambda_1 \cos N_r \theta \qquad (8\text{-}96)$$

式中，坐标原点 $\theta = 0$ 是选在定子齿、转子齿完全对准处。如果 λ_{max} 和 λ_{min} 分别是每一极最大和最小磁导，则

$$\left. \begin{aligned} \lambda_0 &= \frac{(\lambda_{max} + \lambda_{min})}{2} \\ \lambda_1 &= \frac{(\lambda_{max} - \lambda_{min})}{2} \end{aligned} \right\} \qquad (8\text{-}97)$$

所研究的磁链为

$$\psi_K \frac{N_K^2 i_K}{P_K} (\lambda_0 + \lambda_1 \cos N_r \theta) \qquad (8\text{-}98)$$

式中，N_K 为 K 相绕组匝数；P_K 为定子上 K 相的极数。

根据方程（8-95），K 相自感为

$$L_K = L_{K0} + L_{K1} \cos N_r \theta \qquad (8\text{-}99)$$

以及

$$\left. \begin{aligned} L_{K0} &= \frac{N_K^2 \lambda_0}{P_K} \\ L_{K1} &= \frac{N_K^2 \lambda_1}{P_K} \end{aligned} \right\} \qquad (8\text{-}100)$$

其他相的自感也与方程（8-99）相同，仅在形式上加一些适当的相位移，如果步进电动机所有相都有相同的结构，即相同的匝数和相同的极数，那么量 L_{K0} 和 L_{K1}（K=a，b，$\cdots$，N）将与单个相无关。为了简化符号，令：

$$L_{K0}=L_0; \quad K=a,\ b,\ \cdots,\ N \qquad (8\text{-}101)$$

$$L_{K1}=L_1; \quad K=a,\ b,\ \cdots,\ N \qquad (8\text{-}102)$$

若选 A 相为参考相，假定系列 a，b，$\cdots$，N 表示转子正向运动，独立相电感为

$$\left. \begin{aligned} L_a &= L_0 + L_1 \cos(N_r \theta) \\ L_b &= L_0 + L_1 \cos(N_r \theta - 2\pi / N) \\ L_c &= L_0 + L_1 \cos(N_r \theta - 4\pi / N) \\ &\vdots \\ L_K &= L_0 + L_1 \cos\left[N_r \theta - (K-1)2\pi / N\right] \\ &\vdots \\ L_N &= L_0 + L_1 \cos\left[N_r \theta - (N-1)2\pi / N\right] \end{aligned} \right\} \qquad (8\text{-}103)$$

实际上，尽管每一定子极磁的极磁导不完全是 θ 的余弦函数，而相电感也不完全是 θ 的余弦函数，但方程（8-103）的电感表达式在应用中一般还是得到了满意的结果。这是由于磁导变化的基波分量在起支配作用，高次谐波的作用是次要的。如果希望更精确些，在模型中还可包含一些高次谐波。

L_0 和 L_1 值可用方程（8-99）和（8-101）从电动机的设计数据中求得。如果从设计数据中得不到，那么 L_0 和 L_1 可通过对作为转子位置函数的相绕组电感的测量来得到。在线性情况下，电感测量必须用零谐直流基波去测得 L_0 和 L_1 非饱和值。如果 L_{max} 和 L_{min} 分别表示电动机转子运动超过一个齿的节距时的电感最大值和最小值，那么

$$L_0=(L_{max}+L_{min})/2 \tag{8-104}$$

$$L_1=(L_{max}-L_{min})/2 \tag{8-105}$$

在线性情况下，测量任何一相的电感都是足够的。

（2）磁链表达式

将磁链表达式（8-95）代入电压表达式（8-94），得到：

$$\left.\begin{array}{l} U_a = i_a r_a + L_a \dfrac{di_a}{d\theta} + i_a \dfrac{dL_a}{d\theta}\cdot\dfrac{d\theta}{dt} \\[2mm] U_b = i_b r_b + L_b \dfrac{di_b}{d\theta} + i_b \dfrac{dL_b}{d\theta}\cdot\dfrac{d\theta}{dt} \\[1mm] \vdots \\[1mm] U_K = i_K r_K + L_K \dfrac{di_K}{d\theta} + i_K \dfrac{dL_K}{d\theta}\cdot\dfrac{d\theta}{dt} \\[1mm] \vdots \\[1mm] U_N = i_N r_N + L_N \dfrac{di_N}{d\theta} + i_N \dfrac{dL_N}{d\theta}\cdot\dfrac{d\theta}{dt} \end{array}\right\} \tag{8-106}$$

如果把方程（8-103）中的电感微分，代入方程（8-106），则电压方程组变为

$$\left.\begin{array}{l} U_a = i_a r_a +[L_0 + L_1 \cos(N_r\theta)]\dfrac{di_a}{dt} - N_r L_1 \sin(N_r\theta)i_a \dfrac{d\theta}{dt} \\[2mm] U_b = i_b r_b +[L_0 + L_1 \cos(N_r\theta - 2\pi/N)]\dfrac{di_b}{dt} - N_r L_1 \sin(N_r\theta - 2\pi/N)i_b \dfrac{d\theta}{dt} \\[1mm] \vdots \\[1mm] U_K = i_K r_K +\{L_0 + L_1 \cos[N_r\theta - 2\pi(K-1)/N]\}\dfrac{di_K}{dt} - N_r L_1 \sin[N_r\theta - 2\pi(K-1)/N]i_K \dfrac{d\theta}{dt} \\[1mm] \vdots \\[1mm] U_N = i_N r_N +\{L_0 + L_1 \cos[N_r\theta - 2\pi(N-1)/N]\}\dfrac{di_N}{dt} - N_r L_1 \sin[N_r\theta - 2\pi(N-1)/N]i_N \dfrac{d\theta}{dt} \end{array}\right\} \tag{8-107}$$

方程组（8-106）转化为电流微分方程式为

$$\left.\begin{aligned}
\frac{\mathrm{d}i_a}{\mathrm{d}t} &= \frac{1}{L_0 + L_1\cos(N_r\theta)}\left[U_a - i_a r_a + N_r L_1\sin(N_r\theta)i_a\frac{\mathrm{d}\theta}{\mathrm{d}t}\right] \\
\frac{\mathrm{d}i_b}{\mathrm{d}t} &= \frac{1}{L_0 + L_1\cos(N_r\theta - 2\pi/N)}\left[U_b - i_b r_b + N_r L_1\sin(N_r\theta - 2\pi/N)i_b\frac{\mathrm{d}\theta}{\mathrm{d}t}\right] \\
\vdots \\
\frac{\mathrm{d}i_K}{\mathrm{d}t} &= \frac{1}{L_0 + L_1\cos[N_r\theta - 2\pi(K-1)/N]}\left\{U_K - i_K r_K + N_r L_1\sin[N_r\theta - 2\pi(K-1)/N]i_K\frac{\mathrm{d}\theta}{\mathrm{d}t}\right\} \\
\vdots \\
\frac{\mathrm{d}i_N}{\mathrm{d}t} &= \frac{1}{L_0 + L_1\cos[N_r\theta - 2\pi(N-1)/N]}\left\{U_N - i_N r_N + N_r L_1\sin[N_r\theta - 2\pi(N-1)/N]i_N\frac{\mathrm{d}\theta}{\mathrm{d}t}\right\}
\end{aligned}\right\} \tag{8-108}$$

（3）动力表达式

多定子反应式步进电动机的力矩表达式为

$$T = \frac{1}{2}i_a^2\frac{\mathrm{d}i_a}{\mathrm{d}\theta} + \frac{1}{2}i_b^2\frac{\mathrm{d}i_b}{\mathrm{d}\theta} + \cdots + \frac{1}{2}i_K^2\frac{\mathrm{d}i_K}{\mathrm{d}\theta} + \cdots + \frac{1}{2}i_N^2\frac{\mathrm{d}i_N}{\mathrm{d}\theta} \tag{8-109}$$

方程（8-109）中的电感用方程（8-103）代入，可得

$$T = \frac{N_r L_1}{2}\{i_a^2\sin(N_r\theta) + i_b^2\sin(N_r\theta - 2\pi/N) + \cdots + i_K^2\sin[N_r\theta - 2\pi(k-1)/N] \tag{8-110}$$
$$+ \cdots + i_N^2\sin[N_r\theta - 2\pi(N-1)/N]\}$$

方程（8-110）也可写为

$$T = T_a + T_b + \cdots + T_K + \cdots + T_N \tag{8-111}$$

式中，$T_K = -\dfrac{N_r L_1}{2}\sin\left[N_r\theta - \dfrac{2\pi(K-1)}{N}\right]i_K^2$ 为第 K 相产生的力矩，其中 $K=$a，b，$\cdots$，N。

多定子反应式步进电动机的转子动力方程式如下：

$$\frac{\mathrm{d}\theta}{\mathrm{d}t} = \omega \tag{8-112}$$

$$\frac{\mathrm{d}\omega}{\mathrm{d}t} = \frac{1}{J}(T - B\omega - T_F) \tag{8-113}$$

因此，多定子反应式具有线性磁路的步进电动机，其完整的数学模型是由下列 3 部分组成。

① 电流微分方程式（8-108）。

② 力矩表达式（8-110）。

③ 转子动力方程式（8-113）。

2. 永磁式步进电动机动态特性

永磁和带直流绕组磁场的两种磁化转子型的数学模型是通用的。这里以带永磁转子的步进电动机为例。

假定这种电动机的转子有 N_r 个齿，定子有 N_s 个齿，定子上每相有 q 个极，且有两个转子段。

这个磁钢可以用一个具有 N_F 匝，载有电流 i_F 的等价绕组来代替。而其所产生的磁动势用 $2F_F$ 来表示，则

$$2F_F = N_F i_F \qquad (8\text{-}114)$$

在这个数学模型的推导中，假定：

① 磁路是线性的。

② 这个电动机在 Ⅰ 段上第 K 个定子齿的磁导为

$$\lambda_K = \lambda_f + \lambda_v \cos N_r(\theta - \theta_{sK}) \qquad (8\text{-}115)$$

以及 Ⅱ 段上第 K 个定子齿的磁导为

$$\overline{\lambda}_K = \lambda_f + \lambda_v \cos N_r(\theta - \theta_{sK}) \qquad (8\text{-}116)$$

式中，λ_K，$\overline{\lambda}_K$ 分别表示第 Ⅰ 段和第 Ⅱ 段定子第 K 齿的磁导；λ_f 为这些磁导的平均值；λ_v 为由于转子位置而引起磁导变化的峰值；N_r 为转子齿数；θ_{sK} 为第 K 齿到固定平衡位置原点的距离；θ 为转子齿到固定平衡位置原点的距离。

一般，往往令每极有奇数齿，同时令 A 相的 N 极中心齿的轴线为定子坐标轴。

若令这个齿为 0 号齿，那么其他齿按逆时针旋转顺序编号，为 1，2，3，…，N_{s-1}，那么 θ_{sK} 为

$$\theta_{sK} = \frac{2\pi K}{N_s} \qquad (8\text{-}117)$$

若每极为偶数齿，坐标轴则选在 A 相的 N 极中心线，θ_{sK} 为移开定子齿距的一半，但最终结果不变。而转子坐标轴 $\theta=0$ 即是当 A 相励磁时的转子平衡位置。

③ 相绕组沿定子圆周按正弦分布，属于相绕组的第 K 个定子齿的匝链数为

$$N_{Ka} = N_P \cos\left(\frac{P}{2}\theta_{sK}\right)$$
$$N_{Kb} = N_P \cos\left(\frac{P}{2}\theta_{sK} - \frac{\pi}{2}\right) \qquad (8\text{-}118)$$

式中，N_{Ka}，N_{Kb} 分别属于 A 相和 B 相绕组的第 K 个定子齿的匝链数；N_P 为每相每极有效峰值匝数。

为了推导这个模型，首先写出相绕组电压方程式：

$$U_a = i_a r_a + \frac{\mathrm{d}\psi_a}{\mathrm{d}t}$$
$$U_b = i_b r_b + \frac{\mathrm{d}\psi_b}{\mathrm{d}t} \qquad (8\text{-}119)$$

两相永磁的磁链可以写为

$$\psi_a = L_{aa}i_a + L_{ab}i_b + L_{aF}i_F$$
$$\psi_b = L_{ab}i_a + L_{bb}i_b + L_{bF}i_F \qquad (8\text{-}120)$$
$$\psi_F = L_{Fa}i_a + L_{Fb}i_b + L_{FF}i_F$$

接着必须计算电感，找出作为电动机参数和绕组电流函数的绕组磁链。

第Ⅰ段上第 K 个定子齿的全磁动势为

$$F_K = F_F + N_P i_a \cos\left(\frac{P}{2}\theta_{sK}\right) + N_P i_b \cos\left(\frac{P}{2}\theta_{sK} - \frac{\pi}{2}\right) \qquad (8\text{-}121)$$

在第Ⅱ段上第 K 个定子齿的全磁动势为

$$\overline{F}_K = -F_F + N_P i_a \cos\left(\frac{P}{2}\theta_{sK}\right) + N_P i_b \cos\left(\frac{P}{2}\theta_{sK} - \frac{\pi}{2}\right) \qquad (8\text{-}122)$$

从第Ⅱ段进入定子第 K 齿的净磁通为

$$\Phi_K = F_K \lambda_K + \overline{F}_K \overline{\lambda}_K \qquad (8\text{-}123)$$

根据方程（8-115）、（8-116）和（8-121）、（8-122），上式可化为

$$\Phi_K = \left[F_F + N_P i_a \cos\left(\frac{P}{2}\theta_{sK}\right) + N_P i_b \cos\left(\frac{P}{2}\theta_{sK} - \frac{\pi}{2}\right)\right]\left[\lambda_f + \lambda_v \cos N_r(\theta - \theta_{sK})\right]$$
$$+ \left[-F_F + N_P i_a \cos\left(\frac{P}{2}\theta_{sK}\right) + N_P i_b \cos\left(\frac{P}{2}\theta_{sK} - \frac{\pi}{2}\right)\right]\left[\lambda_f + \lambda_v \cos N_r(\theta - \theta_{sK})\right] \qquad (8\text{-}124)$$

或

$$\Phi_K = 2\lambda_f N_P i_a \cos\left(\frac{P}{2}\theta_{sK}\right) + 2\lambda_f N_P i_b \cos\left(\frac{P}{2}\theta_{sK} - \frac{\pi}{2}\right) + 2\lambda_v F_F \cos N_r(\theta - \theta_{sK}) \qquad (8\text{-}125)$$

绕组 A 相的全磁链为

$$\psi_a = \sum_{K=0}^{N_s-1} N_{Ka}\Phi_K = \sum_{K=0}^{N_s-1} N_P \cos\left(\frac{P}{2}\theta_{sK}\right)\Phi_K$$
$$= \sum_{K=0}^{N_s-1} 2N_P \cos\left(\frac{P}{2}\theta_{sK}\right)\left[\lambda_f N_P i_a \cos\left(\frac{P}{2}\theta_{sK}\right) + \lambda_f N_P i_b \cos\left(\frac{P}{2}\theta_{sK} - \frac{\pi}{2}\right) + \lambda_v F_F \cos N_r(\theta - \theta_{sK})\right] \qquad (8\text{-}126)$$

将方程（8-116）右边展开并按方程（8-117）得

$$\psi_a = \sum_{K=0}^{N_s-1} 2N_P^2 \lambda_f i_a \cos^2 \frac{P}{2}\left(\frac{2\pi K}{N_s}\right) + \sum_{K=0}^{N_s-1} 2N_P^2 \lambda_f i_b \cos \frac{P}{2}\left(\frac{2\pi K}{N_s}\right)\cos\left(\frac{P}{2}\frac{2\pi K}{N_s} - \frac{\pi}{2}\right)$$
$$+ \sum_{K=0}^{N_s-1} 2F_F N_P \lambda_v \cos \frac{P}{2}\left(\frac{2\pi K}{N_s}\right)\cos N_r\left(\theta - \frac{2\pi K}{N_s}\right) \qquad (8\text{-}127)$$

如果 N_s 不等于 N_P，则

$$\sum_{K=0}^{N_s-1} \cos^2\left(\frac{\pi KP}{N_s}\right) = \sum_{K=0}^{N_s-1} \frac{1}{2}\left(1 + \cos\frac{2\pi KP}{N_s}\right) = \frac{N_s}{2} \qquad (8\text{-}128)$$

$$\sum_{K=0}^{N_s-1} \cos\left(\frac{\pi KP}{N_s}\right)\cos\left(\frac{\pi KP}{N_s}-\frac{\pi}{2}\right) = -\sum_{K=0}^{N_s-1}\cos\left(\frac{\pi KP}{N_s}\right)\sin\left(\frac{\pi KP}{N_s}\right) = -\frac{1}{2}\sum_{K=0}^{N_s-1}\sin\left(\frac{2\pi KP}{N_s}\right) = 0 \quad (8\text{-}129)$$

以及

$$\sum_{K=0}^{N_s-1}\cos\left(\frac{\pi KP}{N_s}\right)\cos N_r\left(\theta-\frac{2\pi K}{N_s}\right) = \frac{N_s}{2}\cos N_r\theta \quad (8\text{-}130)$$

所以方程（8-127）变为

$$\psi_a = N_P^2\lambda_f N_s i_a + N_P F_F \lambda_v N_s \cos(N_r\theta)i_F \quad (8\text{-}131)$$

同样，B 相的全磁链为

$$\psi_a = \sum_{K=0}^{N_s-1} N_{KP}\Phi_K = \sum_{K=0}^{N_s-1} N_P\cos\left(\frac{P}{2}\theta_{sK}\right)\Phi_K$$

$$= \sum_{K=0}^{N_s-1} 2N_P\sin\left(\frac{P}{2}\theta_{sK}\right)\left[\lambda_f N_P i_a\cos\left(\frac{P}{2}\theta_{sK}\right) + \lambda_f N_P i_b\cos\left(\frac{P}{2}\theta_{sK}-\frac{\pi}{2}\right) + \lambda_v F_F\cos N_r(\theta-\theta_{sK})\right] \quad (8\text{-}132)$$

简化得

$$\psi_b = N_P^2\lambda_f N_s i_b + N_P F_F\lambda_v N_s\sin(N_r\theta)i_F \quad (8\text{-}133)$$

而代表永磁的，即电流为 i_F 线圈的磁链为

$$\psi_{FF} = N_f\sum_{K=0}^{N_s-1} F_F\lambda_K = N_f F_F\sum_{K=0}^{N_s-1}[\lambda_f+\lambda_v\cos N_r(\theta-\theta_{sK})] \quad (8\text{-}134)$$

简化得

$$\psi_{FF} = N_F F_F\lambda_f N_s = N_F^2\lambda_f N_s i_F \quad (8\text{-}135)$$

根据式（8-131）、式（8-132）和式（8-135），电动机电感可写为

$$\begin{aligned}
L_{aa} &= N_P^2\lambda_f N_s \\
L_{bb} &= N_P^2\lambda_f N_s \\
L_{FF} &= N_F^2\lambda_f N_s \\
L_{ab} &= L_{ba} = 0 \\
L_{aF} &= L_{Fa} = N_P\lambda_v N_s\cos(N_r\theta) \\
L_{bF} &= L_{Fb} = N_P\lambda_v N_s\sin(N_r\theta)
\end{aligned} \quad (8\text{-}136)$$

根据电感方程，即式（8-136）和磁链表达式（8-134），相绕组的电压方程式（8-119）变为

$$\begin{aligned}
U_a &= i_a r_a + N_P^2\lambda_f N_s\frac{\mathrm{d}i_a}{\mathrm{d}t} - N_P F_F\lambda_v N_s N_r\sin(N_r\theta)\frac{\mathrm{d}\theta}{\mathrm{d}t} \\
U_b &= i_b r_b + N_P^2\lambda_f N_s\frac{\mathrm{d}i_b}{\mathrm{d}t} + N_P F_F\lambda_v N_s N_r\cos(N_r\theta)\frac{\mathrm{d}\theta}{\mathrm{d}t}
\end{aligned} \quad (8\text{-}137)$$

从式（8-137）出发，电流微分方程式写为

$$\frac{\mathrm{d}i_a}{\mathrm{d}t} = \frac{1}{N_P^2 \lambda_f N_s}\left[U_a - i_a r_a + N_P F_F \lambda_v N_s N_r \sin(N_r \theta)\frac{\mathrm{d}\theta}{\mathrm{d}t}\right]$$

$$\frac{\mathrm{d}i_b}{\mathrm{d}t} = \frac{1}{N_P^2 \lambda_f N_s}\left[U_b - i_b r_b - N_P F_F \lambda_v N_s N_r \cos(N_r \theta)\frac{\mathrm{d}\theta}{\mathrm{d}t}\right]$$

（8-138）

磁路混合式步进电动机所产生的力矩由下列方程表示：

$$T = \frac{1}{2}i_a^2 \frac{\mathrm{d}L_{aa}}{\mathrm{d}\theta} + \frac{1}{2}i_b^2 \frac{\mathrm{d}L_{bb}}{\mathrm{d}\theta} + \frac{1}{2}i_F^2 \frac{\mathrm{d}L_{FF}}{\mathrm{d}\theta} + i_a i_b \frac{\mathrm{d}L_{ab}}{\mathrm{d}\theta} + i_a i_F \frac{\mathrm{d}L_{aF}}{\mathrm{d}\theta} + i_F i_b \frac{\mathrm{d}L_{bF}}{\mathrm{d}\theta}$$

（8-139）

将式（8-136）的电感代入上式，得

$$\begin{aligned}T &= -i_a i_F N_P F_F \lambda_v N_s N_r \sin(N_r \theta) + i_b i_F N_P F_F \lambda_v N_s N_r \cos(N_r \theta)\\ &= i_F N_P F_F \lambda_v N_s N_r [-i_a \sin(N_r \theta) + i_b \cos(N_r \theta)]\end{aligned}$$

（8-140）

因此，磁路混合式步进电动机的完整模型由下列几项组成。

① 电流微分方程式，即式（8-138）。

② 力矩表达式，即式（8-139）。

③ 转子动力方程式为

$$\dot{\theta} = \omega$$

$$\dot{\omega} = \frac{T}{J} - \frac{B}{J}\omega - \frac{T_F}{J}$$

三相磁路混合式电动机的电压方程可表示为

$$U_a = i_a r_a + N_P^2 \lambda_f N_s \frac{\mathrm{d}i_a}{\mathrm{d}t} - \frac{1}{2}N_P^2 \lambda_f N_s \frac{\mathrm{d}i_b}{\mathrm{d}t} - \frac{1}{2}N_P^2 \lambda_f N_s \frac{\mathrm{d}i_c}{\mathrm{d}t} - N_P F_F \lambda_v N_s N_r \sin(N_r \theta)\frac{\mathrm{d}\theta}{\mathrm{d}t}$$

$$U_b = i_b r_b + N_P^2 \lambda_f N_s \frac{\mathrm{d}i_b}{\mathrm{d}t} - \frac{1}{2}N_P^2 \lambda_f N_s \frac{\mathrm{d}i_a}{\mathrm{d}t} - \frac{1}{2}N_P^2 \lambda_f N_s \frac{\mathrm{d}i_c}{\mathrm{d}t} - N_P F_F \lambda_v N_s N_r \sin\left(N_r \theta - \frac{2\pi}{3}\right)\frac{\mathrm{d}\theta}{\mathrm{d}t}$$

（8-141）

$$U_c = i_c r_c + N_P^2 \lambda_f N_s \frac{\mathrm{d}i_c}{\mathrm{d}t} - \frac{1}{2}N_P^2 \lambda_f N_s \frac{\mathrm{d}i_b}{\mathrm{d}t} - \frac{1}{2}N_P^2 \lambda_f N_s \frac{\mathrm{d}i_a}{\mathrm{d}t} - N_P F_F \lambda_v N_s N_r \sin\left(N_r \theta + \frac{2\pi}{3}\right)\frac{\mathrm{d}\theta}{\mathrm{d}t}$$

而瞬时总力矩为

$$T = -N_P F_F \lambda_v N_s N_r \left[i_a \sin(N_r \theta) + i_b \sin\left(N_r \theta - \frac{2\pi}{3}\right) + i_c \sin\left(N_r \theta + \frac{2\pi}{3}\right)\right]$$

（8-142）

8.5.3 加减速模型

根据步进电动机的特点，其主要是用在开环控制系统中，电动机的运行速度完全取决于输入脉冲频率。其输入脉冲链是预先给定的，在步进电动机加速和减速时脉冲频率的变化有一个最佳选择。它要求步进电动机加速时，从一个脉冲频率上升到另一个较高频率时，在步进电动机不失步的情况下用时最短；同样，在步进电动机减速时，从一个脉冲频率下降到另一个较低频率时，在步进电动机不滑步（越步）的情况下用时最短。

通常，在步进电动机加速和减速对时间要求不严格的情况下，可以采用匀加速和匀减速的方法，即时频特性曲线为直线。如果步进电动机的加减速对时间有要求，尤其加减速定位时间接近其极限时，研究步进电动机的加减速特性，以达到最佳加减速的方法是有必要的。

1. 步进电动机的加速模型

前面已推导了运动的动力方程式，现重写如下。

令 T 为电动机输出力矩或产生力矩、J 为转子转动惯量、B 为黏性摩擦系数、T_F 为库仑摩擦力矩、θ 为转子位置、ω 为转子角速度，那么运动可用下列微分方程式表示。

$$T = J\frac{\mathrm{d}^2\theta}{\mathrm{d}t^2} + B\frac{\mathrm{d}\theta}{\mathrm{d}t} + T_F \tag{8-143}$$

$$\frac{\mathrm{d}\theta}{\mathrm{d}t} = \omega$$
$$\frac{\mathrm{d}\omega}{\mathrm{d}t} = \frac{1}{J}(T - B\omega - T_F) \tag{8-144}$$

解微分方程得

$$\omega = \frac{T - T_F}{B} + Ae^{\frac{Bt}{J}}$$

令

$$\frac{T - T_F}{B} = \omega_{\max}$$
$$\frac{J}{B} = \tau$$

则

$$\omega = \omega_{\max} + Ae^{-\frac{t}{\tau}}$$

把初始条件 $\omega|_{t=0} = \omega_0$ 代入上式，得

$$\omega_0 = \omega_{\max} + A$$
$$A = \omega_0 - \omega_{\max}$$

所以

$$\omega = \omega_{\max} + (\omega_0 - \omega_{\max})e^{-\frac{t}{\tau}} \tag{8-145}$$
$$= \omega_0 + (\omega_{\max} - \omega_0)(1 - e^{-\frac{t}{\tau}})$$

即

$$f = f_0 + (f_{\max} - f_0)(1 - e^{-\frac{t}{\tau}}) \tag{8-146}$$

式中，f_{max} 是步进电动机的最高运行频率；f_0 是步进电动机的当前运行频率，$f_{max} > f_0$，步进电动机处于加速运行状态，如图 8-30 所示。

步进电动机如果从启动开始加速，则 $f_0 = 0$，有

$$f = f_{max}\left(1 - e^{-\frac{t}{\tau}}\right) \tag{8-147}$$

步进电动机如果从运行速度加速到 f_n（$f_n < f_{max}$），可以用加速 f_{max} 的加速曲线，到了 f_n 时以该频率运行可以得到步进电动机的最大加速度。

如果步进电动机要加速到额定的最高运行频率，一般可以根据实际情况采用适当倍率的 τ，使步进电动机在要求的时间内达到加速的目的。

2. 步进电动机的减速模型

根据式（8-144）

$$\omega_d = \omega_{max}$$
$$\omega_d < \omega_0$$

则有

$$\omega = \omega_d + (\omega_0 - \omega_d)e^{-\frac{t}{\tau}}$$
$$f = f_d + (f_0 - f_d)e^{-\frac{t}{\tau}} \tag{8-148}$$

从 f_0 减速到 f_d 的曲线如图 8-31 所示。

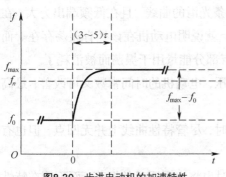

图8-30 步进电动机的加速特性

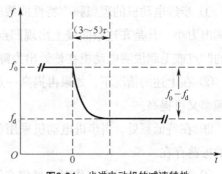

图8-31 步进电动机的减速特性

如果 $f_d = 0$，即步进电动机停止运行状态，则式（8-148）为

$$f = f_0 e^{-\frac{t}{\tau}} \tag{8-149}$$

根据实际情况选择适当的 τ 的倍率时间内让步进电动机停止，为了防止步进电动机在小倍率 τ 时的滑步过冲，在停止后应该适当延时维持运行电压，然后转向锁定电压。

8.6 振动与噪声及阻尼处理

由于步进电动机属于同步电动机，其转子运转速度要与定子磁场断续移动同步，磁场

移动速度是无惯性的，而转子受力后运转时是有惯性的，两者之间的速度很难一致，必然引起振动并带来噪声。

步进电动机是一种带着负载自启动的同步电动机。它所出现的失步有两种：一种是转子的加速度跟不上定子旋转磁场速度而引起的，另一种是转子的平均速度大于定子磁场的平均旋转速度而造成的。

这两种失步现象是有区别的。前者是输入电能不足，所产生的同步力矩不能使转子加速度跟上定子磁场断续转动的速度，满足不了同步的要求而失步的。如果减轻负载或增大线路电流，则又可以正常运行了，并且输入比这个频率高的所有频率都将失步。这种失步反映电动机本身所具有的拖动能力，因此是正常的。后者正相反，是转子获得的能量过大，首先造成的是振荡，振荡严重了就产生失步。

这里主要讨论振荡和由此产生的噪声和失步现象及其抑制的方法。

8.6.1 振荡和失步

步进电动机与闭环伺服系统都可能存在振荡现象，在闭环系统中有点振荡是正常的，但要稳定，否则在开环中就会带来问题。所以下面专门讨论开环振荡，而失步又是开环振荡现象中最严重的情形。

1. 振荡

步进电动机的振荡现象表现在下述的几个方面。

① 步进电动机的理想频率特性曲线应该是一条光滑的曲线，且在低频端出力大，在高频端出力小。凡是在这条曲线上出现凹点或毛刺，就说明电动机在该处有振荡存在。而曲线的凹点或毛刺说明电动机在该处出力降低，即有部分能量用于振荡而被消耗了。

② 在上述的情况下，如果再提高一点输入电压，电动机的时间常数又可改善，最高工作频率又可提高。

③ 在特低频处，当步进电动机采用单步运行时，尽管特性曲线上并无凹点，但也有明显的振荡存在。

④ 当步进电动机在工作时突然停车锁定，此时也将出现明显的振荡，而不管在特性曲线上的哪一点。

⑤ 对高频步进电动机而言，当按连续频率工作时，在大于最高启动频率的频段上有一个振荡点。此时看不出明显的失步和振荡，但用手摸电动机的轴端，有振动的感觉。

上述的振荡现象在一般的步进电动机上均有反映，只不过是其振荡有大小之分。如果振荡并不严重，加上硬性负载时就可消失。

2. 由共振而引起失步的条件

① 在主振点，即外加频率激励频率与转子特征频率、倍频特征频率或分数特征频率相等时，就会产生共振。

② 要有充裕的时间，转子在这个时间内至少能在稳定平衡点左右摆振一次。

③ 输入的能量足够大，使转子回摆失调角有可能加速到超过左边动态稳定区。

如果步进电动机做单步运行，那么每一步都是转子绕稳定平衡点做衰减振动。也就是说，转子首先在磁场力矩的作用下做加速运行，当达到新的稳定平衡点时其速度大于零，因此就向前冲过了平衡点；然后，转子一方面向前冲，另一方面离平衡点越远，所受的反向磁拉力矩也越大，形成一个减速运动；最后，当转子速度等于零时，转子就开始向后振摆。由于有摩擦存在，这种振动只可能是衰减振动。只是衰减的速度随电动机而异，有的衰减快，有的衰减慢。同时，在不同的频段衰减的快慢也不同，在特征频率处衰减最小。

当电动机在其主振区工作时，转子每步的振动就可能不是衰减振动。如果转子冲过平衡点往回摆动，其摆幅（失调角）超过稳定点左边动态稳定区时就会引起失步，而且对步进电动机来说，振荡所引起的最严重的后果是失步，而不是过冲。

当步进电动机在较高频段工作时，每一步之间的时间间隔非常短，绕组中由于时间常数的影响电流还未达到稳定值。因此电动机吸收的能量较小，同时转子也没有时间来回振摆，这时不可能发生由于振荡而造成的失步。

上述由振荡而引起的步进电动机失步的 3 个条件是缺一不可的。但是，对于步进电动机来失步是不允许的，振荡也应当受到抑制。

8.6.2　振荡和噪声

振荡和噪声是紧密联系在一起的。凡是电动机有振荡的必定会有噪声，只是表现形式不同而已。步进电动机因为有振荡现象，也常常有较大的噪声。

步进电动机的噪声由以下 3 部分组成。

① 高频共振噪声，也包括轴承噪声。

② 工作频率噪声，步进电动机每输入一个脉冲，一部分定子和转子产生磁力作用。这种相互作用随着磁场的旋转而不断变换，但在同一个定子极上作用的频率就是输入脉冲频率的 $1/2m$（m 为相数）。这就使定子变形发生相应的振动，从而产生了工作频率噪声（工作噪声）。工作噪声是直接通过定子外壁传递给空气的。电动机的功率越大，定子结构刚性越差，则工作噪声的声压级就越大。

③ 电动机低频噪声，这是由于步进电动机在低频主振区工作时转子的振荡而引起的。

尽管频谱曲线上电动机的低频振荡点的声压级并不高，但却是一个潜在的危险。这是由于转子高速振摆具有较大的能量，当电动机安装到数控机床上时，若在低频共振点附近工作，则传动链中齿轮的冲击声将非常严重，而且也是十分有害的。因为电动机转轴上的振荡经过齿轮传递在齿轮间隙间形成冲击噪声，而在做噪声试验时，所使用的方法就忽视了这个噪声的传递和测量。

总之，步进电动机在整个工作频率区内，在许多频段上电动机定子或转子（或两者）

都要发生共振和噪声的。这些都是应该予以抑制和消除的。

8.6.3 低频振荡的抑制

步进电动机运行中的振荡是其固有的特性，不同步进电动机都或大或小地存在着振荡现象，这在精密伺服系统，甚至一般的步进拖动系统中是不允许的。因此为了改善电动机的运行品质，必然要对电动机振荡进行抑制，这就产生了各种不同的阻尼方法。

常用的阻尼方法有如下 3 类。

① 合理选择电动机参数。这种方法不仅可使电动机的低频振荡减至最小，而且也能抑制电动机的工作频率共振和高频共振。不过这是电动机设计中所研究和解决的问题。

② 惯性阻尼。这是一种机械的阻尼方法，它包括惯性阻尼、黏性阻尼和涡流阻尼。这种方法是将转子上多余的能量吸收或消耗掉，以加速转子振摆的衰减。这种方法比较简单，也容易调节。

③ 电子阻尼。这种阻尼方法是从驱动电源上利用电子的方法来进行阻尼，或直接改善电动机的运行品质，如多相励磁法、变频变压法及细分线路法等。

1. 惯性阻尼

这种阻尼的基本原理是，使转子高速振摆的能量消耗在干摩擦或黏摩擦上，或消耗在转子本身所产生的涡流损耗上。

① 涡流阻尼。涡流阻尼是指利用笼形转子的结构，在步进电动机转子上加笼形条，利用其切割直流磁场所产生的反电动势来阻止振摆。

② 黏性阻尼。黏性阻尼是指在电动机另一输出轴端固定一个可加黏性液的圆盘，黏性摩擦力作用在来回振摆的圆盘上，用以吸收转子多余的动能，达到消除振荡阻尼的目的。

③ 摩擦盘阻尼。摩擦盘阻尼是指利用摩擦盘的惯性力来抵消转子振摆的能量。当然如果负载是纯摩擦性的，也将明显地起到阻尼消振和改善电动机运行品质的作用。

如图 8-32 所示，摩擦盘阻尼消振的结构是将步进电动机的轴伸端延长，在延长的轴上装轴承、惯性盘、弹簧片。这种阻尼器主要分成两个部分：弹性件和惯性件，用螺母固定在一起，整个结构都用防护罩盖住。摩擦盘阻尼通过调节弹簧片的压力来调整摩擦力的大小。

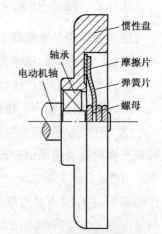

图8-32　摩擦盘阻尼消振的结构

2. 惯性阻尼的特点

① 惯性阻尼器能有效地吸收步进电动机的低频振荡，使电动机恢复有效的输出。

② 当在转轴的另一端加上阻尼器之后，转子的转动惯量也相应增加，而且使最高空载启动频率也有较大的提高。

③ 利用涡流原理阻尼的电动机，如加笼形条或采用整体材料制成的转子，由于增加了涡流损耗，电动机往往发热严重，也不可能提高额外的启动频率。

④ 惯性阻尼方法只对低频振荡有效。对于电动机的高频共振和由于定子周期受力变形产生的振荡则无抑制作用。

一般惯性阻尼器的惯性盘直径应大些，这样对转子启动、停稳和消振均有利。因此惯性盘的直径要比定子外径小些，其转动惯量为转子的 10%～20%。弹簧片下面的摩擦片应选用摩擦系数较大的材料，并使摩擦半径尽可能大些。摩擦力矩一般取在电动机不振荡时输出力矩的 10%～15%。如果振荡、失步区较大，则摩擦力矩还应加大。

3. 电子阻尼

步进电动机与其驱动电源是不可分割的，驱动电源的结构往往对步进电动机有很大的影响，因此从电源着手来提高电动机的性能和抑制电动机的低频振荡是很重要的。随着电子技术的飞速发展，不仅出现了各种不同的优良控制线路，而且自适应控制也较容易实现；变频变压线路和细分线路已经在生产中有较多的应用，而多相励磁法也已广泛应用于各种反应式步进电动机中。

① 多相励磁阻尼。单定子反应式步进电动机用多相同时励磁，要比用一相励磁时性能好得多，是一般产品所常用的。至于采用了多相励磁阻尼后的电动机仍然存在低频振荡时，则要用其他的阻尼方法来抑制。

② 变频变压阻尼。电动机出现低频振荡是由于它处在低频谐振区，而且输入了足够大的能量。如果电压能随频率而变化（即低频时用低电压，高频时用高电压），电压变化可以按频率高低呈线性变化，也可以分段化。

这种变频变压驱动电源主要是用于多相励磁仍有振荡的电动机，既保证了高频时输入足够的电流，具有较好的高频性能；又能使低频时不致因能量过剩而引起振荡。

③ 细分线路阻尼。这种线路是一种更进一步的多相励磁。它不仅能使单定子反应式步进电动机的步距角更小，而且使电动机运行更平稳，性能更优异。

细分线路是利用有细分功能的环形分配器，将绕组中的额定电流分成若干等份，每次仅输入切换额定电流值的一部分。其实质上是将步进电动机的定子旋转磁场进行细分。

以上 3 种阻尼除了对步进电动机的低频振荡进行阻尼外，还可改变低频时的脉冲宽度及电压脉冲形状等，只要能降低低频谐振区的输入能量，而又不影响高频性能即可。

要实现电动机平稳停车也是迫切的，所以还有几种线路介绍如下。

① 反相阻尼。这种阻尼法适合于步进电动机单步工作状态，可以一相励磁，也可以二相励磁。

假定步进电动机从 C 相到 A 相做单步运行，则 C 相切断，A 相导通，转子在 A 相磁场力的作用下加速，向 A 相的平衡位置高速运行。通常是当转子齿到达 A 相平衡位置时，由于速度很高而冲过平衡点，发生围绕平衡点的周期振摆。但是，如果在转子齿达到平衡点之前，给它一个反向的作用力，使转子刚好运行到平衡点就停住，速度为零。实际上在反相的瞬间，转子的单步运行就已完成了。用错开一步的两条矩角特性曲线来表示（图 8-33）。转子从原 C 相平衡位置 o 点出发，切换后即受 A 相磁场作用到 a 点；突然反相到 C 相即受 C 点反向力矩作用，最后到达新的平衡位置 o′ 点。其具体的通电状态可以表示为 C→A→C→A。

这种反相阻尼可以有效地消除步进电动机单步运行时的振动，大大缩短转子稳定所需的时间，而且还有利于提高电动机单步运行的精度。

② 延滞阻尼。这种阻尼适合于步进电动机连续运行后突然停车锁定状态。它是利用最后一步的延滞脉冲输入来抵消转子过冲的能量，使转子快速地稳定在新的平衡点，使最后一步的过冲降至最小。

步进电动机可以制动锁定，但往往要冲过平衡点，然后来回振摆。这种阻尼方法将最后第二步和最后一步之间的脉冲输入时间延长，可使最后第二步发生过冲；而当转子过冲到右边极限位置时，离最后一步的平衡点极近，此时即通入最后一个脉冲，则转子立即趋向新的平衡位置，而且速度和过冲大大下降。如图 8-34 所示，o′ 是最后的平衡点。按理，当最后一个脉冲输入时，应从 o（A 相的 o 点）点开始按虚线到 b′ 点，再到 o′ 点。采用延滞阻尼法后，则从 b 点开始输入最后一个脉冲，再由实线到 o′ 点，因此过冲极小，若处理较好则可以为零。其程序为 C→A→B。

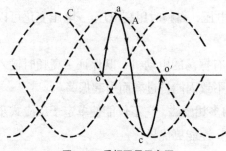

图8-33　反相阻尼示意图

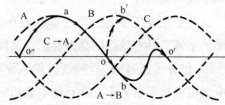

图8-34　延滞阻尼示意图

延滞阻尼不同于反相阻尼，延滞阻尼不必反相，但延滞的时间须精确控制，才能收到最佳效果。

目前，利用电子阻尼的方法还很多，因此，进一步在驱动线路上设法改善电动机的性能和运行品质的潜力很大，而且用于停车锁定的阻尼方法对提高步进拖动系统的精度也是极为有用的。

8.7　本章小结

步进电动机的设计者和应用者都希望电动机的特性能够符合设计或使用要求，而步进电动机由于其自身机电特性的限制总会产生一些不尽人意的结果。往往步进电动机这些局部的不理想结果会影响电动机的控制精度，甚至会导致整个系统设计的失败或在应用中的系统故障。

　　本章重点介绍了步进电动机的特性，尤其动态特性是以步进电动机输出正确的步距为目标的特性分析，通过特性理解步进电动机与其他电动机的区别。通过对步进电动机主要参数的测试，较详细地描述了步进电动机的参数对其特性的影响，以及在不同的应用环境应优先考虑何种参数的选择，同时也对步进电动机的参数进行了理论的分析或给出经验的结论，为设计出性能优良的步进电动机提供设计依据。通过实例建立了步进电动机的数学模型，为步进电动机的电磁特性与机械特性之间的联系提供了理论基础。其难点是步进电动机所特有的振动产生噪声的原因分析，为减少步进电动机的振动和噪声甚至失步提出了一些处理方法。

　　本章主要通过分析步进电动机的外特性，介绍了步进电动机设计和应用中各种参数的定性或定量分析方法，希望能帮助读者在今后的实践中更合理地设计和使用步进电动机。

第9章 伺服系统设计

随着社会各领域自动化程度的不断提高，先进的控制设备可以将人从机器操作中解放出来，并在某种程度上代替人完成指定任务，这类控制设备在工业现场已得到广泛的应用。前面章节中已经介绍了伺服系统的基本概念、分类、功能特点及系统原理，本章将进一步介绍伺服系统的设计方法，包括伺服系统需求分析、伺服系统总体设计、电—液伺服系统设计、气动伺服系统设计、直流伺服系统设计、交流伺服系统设计、全数字伺服系统设计。对构成伺服系统各类元件的特性进行分析，可以使伺服系统的选型设计变得更加容易。

9.1 伺服系统需求分析

目前，伺服系统正向数字化、集成化、智能化方向发展。本节将从 3 个方面介绍伺服系统：伺服系统的需求、伺服系统的优点和伺服系统的技术要求。分析伺服系统需求，便于读者进行伺服系统整体方案的制订。

9.1.1 伺服系统的需求

如图 9-1 所示，伺服系统的发展与电力电子、计算机、控制技术及人们的需求是分不开的，伺服系统不仅仅应用于一般工业领域，同时还向民用方向发展。高精度、大容量、过载能力强、高动态性能的伺服系统不断涌现，将进一步推动伺服系统向数字化、智能化方向发展。同时伺服系统的发展也相应制约着工业现场应用、电力电子器件的发展。

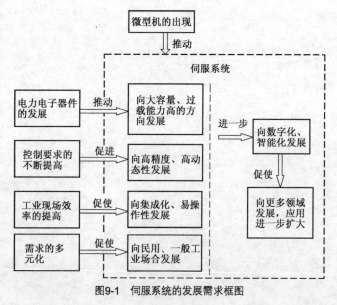

图9-1 伺服系统的发展需求框图

9.1.2　伺服系统的优点

伺服系统与其他控制系统相比，其优点主要包括以下几个方面。

① 在一些不能或不宜由人参与的特殊场合发挥着重要作用，可以实现过程控制等方式。

② 调速范围的扩大，高的动态性能和调节精度。

③ 在位置和步进伺服系统中，可增大和提高电力电子装置及其电动机热容量和过载能力。

④ 开发和应用计算机辅助设计方法，以保证电力拖动自动控制系统的设计更合理化。

⑤ 应用不受干扰和不易损坏的部件，用合理的配线技术和外形结构，可以减少部件体积，并减少使用材料。

9.1.3　伺服系统的技术要求

由于伺服系统存在以上优点，并且伺服系统被控对象及用途各不相同，伺服系统设计的要求也有差别，总体要求可归纳为基础要求、安装及现场要求、经济要求（图9-2）。

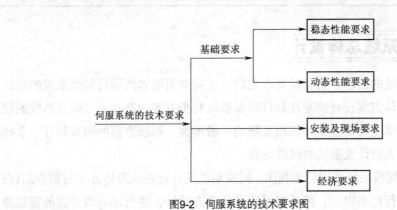

图9-2　伺服系统的技术要求图

1．基础要求

基础要求是指任何一个伺服系统设计都必须满足稳态性能和动态性能两方面的基础要求。

（1）伺服系统的稳态性能要求

伺服系统的稳定性主要以系统输出轴的转角 θ_o 跟踪输入轴的转角 θ_i 所产生的误差 Δ 的大小来衡量，用公式可表示为

$$\theta_o - \theta_i = \Delta \tag{9-1}$$

式中，Δ 越小，说明系统跟踪性能越好，则系统稳态性能越强；Δ 越大，系统跟踪性能越差，系统稳态性能越差。

（2）伺服系统的动态性能要求

由于被控对象不同，因此系统动态性能要求的差别也较大，主要从渐进稳定性及响应

特性来衡量。渐进稳定应具有一定的裕量，响应特性是指伺服系统的时域响应和频域响应。时域响应是指系统在零初始状态下对应阶跃输入的响应特性，频域响应通过控制系统中伯德图实现。

2. 安装及现场要求、经济要求

安装及现场要求是指对伺服系统工作环境及系统本身工作体制的限制，如安装时应考虑该系统的体积、结构外形、温度、湿度、可靠性和使用寿命等限制。经济要求是指对该伺服系统制造成本和运行的经济性进行考虑。伺服系统的安装及现场要求、经济要求见表 9-1。

表 9-1　　　　　　　　　　伺服系统的安装及现场、经济要求

要求分类	内容
安装及 现场要求	系统工作体制、可靠性、使用寿命
	工作环境要求：温度、湿度、防潮、防化、防辐射、抗振动、抗冲击等
	体积、容量、结构外形、安装特点等的限制
经济要求	系统制造成本、运行经济性、标准化程度、能源条件等

9.2　伺服系统总体设计

熟悉了伺服系统的需求、特点及要求之后，还需要明确如何进行伺服系统的总体方案设计。伺服系统总体方案设计就是在制订伺服系统初步方案的基础上对伺服系统的稳态及动态进行设计。本节主要讲述设计伺服系统的一般步骤、系统方案的初步制订、系统的稳态设计、系统的动态设计及系统的试验仿真。

图 9-3 给出了伺服系统的设计流程图，伺服系统设计首先从总体方案的初步制订开始；接着需要对系统进行稳态设计；然后对系统进行动态设计，进行动态设计以前需要建立系统的动态数学模型；最后对设计的系统进行试验仿真。一个合理的设计方案往往需要在成本与技术性能之间进行合理的权衡。

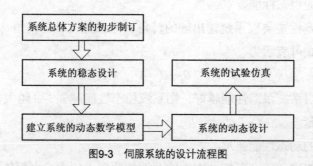

图9-3　伺服系统的设计流程图

9.2.1 伺服系统总体方案的初步制订

伺服系统总体方案的初步制订主要包括以下6部分。

① 明确被控对象采用何种执行机构，如纯电气、电气—液压或是电气—气动。

② 选用何种控制电动机，如步进电动机、直流伺服电动机、交流伺服电动机，交流电动机中选用感应伺服电动机还是选用永磁伺服电动机。

③ 何种控制方式，如开环控制、半闭环控制、闭环控制或是复合控制。

④ 输入形式的确定，如机械位移或转角、模拟量、数字量。

⑤ 驱动元件的选型。

⑥ 各主要元、部件之间相互连接的形式，以及信号类型和信号转换的形式。

9.2.2 伺服系统的稳态设计

伺服系统的稳态设计主要包括3方面的内容：根据系统结构特点和工作精度确定系统执行电动机、功率放大器和检测装置等关键设备，设计具体线路的参数，分析系统的工作方式和特征。

图9-4给出了稳态设计步骤图，第1步需要根据被控对象选择执行电动机和传动机构；第2步是在选择执行电动机后，选择功率放大装置；第3步是由精度要求选择检测装置组成形式；第4步是选择元件型号规格，设计具体线路及参数；第5步是在第1、2和3步的基础之上来设计前置放大器、信号转换电路。设计步骤4和5时应注意阻抗匹配、饱和临界、分辨率等参数。

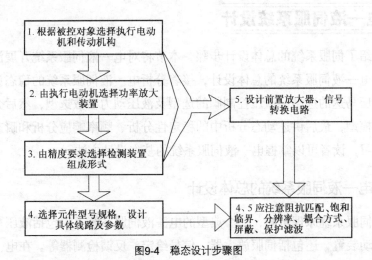

图9-4 稳态设计步骤图

9.2.3 建立系统数学模型及动态设计

数学模型的建立是分析系统动态性能的前提条件，数学模型的准确程度直接影响整个系统的快速性及准确性。根据主回路各元器件的特征，用力学、电学等物理学规律对系统进行数学描述，列出传递函数，表示出各变量的关系，从而列出其动态数学模型（即为原始系统数学模型）。而动态设计是分析伺服系统必不可少的一个环节。

图9-5 给出了设计动态系统的基本流程。动态系统设计是以数学模型为前提，首先需要确定系统动态性能指标；然后确定校正方式，写出校正环节参数；接着确定校正装置在系统中的连接部位及连接方式；最后做出具体线路。

由基本控制理论可知，衡量动态性能指标主要从时域与频域分析。对于线性时变系统时域指标主要有上升时间、调节时间、峰值时间等，而频域指标主要通过系统的开环频率特性和闭环频率特性间接地表征。常用的开环频率特性包括

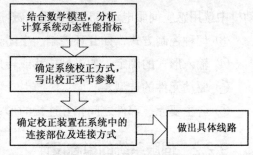

图9-5　设计动态系统的流程

相位裕量、增益裕量；闭环频率特性包括谐振峰值、频带宽度和谐振频率。为了达到这些性能指标，需确定系统的补偿方式（校正方式），也就是给一个已稳定的系统再加一个校正环节，根据所加的位置不同，校正环节可分为串联校正、反馈校正、前馈校正和复合校正。

以上 4 个步骤均以理论设计为主，为了使整个系统满足各种工作状态下的性能指标，还需对系统做进一步的仿真试验，校验理论设计中的不足，以便及时改进和调整。以上列出了伺服系统的一般设计步骤，但是有些步骤可以根据设计者的习惯合并。只有做到全面平衡把握，才能设计出高质量的伺服系统。

9.3　电—液伺服系统设计

上一节介绍了伺服系统的总体设计步骤，本节将对电—液伺服系统开展深化分析与设计。首先描述电—液伺服系统的总体设计，接着分析电—液伺服系统的稳态设计，主要包括液压缸与液压马达的选型、液压控制阀的选型及液压动力参数选型，然后介绍电—液伺服系统的数学模型，最后讲述动态分析中的稳定性分析、频率响应分析和瞬态响应分析。通过本节的学习，读者可以掌握电—液伺服系统的基本设计方法。

9.3.1　电—液伺服系统的总体设计

由电—液伺服系统原理可知，一个典型的电—液伺服系统不仅包括液压马达、液压伺服阀、液压传动装置，还包括伺服放大器、信号给定、反馈检测器等。在电—液伺服系统中，执行机构是液压缸的活塞。高压油通过液压马达产生并进入单侧液压缸，使液压缸中活塞两侧的液体压力不同，进而推动活塞运动，使连杆所连接的外部工作台移动。设计时首先应该从工艺和结构的角度确定电—液伺服系统的基本要求（表9-2）。

表 9-2   电—液伺服系统的基本要求

序号	要求项目	要求内容
1	被控对象的物理量	如位置、速度或力等物理量
2	静态极限	如最大行程、最大速度、最大力或力矩、最大功率
3	要求的控制精度	主要指给定信号、负载力、干扰信号、伺服阀及电控系统零点漂移、非线性环节（如摩擦力、死区等）及传感器引起的系统误差、定位精度、分辨率及允许的漂移量等
4	动态特性	相对稳定性可用相位裕量和增益裕量、谐振峰值和超调量等来规定，响应的快速性可用截止频率或阶跃响应的上升时间和调整时间来规定
5	工作环境	主机的工作温度、工作介质的冷却、振动与冲击、电气的噪声干扰，以及相应的耐高温、防水、防腐蚀、防振等
6	特殊要求	设备质量大小、安全保护、工作的可靠性及其他工艺

需要确定的电—液伺服系统包括被控对象的物理量、静态极限、要求的控制精度、动态特性、工作环境等。其中确定被控对象的物理量就是对位置、速度或是力等物理量的确定；静态极限指液压缸静态时最大参量的确定，即确定最大行程、最大速度、最大力或力矩及最大功率；工作环境中要求确定主机的工作温度、工作介质的冷却、振动与冲击、电气的噪声干扰，以及相应的耐高温、防水、防腐蚀、防振等；同时在特殊要求中，应注意对设备质量大小、安全保护等级及可靠性进行确定。

9.3.2 电—液伺服系统的稳态设计

稳态设计是电—液伺服系统的重要内容之一。电—液伺服系统的稳态设计主要包括液压缸、液压马达和液压控制阀的选型及分析，液压动力参数选择，液压动力机构中死区引起的误差分析等内容。

1. 液压缸的选型及分析

液压缸与液压马达都是系统的执行元件，主要将液压能转换为机械能输出。对于直线往复运动的大转矩、低转速的工作机，并考虑传动无间隙、运行平稳的特性，可以选用液压缸作为动力源。液压缸的分类及符号见表 9-3。

表 9-3   液压缸分类及符号

名称			简图	符号	说明
推力液压缸	单作用液压缸	活塞杆液压缸			活塞仅单向运动,外力使活塞反向运动
		柱塞杆液压缸			活塞仅单向运动,外力使活塞反向运动
		伸缩式套筒液压缸			有多个互相联动的活塞液压缸,其行程可改变。由外力使活塞返回

续表

名称			简图	符号	说明
推力液压缸	双作用液压缸	单活塞杆	带可调缓冲式液压缸		活塞在行程终了时缓冲，但缓冲可调节
			带不可调缓冲式液压缸		活塞在行程终了时缓冲
			无缓冲式液压缸		活塞双向运动，活塞在行程终了时缓冲
			差动液压缸		活塞两端的面积差较大，使液压缸往复的作用力和速度差较大，对系统的工作特性有明显作用
		双活塞杆	等行程、等速液压缸		活塞左右移动速度和行程皆相等
			双向液压缸		两个活塞同时向相反方向运动
		伸缩式套筒液压缸			有多个互相联动的活塞的液压缸，其行程可变，活塞可双向运动
	组合液压缸	弹簧复位液压缸			活塞单向作用，由弹簧复位
		增压液压缸			由两个不同的压力室 A 和 B 组成。两个压力室可提高 B 室中液体压力
		多位液压缸			活塞 A 有 3 个位置
		串联液压缸			当液压缸直径受限制而长度不受限制时，用以获得较大的推力
		齿条传动活塞液压缸			活塞经齿条带动小齿轮使其产生回转运动
		齿条传动柱塞液压缸			柱塞经齿条带动小齿轮使其产生回转运动

续表

名称		简图	符号	说明
摆动液压马达	双叶片摆动液压马达			摆动液压马达。把液压能转换为回转运动机械能。输出轴只能做小于 360° 的摆动
	单叶片摆动液压马达			同上

　　液压缸一般分为推力液压缸和摆动液压马达。推力液压缸又分为单作用液压缸、双作用液压缸和组合液压缸。单作用液压缸包括活塞杆、柱塞杆和伸缩式套筒液压缸，双作用液压缸有单活塞柱杆和双活塞柱杆两类，组合液压缸分为伸缩式套筒、弹簧复位、增压、多位、串联、齿条传动活塞、齿条传动柱塞液压缸，摆动液压马达分为单叶片和双叶片液压缸。

　　一般可按以下原则选取液压缸：只要密封和强度允许，高/低压情况都可以选用，控制系统选用的液压缸要求摩擦力小，低速性能好，密封时间长。设计者可主要依据以下 3 个主要结构参数选用液压缸。

　　① D——液压缸公称直径、缸体内径或柱塞直径。

　　② d——活塞杆直径。

　　③ S——活塞行程。

其中，D、d 由满足工业和运动的关系确定，S 通过工作机的运动距离确定。这 3 个参数已经标准化，可参照国家标准数值选取，尤其对于标准化系列可参考液压设计手册。

　　2. 液压马达的选型及分析

　　① 确定压力，即选用压力等级相匹配的产品。如果压力等级选得过低，会使元件不安全；如果压力等级选用过高，会造成元件成本浪费。

　　② 根据负载大小确定液压马达功率的大小，即判断执行机构是单作用还是双作用，选择液压泵站的类型。

　　③ 根据执行机构的液压油容积来确定泵站的油箱大小。

　　④ 泵站的流量决定执行机构动作的快慢，这也是要考虑的问题。

　　⑤ 现场的条件决定泵站的驱动方式，如有气源可选气动泵，有电源可选电动泵等。

　　⑥ 叶片式液压马达体积小、惯量小、动作灵敏，但泄漏较大，不能在很低转速下工作，一般用于高速、小转矩及要求动作灵敏的场合。

　　⑦ 由于轴向柱塞式液压马达容积效率和总效率都较高，转速范围大，可获得良好的低速性能。低速性能指的是液压马达能达到的稳定不爬行的最低运转角速度。这个最低运转

角速度是液压马达低速性能的一个标志。低速大转矩由于排量大，径向柱塞式液压马达输出转速低，可以省去减速器，大大减少机构质量，但它的加速性能不好，一般不用于有快速响应和控制精度要求的控制系统中。

以下对液压伺服系统中最常用的叶片式液压马达的工作原理进行分析，其结构原理见第4章中液压部分。

图 9-6 给出了叶片式液压马达的工作原理图。压力油由进油腔 p 输入，进油腔内推力大，排油腔内推力小，迫使进油腔内容积变大而进油，排油腔内容积变小而排油，从而推动转子，并朝着使压力腔容积变大的方向旋转。

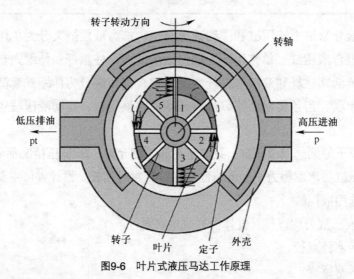

图9-6 叶片式液压马达工作原理

3. 液压控制阀的选型与分析

液压控制阀利用液流的节流原理，使用输入位移（或转角）信号对通往执行元件的流体流量或压力进行控制，即控制执行元件的动作或控制泵的输出流量。它是一个机械或液压转换装置。

图 9-7 给出了单级阀的原理图，单级阀有 3 个输入：位移或转角信号 x_v，驱动控制阀动作的外部力或流量信号 (Q_S, p_S)，同时还有一路不确定干扰量 F_L。在 3 种作用输入下同时输出给执行元件力或流量信号 (Q_L, p_L)。

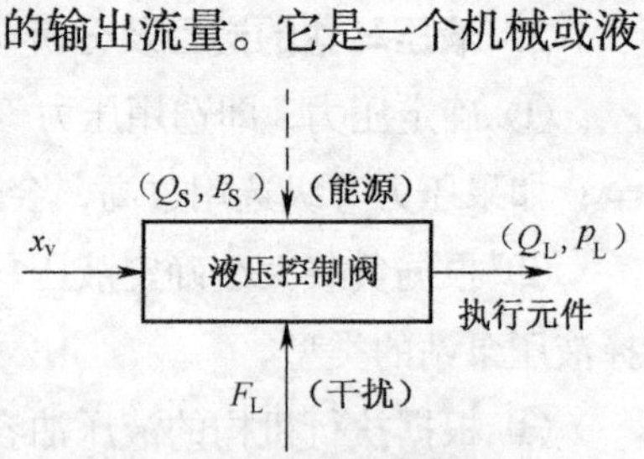

图9-7 单级阀的原理图

典型的控制阀是圆柱滑阀、喷嘴挡板阀和射流管阀。由于圆柱滑阀具有优良的控制特性，故在伺服系统中的应用最广泛。各种液压控制阀规格型号的选取，主要依据系统最高压力和阀实际流量、阀控制特性、稳定性及油口尺寸、外形尺寸、安装连接方式、操纵方式等。

圆柱滑阀是以节流原理工作的，它借助阀芯与阀套间的相对运动来改变节流口面积的大小，进而对流体、流量和压力进行控制。

图 9-8（a）给出了圆柱滑阀的结构原理图。阀体上开有多个通口，阀芯移动后可以停留在不同的工作位置上，用来开启和关闭通口之间的油路；阀芯台肩的数目为两个。由于进出阀通道的油口数为 4 个，因此称为四通阀。同时，为了实现液压缸的反向运动，在活塞杆侧设置了固定偏压，并由重物产生。图 9-8（b）中阀芯台肩 h 与阀套槽宽 t 属于零重叠，因而称该图所示的滑阀为零开口阀，零开口阀具有线性增益特性（图 9-9）。

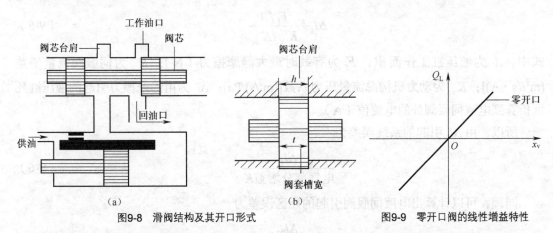

图9-8　滑阀结构及其开口形式　　　　　图9-9　零开口阀的线性增益特性

在阀芯台肩与阀套槽宽相等并重叠时，阀处于零开口，系统阀输出流量 Q_L 与输入角信号或位移信号 x_v 呈线性关系，即存在线性增益特性，该特性正是液压阀所期望的特性，因而它得到了广泛的应用。

4. 液压动力参数选择

液压动力机构需要选择的参数包括供油压力、液压缸的排量、伺服阀流量。供油压力需要根据系统的应用对象来选择，一般供油压力的范围为 7～32MPa。

阀的流量方程：
$$Q_L = C_d \omega x_{v\max} \sqrt{\frac{1}{\rho}(p_S - p_L)} \tag{9-2}$$

式中，$x_{v\max}$ 为阀芯最大位移；p_S 为液压源压力；p_L 为负载压力；C_d 为流量系数。

液压源、阀及负载给定后其基本参数保持不变，即可确定阀芯最大位移 $x_{v\max}$、液压源压力 p_S、负载压力 p_L；通过式（9-2）可计算出伺服阀流量；液压缸的排量可用最大输出功率和动力机构的效率来衡量。

最大输出功率为
$$N_{L\max} = \frac{2}{3}\sqrt{\frac{1}{3}p_S}Q_0 \tag{9-3}$$

式中，Q_0 为阀的空载最大流量。

动力机构的效率：
$$\eta = \frac{N_L}{N_S} \tag{9-4}$$

式中，N_S 为液压源的输出功率；N_L 为输出负载功率。

液压源压力 p_S 和液压源的输出功率 N_S 恒定，阀的空载最大流量 Q_0 可由阀的铭牌参数得出，从而由式（9-3）得出最大输出功率，由式（9-4）得出动力机构的效率。

5. 液压动力机构中死区引起的误差分析

当液压缸启动时，负载和液压缸的静摩擦力在液压缸两端造成一定的负载压降。该压降对应电液伺服阀一定的输入电流。它与电液伺服阀的零位压力增益和液压缸的泄漏有关，其值为

$$\Delta I_1 = \frac{F_f / A}{K_V / K_{ce}} \tag{9-5}$$

式中，A 为液压缸工作面积；F_f 为有载时最大静摩擦力（N）；K_V 为伺服阀流量增益 $[m^3/(s \cdot A)]$；K_{ce} 为动力机构总流量压力系数 $[(m^3/s)/Pa]$；ΔI_1 为由静摩擦力引起的液压缸死区折算到电液伺服阀处的电流值（A）。

所以，由 ΔI_1 引起的系统误差为

$$\frac{\Delta I_1}{电气部分增益 K} \tag{9-6}$$

同理，可以计算出电液伺服阀引起的死区误差为

$$\frac{\Delta I_2}{电气部分增益 K} \tag{9-7}$$

式中，ΔI_2 为电液伺服阀的死区。

又因为伺服阀因供油压力和工作温度的变化引起零点漂移以伺服阀电流表示，放大器的零点漂移也折算到伺服处。若总的零点漂移为 ΔI_3，则对应的系统误差为

$$\frac{\Delta I_3}{电气部分增益 K} \tag{9-8}$$

在计算系统的总静态误差时，可将各元件的死区和零漂都折算到电液伺服处相加并以电流值表示，即

$$\Delta I = \Delta I_1 + \Delta I_2 + \Delta I_3 \tag{9-9}$$

将式（9-7）、式（9-8）、式（9-9）、式（9-6）联立得系统总的静态误差：

$$\frac{死区和零漂 \Delta I}{电气部分增益 K} \tag{9-10}$$

从式（9-10）可以看出要减小系统静态误差，则系统电气部分增益应相应地增大。

9.3.3 电—液伺服系统的数学模型

为了便于分析系统数学模型，本节将以双电位器位置伺服系统为例，介绍如何建立电—液伺服系统的开环传递函数。

如图 9-10 所示，双电位器接成桥式电路，并用来测量输入（指令电位器）与输出（工作台位置）之间的位置偏差（用电压表示）。当反馈电位器的滑臂与指令电位器的滑臂电位不同时，偏差电压通过伺服放大器放大，经电液伺服阀转换并输出液压能，推动液压缸，

驱动工作台停止运动，从而使工作台位置总是按照指令电位器给定的规律变化。反馈电位器用比例环节 K_f 表示。伺服阀电流 i 与系统偏差电压 E_e 之间的关系决定放大器的设计，这里假定采用电压负反馈放大器对绕组电感不加超前补偿，则伺服放大器和力矩电动机绕组的传递函数可以近似看成惯性环节，即

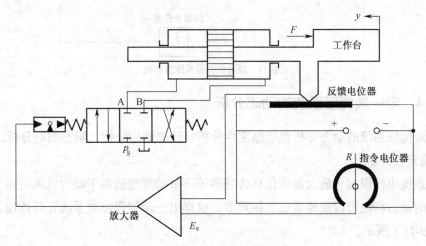

图9-10 双电位器位置伺服系统图

$$\frac{I}{E_e} = \frac{K_a}{\dfrac{s}{\omega_a}+1} \tag{9-11}$$

式中，K_a 为放大器与绕组电路增益；s 为变量；ω_a 为绕组转折频率。

$$\omega_a = \frac{R}{L} \tag{9-12}$$

式中，R 为力矩电动机的表现电阻；L 为力矩电动机的表现电感。

上述 R、L 两个量都与伺服阀两个绕组的接法有关。电液伺服阀的传递函数通常表示为振荡环节，但当动力机构固有频率低于 50Hz 时，电液伺服阀的传递函数可表示为

$$W_v(s) = \frac{K_v}{T_v s + 1} \tag{9-13}$$

式中，K_v 为电液伺服阀流量增益；T_v 为伺服阀的时间常数。

由上述元件的传递函数可绘出系统方框图。

由图 9-11 可以得出系统的开环传递函数为

$$W(s) = \frac{K_v}{s(T_v s + 1)\left(\dfrac{s}{\omega_a}+1\right)\left(\dfrac{s^2}{w_h^2}+\dfrac{2\varsigma_h}{\omega_h}+1\right)} \tag{9-14}$$

式中，ω_h 为液压缸与负载的固有频率；ς_h 为液压缸与负载的阻尼比。

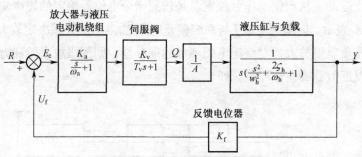

图9-11　双电位伺服系统方框图

9.3.4　电—液伺服系统的动态分析

电—液伺服系统的动态分析包括稳定性分析、频率响应分析、瞬态响应分析。

1.　稳定性分析

如果系统中伺服阀、放大器和位移传感器等环节的频宽远高于动力机构的固有频率，那么它们的动态特性可以忽略看成比例环节，这样电—液伺服位置系统开环传递函数可简化为式（9-15）所示。

$$W(s) = \frac{K_v}{s\left(\dfrac{s^2}{w_h^2} + \dfrac{2\varsigma_h}{\omega_h} + 1\right)}$$（9-15）

由劳斯—霍尔维兹稳定判据可知，系统闭环特征方程为

$$W(s) + 1 = 0$$（9-16）

即

$$\frac{s^3}{w_h^2} + \frac{2\varsigma_h}{\omega_h}s^2 + s + K_v = 0$$（9-17）

系统的稳定条件为

$$\frac{2\varsigma_h}{\omega_h} - \frac{K_v}{w_h^2} > 0$$（9-18）

即

$$K_v < 2\varsigma_h\omega_h$$（9-19）

通常液压阻尼比 ς_h 为 $0.1 \sim 0.2$，则系统稳定条件可以写成 $K_v < (0.2 \sim 0.4)\omega_h$。

对于不能忽略的其他动态环节，其开环传递函数比较复杂，这时难以用解析法得到一个简单的稳定判据。

2.　频率响应分析

系统的频率响应通过相角裕量和幅值裕量来衡量，一般情况下液压伺服系统只有当相角裕量与幅值裕量都是正值时，系统才是稳定的。

相角裕量：穿越频率 ω_c 处的相角与 $180°$ 之和。用 γ 表示，则

$$\gamma = 180° + \varphi$$（9-20）

式中，φ 为开环相频特性在穿越频率上的相角。

幅值裕量：在相位等于−180°的频率上，$\left|W(j\omega_\varphi)\right|$ 的倒数称为幅值裕量。若幅值裕量用 K_g 表示，则

$$K_g = \frac{1}{\left|W(j\omega_\varphi)\right|} \tag{9-21}$$

为了满足性能要求，通常相位裕量应大于 60°，幅值裕量应为 6～12dB。

3. 瞬态响应分析

电—液伺服系统在阶跃信号作用下的过渡过程反映了系统的动态品质。过渡过程品质常用超调量、过渡时间和振荡次数等指标来衡量。系统动态品质的好坏，由系统的参数决定。

图 9-12 给出了在参数 K_v 变化时系统的阶跃响应（假设给定 $\varsigma_h = 0.3$），曲线 1 为 K_v=8.2、曲线 2 为 K_v=12.3、曲线 3 为 K_v=21、曲线 4 为 K_v=25。由以上 4 条曲线可以看出，K_v 不断增加，系统输出 $y(t)$ 由渐进稳定转化为振荡稳定，并出现超调现象。系统的速度放大系数 K_v、固有频率 ω_h 和阻尼比 ς_h 对系统瞬态响应有直接的影响。提高阻尼比可以改善系统响应。

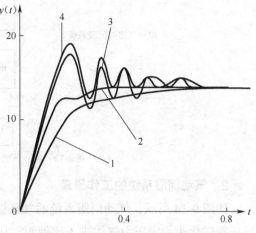

图9-12 系统的瞬态响应与参数关系

9.4 气动伺服系统设计

本节将主要介绍气动伺服系统的设计方法。包括气动伺服系统的组成及其框图、气动伺服系统的工作原理、气动伺服元件选型、气动伺服系统的回路设计、气动伺服系统的数学模型建立及动态设计。通过对气动伺服系统进行深入的分析，读者可快速掌握气动伺服系统的设计方法。

9.4.1 气动伺服系统的总体设计

总体方案是气动伺服系统设计的基础。气动伺服系统总体方案的设计步骤如下：①确定气动伺服系统的组成及其框图；②分析系统的工作原理；③完成气动元件的选型。

1. 气动伺服系统的组成及其框图

气动系统与其他伺服系统最大区别是以气缸作为执行元件。气动伺服系统按照电—气转换方式可分为电—气比例伺服系统和电—气开关伺服系统。接下来，以电—气比例伺服系统设计为例开展详细的分析。

如图 9-13 所示，电—气比例伺服系统主要由电—气信号处理部分和电—气功率输出部分组成。电—气信号处理部分由计算机控制部分、位置检测装置和基本控制回路组成，电—气功率输出部分由气动阀、气缸及负载组成。计算机控制技术的引入使气动系统向数字化方向发展。气动伺服系统主要应用于输出功率不大的位置控制场合。

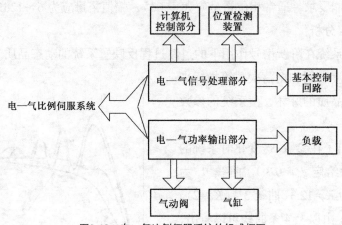

图9-13　电—气比例伺服系统的组成框图

2. 气动伺服系统的工作原理

如图 9-14 所示，气动伺服系统的气泵提供气压源，经减压阀转化为一定压力气体进入比例阀，比例阀将压缩气体按照设定值进入左侧或右侧气缸，由于两侧气体压力存在差异，从而转化为负载滑块的左右位移或静止状态。

3. 气动元件的选型

图 9-15 中（a）、（b）、（c）、（d）分别代表气动系统中的过滤器、减压阀、空气压缩机和无杆线性驱动气缸的电器符号。气动元件的选型主要是指气缸、减压阀、过滤器、比例阀的选择。

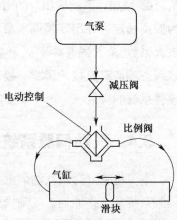

图9-14　气伺服系统的工作原理图

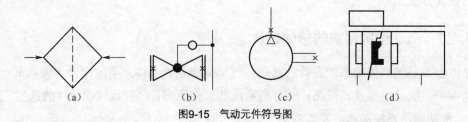

（a）　　　　　（b）　　　　　（c）　　　　　（d）

图9-15　气动元件符号图

（1）气缸的选择

气缸的选用是以气缸类型作为标准的，每一类气缸都有自己的固有特性。因此，选用气缸需要结合现场的实际情况：在气缸到达行程终端无冲击现象和无撞击噪声的场合，需选用缓冲气缸；有横向负载时，则需选用带导杆气缸等。气缸的选用标准见表 9-4。

表 9-4 气缸的选用标准

气缸名称	选用依据
缓冲气缸	到达行程终端无冲击现象和撞击噪声
轻型气缸	质量小
薄型气缸	安装空间窄且行程短
带导杆气缸	有横向负载
锁紧气缸	制动精度高
杆不回转功能气缸	不允许活塞杆旋转
耐热气缸	高温环境下工作
耐腐蚀气缸	腐蚀环境下工作
无给油或无油润滑气缸	有灰尘等恶劣环境下，活塞伸出端安装防尘罩

（2）减压阀的选择

根据气动控制系统最高工作压力来选择减压阀，气源压力应比减压阀的最大工作压力大 0.1MPa；要求减压阀的出口压力波动小时，如出口压力波动不大于工作压力最大值的 ±0.5%，则选用精密型减压阀；如需遥控或阀的通径大于 20mm 时，应尽量选用外部先导式减压阀。

（3）过滤器的选择

过滤器是输送介质的管道上不可缺少的一种过滤装置，通常安装在减压阀、泄压阀、定水位阀、调节阀或水泵等设备的进口端，用来消除介质中的杂质，以保护阀门及水泵等设备的正常使用。过滤器选型的一般原则是进出口通径，原则上过滤器的进出口通径不应小于相配套的泵的进口通径，一般与进口管路口径一致。公称压力则按照过滤管路可能出现的最高压力确定过滤器的压力等级。滤网数目的选择主要考虑需拦截的杂质粒径，依据介质流程工艺要求而定。不同规格的滤网可拦截的微粒尺寸不同。

（4）比例阀的选择

气动比例阀和伺服阀按其功能可分为压力式和流量式两种。压力式比例/伺服阀将输入的电信号线性地转换为气体压力，流量式比例/伺服阀将输入的电信号转换为气体流量。由于气体的可压缩性，气缸或气马达等执行元件的运动速度不仅取决于气体流量，还取决于执行元件的负载大小。因此，往往没有必要采用压力式比例/伺服阀进行精确的气体流量控制。单纯的压力式或流量式比例/伺服阀应用不多，往往是压力和流量相结合的伺服比例阀的应用更为广泛。

9.4.2 气动伺服系统的稳态设计

气动伺服系统硬件设计最重要的是回路设计，气动基本回路是气动伺服系统的基本组成部分，它可分为压力控制回路、方向控制（换向）回路、速度控制回路、位置控制回路和同步控制回路等。

1. 压力控制回路设计

压力控制回路是对系统压力进行调节和控制的回路。在气动控制系统中，进行压力控制主要有两种：一种是控制一次压力，提高气动系统工作的安全性；另一种是控制二次压力，给气动装置提供稳定的工作压力，这样才能充分发挥元件的功能和性能。

图 9-16 所示为一次压力控制回路。空气压缩机 2 产生一定压力的气体；单向阀 3 将空气压缩机产生的气体单向输入气罐 4；气罐用来储存气体，同时显示罐中的压力；气源调节装置 6 将气罐中的气体转化为气压可控的气体。该回路中常用外控型溢流阀 1 保持供气压力基本恒定，用电触点式压力表 5 来控制空气压缩机的转、停，当触点式压力表测得气罐压力低于给定压力时，开启空气压缩机；类似当气罐压力高于给定压力时，关闭空气压缩机，使储气罐内的压力保持在规定的范围内。一般情况下，空气压缩机的出口压力为 0.8MPa 左右。此回路主要用于把空气压缩机的输出压力控制在一定的压力范围内。当系统中的压力过高时，除了会增加压缩空气输送过程中的压力损失和泄漏以外，还会使管道或元件破裂而发生危险，因而压力应始终控制在系统的额定值以下。

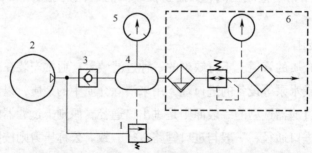

1.溢流阀；2.空气压缩机；3.单向阀；4.气罐；5.电触点式压力表；6.气源调节装置

图9-16　一次压力控制回路

图 9-17 所示为二次压力控制回路。此回路的主要作用是对气动装置的气源入口处压力进行调节，并提供稳定的工作压力。该回路一般由空气过滤器、减压阀和油雾器组成，通常又称为气动调节装置（气动三联件）。其中，过滤器除去压缩空气中的灰尘、水分等杂质；减压阀调节压力并使其稳定；油雾器使清洁的润滑油雾化后注入空气流中，对需要润滑的气动部件进行润滑。

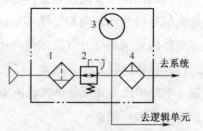

1.空气过滤器；2.减压阀；3.压力表；
4.油雾器

图9-17　二次压力控制回路

2. 方向控制（换向）回路设计

换向回路是利用换向阀使执行元件（气缸或气马达）改变运动方向的控制回路，一般分为单作用气缸换向回路和双作用气缸换向回路。其中，双作用气缸的使用最为广泛。双作用气缸指两腔可以分别输入压缩空气，实现双向运动的气缸。其结构可分为双活塞杆式、单活塞杆式、双活塞式、缓冲式和非缓冲式等。

图 9-18（a）所示为气阀控制，图 9-18（c）所示为小通径的手动阀控制气控主阀操纵气缸换向，图 9-18（b）所示为用两个二位三通电磁阀代替一个二位五通阀控制回路。该回路分为常通型和常断型两类，并且图 9-18（b）和图 9-18（c）中的两个电磁阀需同时动作。

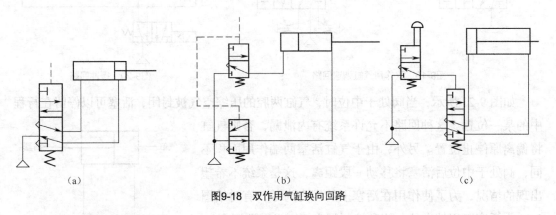

（a）　　　　　　　　　　（b）　　　　　　　　　　（c）

图9-18　双作用气缸换向回路

3. 速度控制回路设计

采用节流阀、单向节流阀或快速排气阀等元件调节气缸进/排气管路流量，从而控制气缸速度的回路，称为速度控制回路。调速回路也分为单作用气缸的速度控制回路和双作用气缸的进气节流调速回路。接下来以双作用气缸的进气节能调速回路为例说明速度控制回路设计。

图 9-19（a）所示为采用单向节流阀的调速回路；图 9-19（b）所示为采用双向节流阀的调速回路。双作用气缸中不但有调速回路，还有缓冲回路，缓冲回路的作用是降低或避免气缸行程末端活塞与缸体的撞击。

如图 9-20 所示，节流阀 3 的开度大于节流阀 2 的节流口，当阀 1 通电时，A 腔进气，B 腔的气流径节流阀 3、换向阀 4 从阀 1 排出。阀 3 的节流阀开度，可改变活塞杆的前进速度。当活塞杆挡块压下行程终端的阀 4 后，阀 4 换向，通路切断，这时 B 腔的余气只能从阀 2 的节流阀排出。如果把阀 2 的节流开度调得很小，则 B 腔内压力快速上升，对活塞产生反向作用力，阻止和减小活塞的高速运动，从而达到在行程末端减速和缓冲的目的。根据负载大小调整阀 4 的位置，即调整 B 腔的缓冲容积，即可获得较好的缓冲效果。缓冲回路一般应用在行程长、惯性大、速度快的场合。

4. 位置控制回路设计

为了使气动执行元件在工作过程中的某个位置停下来，则需要对其进行位置控制，气动伺服控制中的位置控制方法有多种：气压控制方式、机械挡块方式、气液转换方式和制动气缸控制方式等。下面以三位控制阀的控制方式为例，介绍位置控制回路的设计方法。

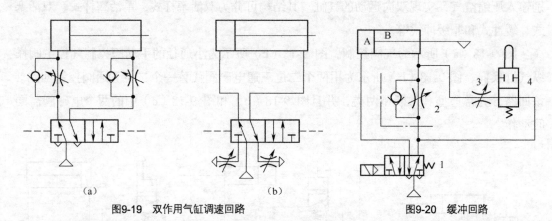

图9-19　双作用气缸调速回路

图9-20　缓冲回路

如图 9-21 所示，当阀处于中位时，气缸两腔的压缩空气被封闭，活塞可以停留在行程中的某一位置。这种回路不允许系统有内泄漏，否则气缸将偏离原停止位置。另外，由于气缸活塞两端作用面积不同，阀处于中位后活塞将移动一段距离，这是系统不希望出现的情况，为了使作用在活塞上的压力为零，有时给图 9-21 中活塞面积较大的一侧和控制阀之间增设了调压阀。

5. 同步控制回路设计

同步控制回路是指驱动两个或多个执行机构以相同的速度移动或在预定的位置同时停止的回路。一般为了实现同步，常采用以下方法：利用机械连接的同步控制，利用节流阀的同步控制回路，利用气—液联动缸的同步控制回路及闭环同步控制方法。对于负载在运动过程中有变化且要求运动平稳的场合，使用气—液联动缸可取得较好的效果。接下来，以气—液联动缸的同步控制回路为例对同步控制回路进行说明。

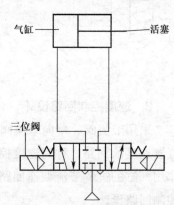

图9-21　三位控制阀的位置控制图

图 9-22 所示为使用两个气缸和液压缸串联而成的气—液联动同步控制回路。工作平台上施加了两个不相等的负载 F_1 和 F_2，且要求水平升降。当回路中的电磁阀 7 的 1YA 通电时，阀 7 左位工作，压力气体流入气液缸 1、2 的下腔，克服负载 F_1 和 F_2 推动活塞上升。此时，在从梭阀 6 来的先导压力的作用下，常开型两通阀 3、4 关闭，使气液缸 1 的液压缸上腔的油压入气液缸 2 的液压缸下腔，气液缸 2 的液压缸上腔的油被压入气液缸 1 的液压缸下腔，从而使它们保持同步。同样，当电磁阀 7 的 2YA 通电时，可使气液缸向下的运动保持同步。

6. 安全保护回路设计

当气动执行元件过载、气压突然降低及气动执行机构快速动作时，都可能危及操作人员或设备安全，因而在气动回路中常常要加入安全回路。

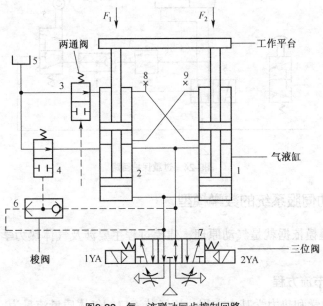

图9-22 气—液联动同步控制回路

如图 9-23 所示，当双手同时按下手动阀时，气罐 3 中预先充满的压缩空气经节流阀 4，延迟一定时间后切换阀 5，活塞才能落下。如果双手不同时按下手动阀，或因其中任意一个手动阀弹簧折断不能复位，气罐 3 中的压缩空气都将通过手动阀 1 的排气口排空，不足以建立起控制压力，因此阀 5 不能切换，活塞也不能下落，达到安全保护的目的。

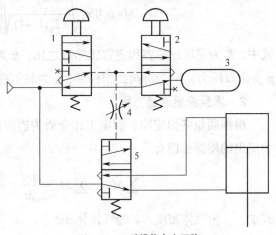

图9-23 双手操作安全回路

7. 过载保护回路

当活塞杆在伸出途中遇到故障或其他原因使气缸过载时，活塞能自动返回的回路称为过载保护回路。

图 9-24 所示过载保护回路，按下手动换向阀 1，使二位五通阀 2 处于左位，活塞右移前进。正常运行时，挡块压下行程阀 5 后活塞自动返回；当活塞运行中途遇到障碍物 6 时，气缸左腔压力升高超过预定值时，顺序阀 3 打开，控制气体可以经过梭阀 4 将主控阀切换至右位，使活塞缩回，气缸左腔压缩空气经阀 2 排掉，可以防止系统过载。

以上是对伺服系统主要保护回路的分析设计，在一些回路中还应加有互锁回路、残压排出回路、防止启动冲出回路、防止下落回路，这些回路均以气动方式实现。

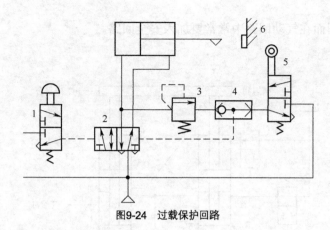

图9-24　过载保护回路

9.4.3　气动伺服系统的数学模型

气动系统的建模依据就是气动原理，建模过程主要涉及气体热力学和动力学的 3 个基本方程。

1. 质量流量节流方程

根据气体动力学和热力学基本方程，流经节流口的气体质量流量为

$$M = p_S W x_v \sqrt{\frac{2k}{RT_S(k-1)}} \sqrt{\left(\frac{p}{p_S}\right)^{\frac{2}{K}} - \left(\frac{p}{p_S}\right)^{\frac{K+1}{K}}} \qquad (9\text{-}22)$$

式中，K 为定压比热容和定容比热容之比；R 为气体常数；p_S 为进口压力；T_S 为环境温度；p 为出口压力；W 为滑阀面积梯度；k 为玻尔兹曼常数；x_v 为阀芯位移。

2. 质量流量连续方程

根据质量守恒定律，假定工作介质为连续的，质量的储藏率应等于流入的质量流量减去流出的质量，即有

$$\sum \dot{M}_入 - \sum \dot{M}_出 = \frac{\mathrm{d}M}{\mathrm{d}t} = \frac{\mathrm{d}(\rho V)}{\mathrm{d}t} = \rho \frac{\mathrm{d}V}{\mathrm{d}t} + V \frac{\mathrm{d}\rho}{\mathrm{d}t} \qquad (9\text{-}23)$$

式中，ρ 为气体密度；V 为气体体积。

3. 伺服气缸中的平衡方程

如果忽略库仑摩擦等非线性负载和空气质量的影响，根据牛顿第二定律，可列平衡方程得

$$A(p_a - p_b) = M_L \frac{\mathrm{d}^2 y}{\mathrm{d}t^2} + B_L \frac{\mathrm{d}y}{\mathrm{d}t} + K_L y + F_L \qquad (9\text{-}24)$$

式中，M_L 为活塞和负载的总质量；B_L 为负载的黏性阻尼系数；K_L 为负载的弹簧刚度；F_L 为负载外力；A 为活塞面积；p_a 为 a 腔压力；p_b 为 b 腔压力。

根据以上 3 个基本方程，将式（9-22）、式（9-23）、式（9-24）联立，再用泰勒公式进

行近似线性化，用微分代替增量，可得到系统微分方程，同时在假定系统所带为无弹性负载，即 $K_L=0$，且 b 腔压力很小可以忽略的条件下，系统的传递函数可化简为

$$\frac{Y_x}{X_v}=\frac{\dfrac{K_m A}{\left(K_{ca}+\dfrac{V_0 S}{RT_s k}\right)(M_L S^2+B_L S+K_L)}}{1+\dfrac{A}{\left(K_{ca}+\dfrac{V_0 S}{RT_s k}\right)(M_L S^2+B_L S+K_L)\dfrac{2p_i AS}{RT_s}}}$$

$$=\frac{\dfrac{K_m RT_s}{2p_i A}}{S\left(\dfrac{S^2}{\omega_h{}^2}+\dfrac{2\varsigma_h}{\omega_h}S+1\right)} \tag{9-25}$$

其中：

$$\omega_h=\sqrt{\frac{2p_i Ak}{V_0 M_L}} \tag{9-26}$$

$$\varsigma_h=\frac{K_{ca}RT_s}{2P_i A}\sqrt{\frac{M_L Kp_i}{2V_0}}+\frac{B_L}{2A}\sqrt{\frac{V_0}{2M_L Kp_i}} \tag{9-27}$$

可以得到最终的被控对象传递函数：

$$Y(S)=\frac{\dfrac{K_m RT_s}{2p_i A}}{S\left(\dfrac{S^2}{\omega_h{}^2}+\dfrac{2\varsigma_h}{\omega_h}S+1\right)} \tag{9-28}$$

9.4.4　气动伺服系统的动态分析

在气动比例流量阀特性分析中，测得比例流量阀的开口面积 S 和控制量 u 的关系曲线如图 9-25 所示。在图 9-25 中，进气缸和排气口的有效面积统一用 S 表示。当 $S>0$ 时，S 为进气口的有效面积值，排气口封闭；当 $S<0$ 时，S 为排气口的有效面积值，进气口封闭。图中可以看出，比例流量阀的开口有效面积 S 与控制量 u 成非线性关系，其增益随着控制量的变化而变化，而且在零位附近，增益较小。通常系统在期望值附近时，比例流量阀工作在零位附近，此时，较小的增益会引起较大的稳

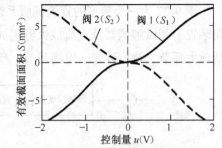

图9-25　比例流量阀的开口有效面积与
控制量的关系曲线

态误差。研究比例流量阀的非线性特性对系统性能的影响要尽量避免系统的其他非线性因

素（如摩擦产生的影响）。为了减弱系统的非线性强度，对比例流量阀的非线性特性进行补偿，使 S 与 u 之间为非线性关系。

如图 9-26 所示，在控制器与比例流量阀 1 之间增加一个比例流量阀非线性特性补偿环节，将该环节与比例流量阀 1 看作一个整体，其输入为控制器的输出 u，输出为比例流量阀 1 的开口有效面积 S_1。比例流量阀非线性特性补偿环节的输出为比例流量阀的控制输入，并用 u_{11} 表示，比例流量阀的控制电压为 $u_{V1}=u_{10}+u_{11}$。

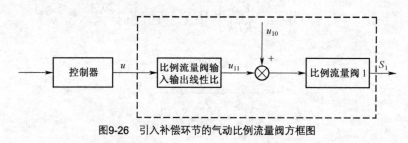

图9-26　引入补偿环节的气动比例流量阀方框图

9.5　直流伺服系统设计

由于直流伺服系统中的直流电动机具有良好的启动、制动性能，因此在许多需要调速或快速正反转的电力拖动领域得到了广泛的应用。同时，直流伺服系统在实践应用上已经比较成熟，而且从控制的角度来看，它又是交流伺服系统的基础。因此，有必要先掌握直流伺服系统设计。本节主要讲述直流伺服系统的总体设计、直流电动机的选型、直流驱动器的选型、直流伺服控制电路的选型、直流伺服系统数学模型的建立及直流伺服系统的动态性能设计和分析。

9.5.1　直流伺服系统的总体设计

由直流伺服系统原理可知，直流伺服系统主要由直流驱动装置、直流电动机、脉宽调制系统及反馈检测装置组成。因此，对直流伺服系统的设计，主要是对直流电动机、功率驱动和控制部分的设计。

图 9-27 为一个典型的直流伺服系统结构框图，主要由功率放大电路、直流电动机、测角装置、相敏解调器及直流放大器组成。与普通伺服系统组成元件类似，直流伺服系统包括放大环节、执行装置、检测环节、反馈环节及比较环节。

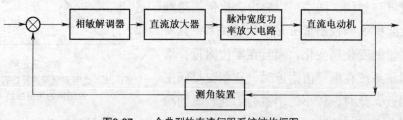

图9-27　一个典型的直流伺服系统结构框图

9.5.2 直流伺服系统的稳态设计

稳态设计是直流伺服系统开发必不可少的环节，主要包括直流电动机的选型、直流电动机功率驱动元件的选择、直流电动机控制的专用集成电路的选型、直流检测装置的选型。

1. 直流电动机的选型

直流伺服系统执行元件——电动机种类很多，从其性质及结构可分为直流伺服电动机、直流力矩电动机、直流无刷电动机。选择执行电动机不仅是确定电动机的类别及控制方式，还必须确定具体型号与规格，需要做定量核算。表 9-5 列出了 SZ 系列直流伺服电动机的技术数据。

表 9-5　　　　　　　　SZ 系列直流伺服电动机的技术数据

型号	转矩 （N·m）	转速 （r/min）	功率 （W）	电压（V）		电流（A） （不大于）		允许顺逆 转速差 （r/min）	转动惯量 不大于 （kg·m²）
				电枢	励磁	电枢	励磁		
45SZ01	$3.332×10^{-2}$	3 000	10	24		1.1	0.33	200	$6.566×10^{-6}$
45SZ02	$3.332×10^{-2}$	3 000	10	27		1	0.3	200	$6.566×10^{-6}$
45SZ03	$3.332×10^{-2}$	3 000	10	48		0.52	0.17	200	$6.566×10^{-6}$
45SZ04	$3.332×10^{-2}$	3 000	10	110		0.22	0.082	200	$6.566×10^{-6}$
45SZ05	$2.842×10^{-2}$	6 000	18	24		1.6	0.33	300	$6.566×10^{-6}$
45SZ06	$2.842×10^{-2}$	6 000	18	27		1.4	0.3	300	$6.566×10^{-6}$
45SZ07	$2.842×10^{-2}$	6 000	18	48		0.8	0.17	300	$6.566×10^{-6}$
45SZ08	$2.842×10^{-2}$	6 000	18	110		0.34	0.082	300	$6.566×10^{-6}$
4SZ51	$4.6×10^{-2}$	3 000	14	24		1.3	0.45	200	$8.134×10^{-6}$
4SZ52	$4.6×10^{-2}$	3 000	14	27		1.2	0.42	200	$8.134×10^{-6}$
4SZ53	$4.6×10^{-2}$	3 000	14	48		0.65	0.22	200	$8.134×10^{-6}$
4SZ54	$4.6×10^{-2}$	3 000	14	110		0.27	0.12	200	$8.134×10^{-6}$
4SZ55	$4.6×10^{-2}$	6 000	25	24		2	0.45	300	$8.134×10^{-6}$
4SZ56	$3.92×10^{-2}$	6 000	25	27		1.8	0.42	300	$8.134×10^{-6}$
4SZ57	$3.92×10^{-2}$	6 000	25	48		1	0.22	300	$8.134×10^{-6}$
4SZ58	$3.92×10^{-2}$	6 000	25	110		0.42	0.082	300	$8.134×10^{-6}$
4SZ60	$4.214×10^{-2}$	4 200 ± 10%	18.5	48	24	0.82	0.45	250	$8.134×10^{-6}$

电动机的输出参数有额定转矩 T_{nom}、额定转速 n_{nom}、额定功率 P_{nom}，输入参数有电枢额定电压 U_{nom}、额定电流 I_{nom}、U_f 和励磁电流 i_f、电枢转动惯量 J_r，其他参数需用以下关系式估算。

电枢电阻：
$$R_a = \frac{I_{nom}U_{nom} - P_{nom}}{2I_{nom}^2}$$

(9-29)

电枢电感：

$$L_a = \frac{3.82 U_{nom}}{n_p n_{nom} I_{nom}} \qquad (9-30)$$

式中，n_p 为电动机的磁极对数。

电势常数：

$$K_e = \frac{9.55(U_{nom} - I_{nom} R_a)}{n_{nom}} \qquad (9-31)$$

转矩常数：

$$K_m = |k_e| \qquad (9-32)$$

2. 直流电动机功率驱动元件的选择

驱动直流电动机的功率放大器很多，常用元件是晶闸管、电力晶体管（GTR）、功率场效应晶体管（Power MOSFET）、绝缘栅双极晶体管（IGBT）。然而，目前 PWM 放大电路的应用相对而言最为广泛。

（1）电力晶体管

GTR 是一种双极型大功率高反压晶体管，它可以直接控制直流电动机的电枢电压，并与有过电流/过电压保护的驱动模块配套作为功率开关使用。GTR 参数可分为动态参数及静态参数。GTR 构成的功率驱动线路分为不可逆调速电路和可逆调速电路。

① 不可逆调速电路。不可逆调速电路是用晶体管控制直流电动机电枢进行单向调速的电路。调速电路也分为线性放大和 PWM。对于线性放大电路的选型，如果是用连续的直流信号进行控制，则用集电极或发射极作为输出；如果直流系统需要制动，则可选用带制动回路的晶体管不可逆调速电路。

图 9-28 所示为以集电极为输出的不可逆调速电路。二极管 VD2 起续流作用，二极管 VD1 是为了给能耗制动回路提供反向偏置；晶体管 VT1 应根据电动机电枢最大电流 I_d 来选择；电源电压 E 等于电动机电枢额定电压 u_{de} 加上晶体管导通压降，如 VT1 和 VD1 两管压降约为 2V，故 $E \geqslant u_{de} + 2V$，否则电动机难以得到准确的额定输入。选晶体管 VT1 时，制动回路的晶体管 VT3 则应按最大制动电流 I_{2max} 来选择。

对于 PWM 线路的选型，用脉冲信号进行控制，通常脉冲的频率和幅值保持一致，仅仅是脉冲宽度变化，通过调节脉冲宽度的大小来控制输出信号的大小。

如图 9-29 所示，不可逆开关控制电路带有制动回路，由于没有附加制动电阻，故晶体管 VT2 与 VT1 可选用同型号的。由于晶体管工作于开关状态，晶体管的功耗比线性放大状态的小，因而选用低功耗的驱动电路时可考虑不可逆控制电路。

② 可逆调速电路。可逆调速电路也分为线性放大和 PWM。线性放大回路的选型主要是选用 T 型和 H 型线路，T 型线路又可分为发射极输出型和集电极输出型。

图 9-30 所示为 T 型线性放大电路，图 9-30（a）为发射极输出型，图 9-30（b）为集电极输出型。如果采用电动机电枢电压进行控制，可选用发射极输出型；如果采用电动机电枢电流进行控制，可选用集电极输出型。两者的主要区别在于控制的电信号不同，对于后者可获得软的机械特性。图 9-30（a）、（b）均为可逆调速电路，其双向电源均由 $+E$、$-E$ 提供。

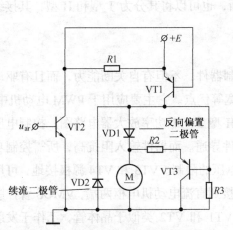

图9-28 以集电极为输出的不可逆调速电路

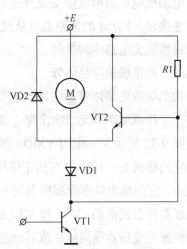

图9-29 不可逆开关控制电路

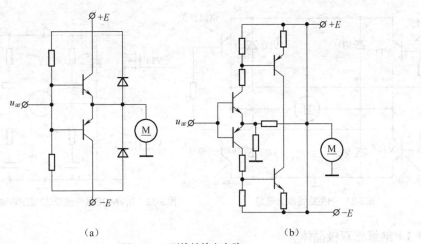

（a）　　　　　　　　　　　　（b）

图9-30 T型线性放大电路

图 9-31 所示为 H 型线性放大电路。VT1、VT2 为电流开关，VT3、VT4 为跨导放大级，VT1 或 VT2 的导通取决于 VT3 或 VT4 的导通。控制电压加到 AB 两端，且对地对称分布。当 A 为正、B 为负时，VT4 导通，VT2 导通，VT1、VT3 截止，这样避免了一侧直通，同时电动机正转；控制电压接反时，则 VT1、VT3 导通，电动机反转。

在 PWM 功率放大电路选型时，应注意 PWM 单极性和双极性的差别。单极性下控制信号为零，控制电动机正向和反向转动，晶体管均不导通，有信号时，仅有控制正向（或反向）的晶体管有脉冲输出，而另一向的晶体管仍处于截止状态；双极性下控制信号为零，控制电动机正向和反向转动的晶体管交替导通，流过电动机的电流是交流，其直流分量为零，有信号时，一边晶体管导通时间长，截止时间短，另一边则截止时间长、导通时间短，流过电动机电枢的电流除交流外还有直流分量，直流分量的极性和大小决定电动机的转向和转速快慢。PWM 的选型也可从线路类型判断，也可以将其分为 T 型和 H 型，其接线方式与线性放大电路中的类似。

（2）功率场效应晶体管

功率场效应晶体管是一种单级型的电压控制器件，不但有自关断能力，而且有驱动功率小、工作速度高、无二次击穿、安全工作区宽等优点。它主要应用于 PWM 电动机中。

图 9-32 所示为一个用 VMOS 器件组成的 H 型 PWM 功率放大器电路图。控制电压可加到它的栅极上，10V 左右的正偏压就可使器件导通。而器件输入阻抗高，所需控制功率就很小，它的输出功率受漏极电流和最大漏源电压的限制。VT3 和 VT4 源极接地，可用一般集成器件直接推动，VT1 和 VT2 的源极分别接到直流电动机电枢两端，VMOS 管控制信号需经脉冲变压器隔离或采取其他措施。这里 VT1 和 VT2 类似于晶体管，工作于发射极输出状态，并保证栅极对源极正偏压，否则不能导通。

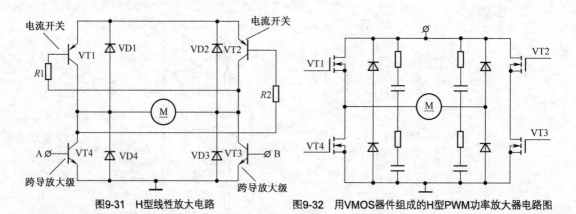

图9-31　H型线性放大电路　　　　　图9-32　用VMOS器件组成的H型PWM功率放大器电路图

（3）绝缘栅双极晶体管

IGBT 是由 MOSFET 和晶体管技术结合而成的复合型器件，比 GTR 双极型电流驱动和功率 MOSFET 单极型电压驱动器件更优越。IGBT 具有输入阻抗高、工作速度快、通态电压低、阻断电压高、承受电流大等特点，所以多用于电动机控制、中频和开关电源及要求快速、低损耗等领域。以东芝公司 MG25N2SI 为例，对 IGBT 管进行选择时，应特别注意以下电气特征。

表 9-6 为东芝公司 MG25N2SI 的电气特性，主要包括门极漏电流、漏极漏电流、漏—源电压、门—源电压、漏源饱和压降、输入电容、开关时间和反向恢复时间。在根据以上各个参数确定 IGBT 后，为了使其工作可靠，还要使用与其配套的混合集成驱动电路，如日本富士的 EXB 系列、东芝的 TK 系列、美国摩托罗拉的 MPD 系列等。这些专用驱动电路抗干扰能力强、集成化程度高、速度快、保护功能完善，可实现 IGBT 的最优驱动。

表 9-6 　　　　　　　　东芝公司 MG25N2SI 的电气特性（ $T=25℃$ ）

项目		符号	单位	测试条件	最小	标准	最大
门极漏电流		I_{GSS}	nA	$V_{GS}=±20V$，$V_{DS}=0$	—	—	±500
漏极漏电流		I_{DSS}	mA	$V_{DS}=1000V$，$V_{GS}=0$	—	—	1
漏—源电压		V_{DSS}	V	$I_D=10mA$，$V_{GS}=0$	1 000	—	—
门—源电压		$V_{GS(off)}$	V	$V_{DS}=5V$，$I_D=25mA$	3	—	6
漏源饱和压降		V_{DSS}	V	$I_D=25A$，$V_{GS}=15V$	—	3	5
输入电容		C_i	V	$V_{DS}=10V$，$V_{GS}=0$，$f=1MHz$	—	3 000	—
开关时间	上升时间	t_r	μs	$V_{GS}=±15V$	—	0.3	1
	开通时间	t_{on}	μs	$R_G=51Ω$	—	0.4	1
	下降时间	t_f	μs	$V_{OD}=600V$	—	0.6	1
	关断时间	t_{off}	μs	负载电阻 24Ω	—	1	2
反向恢复时间		t_{rr}	μs	$I_F=25A$，$V_{GS}=-10V$　$di/dt=100A/μs$	—	0.2	0.5

3. 直流电动机控制的专用集成电路的选型

随着伺服电动机控制单元集成化的不断提高，将具有不同功能的单元集成在一起，使选型设计更简单。伺服系统常用的伺服控制专用集成电路有 L290 为转速/电压变换器加基准电压发生器；L291 为 D/A 转换器加速度调节放大器；L292 为 PWM 式直流电动机驱动器。

（1）L290 单片大规模集成电路

图 9-33 所示的 L290 引脚图为 16 脚直插式结构，它具有 3 种功能：① 转速电压发生器，处理由光电脉冲发生器输出的信号，实现电动机的速度反馈；② 参考电压发生器，其产生的参考电压供系统的 D/A 转换用；③ 位置脉冲发生器，将位置脉冲送至微处理机作为位置反馈。它主要是处理转速电压、反馈电压、参考电压和位置脉冲。

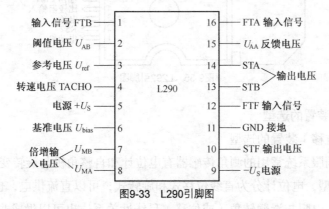

图9-33　L290引脚图

（2）L291 直插式大规模集成电路

如图 9-34 所示，L291 采用 16 引脚双列直插式，它用来实现系统与微处理机的接口和控制。芯片中有一个 5 位的双极性输出的电流型 D/A 转换器，该转换器的参考电压取自 L290。L291 芯片还有误差放大器和位置信号放大器，速度调节器的参数和位置信号放大器的增益都可以从外部调整。信号 SIGN 输入端用于控制电动机的旋转方向。

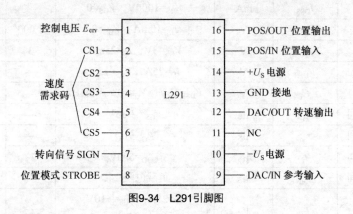

图9-34　L291引脚图

（3）L292 智能化功率集成电路

图 9-35 所示的 L292 引脚图采用 15 引脚结构，L292 内部电路主要包括一个功率跨导放大器和电流检测及电流调节器。功率跨导放大器供给直流电动机电流信号与控制信号，并以 PWM 工作方式来驱动电动机；电流检测及电流调节器用来实现电流的闭环控制。

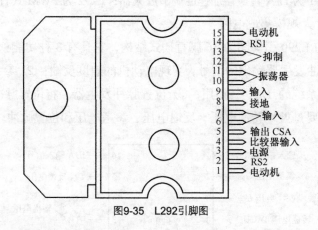

图9-35　L292引脚图

4. 直流检测装置的选型

（1）测角（位移）装置的选型

一般情况下伺服系统常用的测角传感器有电位计和自整角机与旋转变压器。

① 电位计选型，电位计分为直线位移式和旋转式，可以直流供电，也可以交流供电。滑动触点移动时，电阻与滑臂转角（或位移）呈线性关系，也可以做成非线性函数关系，因而在伺服系统中的应用较普遍。

② 自整角机与旋转变压器选型，一般自整角机与旋转变压器成对使用：一个作为发送

机与接收机相连，另一个作为接收机与系统输出轴相连。在发送机与接收机之间多采用导线相连。

如图 9-36 所示，自整角机测角和旋转变压器测角用来完成输入轴与输出轴之间转角的比较，输出电压反映误差角 $\Delta\theta=\theta_{in}-\theta_{ex}$ 的大小，其转角不受限制。自整角机与旋转变压器的发送机采用 28ZKF02 和 20XF01，自整角机与旋转变压器的接收机采用 28ZKB03 和 20XB01。

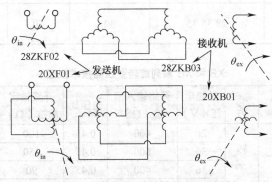

图9-36 自整角机测角和旋转变压器测角

表 9-7 和表 9-8 分别反映出伺服系统测角的部分自整角机 ZK 系列和旋转变压器 X 系列的产品技术数据。可以看出：控制式发送机 ZKF 与 ZKB 需要配对使用，旋转变压器 XF 与 XB 需要配对使用；发送机与接收机的励磁电源频率必须一致；发送机的输出电压必须与接收机的励磁电压相等。

表 9-7　　　　　　　　　　　　　自整角机技术数据

机座号	型号	频率（Hz）	励磁电压（V）	最大输出电压（V）	空载电流（A）	空载功率不大于（W）	质量（g）
12	12KF4G	400	20	9	0.07	—	25
	12KCF4G	400	9	9	0.1		25
	12KB4G	400	9	18	0.05	—	25
27	27KF4B-TH	400	115	90	0.027	0.6	—
	27KB4B-TH	400	90	58	0.012	0.3	—
28	28KF4E	400	36	16	0.22	2.0	130
	28KB4E	400	16	32	0.14	1.0	130
	28KF4A	400	115	90	0.025	0.60	120
	28KCF4A	400	90	90	0.025	0.50	120
	28KB4A	400	90	58	0.01	0.30	120
	28KF4B	400	36	16	0.06	0.50	120
	28KCF4B	400	16	16	0.09	0.40	120
	28KB4B	400	16	32	0.05	0.25	120
	28KB4B-1	400	90	58	0.01	0.2	150

KL 系列自整角机的精确度等级						
电动机类别	误差名称	机座号	最大平均误差（′）			
			0	1	2	3
KCF KF KB	电气误差（′）	20	—	10	15	30
		28 36 45	5	10	15	30
LF LCF	零态误差（′）	28 36 45	5	10	15	30
LJ	静态误差（′）	28 36 45	30	60	90	120

表 9-8　　　　　　　　　　XF 和 XB 系列旋转变压器技术数据

类别	型号	频率（Hz）	励磁方	励磁电压（V）	开路输入阻抗（Ω）	电压比	开路输出阻抗（Ω）	断路输出阻抗（Ω）	输出电压相移
旋变发送机	20XF01		转子	26	400	0.45	100	70	20%
	28XF01			36	600	0.45	150	50	12%
	36XF01			36	400	0.45	90	25	7%
	45XF01			115	400	0.78	250	60	5%
旋变变压器	20XB01		定子	12	1 000	2	5 100	5 000	22%
	28XB01			16	1 000	2	4 200	2 200	12%
	28XB02	400		16	2 000	2	8 500	4 000	15%
	36XB01			16	1 000	2	4 000	1 400	7%
	36XB02			16	2 000	2	8 000	2 400	7%
	36XB03			16	3 000	2	12 000	3 600	7%
	45XB01			90	2 000	0.65	860	190	5%
	45XB02			90	4 000	0.65	1 700	370	5%
	45XB03			90	10 000	0.65	4 200	1 100	5%
精度等级				0		1		2	3
精误差				± 3		± 8		± 16	± 22

　　自整角机的机座号有 3 种，分别为 12、27 和 28；频率均为 400Hz；励磁电压范围为 9～115V；最大输出电压为 9～90V；空载电流为 0.01～0.22A。同时列出了 KL 系列自整角机精确度等级，直流电动机的类别有 KCF、KF、KB、LF、LCF 及 LJ。精确误差包括电气误差、零态误差和静态误差，最大平均误差分为 0、1、2 和 3 4 个等级。对于伺服系统来说，最重要的是测角元件的精度。因而，在选用发送机和接收机的型号时，还必须明确选用哪一个精度等级的产品：如选用 1 级精度的 28KF4E 作为发送机，选 1 级精度的 28KB4E 作为接收机，两者的电气误差都是 ± 10′。转子相对定子转一周的范围内，其电气误差分布是随机的。当发送机与接收机组成测角线路后，应用均方根求测角装置的误差，即 $\Delta = \sqrt{10^2 + 10^2} = 14.14'$。这个误差 Δ 必须比伺服系统要求的系统误差 e_c 小。通常要求

$$\Delta \approx \frac{1}{2} e_{\mathrm{c}} \text{。}$$

对于 XF 和 XB 系列旋转变压器来说，其频率均为 400Hz。XF 系列旋转变压器励磁电压最高为 115V，最低为 26V；XB 系列的励磁电压最高为 90V，最低为 12V；XF 系列旋转变压器电压比最低为 0.45，最高为 0.78；XB 系列电压比则在 0.65～2 范围内进行选择。XF 系列旋转变压器开路输入阻抗最低为 400Ω，最高为 600Ω；XB 系列开路输入阻抗最低为 1 000Ω，最高为 10 000Ω。XF 系列开路输出阻抗最低为 90Ω，最高为 250Ω；XB 系列开路输出阻抗则在 860～12 000Ω 范围内进行选择。XF 系列断路输出阻抗范围在 25～70Ω 范围内进行选择，XB 系列断路输出阻抗则在 190～5 000Ω 范围内进行选择。两个系列旋转变压器输出电压相移范围均在 5%～22% 范围内进行选择。精确度等级有 0、1、2 和 3，4 个等级，精误差范围为 ±3～ ±22。

（2）直流测速发电机的选型

在直流装置中，为了实现速度闭环，还需要测速装置。目前，直流测速发电机是应用最为普遍的测速装置。测速发电机一般分为以下几个系列：ZCF 系列直流测速发电机、CY系列直流永磁式测速发电机和 CYD 系列高灵敏度直流测速发电机。

表 9-9 给出了 ZCF 系列直流测速发电机的技术数据。选用直流测速发电机时不能超过其上限值，比电势 K_{e} 代表测速发电机特性的斜率（即转换系数），ZCF 系列则要用电枢电压比转速来获得。实际上其特性并非以 K_{e} 为斜率的直线，由于实际情况下不仅存在线性误差、不对称度、纹波系数，还存在电刷与换向器之间的接触电压降 ΔU，当角速度小于或等于 $\Delta\Omega = \dfrac{\Delta U}{K_{\mathrm{e}}}$ 时，即可使测速发电机没有输出，从而产生死区，所以在选用测速发电机时需估计 $\Delta\Omega$ 的大小。

表 9-9　　　　　　　　　　　　ZCF 系列直流测速发电机的技术数据

型　号	励磁		电枢电压（V）	负载电阻（Ω）	转速〔r/min〕	输出不对称度	输出线性误差	质量（kg）
	电流（A）	电压（V）						
ZCF121 ZCF121A	0.09		50 ± 2.5	2 000	3 000	1	± 1	0.44
ZCF221 ZCF221A ZCF221C	0.3		51 ± 2.5	2 000	2 400	1	± 1	0.9
ZCF222 ZCF321	0.06	110	74 ± 3.7	2 500	3 500	2	± 3	0.9
			100 ± 10	1 000	1 500	3	± 3	1.7
ZCF361 ZCF361C	0.3		106 ± 5 174 ± 8.7	10 000 9 000	1 100	1	± 1	2.0

9.5.3 直流伺服系统的数学模型

在稳态设计的基础上，利用所选元件的参数及铭牌和经验公式，可以近似推导出直流伺服系统传递函数。如图 9-38 所示，直流伺服随动系统用一对旋转变压器组成测角装置，通过一对模拟开关组成全波相敏整流，经直流放大器、脉冲宽度功率放大器产生矩形脉冲，并驱动直流电动机。

1. 测角装置

测角装置特性与自整角机一样，通常取 $e=\pm30°$ 范围内为线性，故其传递函数为

$$W_1(s)=K_1=0.995U_{max}（V/rad）\tag{9-33}$$

2. 相敏解调器

模拟开关接通时内阻可忽略，断开时的内阻为无穷大，可得该部分的等效传递函数为

$$W_2(s)=\frac{K_2}{1+T_2s}\tag{9-34}$$

式中，K_2、T_2 为该相敏解调器的参数，由内部电路连接方式及大小决定。

3. 直流放大器

$$W_3(s)=K_3\tag{9-35}$$

式中，K_3 为放大系数。

4. 脉冲宽度功率放大器

当直流放大器输出电压等于三角波信号幅值 U_p 时，桥路连续导通，即电源电压 E 与 U_p 成比例。

$$W_4(s)=K_4=\frac{E}{U_p}\tag{9-36}$$

5. 电动机电枢电流与电磁转矩的关系

对于普通直流电动机，其额定参数为额定电压 U_e（V）、额定电流 I_e（A）、额定输出功率 P_e（W）和额定转速 n_e（r/min）。

图 9-37 所示为电枢控制直流电动机原理图，电枢电压 $U_a(t)$ 为输入量，电动机转速 $\omega_m(t)$（rad/s）为输出量，R_a（Ω）、L_a（H）分别是电枢电路的电阻和电感，M_c（N·m）是折合到电动机轴上的总负载转矩，励磁磁通为常值。直流电动机的运动方程可由以下 3 部分组成。

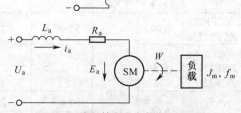

图9-37 电枢控制直流电动机原理图

① 电枢回路电压平衡方程：

$$U_a(s)=(R_a+L_as)I_d(s)+K_e\Omega_d(s)\tag{9-37}$$

式中，Ω_d 为电动机角速度的拉氏变换相函数；K_e 为反电动势系数 [V/（rad·s）]，其大小

与励磁磁通及转速成正比，方向与电枢电压 $U_a(s)$ 相反。

② 电磁转矩方程： $$M_m(t) = K_m I_a(s) \tag{9-38}$$

式中，K_m 为电动机转矩系数（N·m/A）；$M_m(t)$ 为由电枢电流产生的电磁转矩（N·m）。

③ 电动机轴上的转矩平衡方程：

$$M_d(s) = \left(J_d + J_p + \frac{J_z}{i^2 \eta} \right) s \Omega_d(s) \tag{9-39}$$

式中，J_d 为电动机电枢转动惯量（电动机和负载折合到电动机轴上的），kg·m²；J_p 为减速装置折合到电动机轴上的转动惯量；J_z 为负载转动惯量；i、η 为减速器传动比和传动效率。

6. 执行电动机输出角速度 Ω_d 至系统输出转角 $\varphi_c(s)$

$$W_6(s) = \frac{\varphi_c(s)}{\Omega_d(s)} = \frac{1}{i_s} \tag{9-40}$$

将以上各式组合起来即可得到系统传递函数框图，如图 9-38 所示。

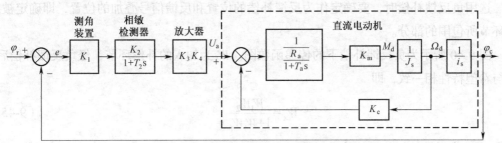

图9-38 直流伺服系统传递函数框图

$$W(s) = \frac{\varphi_c(s)}{E(s)} = \frac{K}{s(1 + T_2 s)[(1 + T_a s)T_m s + 1]} \tag{9-41}$$

其中，$T_a = \dfrac{L_a}{R_a}$，$K = \dfrac{k_1 k_2 k_3 k_4}{i K_e}$，$T_m = \dfrac{R_a \left(J_d + J_p + \dfrac{J_z}{i^2 \eta} \right)}{K_e K_m}$。

9.5.4 直流伺服的动态设计

原始系统的开环传递函数为 $W_0(s)$，为了获得良好的响应特性，需在该反馈控制方式的基础上加一些补偿装置。一般补偿装置分为串联补偿和负反馈补偿。

1. 串联补偿装置的设计

设计串联补偿装置，先要找到所需要的串联补偿装置的特性，再求出对应的传递函数。接下来设计实际串联补偿装置的线路，并将它有效地串入到原始系统中，使补偿后的系统特性与希望特性相一致（或相似）。工程上常采用顺馈补偿的形式进行串联补偿装置设计（图 9-39）。

其中,原始系统传递函数 $W_0(s)=W_1(s)W_2(s)$,顺馈补偿的传递函数为 $W_b(s)$ 。设希望特性 $L_x(\omega)$ 对应的传递函数是 $W_x(s)$,待求的串联补偿装置的特性为 $L_c(\omega)$ 、传递函数为 $W_c(s)$,有以下关系式:

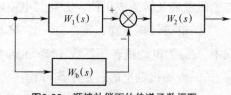

图9-39 顺馈补偿下的传递函数框图

$$W_x(s)=W_0(s)W_c(s) \tag{9-42}$$

$$L_c(\omega)=L_x(\omega)-L_0(\omega) \tag{9-43}$$

补偿后的系统特性与希望特性一致,则有

$$W_x(s)=[W_1(s)+W_b(s)]W_2(s) \tag{9-44}$$

根据补偿前和期望的传递函数特性做出二者的对数频率特性图,通过对数频率特性图比较二者曲线的差别,进而可求出顺馈补偿的传递函数 $W_b(s)$ 。

2. 负反馈补偿装置的设计

选用负反馈补偿时,要确定作为反馈补偿的位置和反馈信号叠加的位置,即确定被反馈环节所包围的部分。

图 9-40 所示为负反馈补偿下的传递函数图。W_f 为加入的补偿环节,经负反馈补偿后,应与希望特性相一致,即

$$W_x=\frac{W_1W_2}{1+W_1W_f} \tag{9-45}$$

式中,W_f 为反馈补偿装置的传递函数。

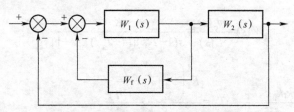

图9-40 负反馈补偿下的传递函数框图

负反馈补偿与串联补偿的解法相同,在求出反馈补偿装置的传递函数 W_f 后,将其与原系统连接,便可有效改善系统的动态特性。

9.6 交流伺服系统设计

交流伺服系统是当今工业制造及加工领域主要采用的一种伺服系统,由于交流(AC)伺服电动机无电刷和机械换向器,因此交流伺服系统广泛应用于频繁起停及频繁换向的场合。本节主要介绍交流伺服系统的总体设计、交流伺服电动机的选型、交流伺服放大器的选型、交流伺服控制电路的选型、位置检测装置的选型、交流伺服系统的数学模型建立及动态分析。

9.6.1 交流伺服系统的总体设计

交流伺服系统的总体设计步骤如下。

① 明确交流伺服系统的组成：伺服电动机、速度和位置传感器、功率逆变器和 PWM 生成电路、速度控制器和电流控制器。

② 进行交流伺服电动机的选择，根据不同的控制场合来选用感应伺服电动机或永磁伺服电动机，对于高性能电气交流伺服系统，大多采用永磁同步交流伺服电动机。

③ 在交流伺服控制中，控制方式大多采用快速、准确定位的全数字位置控制，当然也可采用半数字即数字—模拟混合控制方式驱动。如果不需要反馈控制，则采用开环控制；如果需要对局部变量进行控制，则采用半闭环控制；如果需要对整个系统参量进行控制，则采用全闭环控制或复合控制。

④ 确定交流伺服系统输入量的形式，在进行位置控制时，其输入量为机械位移；在进行转角控制时，其输入量为角位移。确定交流伺服驱动器所处理的信号类型（即模拟量/数字量的选择）。

⑤ 确定交流伺服元件的类型，根据工业现场控制要求来选用交流伺服控制器，功率器件大多采用 IGBT 组件。交流伺服控制器有交流伺服位置控制器、交流伺服速度控制器和交流伺服转矩控制器。

⑥ 确定交流伺服功率器件、交流伺服电动机、控制电路和反馈器件的接线端子及其分配，各连接线的规格。

9.6.2 交流伺服系统的稳态设计

与直流伺服系统相似，交流伺服系统的稳态设计过程主要包括交流伺服电动机的选型、交流伺服放大器的设计选型、交流伺服控制电路设计、位置/速度传感器选型设计。

1. 交流伺服电动机的选型

（1）交流伺服电动机的产品介绍

交流伺服电动机种类繁多，每个品牌的交流伺服电动机都有各自的结构和特点。表 9-10 列出了国外和国内交流伺服电动机的供应商及产品。

表 9-10　　　　　国内和国外交流伺服电动机的供应商及产品

生产商			系列产品
国外	日本	安川电动机公司	D、R、M、F、S、H、C、G 共 8 个系列，功率范围为 0.05～6kW
		法兰克公司	S 系列、L 系列
		松下公司	全数字 MINAS 系列，其中小惯量 MSMA 系列的功率范围为 0.03～5kW；中惯量 MDMA、MGMA、MFMA 系列的功率范围为 0.75～4.5kW；大惯量 MHMA 系列的功率范围为 0.5～5kW
		三菱电动机公司	HC-KFS、HC-MFS、HC-SFS、HC-RFS、HC-UFS 系列

生产商			系列产品
国外	德国	Rexroth 公司 Indramat 分部	MAG 系列，共 7 个机座号，92 个规格
		西门子公司	IFTS 三相永磁交流伺服电动机，分为标准型和短型两大类
		Bosch 公司	SD 铁氧体系列、SE 稀土永磁系列配 Servodyn SM 系列驱动控制器
	美国	Gettys 公司	M600 系列和 A600 系列，而后推出 A700 全数字化交流伺服系统
		A-B 公司（ALLEN-BRANDLEY）	1326 铁氧体系列、1391PWM 伺服控制器，3 个机座号，30 个规格
		I.D（Industrial Drives, Kollmorgen 工业驱动部）公司	Goldline 系列，其中包括 B（小惯量）、M（中惯量）、EB（防爆）三大类。力矩范围为 0.84～112.2N·m，功率范围为 0.54～15.7kW
	爱尔兰 Inland 公司（现并入 AEG 公司）		BHT1100、2200、3300 3 种机座号
	法国 Alsthom 集团 Parvex 工厂		LG（长型）和 GC（短型）系列，14 个规格，配 AXODYN 系列驱动器
	韩国三星公司		FAGA 全数字控制交流伺服电动机及驱动器系列，其中有 CSM、CSMG、CSMZ、CSMD、CSMF、CSMH、CSMN、CSMX 8 种型号，功率范围为 15W～5kW
国内	华中数控公司		GK6 系列、150 系列
	大连电动机集团公司		YSFZ/YSFJ 系列、MD 系列、MDSPB 系列、DSP 系列、YSVP 系列、YBP 系列、YGP 系列

交流伺服电动机主要以国外生产厂商居多，尤其是日本的安川、三菱、松下及法兰克这些品牌占交流伺服电动机市场的主要份额。德国 Rexroth 公司、西门子公司及 Bosch 公司也是交流伺服电动机的主要供应商。美国以 Gettys 公司、A-B 公司及 I.D 公司生产的交流伺服电动机为主，这些类型的电动机根据应用场合的不同各有特点，如大惯量电动机、防爆电动机、全数字电动机及永磁电动机。另外，爱尔兰 Inland 公司、法国 Parvex 工厂、韩国三星公司也生产不同类型的交流伺服电动机。国内的交流伺服电动机生产厂商主要是华中数控公司和大连电动机集团公司。

（2）交流伺服电动机的规格

在选择交流伺服电动机的供应商后，需要进一步了解该电动机的性能与规格，同时需要考虑其价格。伺服电动机的厂商较多，且性能各异，为了解样本产品的各项内容，以 SY 系列交流伺服电动机为例对其型号参数进行说明。

交流伺服电动机的基本参数包括型号、额定功率、最高转速、额定电压、额定电流、额定转矩及转子惯量（表 9-11）。电动机的基本参数在产品样本或铭牌上都有明确表示，选型需要考虑输出功率、转速、保护方式及伺服驱动机械负载特性这 4 个方面。转速设定需要考虑最高转速，设计时转速不能超过最高转速；同时伺服电动机在出厂时给出额定转矩后，额定功率可由用户决定，这是与选用普通电动机的最大区别。由于伺服电动机多数是工作在频繁的启动—停止状态，在加速和减速时必须输出 3～5 倍的额定转矩，电流也成比例上升，电动机的发热近似与电流平方成比例，温升不超过输出功率，该输出功率是按照能稳定运行的最大转速和额定转矩计算出来的。

表 9-11　　　　　　　　　　　　　SY 系列交流伺服电动机的规格

系列	型号	额定功率（kW）	额定转速（r/min）	最高转速（r/min）	额定电压（V）	额定电流（A）	额定转矩（N·m）	转子惯量（kg·m²）
60电动机参数	SY-M00630	200	3 000	3 500	220	1.3	0.6	0.13×10^{-4}
	SY-M01230	400	3 000	3 500	220	2.5	1.2	0.26×10^{-4}
	SY-M01930	600	3 000	3 500	220	3.7	1.9	0.38×10^{-4}
80电动机参数	SY-M01630	500	3 000	3 500	220	3.2	1.6	0.85×10^{-4}
	SY-M02430	750	3 000	3 500	220	3.6	2.4	1.78×10^{-4}
	SY-M03230	1 000	3 000	3 500	220	4.0	3.2	2.38×10^{-4}
110电动机参数	110SY-M02030	600	3 000	3 300	220	2.5	2	0.31×10^{-3}
	110SY-M04030	1 200	3 000	3 300	220	5.0	4	0.54×10^{-3}
	110SY-M05030	1 500	3 000	3 300	220	5.0	5	0.63×10^{-3}
	110SY-M06030	1 800	3 000	3 300	220	4.5	6	0.76×10^{-3}
	110SY-M06020	1 200	2 000	2 500	220	6.0	6	0.63×10^{-3}

（3）交流伺服电动机的特性

对于机械负载必须考虑负载的转矩特性。如图 9-41 所示，交流伺服电动机必须产生出足够的转矩 T_e 来克服负载转矩 T_1、机械部分的摩擦转矩 T_f 和负载加减速时所需的加速转矩 T_a 之和的反作用。

如图 9-42 所示，一般来说，由电动机所驱动的负载，其转矩—速度特性可大致分为 3 类：图 9-42（a）中恒转矩负载类型的负载转矩不随负载速度变化而保持恒定，负载功率则随着速度的增高而线性增加；图 9-24（b）中流体负载类型的转矩 T 与转速的二次方成比例，功率 P 与转速的三次方成比例；图 9-24（c）中恒功率负载类型

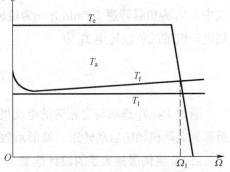

图9-41　交流伺服电动机所产生的转矩和负载转矩之间的关系

的负载特点是转矩与转速成反比，但其乘积（即功率）近似保持不变。交流伺服电动机的转矩—转速特性是一条直线，即转矩为一个常数。交流伺服电动机尤其适用于驱动机床进给轴等一类的恒转矩负载。

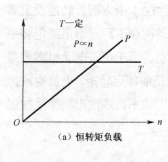

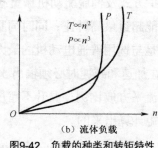

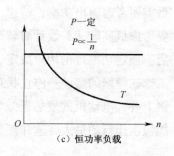

图9-42 负载的种类和转矩特性

（4）机械系统的等效惯量

从转子惯量大小来看，通常情况下交流伺服电动机一般可分为超低惯量、低惯量和中惯量 3 个档次。在负载启动、制动频繁的场合，可选转动惯量小的伺服电动机；在要求低速运行平稳而又不频繁启动、制动的场合，可选用惯量值较大的伺服电动机。另外，折算到电动机轴上的负载等效惯量通常要限制在 2.5 倍电动机惯量之内。如何匹配两者之间的数值使之既保证过渡过程的快速性，又不产生显著的振荡、保持平稳，是选择电动机时要重点考虑的因素之一。在实际设计机电一体化产品时，需要知道伺服电动机所驱动的机械惯量 J，并将其折算到伺服电动机轴上。

（5）电动机容量

在实际选择伺服电动机之前，还要预选电动机的容量。首先计算稳定工作时，负载所需要的功率 P_0 和折算到电动机轴的负载转矩 T_L。当负载为旋转运动时，负载稳定运动时所需的功率为

$$P_0 = \frac{T_1 N_1}{973\eta} \tag{9-46}$$

式中，N_1 为负载转速（r/min）；η 为机械传动效率；T_1 为负载轴端的转矩（kg·m²）。换算到电动机轴的负载转矩 T_L 为

$$T_L = \frac{N_L}{N_M\eta} T_1 \tag{9-47}$$

通过 P_0、T_L 选取与之相应的电动机容量。伺服电动机有效转矩与加速时间、减速时间、折算到电动机轴的启动转矩、波形系数有关，确定有效转矩时应注意这些因素。

2. 交流伺服放大器的设计选型

交流伺服控制中常用到的 GTR、功率场效应晶体管、绝缘栅双 IGBT，其特性及原理见 9.5 节。下面对它们的主要特性进行比较，为读者选用开关器件提供参考。

（1）通态电压特性

图 9-43 所示为 GTR、功率场效应晶体管和 IGBT 的通态电压特性。IGBT 的通态电压和 GTR 相同，与偏置电压（阈值电压）有关。但在大电流区域，由于电导调制的结果，IGBT

比功率场效应晶体管的通态压降低。另外,IGBT 的通态电压温度系数在低电流区域为负值,在大电流区域为正值,而且,在大电流区域通态电压温度系数与温度依存关系功率场效应晶体管最弱。

（2）开关损耗

图 9-44 所示 GTR 和 IGBT 的开关损耗比较曲线,显然 GTR 的开关损耗大于 IGBT 的开关损耗,IGBT 的开关损耗为 GTR 开关损耗的 1/5～1/3,因而 IGBT 适宜作为高频开关使用。

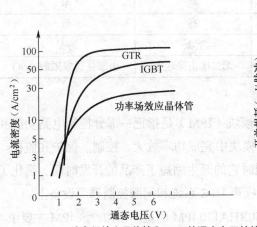

图9-43 GTR、功率场效应晶体管和IGBT的通态电压特性

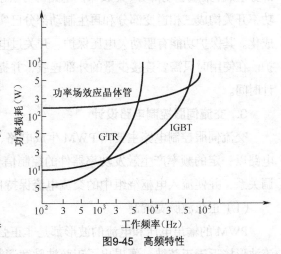

图9-44 GTR和IGBT的开关损耗比较曲线

（3）高频特性

图 9-45 所示为高频开关工作时的功率损耗和工作频率之间的关系。为了保证在工作频率下这 3 类功率晶体管消耗最少,规定这些功率晶体管应在指定的工作频率范围内。功率场效应晶体管的工作频率在 30kHz 以上,IGBT 的工作频率在 10～30kHz 范围内,而 GTR 的工作频率则小于 10kHz。

（4）其他特性

GTR、功率场效应晶体管和 IGBT 的特性比较见表 9-12,由表可知 GTR 的开关损耗高,适用于低频工作,驱动方式为电流驱动,并且很难实现高速化,但容易实现高压化、大电流;功率场效应晶体管的通态压降较 IGBT 高,在大电流区域温度系数对温度依存关系强,适合于高频工作,采用电压驱动方式,容易实现高速化;IGBT 的开关损耗低,工作频率比 GTR 高,但比功率场效应晶体管低,存储时间极短,断路 ASO 窄。

图9-45 高频特性

表 9-12　　　　　　　　　GTR、功率场效应晶体管和 IGBT 的特性比较

开关器件	GTR	功率场效应晶体管	IGBT
驱动方式	电流	电压	电压
开关速度（μs）	1～5	0.1～0.5	0.1～0.5
存储时间（μs）	5 420	无	几乎无
高压比	容易	难	容易
大电流化	容易	难	容易
高速化	难	极容易	极容易
断路 ASO	宽	宽	窄
饱和电压	极低	高	低
并联难易	容易	容易	容易
其他	由二次击穿现场限制 ASO	无二次击穿现象	由擎住现象限制 ASO

（5）智能功率模块

随着集成电路制造技术的进步，智能功率模块（IPM）是指把一部分控制电路功能和功率开关器件集成在一个模块中，并在这一个模块中完成功率放大、控制、保护和监视。由于 IPM 内含各种保护，因此安全性很高；同时它的诞生缩短了产品的开发时间，简化了开发步骤。IPM 已被应用于无噪声逆变器、低噪声 UPS 系统和伺服控制器等设备上。

图 9-46 所示为日本三菱电动机公司的 PM50RHA120 IPM 的基本结构，该 IPM 主要由 4 部分组成：集成驱动部分、集成保护电路部分、制动部分和逆变器部分。虚线框部分说明 IGBT 功率开关构成三相逆变部分和再生制动部分已实现集成化，栅极驱动电路和保护电路也已集成化。其保护功能有驱动欠电压保护、开关过电流保护、桥臂短路保护及过热保护等系统保护。在使用时只需要连接少量的外部连线，并提供部分外部电源及控制输入即可，节省了设计时间。

3. 交流伺服控制电路设计

交流伺服控制电路主要由 PWM 生成电路、速度控制器和电流控制器组成。PWM 生成电路以一定的频率产生触发功率器件的控制信号，使功率逆变器的输出频率和电压保持协调关系，并使流入电枢绕组中的交流电流保持良好的正弦性。

（1）正弦波脉宽调制

PWM 的输出电压和电流的波形都是非正弦波，具有许多高次谐波成分。为了使输出电流波形接近于正弦波，便提出了正弦波脉宽调制（SPWM）的方式。

图 9-47 所示为 SPWM 原理图，在每半个周期内输出若干个宽窄不同的矩形脉冲波，每个矩形波的面积近似对应正弦波各相应局部波形下的面积。将一个正弦波的正半周期划分为 12 等份，每一等份的正弦波形下的面积可用一个与该面积相等的矩形来代替，于是正弦波形所包围的面积可用这 12 个等幅（V_d）不等宽的矩形脉冲面积之和来等效。各矩形脉

冲的宽度由正弦调制波和三角形载波相比较的方式来确定脉宽。在进行脉宽调制时，使脉冲系列的占空比按正弦规律来安排。

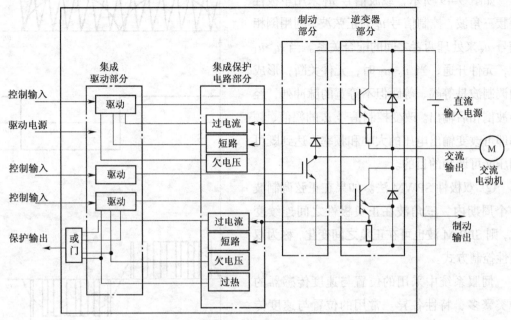

图9-46　IPM的基本结构

如图 9-48 所示，当正弦值为最大值时，脉冲的宽度也最大，脉冲间的间隔则最小；反之，当正弦值较小时，脉冲的宽度也较小，而脉冲间的间隔则较大，这样的电压脉冲系列可以使负载电流中的高次谐波成分大为减小，又称这样的调制方式为 SPWM。SPWM 的控制方法有多种，按调制脉冲极性关系可分为单极性 SPWM 和双极性 SPWM 两种。

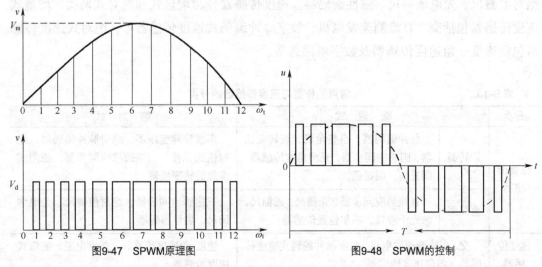

图9-47　SPWM原理图　　　　　　　图9-48　SPWM的控制

① 单极性 SPWM 法。如果在正弦调制波的半个周期内，三角载波只在正或负的一种

极性范围内变化,所得到的 SPWM 波也只处于一个极性范围内，称为单极性控制方式。

如图 9-49 所示，载波信号 u_T 采用单极性等腰三角波，控制信号 u_c 为正弦波，利用倒相信号 u_x 来处理两者之间的配合关系。当 $u_c > u_T$ 时，元件开通；当 $u_c < u_T$ 时，元件关断，形成的调制波是等幅、等距但不等宽的脉冲列，经半波倒相后输出。改变控制信号 u_c 的幅值、频率即可改变输出电压的大小和频率，达到既可调压又可调频的目的。

② 双极性 SPWM 法。如果在正弦调制波半个周期内，三角波在正负极性之间连续变化，则 SPWM 波也可在正负之间变化，称为双极性控制方式。

伺服系统中采用的位置与速度传感器的种类繁多、特性各异。常用的位置与速度传感器分为增量式和绝对式，见表 9-13。对增量式位移传感器分为旋转型和直线型，旋转型传感器包括脉冲编码器、自整角机等，直线型传感器包括直线感应同步器、光栅尺、

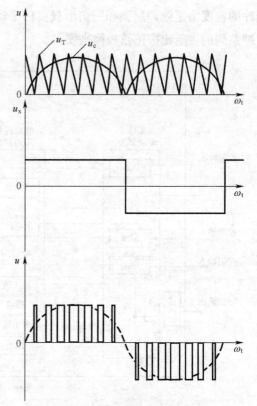

图9-49 单极性SPWM波形分析

磁栅尺等。对于绝对式位移传感器也分为旋转型和直线型，旋转式传感器包括多级旋转变压器、绝对脉冲编码器、绝对值式光栅等；直线型绝对传感器包括三速感应同步器、绝对值磁尺、光电编码尺、磁性编码器。速度传感器分为增量式和绝对式两类，增量式速度传感器包括交、直流测速发电机，数字脉冲编码式速度传感器等，绝对式速度传感器包括速度—角速度传感器及数字电磁式等。

表 9-13　　　　　　　　　　　常用的位置与速度传感器的分类

分类		增量式	绝对式
位置传感器	旋转型	脉冲编码器，自整角机，旋转变压器，圆感应同步器，光栅角度传感器，圆光栅，圆磁栅	多级旋转变压器，绝对脉冲编码器，绝对值式光栅，三速圆感应同步器，磁阻式多级旋转变压器
	直线型	直线感应同步器，光栅尺，磁栅尺，激光干涉仪，霍尔位置传感器	三速感应同步器，绝对值磁尺，光电编码尺，磁性编码器
速度传感器		交、直流测速发电机，数字脉冲编码式速度传感器，霍尔速度传感器	速度-角速度传感器，数字电磁、磁敏式速度传感器

（2）光电编码器选型设计

光电编码器广泛应用于交流伺服电动机的速度和位置检测，图 9-50 所示为光电编码器实物图。

根据其刻度方法及信号输出形式，光电编码器又可分为增量式编码器和绝对式编码器。光电编码器是利用光栅衍射原理实现位移—数字变换的。

如图 9-51 所示，光线从光源发出，经过透镜产生的衍射透过光栅盘上的长方形孔，光敏元件将光信号转化为电信号，并经过放大整形输出脉冲波。码盘与电动机同轴，通过计算每秒光电编码器输出脉冲的个数就能反映当前电动机的转速。

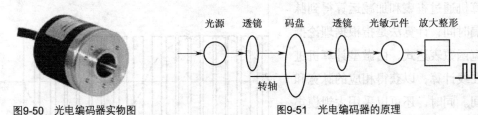

图9-50 光电编码器实物图　　　　图9-51 光电编码器的原理

① 增量式光电编码器设计。增量式编码器的特点：其转轴旋转时有相应的脉冲输出，其计数起点可任意设定，可实现多圈无限累加和测量；编码器轴转一圈会输出固定的脉冲，脉冲数由编码器光栅的线数决定；需要提高分辨率时，可利用 90°相位差的 A、B 两路信号进行倍频或更换高分辨率编码器。选择增量式光电编码器应注意分辨率、精度、输出稳定性及输出响应频率。

② 绝对式光电编码器设计。绝对式编码器的特点：有与位置相对应的代码输出，通常为二进制码或 BCD 码；从代码数大小的变化可以判别正反方向和位移所处的位置；绝对零位代码还可以用于停电位置记忆；绝对式编码器的测量范围一般为 0°～360°。与增量式光电编码器不同，绝对式光电编码器是用不同的数码来分别指示每个不同的小增量位置，它可以直接读出角度坐标的绝对值，没有累计误差，电源切除后位置信息不会丢失。

③ 混合式光电编码器设计。混合式光电编码器就是在增量式光电编码器的基础上加装了一个用于检测永磁交流伺服电动机磁极位置的绝对式编码器。它的输出信号在一定程度上与磁极位置具有对应关系。它给出相位差为 120°的三相信号，用于控制交流伺服电动机定子三相电流的相位。由于其低速性能较差，因此主要用于无刷直流伺服电动机。

如图 9-52 所示，与单极性控制方式相比，双极性控制方式的载波和控制波都变成了有正、负半周的交流方式，其输出矩形波也是任意半周中均出现正负交替的情况。

（3）正弦脉宽调制波生成

控制方法选定后，正弦脉宽调制波的生成方式有硬件电路和软件编程两种：硬件法即三角波法，生成 SPWM 波形要求按正弦规律控制脉冲列的脉宽，将等腰三角波与正弦控制波进行比较，则在输出端就形成了 SPWM 波；对于 SPWM 软件编程生成方法是随着微型计算机技术的发展而普及的，硬件电路生成 SPWM 波的方法往往电路复杂，控制精度难以保证。软件编程生成 SPWM 波的方法分为查表法和计算法。查表法是指由计算机算出对应的脉宽数据，并写入 EPOM，再由微型计算机通过查表和加减运算得到脉宽和间隔时间；计算法是指根据理论推导出脉宽函数表达式，由微型计算机进行实时在线计算，以获得相应的脉宽和间隔时间。同时，还可以采用大规模集成芯片生成 SPWM 波，如专用芯片 HEF4752、SLE4520、MA818 等。

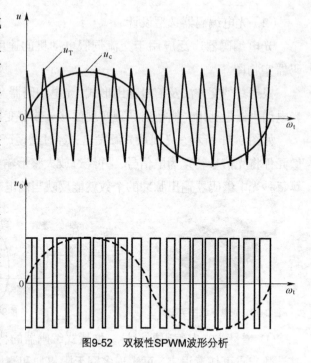

图9-52　双极性SPWM波形分析

4. 位置/速度传感器选型设计

（1）自整角机—旋转变压器设计选型

由于自整角机—旋转变压器结构坚固耐用，可以作为跟踪方式及相位检测方式使用，但连接方式不同，其选型设计可见直流部分。

（2）感应同步器设计选型

感应同步器分为两类：直线式和旋转式，分别用来检测直线位移和旋转角度。这里主要以旋转式感应同步器为例，其工作原理与旋转变压器类似，可参见直流部分。

表 9-14 给出了旋转式感应同步器的基本参数。型号从 GX-3/256 至 GX-15/720，其中数字 256 和 720 代表感应同步器级数；型号 GX-12/2000 的级数为 2 000；级数为 256 的感应同步器周期最长为 $2°48'45''$；在 10kHz 正弦波的条件下，旋转式感应同步器准确度最高为 8，最低为 2。

表 9-14　　　　　　　　　　　旋转式感应同步器的基本参数

型号	级数	周期	准确度
GX-3/256	256	$2°48'45''$	8
GX-3/360	360	$2°$	8
GX-5/256	256	$2°48'45''$	8
GX-5/360	360	$2°$	8
GX-7/256	256	$2°48'45''$	8
GX-7/360	360	$2°$	6

续表

型号	级数	周期	准确度
GX-7/512	512	1°24′22″5	4
GX-7/720	720	1°	4
GX-12/360	360	2°	3
GX-12/512	512	1°24′22″5	4
GX-12/720	720	1°	2
GX-12/1024	1 024	42′11″25	4
GX-12/2000	2 000	21′36″	4
GX-15/512	512	1°24′22″5	4
GX-15/720	720	1°	2

注：1. 表中准确度是峰-峰值，单位是（″）。

2. 以上准确度是在 10kHz 正弦波的条件下测试的。

表 9-15 给出了旋转式感应同步器设计时需注意的技术指标，这些技术指标包括环境温度、相对湿度、腐蚀性气体、准确度、直流电阻、绝缘电阻、高温、低温、耐潮湿度及抗剥强度。设计时需注意每个技术指标所对应的性能要求。

表 9-15 旋转式感应同步器设计时需注意的技术指标

技术名称	要求
环境温度	−40℃～+55℃
相对湿度	<90%（环境温度为 25℃）
腐蚀性气体	周围无腐蚀性气体
准确度	产品在环境温度 20℃±2℃ 的条件下，准确度应符合表 9-14 的要求
直流电阻	定子两相绕组的直流电阻的差值不大于 2%
绝缘电阻	在工作环境下，绕组对基板及定子两相绕组间的绝缘电阻值不低于 500kΩ
高温	试样经高温试验后，在箱内测量绕组对基板及定子两相间绝缘电阻值不低于 300kΩ
低温	试样经低温试验后，不允许铜导片及绝缘层出现翘裂现象
耐潮湿度	经耐潮试验后，绕组对基板及定子两相间绝缘电阻值不低于 200kΩ，表面不应有明显的锈蚀现象出现
抗剥强度	导片与绝缘层之间的抗剥强度不小于 0.9kgf/cm^2

感应同步器类型选择好后，需确定其工作方式，一般感应同步器的工作方式分为鉴相工作方式和鉴幅工作方式。鉴相工作方式是根据感应输出电压的相位来检测位移量；鉴幅工作方式是根据感应输出电压的幅值来检测位移量，其结构框图可见伺服系统概述部分。

9.6.3 交流伺服系统的数学模型

交流伺服系统主要由功率逆变、PWM、位置控制部分、速度控制部分、电流控制部分、交流伺服电动机及位置检测元件等组成。其原理框图在第 4 章交流伺服部分已有描述，这里不再赘述。以下建立各环节的数学模型。

1. 三相永磁同步电动机及其驱动装置

三相永磁同步电动机采用三相交流供电，由于它具有多变量、强耦合及非线性的特点，因此控制较为复杂。为使永磁同步电动机具有高性能的控制特性，需对其解耦。接下来，将主要分析三相永磁同步电动机及其驱动装置的数学模型。

在 dq 坐标系上可得三相永磁同步电动机的电压平衡方程式：

$$u_q = R_a i_q + L_q p i_q + \omega_1 L_d i_d + \omega_1 \psi_f \tag{9-48}$$

$$u_d = R_d i_d + L_d p i_d - \omega_r L_q i_q \tag{9-49}$$

电动机的电磁转矩为

$$T_m = \frac{3}{2} P_n [\psi_f + (L_d + L_q) i_d] i_q \tag{9-50}$$

电动机的机械运动方程式为

$$T_{em} = T_L + B\omega_m + J\omega_m \, \mathrm{d}\omega_m / \mathrm{d}t \tag{9-51}$$

式（9-48）～式（9-51）中，R_a 为定子电阻；$L_q = L_d$ 为电枢电感；p 为微分算子；ω_1 为转子角频率；T_L 为负载转矩；P_n 为电动机极对数；B 为摩擦系数；ω_m 为转子机械转角速度；J 为电动机的转动惯量；ψ_f 为永磁体产生的恒定磁通；u_q、i_q 和 u_d、i_d 为 d、q 轴的电压和电流。

将其近似线性化处理后，在假设 $B=0$ 的条件下，即可得到拉氏变换后的数学模型，图 9-53 所示为电流反馈控制框图。

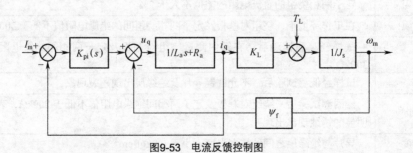

图9-53　电流反馈控制图

由图中的关系可得永磁同步电动机及其驱动器的传递函数为

$$G_p(s) = \frac{\omega_m(s)}{I_m(s)} = \frac{\dfrac{K_L K_{pi}}{JL_a}}{s^2 + \dfrac{R_a + K_{pi}}{L_a} s + \dfrac{K_L K_u}{JL_a}} \tag{9-52}$$

将式（9-52）化成标准形式：

$$G_p(s) = \frac{\omega_m(s)}{I_m(s)} = \frac{\dfrac{K_{pi}}{K_a}\omega_n^2}{s^2 + 2\varsigma\omega_n s + \omega_n^2} \tag{9-53}$$

式中，ω_n 为自然振荡角频率，$\omega_n^2 = \dfrac{K_L K_u}{JL_a}$；$\varsigma$ 为阻尼比，$\varsigma = \dfrac{J(R_a + K_L K_{pi})}{2\sqrt{JL_a K_L K_u}}$。

将以上结果代入图 9-53，可得到简化后的交流伺服系统框图，如图 9-54 所示。

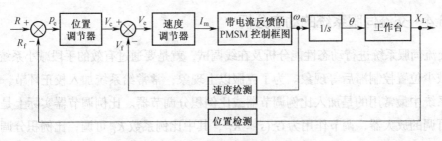

图9-54　简化后的交流伺服系统框图

2. 比较环节

比较环节的功能是将反馈信号与控制信号进行比较，得出偏差信号。如图 9-54 所示，内环的速度比较环节为 $V_c - V_f = V_e$；外环的位置比较环节为 $R - R_f = p_e$。

3. 机械传动装置

图 9-54 中工作台的输入为电动机的转角 θ，输出为工作台的位移 X_L。工作台可设计为丝杠带动工作台水平位移，同时经过减速齿轮与伺服电动机相连，其传递函数一般可写为

$$G_L(s) = \frac{X_L(s)}{\theta(s)} = \frac{\dfrac{S}{2\pi i}K_1}{J_L s^2 + f_L s + K_1}$$

$$= \frac{\dfrac{SK_1}{2\pi i J_L}}{s^2 + \dfrac{f_L}{J_L}s + \dfrac{K_1}{J_L}} = \frac{K_1 \omega_0^2}{s^2 + 2\xi\omega s + \omega_0^2} \tag{9-54}$$

式中，J_L 为折算到丝杠轴上的总惯量；f_L 为折算到丝杠轴上的导轨黏性阻尼系数；K_1 为折算到丝杠轴上的机械传递装置总刚度；S 为丝杠导程。

经过以上分析，该机械进给装置为一个二阶环节。

4. 检测环节

从图 9-54 可得，检测环节可分为速度检测环节和位置检测环节。

速度检测环节的传递函数为

$$G_R(s) = \frac{V_f(s)}{\omega_m(s)} = k_R \tag{9-55}$$

式中，k_R 为测速装置的比例系数。

位置检测环节的传递函数为

$$G_w(s) = \frac{R_f(s)}{X_L(s)} = k_p \qquad (9\text{-}56)$$

式中，k_p 为位置检测装置的比例系数。

综合以上各环节便可得交流伺服系统的传递函数。

9.6.4　交流伺服系统的动态分析

对交流伺服系统进行动态性能分析及在线调试，就是要通过有效的手段减小系统超调、振荡及减少位置控制滞后等现象。为了克服以上现象，常常给系统加入校正环节，而在交流伺服系统中最常用的是加入比例调节器或比例积分调节器。比例调节器实际上是一个放大倍数可调的放大器，调节作用为 $G_c(s) = K_C$，其中比例系数 K_C 可调；比例积分调节器的调节作用为 $G_c(s) = K_C\left(1 + \dfrac{1}{T_i s}\right)$，其中积分系数 K_C 和积分时间常数 T_i 两个参数均可调，T_i 的改变只影响积分调节作用，K_C 的改变同时影响比例及积分作用。

9.7　全数字伺服系统设计

全数字伺服系统在当今工业领域的应用越来越广泛。数字伺服系统与其他伺服系统最大的区别是速度控制及位置控制均采用了数字化控制技术。本节将主要讲述全数字伺服系统设计过程，包括输入信号方式的选择、轴角的选择、控制规律的选择、微处理器的选择、总线的选择、存储器配置、并行接口扩展、数字控制器的人-机接口、中断控制、伺服系统与上位计算机设计和数字控制器的程序设计。

图 9-55 所示为数字伺服系统框图。微型计算机与上位系统可以进行双向通信：数值指令通过输入处理由微型计算机控制，并计算出伺服系统要求的位置/速度，经过输出处理后驱动功率电路，并经检测装置反馈给微型计算机实际信号用来比较。这就是数字伺服控制基本原理。

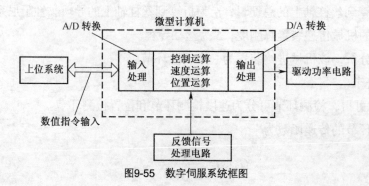

图9-55　数字伺服系统框图

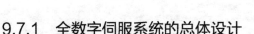

9.7.1 全数字伺服系统的总体设计

全数字伺服系统设计中需要注意输入方式的选择、轴角的表示、控制规律的选择及机械传动装置的选取。

1. 输入信号方式的选择

输入信号方式主要分为脉冲列输入和数值指令输入两种。

（1）脉冲列输入

图 9-56 所示为脉冲列输入的数字伺服系统，所有信号输入均来自数字计算机，并具有正向和反向两种状态。将这两类输入信号送至偏差计数器，并外加一个脉冲信号，将输出旋转编码器的脉冲作为偏差计数器的另一个输入（该信号是负反馈的脉冲输入），这些脉冲信号共同进入脉冲偏差计数器，产生的偏差经 D/A 转换器后控制功率放大器，并驱动电动机转动。

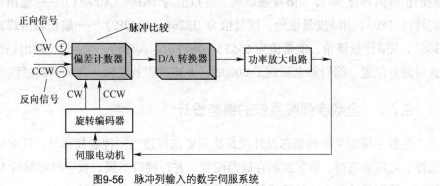

图9-56 脉冲列输入的数字伺服系统

（2）数值指令输入

一般情况下数字伺服系统中更多采用的是数值指令的输入方式。数值的位置控制指令由上位计算机提供，可以通过并行接口传送给数字控制器，也可以通过串行接口传送给数字控制器。并行传输中，数据传送的速度快，但传送的距离短，一般在 2m 以内，且传输数据和控制的线路多，可靠性不易保障；串行传输的距离远，可靠性高，传输速度相对较低，但能满足一般的系统要求。

2. 轴角的表示

在模拟伺服系统中，角位置的度量是以"。"为单位：轴转过一周，即转过 360°。角度的度量是连续的，伺服系统中的角度、角速度、角加速度常采用弧度 rad 表示。而数字伺服系统中的轴角度是用数码来表示的。完成轴角检测的器件是轴—角编码器，轴—角编码器的分辨率为 δ，用 δ 去度量一个角度，度量的结果是一个数值，这些数值在计算机中总是以二进制形式表示。

例如，有以下两个轴—角编码器的分辨率 δ_{16} 和 δ_8，它们分别表示将输出轴的 360° 分成 2^{16} 份或 2^8 份，即 $\delta_{16}=360°\times2^{-16}=360°/65536$，或者 $\delta_8=360°\times2^{-8}=360°/256$。显然，$\delta_{16}$ 比 δ_8

的分辨率高。

如图 9-57 所示，数字伺服系统中角的表示选用了 16 位的绝对编码器。该编码器检测出输出轴的角位置：角度为 0°～360°，编码值为 0000H～0FFFFH，再回到 0000H。这时，轴的转角只能取 0（对应 0000H）～65536（对应 0FFFFH），总共 65536 个数值，这时 δ=360°/65536。输出轴在 0 位置，用 δ 度量该角，度量值为 0（0000H）；输出轴沿规定的正方向转过一个 δ 角，用 δ 度量该角，度量值为 1（0001H）……输出轴沿规

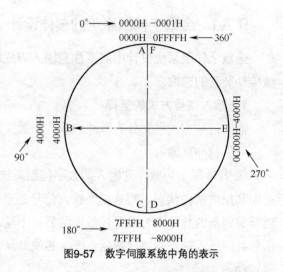

图9-57　数字伺服系统中角的表示

定的正方向转过 90°，用 δ 度量该角，度量值为 16384（4000H）……输出轴沿规定的正方向转过 180°，用 δ 度量该角，度量值为 32768（8000H）……输出轴沿规定的正方向转过 360°，用 δ 度量该角，度量值为 65535（0FFFFH）；再转一个 δ 角，输出轴恰好转一周，也就回到 0 位置，编码器也回到了 0000H，上述过程就是轴—角编码的过程。

9.7.2　全数字伺服系统的稳态设计

全数字伺服系统的稳态设计就是指除要选择适当的控制规律外，还要进行微处理器的选择、总线的选择、数字控制存储器配置、并行接口扩展、数字控制器的人-机接口、中断控制、伺服系统与上位计算机的设计和数字控制器的程序设计。

1. 控制规律的选择

全数字伺服系统中有 3 种控制规律：比例控制、复合控制和分段控制。

① 在比例控制中，当速度环的闭环传递函数近似等效为一阶惯性环节时，可以简化位置环的设计。若位置控制器采用比例调节器，则位置控制环增益 K_p 便可求出。

图 9-58 所示为位置伺服系统等效结构图，K_{θ} 是伺服放大器的速度指令与偏差计数器累计脉冲数的比值，K_w 是永磁同步电动机的转速与伺服放大器的速度指令的比值。

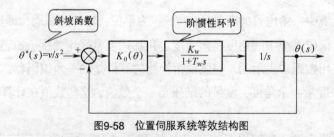

图9-58　位置伺服系统等效结构图

由图可得，该位置的伺服系统传递函数：

$$G(s) = \frac{\theta(s)}{\theta^*(s)} = \frac{K_\theta \dfrac{K_w}{T_w}}{s^2 + \dfrac{s}{T_w} + K_\theta \dfrac{K_w}{T_w}} \tag{9-57}$$

设位置控制环增益 $K_p = K_\theta K_w$，当输入为一斜坡函数指令 $\theta^* = v/s^2$ 时，则稳态位置的跟踪误差为

$$\varepsilon = \frac{v}{K_\theta K_w} = \frac{v}{K_p} \tag{9-58}$$

由式（9-58）可知，在 v 不变时，K_p 越大，则位置控制精度越高。但由于整个伺服系统稳定性及机械负载部分的影响，K_p 不能太大，所以选择时需折中考虑，一般通过临界系统条件，可得出 $K_p = \dfrac{1}{4T_w}$ 为最佳。

② 复合控制是指为了避免超调和振荡，在图 9-58 的基础上加入了前馈来补偿对速度输入的跟踪误差。

如图9-59所示，加入了前馈补偿环节 $G_{ff}(s)$，系统输入信号 $\theta^*(s)$ 为 $G_{ff}(s)$ 的输入，$G_{ff}(s)$ 的输出信号与 K_θ 的输出信号进行叠加，将叠加后的信号作为一阶惯性环节的输入，经过等效变形后前馈补偿环节为 $1 + \dfrac{G_{ff}(s)}{K_\theta}$，该环节的加入可以补偿位置跟踪的误差，提高了相同速度下位置跟踪的精度。

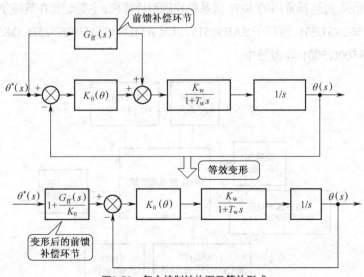

图9-59 复合控制结构图及等效形式

③ 分段控制是指为了提高系统动态响应指标，将伺服控制分段进行。依据误差角的大小，将系统划分为 3 个区，如图 9-60 所示。Ⅰ区为控制算法线性区（不是指控制系统

线性区），Ⅱ区为等加速度区，Ⅲ区为砰砰区。模拟伺服系统中只有Ⅰ区和Ⅲ区，Ⅱ区控制很难在模拟伺服系统中实现，这也说明无等加速度区。系统在大误差角时速度高，然而受控对象惯量很大，系统到小误差角时必然超出预定值，便形成超调，振荡多次系统才能稳定。因而加入了等加速度区，即以等加速度减速，起到了"缓冲"的作用，使系统超调减小，过渡时间也相应减少。

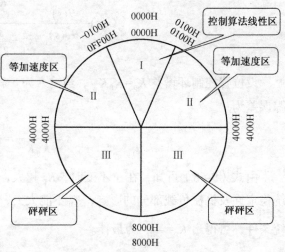

图9-60 误差角大小的分区图

2. 微处理器的选择

微处理器芯片制造技术得到了大的跨越，其主要特点有以下几点。

① 片内集成的器件越来越多，体积越来越小，如转换、调制、锁存、定时和显示器件等都可以集成在芯片内。

② 片内程序存储器的形式多样化，如 ROM、EPROM、EEPROM、一次性编程只读存储器、自检只读存储器等。

③ 适合单片机微控制器技术特点的串行接口种类增多，除通用异步接收发送器外，还有串行外围接口、串行通信接口、M 总线串行口等。

常用的单片微型计算机主要有 8051 派系的单片机。

如图 9-61 所示，可选择常用的 8051 派系单片微型计算机，主要配置在英特尔 80C51FA/FB、飞利浦 83C552/562/751/851、西门子 SAB80515，以及 AMD80C515/535/525D、OKI MSM80C154 和 DALLAS DS5000/5001 等型号中。

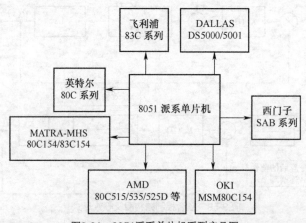

图9-61 8051派系单片机系列产品图

在进行 8051 派系单片机设计时，需要考虑以下参数：片内 ROM（B），一般为 128B

或 256B；片内 RAM（KB），一般为 4KB、8KB、16KB；定时/计数器个数，一般为 2～3 个，WATCHDOG 定时器；并行 I/O 接口一般为 4 个、7 个、5 个；串行 I/O 接口设置在英特尔系列、AMD 系列、OKI、MATRA-MHS 系列和 DALLAS；A/D 及 D/A 转换位数中西门子 SAB80512/80515 可至 8×8bit。

3. 总线的选择

总线在数字控制器中起到桥梁作用，连接 CPU 模板与其他功能模块，如连接 A/D 模块、D/A 模块、数字量 I/O 模块、通信模块、人机交互模块等。而伺服系统数字控制器采用标准总线构成，这样做可以使设计简单化，易于扩展，相互兼容，通用性好。一般总线有 STD、PC 和 AT、S-100 和 MULT-BUS 总线，它们都是并行总线。

表 9-16 给出了基本总线及其特点，总线主要分为 PC 总线、AT 总线及 STD 总线。其中 PC 总线为准 16 位总线，有 62 个引脚，并与 8086 兼容；AT 总线是从 PC 总线上发展起来的，由 PC 总线 62 引脚的并行插槽和 36 引脚的并行插槽串接构成；STD 总线为 56 线并行总线，具有开放性，采用小块模板插件结构。

表 9-16　　　　　　　　　　　　　　基本总线及其特点

名称	特点
PC 总线	与 8086 兼容的准 16 位的英特尔 8088 为 CPU 的 IBM PC 和 IBM PC/XT 的系统总线 62 个引脚的并行总线
AT 总线	以 PC 为基础 用 16 位的 80286 为 CPU 的 IBM PC/AT 机的系统总线 由 PC 总线 62 引脚的并行插槽和 36 引脚的并行插槽串接构成
STD 总线	56 线并行总线 采用母板总线结构，即具有开放性 小块模板插件结构 易于使用，造价低，耗时少

（1）PT 总线设计选型

如图 9-62 所示，PC 总线有 62 个引脚，总线上有地址总线、数据总线、控制总线、状态线和电源与辅助电源线。地址总线上的信号由 CPU 产生，用来对内存和 I/O 端口寻址；8 位数据线是双向的，CPU、存储器、I/O 接口之间的数据传输都通过数据总线；控制总线主要有 ALE 输出信号，地址锁存允许，高电平有效，在下降沿处将 A0～A19 的地址信号锁存。

$\overline{IOR}$ 与 $\overline{IOW}$ 为 I/O 接口读/写输出信号，MEMR 与 MEMW 为存储器读/写输出信号，其产生与 IOR、IOW 相同；IRQ3～IRQ7 为中断请求信号，这些中断请求信号是外部设备的中断请求信号，经 PC 总线到中断控制器 8259A，然后送往 CPU；DRQ1～DRQ3 是 DMA 响应信号，输出低电平有效；AEN 是地址允许信号，输出高电平有效，$\overline{DACK0}$～$\overline{DACK3}$ 是 DMA 响应信号，输出低电平有效；T/C 是 DMA 传送计数器 0 信号输出，正脉冲信号；

RESET DRV 是系统总清信号，使系统各部位复位；状态线 $\overline{IOCHCK}$ 为 I/O 通道奇偶校验信号，输入低电平有效；IOCHRDY 为 I/O 通道就绪信号，高电平有效；OSC 脉冲输出信号为总线上频率最高的时钟信号；CLOCK 为时钟输出信号，由 OSC 三分频而得。

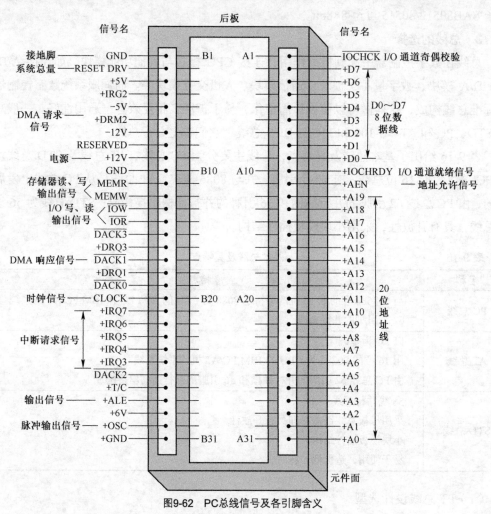

图9-62　PC总线信号及各引脚含义

（2）AT 总线设计选型

AT 总线是 IBM PC/AT 机的系统总线。AT 机是以 16 位的 INTTEL80286 为 CPU 的 PC 系统。AT 总线是 16 位机的系统总线，它是在 PC 总线的 62 脚插座基础上扩展了一个 36 脚的插槽。AT 总线地址线 LA17～LA23 非锁存地址信号是在 BALE 下降沿的控制下由锁存器锁存，形成 62 线插槽中的地址线 SA0～SA19；同时该 7 位地址线又经过驱动器 74LS245，在 36 线插槽中形成非锁存地址 LA17～LA23。数据线为高 8 位线，相应控制线 SBHE 为总线高字节允许信号；AT 总线中将 PC 总线 62 插槽中的 $\overline{MEMR}$ 信号定义为 $\overline{SMEMR}$，它只对低于 1MB 的存储器操作有效，$\overline{MEMR}$ 则对全部存储空间有效。MEMCS16 存储 16 位片选信号，其余总线选型与 PC 总线选型类似。

（3）STD 总线设计选型

STD 总线是 56 线并行设计，由 Matt Biewer 研制，在 1987 年定为 IEEE 961 标准。STD 总线是面向工业控制的微机系统总线，其结构合理，抗振性能好，STD 总线采用母板总线结构，为开放式结构（即只要模板的尺寸引脚信号符合 STD 总线标准，都可以在 STD 总线上运行）。在国内市场 STD 总线主要有 8 位、16 位的 CPU 模板，A/D、D/A 模板，开关量 I/O 模板。可以选购各种适合用户需要的 STD 总线模板，从而简化电路设计，提高研制速度。与 PC/AT 总线不同，STD 总线加入辅助电源，其引脚定义请参照表 9-17。

表 9-17　　　　　　　　　　　STD 总线辅助电源引脚定义

	引脚序号	名称	信号流向	说明
辅助电源	53	AUXGND	输入	辅助电源地
	54	AUXGND	输入	辅助电源地
	55	AUX+V	输入	辅助电源（DC +12V）
	56	AUX−V	输入	辅助电源（DC−12V）

辅助电源是独立于主电源的，与主电源不共地，其引脚序号为 53~56，信号流向都为输入型。它可以用作与主电源隔离的电源，各电源的容量应根据负载的情况决定。

4. 数字控制存储器配置

数字控制存储器包括程序存储器、各种 I/O 寄存器、控制器、数据存储器。

（1）程序存储器扩展设计

如图 9-63 所示，对于一些不变及可变参数、实时控制程序、常数、系数及表格应存入的存储器为 EPROM；对于需要改写的常数或参数应存入 EEPROM。除以上安排原则，还应注意以下问题：程序存储器是 ROM，在存储空间的位置，应根据所选用处理器的要求安放。例如，用 MCS-8051 系列单片机，EPROM 应从 0000H 开始；而用 8096/8089 系列单片微型机，EPROM 应从 2000H 开始。ROM 的扩展根据所选用的处理机而变化，如 MCS-8051 用 PSEN 信号读取数

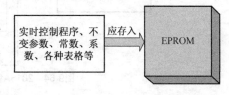

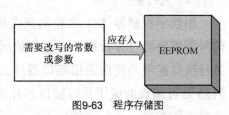

图9-63　程序存储图

据，8096/8089 用 R̄ 信号读取数据。设计 EPROM 扩展电路时，EPROM 应尽可能靠近 CPU，如置于 CPU 模板之上。

（2）I/O 空间

应根据微处理器和单片机自身的特性来配置 I/O 和 RAM，如 8051 系列单片机扩展 I/O 时，只要在扩展外部 RAM 空间留有 I/O 端口地址即可。I/O 口扩展主要是指：处理机或单片机内的 I/O、数字量 I/O 接口（并行 I/O）、模拟量 I/O 接口、串行接口、计算机与 DCS 或

SDC 的接口及 DMA 等，这些接口应根据所选芯片留有足够的可编程寄存器地址。设计数字控制器时，可在存储器空间内留出 I/O 区域，以便扩展 I/O 接口用。选择总线结构，总线上应该有 I/O 扩展信号，如 STD 总线结构，总线 $\overline{IORQ}$、IOEXP 信号配合读写信号 $\overline{R}$、$\overline{W}$ 来对扩展的 I/O 进行读写控制。

（3）数据存储器扩展设计

数字伺服系统控制过程中的各种变量，计算、判断使用的中间变量，参数和常数等这些均存储在 RAM 中。选用微处理器的单片微机数字控制器，一般需要扩展数据存储器。

如图 9-64 所示，用 2816A 作为数据存储器外部设备的扩展部分，接口电路为 8255，地址锁存器为 74LS373，单片机采用 8031。通过 8255 接口电路与 8031 单片机连接。用 MOV 指令将 2816A 的地址送入 8255，由 PA 口送给 2816A 的地址线。

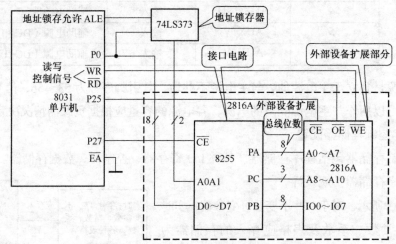

图9-64　2816A作为数据存储器外部设备的扩展图

（4）并行接口扩展

用数字控制器 I/O 来控制速度单元输出信号、角位置的检测信号、开关量的 I/O 信号等都要经过并行接口，一般情况下数字控制器需要扩展并行 I/O 接口。最方便的并行接口扩展是使用通用接口器件，8212 是不可编程的通用并行接口芯片，5255 和 8155 是可编程的通用并行接口芯片。并行接口电路功能强、应用方便，通过程序可以改变工作方式。

（5）数字伺服系统中断控制

数字伺服系统要求数字控制器具有能实时处理各种信号和事件的能力，即具有较强的中断处理能力。数字伺服系统中的中断源分为实时时钟信号中断、负载极限位置处理中断、各种故障处理中断、调试系统用软件设置中断、实时接收上位计算机的控制指令。

表 9-18 给出了数字伺服中断系统的功能和特点。数字伺服中断系统功能可分为 3

个方面：检测和接收中断请求，响应中断并返回，实现中断优先级排队。其特点主要是检测外部送来的中断请求，并记忆中断状态，保留断点和现场，中断执行完成后恢复现场返回断点并且能及时响应优先级别高的中断请求。中断系统应根据伺服系统的需要和选用的 CPU 所具有的中断控制功能来进行设计。常用微型计算机的中断系统特点见表 9-19。

表 9-18　　　　　　　　　　　数字伺服中断系统的功能和特点

序号	功能	功能特点
1	检测和接收中断请求	检测外部送来的中断请求，并记忆中断状态，中断响应后应能清除响应中断请求
2	响应中断并返回	响应中断应能保留断点和现场，转入中断服务子程序入口，中断执行完成后恢复现场返回断点
3	实现中断优先级排队	中断系统必须能识别中断优先级，并优先响应优先级别高的中断请求

表 9-19　　　　　　　　　　　常用微型计算机的中断系统特点

中断系统名称	特点
MCS 8051 系列单片机	5 个中断源 外部中断源可以编程选择边沿触发方式和电平触发 由程序控制全部或部分开放和禁止的中断源
MCS 8089/8098 系列单片机	9 个中断源，其中软件中的用户不能用，外部中断源（EXINT 和 HS1.0）2 种，内部中断源 6 种，可以有多种中断触发方式激活，8089 中断源可达 20 多种 中断源由硬件进入，软件判别其状态 每个中断源有固定的向量地址 可以实现与硬件优先级无关的软件优先结构
IBM PC 的中断系统	可以处理 3 种中断：内部中断、硬件中断和软件中断 PC 响应一个特定类型的中断时，自动将中断类型号乘 4，得到该中断在向量表中的地址，并相应获得起始地址 内部中断源为特殊中断 非屏蔽中断是由 MNMI 脚引入的，由硬件实现；可屏蔽中断由 INTR 引脚输入 CPU 在响应 INTR 中断请求时，连续执行两个中断响应总线周期 中断请求后，都使 IF=0，因而系统若允许 INTR 中断请求，必须先用 STI 指令使 IF=1，方能响应 INTR 的中断请求 PC 中断系统可以对中断优先级进行控制 屏蔽中断的中断服务程序总能被非屏蔽中断 NMI 请求所中断，但不能被同类的中断请求所中断 PC 支持的软中断是 INTN 指令形式 PC 不能单步执行中断服务程序中的指令

　　MCS 8051 系列单片机的中断系统有 5 个中断源。其中，外部中断源可以编程选择边沿触发方式和电平触发，由程序控制全部或部分开放和禁止的中断源；MCS 8089/8098 系列

单片机系列的中断系统有 9 个中断源，人为请求一些中断时，由外部硬件产生中断，软件判别其状态，每个中断源有固定的向量地址，可以实现与硬件优先级无关的软件优先结构；IBM PC 的中断系统可以处理内部中断、硬件中断和软件中断，内部中断源为特殊中断，PC 中断系统可以对中断优先级进行控制等。

如图 9-65（a）所示，用 8259A 优先权中断控制器扩展 8086 的中断和连接，8086 响应 INTR 中断申请信号时，中断类型由外部硬件经数据总线送往 8086，中断源接入 8259A 的中断输入端 IR0～IR7。当 IRi（i=0，1，2，…，7）有中断请求时，8259A 由 INT 脚送出信号给 8086 的中断请求引脚 INTR。如果 INTR 引脚已被 STI 指令选通，则 8086 响应 INTR 中断请求。

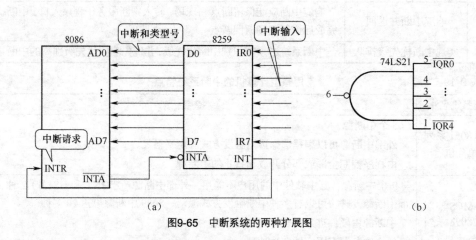

图9-65　中断系统的两种扩展图

图 9-65（b）所示是采用门电路将各中断源接于 INT 引脚上，图中各中断源优先级是同等的，当同时有几个中断请求信号时，CPU 响应中断是根据软件对各中断查询的顺序进行的。在编程设计时，根据各中断的缓急，首先查询必须处理的中断源，再查询其他中断源，单片微机应用系统中常用这种简单的扩展方法。这种扩展方法不仅将中断请求信号送到 INT 引脚，还能记忆各中断源的状态，以便 CPU 查询。

（6）伺服系统与上位计算机

数字伺服系统运动过程中的状态或采集的数据要传输给上位计算机或计算机，数字控制器需要与上位计算机通信。在伺服系统数字控制器设计中，根据需要设计可靠的接口。数字控制与上位计算机的数据传输，通常有并行传输、串行传输和网络传输。

① 并行传输。如图 9-66 所示，并行传输通常采用通用并行接口，伺服系统每次运行时，先进行初始化，下位计算机向上位计算机发送一个联络信号，上位计算机收到联络信号后，每隔 T（ms）向下位计算机传送一次数据，先送低 8 位，再送高 8 位，下位计算机采用中断接收方式。8255A 的 PA 口、PB 口用来传送 16 位数据，PC4 用来给上位计算机传送联络信号。PC0～PC2 用于 B 口的控制和状态，下位计算机 CPU 使用 8089 单片机。下

位计算机的编程包括初始化程序、给上位计算机传送联络信号、中断接收数据。

②　串行传输。上位计算机和下位计算机的数据传送最常用的是串行传输。串行传输分为异步传输和同步传输。异步传输为单字节传送，每字节开始时加入起始位，字节传完加入结束位，有时还需要加入校验位，数据字符之间没有特殊关系，也没有发送和接收时钟；同步传输是一个个数据块传送，每块开头有同步字符，每个字符的起始位、停止位就不再需要了，其比异步传输的效率高。同步传输要与数据一起传送时钟信息。串行接口标准 RS-232C 定义了 25 个信号帧，该标准说明了串行数据传输使用 25 个信号引脚功能。RS-232C 信号与 TTL 信号不兼容，二者相连接必须有接口转换电路。

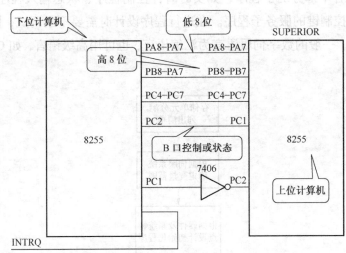

图9-66　上位计算机和下位计算机并行传输

③　网络传输。网络传输是指依据网络传输协议来进行通信的过程。网络传输协议一般指计算机通信的传送协议，常见协议主要包括 TCP（transmission control protocol，传输控制协议）、IP（internet protocol，互联网协议）、RIP（routing information protocol，路由信息协议）、HTTP（超文本传输协议）、FTP（file transfer protocol，文件传输协议）及 USB 通用串行总线。网络传输按照开放系统互联模型可分为 7 层。

如图 9-67 所示，第一层为物理层，规定通信设备各种规程的特性，用来建立、维护和拆除物理链路；第二层为数据链路层，建立相邻结点之间的数据链路，用作物理地址寻址、数据单位生成、流量控制及数据检错和重发；第三层为网络层，进行通信的计算机可能会出现多个链路，网络层将数据链路层提供的数据单位组成数据包；第四层为传输层，传输层的数据单元称为数据包，该层负责获取全部数据信息；第五层为会话层，该层不参与具体传输，它提供包括访问验证和会话管理在内的各种通信机制；第六层为表

图9-67　网络传输协议的分层

示层，这一层主要解决用户信息的语法表示问题；第七层为应用层，该层为操作系统或网络应用程序提供接口。

9.7.3 全数字伺服系统的软件设计

选定好全数字伺服系统的硬件设备，接着就要开展数字伺服系统的软件设计，这也是数字伺服系统的重要组成部分。

如图 9-68 所示，设计全数字伺服系统的软件时，首先需要对存储单元进行分配，列出一个明细表；接着根据伺服系统确定变量范围；然后根据硬件及系统特点设计初始化程序；最后设计各个部分的子程序，如实时时钟控制程序、状态输入程序、控制输出程序、显示程序及控制键的服务子程序。在进行程序设计时需要不断调试，同时注意溢出、数值插分的问题。一般的数字伺服语言为汇编语言，也可用高级语言，如 C、C++、Visual Basic 等。

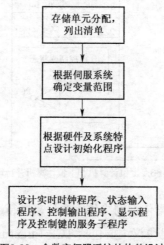

图9-68　全数字伺服系统的软件设计

9.8　本章小结

本章主要介绍了伺服系统的设计方法，通过对伺服系统需求分析的介绍，加深了对制订伺服系统总体方案的认识；同时介绍了伺服系统设计的一般步骤，帮助设计者整体把握伺服系统设计；用图表的方法对电—液伺服系统进行了详细介绍，目的是进一步掌握电—液伺服系统中液压缸的选型，有利于快速进行液压系统的设计；深入讲述了气动伺服系统稳态设计中各回路的设计，有助于全面细致地认识气动伺服设计，从而缩短了设计周期；同时分类讲述了如何建立各个伺服系统数学模型，并应用大量公式对其进行深入分析，从而对各个伺服系统元件特性有了更加深入的认识，便于快速掌握各伺服系统的设计原理。

本章的重点是电—液伺服系统稳态设计、气动伺服系统回路设计、直流伺服系统稳态设计、交流伺服放大器与控制电路设计及全数字伺服系统稳态设计。本章的难点是电—液伺服系统参数及误差分析、气动伺服系统数学模型的建立、直流伺服系统的动态分析、交流伺服系统动态数学模型的建立及全数字伺服系统轴角的表示。

　　本章内容全面，分析透彻，重点突出，能够满足广大不同水平伺服设计人员的需要。同时，强调了各类伺服系统设计应注意的问题，以引起读者在应用设计中的重视。

第10章　步进伺服系统的维护与故障分析

步进电动机和伺服电动机的应用领域非常广泛，从工控机到各种数控机床等领域。步进电动机在一些要求控制相对不高的场合得到了大量应用；而伺服电动机在一些要求精准控制的场合应用广泛。无论是步进电动机还是伺服电动机，在使用的过程中都会出现各种各样的故障。这就必须对其控制系统采取行之有效的措施，迅速判断故障发生的原因，快速解决出现的各种问题。步进伺服系统的维护与故障分析可保障步进伺服控制系统安全、可靠地运行，是提高设备使用率的关键所在。

本章将详细介绍步进、伺服电动机的维护要点和方法，并介绍其配套的驱动系统的常见故障分析；对西门子、三菱 PLC 步进伺服系列产品进行简要介绍，为后续的实际工程设计打下坚实的基础。

10.1　步进电动机和伺服电动机的维护与保养

10.1.1　步进电动机的维护要点与保养步骤

1. 步进电动机的检查维护要点

步进电动机应存放在环境温度为−40℃～+50℃、相对湿度不大于 95%的清洁通风良好的库房内，空气中不得含有腐蚀性气体；运输过程中应小心轻放，避免碰撞和冲击，严禁与酸碱等腐蚀性物质存放在一起。防止人体触及电动机内部危险部件，以及外来物质的干扰，保证电动机正常工作。但大部分切削液、润滑油等液态物质的渗透力很强，电动机长时间接触这些液态物质，很可能会导致不能正常工作或使用寿命缩短。因此，在电动机安装使用时需采取适当的防护措施，尽量避免接触上述液态物质，更不能将其置于液态物质中浸泡，当电动机的电缆排布不当时，可能会导致切削液等液态物质沿电缆导入并积聚到插接处，继而引起电动机故障。因此，在安装使用时，尽量使电动机插接件侧朝下或朝水平方向布置，当电动机插接件侧超水平方向时，电缆在接入插接前需做滴状半圆形弯曲。当由于机械结构关系，难以避免要求电机插接件侧朝上时，需采取相应的防护措施，避免液态物质进入插接处。

2. 步进电动机的连接保养要求与步骤

按照接口说明，接齐信号线、电动机线、电源线。电动机线和电源线流过的电流较大，接线时一定要接牢，并固定在扎带座上，插头需插紧，防止因接触不良引起发热烧坏插头插座。

连接电动机线时需确认相间无短路，电动机绕组绝缘符合要求，无错相连接，三相绕组的同名端不要接反（同名端接反会使运行性能变差，容易引起步进电动机失步）。

连接电源时，建议电源应通过隔离变压器供电，这样电动机漏电时（如电动机接线碰壳、相绕组碰壳、电动机进水等），可起到对人身、设备（驱动器和电动机）的保护作用。电源开关可使用断路器、漏电保护开关或接触器等能快速、可靠通断的开关，但不能使用普通的刀开关，因为此类开关在合闸时极易产生接触不良的现象，使驱动器受到干扰而出现误动作。

电源经隔离变压器、开关后连接到电源接口的"AC220V OUT"端子上，保护接地线连接到电源接口的"FG"端子上。

10.1.2　伺服电动机的维护要点与保养步骤

1. 伺服电动机的维护

直流伺服电动机带有数对电刷，电动机旋转时，电刷与换向器摩擦而逐渐磨损。电刷异常或过度磨损，会影响电动机的工作性能。因此，对电刷的维护是直流伺服电动机维护的主要内容。交流伺服电动机与直流伺服电动机相比，由于不存在电刷，在维护方面相对来说比较容易。

数控车床、铣床和加工中心的直流伺服电动机应每年检查一次，频繁加、减速机床（如冲床）的直流伺服电动机应每两个月检查一次，检查要求如下。

① 在数控系统处于断电状态下，且电动机完全冷却的情况下进行检查。

② 取下橡胶刷帽，用螺钉旋具拧下刷盖，取出电刷。

③ 测量电刷长度，如 FANUC 直流伺服电动机的电刷由 10mm 磨损到小于 5mm 时，必须更换同型号的新电刷。

④ 仔细检查电刷的弧形接触面是否有深沟或裂痕，以及电刷弹簧上有无打火迹象。如果有上述现象，则要考虑电动机的工作条件是否过分恶劣或电动机本身是否有问题。

⑤ 用不含金属粉末及水分的压缩空气导入装电刷的刷孔，吹净粘在刷孔壁上的电刷粉末。如果难以吹净，可用螺钉旋具尖轻轻清理，直至孔壁全部干净为止，但要注意不要碰到换向器的表面。

⑥ 重新装上电刷，拧紧刷盖。如果更换了新电刷，应使电动机空运行跑合一段时间，以使电刷表面和换向器表面相吻合。

2. 位置检测元件的维护

数控机床伺服系统最终是以位置控制为目的，对于闭环控制的伺服系统，位置检测元件的精度将直接影响机床的位置精度。目前，用于闭环控制的位置检测元件多用光栅；用于半闭环控制的位置检测元件多用光电脉冲编码器。

（1）光栅的维护

光栅有两种形式，一种是透射光栅，即在一条透明玻璃片上刻有一系列等间隙的密集线纹；另一种是反射光栅，即在长条形金属镜面上制成全反射或漫反射间隔相等的密集条纹。光栅输出信号有两个用于辨向的相位信号和一个零标志信号（又称一转信号），用于机床回参考点的控制。光栅的维护要点如下。

① 防污。光栅由于直接安装在工作台和机床床身上，因此极易受到切削液的污染，从而造成信号丢失，影响位置控制精度；切削液在使用过程中会产生轻微的结晶，这种结晶在扫描头上形成一层薄膜且透光性差，不宜清除，故在选用切削液时要慎重。加工过程中，切削液的压力不要太大，流量不要过大，以免形成大量的水雾进入光栅。光栅检测装置最好通入低压压缩空气，以免扫描头运动时形成的负压把污物吸入光栅。压缩空气必须净化，滤芯应保持清洁并定期更换。光栅上的污染物可以用脱脂棉蘸无水酒精轻轻擦拭。

② 防振光栅拆装时要用静力，不能用硬物敲击，以免引起光学元件的损坏。

（2）光电脉冲编码器的维护

光电脉冲编码器是一种圆盘边缘上开有间距相等的缝隙，在其两边分别装有光源和光敏元件的装置。当圆盘转动时，光线的明暗变化经光敏元件变成电信号的强弱，从而得到脉冲信号。编码器的输出信号有两个相位信号输出用于辨向；一个零标志信号，用于机床回参考点的控制。另外，还有 ±5V 电源和接地端。光电脉冲编码器的维护要点如下。

① 防污和防振。由于编码器是精密测量元件，使用环境或拆装时要与光栅一样注意防污和防振的问题。污染容易造成信号丢失，振动容易使编码器内的紧固件松动脱落，造成内部电源短路。

② 连接松动问题。脉冲编码器用于位置检测时有两种安装方式：一种是与伺服电动机同轴安装，成为内装式编码器，如西门子 L 系列伺服电动机的 ROD320 编码器；另一种是编码器安装于传动链末端，成为外装式编码器，当传动链较长时，这种安装方式可以减少传动链累积误差对位置检测精度的影响。不管是哪种安装方式，都要注意编码器连接松动的问题。由于连接松动，往往会影响位置控制的精度。另外，在有些交流伺服电动机中，内装式编码器除了位置检测外，同时还具有测试和交流伺服电动机转子位置检测的作用，如三菱 HA 系列交流伺服电动机中的 OSE 253S 编码器。此外，编码器连接松动还会引起进给运动的不稳定，影响交流伺服电动机的换向控制，从而引起机床的振动。

3. 直流伺服电动机的保养

① 用户在收到电动机后，不要放在户外，应放在避开潮湿、灰尘多的地方。

② 当电动机存放一年以上时，要卸下电动机电刷。当电刷长时间接触在整流器上时，可能在接触点处生锈，产生整流不良和噪声。

③ 要避免切削液等液体直接飞溅到电动机本体。

④ 电动机与 NC 系统之间的电缆连线一定要按照说明书的要求完成。

⑤ 若电动机使用直接联轴器、齿轮、带轮传动时，一定要进行周密的计算，使加在电动机轴上的力不要超过电动机的允许径向载荷及允许轴向载荷的参数指标。表 10-1 给出了部分型号电动机的径向、轴向载荷参数。

表 10-1　　　　　　直流伺服电动机的径向、轴向载荷参数

电机型号	径向载荷（kgf）	轴向载荷（kgf）
SY400（B4），SY800（B8）	70	20
SY1100（B11），SY1500（B15）	450	135
SY2500（B25），FB15，FB25	450	135

⑥ 电动机电刷要定期检查与清洁，以减少磨损或损坏。

4. 交流伺服电动机的保养

① 50Hz 工频的伺服电动机多为 2 级或 4 级高速电动机，400Hz 中频的多为 4 级、6 级、8 级的中速电动机，更多级数的慢速电动机是不经济的。

② 输入阻抗随转速上升而变大，功率因数变小。额定电压越低、功率越大的伺服电动机，输入阻抗越小。

③ 为了提高速度适应性能，减少时间常数，应设法提高启动转矩，减少转动惯量，降低启动电压。伺服电动机启动和控制较烦琐，且大部分时间在低速下运行，所以要注意散热问题。

④ 电动机结构尽量按照标准的 IP65 等级进行防护，防止人体触及电动机内部的危险部件，以及外来物质的干扰，以保证电动机正常工作。但大部分切削液、润滑液等液态物质的渗透力很强，电动机长时间接触这些液态物质，很可能会导致不能正常工作或使用寿命缩短。因此，在电动机安装使用时需采取适当的防护措施，尽量避免接触上述物质，更不能将其置于液态物质中浸泡。

⑤ 当电动机的电缆排布不当时，可能导致切削液、润滑液等液态物质沿电缆导入并聚积在插接件处，继而引起电动机故障，因此在安装时尽量使电动机插接件侧朝下或水平方向布置。

⑥ 当电动机插接件朝水平方向布置时，电缆在接入插接件前需做滴状半圆形弯曲。

⑦ 当由于机器结构关系，难以避免电动机插接件朝上时，必须采取相应的防护措施。

10.2　步进电动机及驱动器典型故障分析

10.2.1　反应式步进电动机及驱动器典型故障分析

以广州数控 110BC 和 130BC 反应式步进电动机和 DF3 系列驱动器为例，反应式步进电动机及驱动器常见的典型故障分析见表10-2。

表 10-2　　　　　　　　反应式步进电动机及驱动器常见的典型故障分析

故障现象	故障原因分析	解决方法
高压及报警指示灯正常，相电流指示灯不亮，电动机不转且保持力矩	无使能信号输入；电动机与驱动器未连接	检查信号接口端子之间是否有信号；检查电动机与驱动器之间的连接线是否有断路，电动机是否有断路
相电流指示灯亮，电动机有保持力矩但是不能转动	无脉冲信号输入；输入为 CCW 信号	检查信号接口端子是否有信号；DIP 第一位设在 OFF 处
电动机只能一个方向转	DIP 开关设置错误	单脉冲输入时设在 ON，双脉冲输入时设在 OFF 处
控制电动机运行时，出现定位不准确（丢步）	① 输入脉冲停止时，信号电压未撤销； ② 控制器升、减速太快； ③ 机械传动机构不顺畅或负载过重； ④ 机械共振； ⑤ 电动机或电气插头处深入切削液； ⑥ 电动机连接线连接不良； ⑦ 驱动器的电动机接口处插头烧坏； ⑧ 驱动器自身故障； ⑨ 驱动器的下功放管损坏	① 检查信号接口端子是否有信号； ② 合理设置升、减速斜坡； ③ 检修机械传动机构或检查负载； ④ 调整电动机后面的阻尼盘减振； ⑤ 更换电动机或电气插头； ⑥ 检查电动机的连接线； ⑦ 更换驱动器的电动机接口处插头； ⑧ 检修驱动器； ⑨ 更换驱动器下功放管
电动机不转且无保持力矩，报警灯亮	① 电源欠电压，电源电压瞬间下降过大； ② 在使用 220V 电源供电时，将接地线作为中性线； ③ 断电后重新上电时间间隔太短； ④ 驱动器超温； ⑤ 驱动器自身故障； ⑥ 驱动器上的功放管损坏	① 检查供电回路中的开关、接触器、接线端子等是否接触良好，附件是否有大功率的电气设备启动； ② 不能使用接地线作为中性线； ③ 断电后重新上电要间隔足够长的时间； ④ 检查驱动器散热风扇是否正常； ⑤ 检修驱动器； ⑥ 更换驱动器上的功放管
熔断器熔断	① 电源板上的整流桥损坏； ② 电源板上的滤波电容损坏； ③ 功放板上的功放管损坏	① 更换整流桥； ② 更换滤波电容； ③ 更换驱动器上的功放管

如果出现表10-2中所列的故障时，可根据检查出的问题做出相应的措施，但需要注意以下几点。

① 驱动器出现报警时，如果要解除报警，必须要先断电4s以上，然后重新上电。

② 检查驱动器是否有功放管损坏的方法：断电，将驱动器电动机接口的插头拉出，用

万用表的电阻挡（大于"100K"挡），测量 A+和 A−、B+和 B−、C+和 C−之间的电阻值，测量时可先用万用表正极对被测点的正极、万用表的负极对被测点的负极测量。然后对驱动器上功放管进行测量时，可先用万用表负极对被测点的正极、万用表的正极对被测点的负极测量。如果无功放管损坏，则三相的阻值应接近（一般不会同时烧毁三相功放管），如果某相的阻值偏小，则该相有功放管损坏。判断已坏的功放管的方法：管子在线路板上未拆卸的情况下，用数字万用表的电阻挡（"20K"挡），测量功放管的栅（G）、源（S）级间电阻值，正常值应为 5kΩ，脱离电路板测量应大于 200MΩ。更换功放管时，应使用同型号的管子，若使用其他型号的管子，驱动器可能会无法正常工作或出现烧管现象，这时应与生产厂家联系解决。

10.2.2　永磁式步进电动机及驱动器典型故障分析

常见的永磁式步进电动机及驱动器典型故障见表 10-3。

表 10-3　　　　　常见的永磁式步进电动机及驱动器典型故障分析

故障现象	故障原因分析	解决方法
步进驱动器故障。驱动器上的绿色发光二极管 RDY 亮，但驱动器的输出信号 RDY 为低电平，而当用 PLC 应用程序对 RDY 信号进行扫描时，会导致 PLC 运算错误	机床现场没有接地（PE 与交流电源的中性线连接），静电放电（工作环境差）	首先将电器柜中的 PE 与大地连接，如果仍有故障，则驱动器模块可能损坏，更换驱动器模块
高速时电动机堵转。在快速点动（或允许 G00）时步进电动机堵转"丢步"（步进电动机在设定的高速时不能转动，而不是随机的丢步）或使用了脉冲监控功能系统出现报警	传动系统的设计有问题，如传动系统在设定高速时所需的转矩大于所选的步进电动机输出转矩。在设计时，要考虑步进电动机的转矩特性曲线	若进给倍率为 85%高速点动不堵转，则可使用折现加减速特性；降低最高进给速度；更换大转矩步进电动机
定位精度不稳定。某坐标的重复定位不稳定	传动系统的机械装配有问题，可能是由于丝杠螺母安装不正或松动，造成运动部位的装配应力	重新安装丝杠螺母
参考点定位误差过大	① 接近开关或检测体安装不正确；② 接近开关或检测体之间的间隙为检测临界值；③ 所选用的接近开关的检测距离过大，检测体和相邻金属物体均在检测范围内；④ 接近开关的电气性能差	① 检查接近开关的安装；② 调整接近开关与检测体之间的间隙，应为最大间隙的 50%；③ 调整测量距离；④ 更换接近开关
返回参考点动作不准确	选用了负逻辑（NPN）型的接近开关；接触式开关触点位置不正确，不能及时复位	更换为正逻辑（PNP）型接近开关；更换触点开关或调整开关触点使其及时复位

续表

故障现象	故障原因分析	解决方法
传动系统的定位误差大	丝杠螺距误差较大；步进电动机与丝杠之间的机械连接松动	进行丝杠螺距误差补偿，或更换较高精度的丝杠；检查步进电动机与丝杠之间的连接
重复上电后，键盘失效。在设定了数据后重新上电，NC 在正常工作一段时间后，系统在引导过程中停机，屏幕出现：Load NC system OK；Init OP system OK；Init NC system，屏幕界面显示上述信息后，无正常工作画面，并且所有的操作键无效	在调试时，某些未列在"调试手册"中的上电生效的机器数据被修改；由于系统口令未关闭，在操作时无意识地改动了不该修改的机床数据	将 NC 的调试开关拨到位置 1，重新上电，所有数据恢复为默认值。调试完毕后，一定要关闭口令
驱动器报警，电动机不动。屏幕显示位置在变化，而且驱动器上标有 DIS 的黄色发光管亮	DIS 灯亮说明驱动器正常，但电动机无电流。如 PLC 用户程序已给出了坐标使能信号，系统调试后未做数据存储，静态存储器掉电后系统自动加载了默认数据；PLC 用户程序中未输出坐标使能信号；系统工作在程序测试 RRT 方式下；驱动器故障	重新设置相应数据参数并保存数据；修改 PLC 用户程序，加入坐标使能信号输出；在自动方式下，选取"程序控制"子菜单，取消"程序测试"方式；更换有故障的驱动器
步进电动机轴不能自锁；工作台不移动，电动机有响声	步进电动机相间断路；对地短路；电动机轴卡死	重新绕线，绝缘；更换电动机；更换电动机轴承等配件
程序运行和手动移动中距离不足	电动机轴卡死；同步齿形带磨损，联轴器松动	更换电动机轴承等配件；更换同步齿形带，禁锢联轴器等连接部件

10.3 伺服电动机及驱动器典型故障分析

10.3.1 直流伺服电动机及伺服系统典型故障分析

1. 直流伺服系统维修技术和方法

（1）常规故障的检查方法

当伺服系统出现报警时，应首先观察伺服系统的故障状态，并详细记录下来，作为维修人员处理故障的原始依据。通常应注意以下几种主要状态。

① 系统过电流报警灯是否亮。

② 熔断器熔断时，出现在 R、S、T、SC90V 的哪一个轴上。

③ 故障异常的再现性是否相同。

④ 机柜内温度是否偏高。

⑤ 电动机正转、反转是否正常。

⑥ 系统运行过程中，是否出现掉电现象。

⑦ 电网电压变化是否在−15%～+10%的许用范围内。

（2）常规故障的处理方法

① 替换法。一般在用户订货较多时，通常由厂家提供给用户备份板，包括 NC 模板及伺服控制板，所以当系统发生故障时，为提高工作效率，可将备份板换上。若无备份板，可联系厂家维修中心。

② 交替法。若某一轴有故障，可采用如下 3 种交替方法来判断故障。

a. 把 X 轴给定电缆插头与 Z 轴给定电缆插头互换，X 轴反馈电缆插头与 Z 轴反馈电缆插头互换。若原 X 轴为故障轴，交换后变为 Z 轴报警，则说明故障出在原 X 轴的伺服单元上；若仍为 X 轴故障报警，则说明故障出在 NC 内 X 轴通道路上。

b. 把 X 轴给定与 Z 轴给定电缆插头互换，再把电动机驱动电缆 SCSDC-X 与 SCSDC-Z 互换。若原报警轴为 X 轴，交换后报警出现在 Z 轴，则说明 X 轴伺服单元有故障。

c. 把电动机两个驱动电缆 SCSDC-X 与 SCSDC-Z 互换，再将 NC 端的 X 轴反馈与 Z 轴反馈电缆插头互换。加电后观察报警状态，若原报警出现在 X 轴，交换后出现在 Z 轴，则说明 X 轴电动机有故障。

2. FANUC 直流伺服电动机的故障诊断与维修

（1）直流伺服电动机的故障诊断

① 伺服电动机不转。

当机床开机后，CNC 工作正常，"机床锁住"等保护联锁信号已释放。操作时，系统显示动作，而实际伺服电动机不转，可能的原因包括动力线断线或接触不良，这一故障通常会在驱动器上显示 TGLS 报警；"速度控制使能信号"没有传送到速度控制单元，此时驱动器上的 PRDY 指示灯不会亮；速度指令电压（VCMD）为零；电动机永磁体脱落；对于带制动器的电动机来说，可能是制动器不良或制动器未通电造成制动器未松开；松开制动器用的电流未加入或整流桥损坏、制动器断线等。

② 电动机过热。

造成伺服电动机过热的可能原因包括电动机负载过大；由于切削液和电刷会引起换向器绝缘不正常或内部短路；由于电枢电流大于磁钢去磁最大允许电流，造成磁钢发生去磁；对于带有制动器的电动机，制动线圈断线、制动器未松开、制动摩擦片间隙调整不当都会造成制动器不释放；电动机温度检测开关故障。

③ 电动机旋转时有较大的冲击。

若机床一开机，伺服电动机即有冲击，通常是由于电枢或测试发电机极性相反而引起的。若冲击在运动过程中出现，则可能的原因包括测速发电机输出电压突变；测速发电机输出电压的波动太大；电枢绕组不良或内部短路、对地短路等；脉冲编码器故障。

④ 电动机噪声大。

造成直流伺服电动机噪声的原因主要有以下几种：换向器接触面的粗糙或换向器损坏；电动机轴向间隙太大；切削液等进入电刷槽中，引起了换向器的局部短路。

⑤ 运转、停车或变速时振动过大。

造成直流伺服电动机运转不稳、振动的原因主要有以下几种：脉冲编码器故障；电枢绕组不良，绕组内部短路或对地短路；若运转过程中，甚至有较大的冲击或伺服单元的熔断器熔断，则故障的主要原因为测速发电机电刷接触不良。

（2）直流伺服电动机的维修

① 直流伺服电动机的基本检查。

由于结构决定了直流伺服电动机的维修工作量要比交流伺服电动机大很多，当直流伺服电动机发生故障时，应进行如下检查：伺服电动机是否有机械损伤；电动机旋转部分是否可以手动正常转动；带制动器的伺服电动机，制动器是否正常松开；电动机是否有松动的螺钉或轴向间隙；电动机是否安装在潮湿、温度变化剧烈或有灰尘的地方；电动机是否长时间未开机；电刷是否需要更换。

若电动机长时间未开机，则应将电刷从直流电动机上取出，重新清理换向器表面，因电刷长期停留在换向器的同一位置，将会引起换向器表面生锈和腐蚀，从而使电动机换向不良和产生噪声。若电刷剩下长度短于 10mm、电刷接触面有深槽或伤痕，或在电刷弹簧上见到电弧痕迹，则电刷将不能继续使用，必须更换新电刷。更换电刷时，应使用干净的压缩空气吹去电刷粉尘，安装电刷时，应拧紧刷帽，注意电刷弹簧不能夹在导电金属和刷握之间，并确认所有刷帽都拧到各自刷握的同样位置。电刷装入刷握时，应保证能平衡地移动，并使电刷和换向器表面良好吻合。

② 直流伺服电动机的安装。

维修完成后，重新安装电动机时，必须注意如下几点：伺服电动机的安装方向，必须保证在结构上易于电刷安装、检查和更换，保证冷却器的检查和清扫；由于伺服电动机的防水结构不是很严密，若切削液、润滑油等渗入伺服电动机内部，会引起绝缘强度降低、绕组短路、换向不良等故障，从而损坏换向器表面，使电刷的磨损加快，因此，应该注意电动机的插头方向，避免切削液进入；当伺服电动机安装在齿轮箱上时，齿轮箱的润滑油液面高度必须低于伺服电动机的输出轴，防止润滑油输入电动机内部；固定伺服电动机联轴器、齿轮、同步带等连接件时，在任何情况下，作用在电动机上的力不能超过电动机运行的径向、轴向负载；安装固定后，必须按照说明书的规定，进行正确连线。错误的连线可能会引起电动机失控或异常的振动。完成接线后，通电前要测量电源线与电动机壳体之间的绝缘，测量应该用 500V 兆欧表或万用表进行，并用万用表检查信号线和电动机壳体的绝缘，但绝不能用兆欧表测量脉冲编码器信号线的绝缘。

③ 测速发电机的检查与维护。

一般用于直流伺服电动机的测速发电机是扁的，清扫时可以直接从外面吹入压缩空气进行清扫。测速发电机由于长期使用，其特性有时由于刷尘的影响而降级。这是由于刷尘会造成测速发电机的换向器相邻的换向片短路，使电刷在刷握中不能平滑地移动，增加换向器的接触电阻，使测速发电机的输出波纹增大。

测速发电机的清扫一般按以下步骤进行：从伺服电动机上卸下后盖，注意不要让后盖与连在一起的导线受力；用干净的压缩空气吹换向器表面，清洁换向器表面可以解决由于刷尘引起的大多数故障。拆除刷握，检查电刷能否平滑移动，并清除附在导向块、垫圈上的刷尘；取出转子并清除换向器槽中的粉尘，然后检查相邻换向片间的电阻，正常范围为 20～30Ω。如果测出的电阻很大，则换向片的绕组可能存在断路，应更换新的测速发电机；如果测出的阻值过低，则换向片间可能有短路，应进一步清扫换向器槽；当换向器表面被厚的碳膜覆盖时，可用带有酒精的湿布擦洗；若换向器表面粗糙，则测速发电机不能再继续使用，应更换新的测速发电机。

④ 脉冲编码器的更换。

FANUC 直流伺服电动机的脉冲编码器安装在电动机的后部，它通过十字联轴器与电动机轴相连，其安装和拆卸比较方便。

3. 西门子 6RA26XX 系列直流伺服驱动器的常见故障

西门子 6RA26XX 系列直流伺服驱动器出现故障时，如故障指示灯亮，可以根据上述的指示灯 V79、V78、V103 状态，来判别故障原因。对于指示灯未指示的故障，产生的原因包括以下几种。

（1）电动机转速过高

产生电动机转速过高的原因主要有以下几种：电动机电枢极性相反，使速度环变成了正反馈；测速发电机极性接反，使速度环变成了正反馈；励磁回路的输入电压过低或励磁回路断线；速度给定输入电压过高。

（2）电动机运转不稳，速度时快时慢

伺服单元参数调整不当，调节器未达到最佳工作状态；由于干扰、连接不良引起的速度反馈信号不稳定；测速发电机安装不良，或测速发电机与电动机轴的连接不良；伺服电动机的电刷磨损；电枢绕组局部短路或对地短路；速度给定输入电压受到干扰或连接不良。

（3）电动机启动时间太长或达不到额定转速

伺服单元的给定滤波器参数调整不当；伺服单元的励磁回路参数调整不当，励磁电流过低；电流极限调节过低。

（4）输出转矩达不到额定值

伺服单元的电流极限调节过低；速度调节器的输出限幅值调整不当；伺服电动机制动器未完全松开；电枢连接不良，接触电阻太大。

（5）伺服电动机发热

伺服单元的电流极限调节过高；伺服单元的励磁回路参数设置不当，励磁电流过高；伺服电动机制动器未完全松开；绕组局部短路或对地短路。

4. FANUC 直流可控硅伺服单元的常见故障

常见的 FANUC 直流可控硅伺服单元的典型故障分析见表 10-4。

表 10-4　　　　　常见的 FANUC 直流可控硅伺服单元的典型故障分析

故障现象	故障原因分析	解决方法
过电流报警，OVC 红灯点亮	从控制板的触发电路、检测电路到主回路，甚至电动机都有可能存在故障点	通过互换控制板来初步判断是主回路还是控制板故障；如果上电就报警，则有可能是主回路的可控硅烧了，利用万用表测可控硅是否导通，如果导通则需更换；如果高速报警而低速正常，则有可能是控制板或电动机有问题
伺服电动机振动	电动机移动时，速度不平稳会产生振动和噪声	伺服电动机换向器槽中有碳粉或电刷需要更换；用示波器检测控制板上 CH11～CH13 的波形，如果 6 个中有一个不是均匀的正弦波，则可能是控制板上的驱动回路或主回路的可控硅损坏
过热报警	伺服电动机、伺服变压器或伺服单元过热，开关断开	伺服电动机过热，或伺服电动机热保护开关损坏；伺服变压器过热，或伺服变压器热保护开关损坏；伺服单元过热，或伺服单元热保护开关损坏；确认以上各部件的过热保护连接线是否断线
无法准备好，系统报警 401 或 403（伺服 VRDY OFF）	系统开机自检后，如果没有急停和报警，则发出 PRDY 信号给伺服单元，伺服单元接到该信号后，接通主接触器，送回 VRDY ON 信号，如果系统在规定的时间内没有收到 VRDY ON 信号，则发出此报警，同时，断开各轴的 PRDY 信号，因此，上述回路均有可能出现故障点	检查各个接头是否接触良好，包括控制板和主回路的连接；检查外部交流电源是否正常；检查控制板上各直流电压是否正常，如有异常则为电源故障，检查熔断器是否熔断；如果接触器吸合后再断开，则可能是接触器的触点不良，需要更换接触器；如果没有吸合动作，则该单元的接触器绕组或控制板故障，可通过检测绕组电阻来确定故障；排查外部过热信号及主回路的热继电器是否断开；如果上述均正常，则为 CN1 指令线或系统板故障
TG 报警，红灯点亮	失速或暴走，即电动机的速度不按指令走，所以，从指令到速度反馈回路都有可能出现故障	互换伺服单元初步判断是控制单元还是电动机故障；如果一上电就报警，则有可能是主回路晶体管故障；如果报警一直存在，则是伺服单元或控制板故障，如果偶尔出现报警，则可能是电动机故障
飞车，一开机电动机速度很快上升，因系统超差报警而停止	系统未给指令到伺服单元，而电动机自行行走，是由于正反馈或无速度反馈信号引起的，所以应查伺服输出、速度反馈等回路	检查三相输入电压是否有缺相，或熔断器熔断；检查外部接线是否正确；检查电动机速度反馈是否正常，包括是否接反、断线、有无反馈等；采用交替法检查控制板，如果故障随控制板转移，则是控制板故障

续表

故障现象	故障原因分析	解决方法
VRDY ON 报警	系统在 PRDY 信号还未发出的情况下就已经检测到了 VRDY 信号，以及伺服单元比系统早准备好，系统认为这样为异常	检查主回路接触器的触点是否接触不良，或是 CN1 接线错误；检查是否有维修人员将系统指令口封上
电动机不转	系统发出指令后，伺服单元或伺服电动机不执行指令，或由于系统检测到伺服偏差值过大，所以等待此偏差值变小	分析指令下达后的系统报警，如果伺服有 OVC，则可能是电动机制动器没有开或机械卡死；如果伺服无任何报警，则系统会发出超差报警，应检查各接线或插头是否良好，包括电动机动力线、CN1 插头及控制板与单元的连接；检查伺服电动机是否正常；如果系统伺服误差大于 5，则调整控制板上的 RV2（OFFSET）直到读数为零

5. FANUC 直流 PWM 伺服单元的常见故障

常见的 FANUC 直流 PWM 伺服单元的典型故障分析见表 10-5。

表 10-5　　　　常见的 FANUC 直流 PWM 伺服单元的典型故障分析

故障现象	故障原因分析	解决方法
TG 报警，红灯点亮	失速或暴走，即电动机的速度不按指令走，所以，从指令到速度反馈回路都有可能出现故障	采用交替法来初步判断是控制单元还是电动机故障；如果一上电就报警，则有可能是主回路晶体管故障；如果报警一直存在，则是伺服单元或控制板故障，如果偶尔出现报警，则可能是电动机故障
飞车，一开机电动机速度很快上升，因系统超差报警而停止	系统未给指令到伺服单元，而电动机自行行走，是由于正反馈或无速度反馈信号引起的，所以应查伺服输出、速度反馈等回路	检查三相输入电压是否有缺相，或熔断器熔断；检查外部接线是否正确；检查电动机速度反馈是否正常，包括是否接反、断线、有无反馈等；采用交替法检查控制板，如果故障随控制板转移，则是控制板故障
熔断器熔断，BRK 灯亮	主回路的两个熔断器检测到电流异常、跳开或检测回路有故障	检查主回路电源输入端的两个断路器是否跳开，如果合不上，则主回路有短路的地方，应仔细检查主回路的整流桥、大电容、晶体管模块等；控制板报警回路故障
电动机不转	系统发出指令后，伺服单元或伺服电动机不执行指令，或由于系统检测到伺服偏差值过大，所以等待此偏差值变小	分析指令下达后的系统报警，如果伺服有 OVC，则可能是电机制动器没有开或机械卡死；如果伺服无任何报警，则系统会发出超差报警，应检查各接线或插头是否良好，包括电动机动力线、CN1 插头及控制板与单元的连接；检查伺服电动机是否正常；如果系统伺服误差大于 5，则调整控制板上的 RV2（OFFSET）直到读数为零

续表

故障现象	故障原因分析	解决方法
过热报警，OH 灯亮	伺服电动机、伺服变压器或伺服单元过热，开关断开	伺服电动机过热或伺服电动机热保护开关损坏；伺服变压器过热或伺服变压器热保护开关损坏；伺服单元过热或伺服单元热保护开关损坏；确认以上各部件的过热保护连接线是否断线
异常电流报警，HCAL 红灯亮	伺服单元的交流电源输入经过整流后变为直流，直流侧有一个直流检测电阻，如果后面有短路，立即产生该报警	如果一直出现该报警，则可能为主回路晶体管模块短路，或控制板故障；如果高速报警而低速报警消失，则可能为控制板或电动机故障；如果是偶尔出现该报警则可能是电动机故障
高电压报警，HVAL 红灯亮	伺服控制板检测到主回路或控制回路电压过高，或检测回路故障	检查三相输入电压是否正常；检查 CN2 的 ±18V 电压是否正常；交换控制板，如果故障随控制板转移，则控制板故障
伺服电动机振动	电动机移动时，速度不平稳会产生振动和噪声	伺服电动机换向器槽中有碳粉或电刷需要更换；检查控制板 S1、S2、RV1 的设置是否正确
低电压报警，LVAL 红灯亮	伺服控制板检测到主回路或控制回路电压过低，或控制回路故障	检查三相输入电压是否正常；检查 CN2 的 ±18V 电压是否正常；检查主回路的晶体管、二极管、电容等是否正常；交换控制板，如果故障随控制板转移，则控制板故障
放电异常报警，DCAL 红灯亮	放电回路（放电晶体管、放电电阻、放电驱动回路）异常，通常是短路导致的	检查主回路的晶体管、二极管、电容等是否正常；如果有外接放电电阻，检查其阻值是否正常；检查伺服电动机是否正常；交换控制板，如果故障随控制板转移，则控制板故障
无法准备好，系统报警 401 或 403（伺服 VRDY OFF）	系统开机自检后，如果没有急停和报警，则发出 PRDY 信号给伺服单元，伺服单元接到该信号后，接通主接触器，送回 VRDY ON 信号，如果系统在规定的时间内没有收到 VRDY ON 信号，则发出此报警，同时，断开各轴的 PRDY 信号，因此，上述回路均有可能出现故障点	检查各个接头是否接触良好，包括控制板和主回路的连接；检查外部交流电源是否正常；检查控制板上各直流电压是否正常，如有异常则为电源故障，检查熔断器是否熔断；如果接触器吸合后再断开，则可能是接触器的触点不良，需要更换接触器；如果没有吸合动作，则该单元的接触器绕组或控制板故障，可通过检测绕组电阻来确定故障；排查外部过热信号及主回路的热继电器是否断开；如果上述均正常，则为 CN1 指令线或系统板故障
VRDY ON 报警	系统在 PRDY 信号还未发出的情况下就已经检测到了 VRDY 信号，以及伺服单元比系统早准备好，系统认为这样为异常	检查主回路接触器的触点是否接触不良，或是 CN1 接线错误；检查是否有维修人员将系统指令口封上或指令口故障

10.3.2 交流伺服电动机及伺服系统典型故障分析

1. FANUC 模拟式交流速度控制单元的故障检测与维修

在正常情况下，电源接通后，PRDY 灯先亮，然后 VRDY 灯亮。如果不是这种情况，则说明速度控制单元存在故障。出现故障后，可以根据指示灯的提示来进行故障诊断。

（1）VRDY 灯不亮

速度控制单元的 VRDY 灯不亮，说明速度控制单元尚未准备好。如果速度控制单元的主回路断路器 NFB1、NFB2 跳闸，则导致故障的原因主要是主回路受到瞬时电压冲击或干扰。如果重新将断路器 NFB1、NFB2 合闸，故障不再出现，则可以继续工作。否则需要进行如下检查：速度控制单元主回路的三相整流桥 DS 的整流二极管是否损坏；速度控制单元交流主回路的浪涌吸收器 ZNR 是否短路；速度控制单元直流母线上的滤波电容器 C1～C4 是否短路；速度控制单元逆变晶体管模块 TM1～TM3 是否短路；断路器 NFB1、NFB2 故障等。

（2）HV 报警

HV 为速度控制单元过电压报警，当指示灯亮起时，说明输入交流电压过高或直流母线过电压。导致该报警的可能原因包括输入交流电压过高，应检查伺服变压器的输入、输出电压，必要时调节变压器的电压比；直流母线的直流电压过高，应检查直流母线上的斩波管、制动电阻、二极管及外部制动电阻是否损坏；加减速时间设定不合理，如果故障发生在系统的加减速阶段，则需要对相应的参数进行适当调整；机械传动系统负载过重，检查机械传动系统的负载、转动惯量是否过高，机械摩擦阻力是否正常。

（3）HC 报警

HC 为速度控制单元过电流报警，当指示灯亮起时，说明速度控制单元过电流。导致该报警的可能原因包括主回路逆变晶体管 TM1～TM3 故障；电动机故障，电枢线间短路或电枢对地短路；逆变晶体管的直流输出端短路或对地短路；速度控制单元故障。

为了判断过电流的原因，维修时可以先取下伺服电动机的电源线，将速度控制单元的设定端子 S23 短接，取消 TG 报警，然后开机试验。若故障消失，则说明过电流是由于外部原因导致的。应重点检查电动机与电动机电源线；若故障依然存在，则说明过电流故障在速度控制单元内部，应重点检查逆变晶体管 TM1～TM3 模块。

（4）OVC 报警

OVC 为速度控制单元过载报警，当指示灯亮起时，说明速度控制单元过载。其可能的原因是电动机过电流或编码器连接不良。

（5）LV 报警

LV 为速度控制单元电压过低报警，当指示灯亮起时，说明速度控制单元的控制电压过低。其可能的原因包括速度控制单元的辅助控制电压输入 AV18V 过低或无输入；速度控制单元的辅助电压控制回路故障；速度控制单元的熔断器熔断；瞬间电压下降或电路干扰引起的偶然故障；速度控制单元故障。

（6）TG 报警

TG 为速度控制单元的断线报警，导致该报警的原因包括伺服电动机或脉冲编码器断线、接线不良或速度控制单元设定错误。

（7）DC 报警

DC 为直流母线过电压报警，导致该报警的原因包括直流母线的斩波管、制动电阻、二极管及外部制动电阻损坏。维修时应注意：如果在电源接通的瞬间就发生 DC 报警，则不可以频繁进行电源的通、断操作，否则易引起制动电阻的损坏。

2. FANUC 数字式交流速度控制单元的故障检测与维修

（1）驱动器上的状态指示灯报警

① OH 报警。

OH 为速度控制单元过热报警，发生该报警的可能原因包括电路板上的 S1 设置不当；伺服单元过热，散热片上的热动开关动作，在驱动器无硬件损坏或不良时，可通过改变负载来排除报警；电源变压器过热，当变压器及温度检测开关正常时，可通过减轻负载来排除报警，或更换变压器；电控柜散热器的过热开关动作，如排除电控柜超温，则可能是过热开关故障，需要更改温度检测开关。

② OFAL 报警。

数字伺服参数设定不当，这时需更改数字伺服的有关参数设置。对于 FANUC0 系统，相关参数为 8100、8101、8122、8123 及 8153～8157 等；对于 FANUC10/11/12/15 系统，相关参数为 1804、1806、1875、1876、1879、1891 及 1865～1869 等。

③ FBAL 报警。

FBAL 是脉冲编码器连接错误报警，出现该报警的原因通常为编码器电缆连接不良或脉冲编码器故障；外部位置检测器信号故障；速度控制单元的检查回路故障；电动机与机械之间的间隙过大。

（2）伺服驱动器上的 7 段数码管报警

FANUC C 系列、α/αi 系统数字式交流伺服驱动器通常无状态指示灯显示，驱动器的报警是通过驱动器上的 7 段数码管进行显示的。根据数码管的不同状态显示，可以指示驱动器报警的原因。

（3）系统 CRT 上有报警的故障

① FANUC 0 系统的报警。

FANUC 数字伺服出现故障时，通常情况下系统 CRT 上可以显示相应的报警信息，对于大部分的报警而言，其含义与模拟伺服系统相同，但仍然少数报警有所区别。表 10-6 给出了系统的部分报警信息。

表 10-6　　　　　　　　　　　FANUC 0 数字伺服系统的部分报警信息

报警代码	报警原因	解决方法
4N4	数字伺服系统出现异常	具体故障内容可以通过检测诊断参数来判断
4N6	位置检测连接故障	具体故障内容可以通过检测诊断参数来判断
4N7	伺服参数设置不当	电动机型号参数设定错误（8N20）； 速度反馈脉冲参数设定错误（8N23）； 电动机的转向参数设定错误（8N22）； 位置反馈脉冲参数设定错误（8N24）； 位置反馈脉冲分辨率设定错误（037bit7）
940	系统主板或驱动器控制板故障	更换系统主板或驱动器控制板

② FANUC 10/11/12/15 系统的报警。

FANUC 10/11/12/15 数字伺服出现故障时，CRT 上显示报警信息中 SV000～SV100 报警的含义与上述模拟伺服系统基本相同。表 10-7 给出了 FANUC 10/11/12/15 数字伺服系统的部分报警信息。

表 10-7　　　　　　　　FANUC 10/11/12/15 数字伺服系统的部分报警信息

报警代码	报警原因	解决方法
SV101	绝对编码器数据故障	检查绝对编码器及机床位置
SV110	串行编码器故障（串行 A）	检查串行编码器（串行 A）及其连接电缆
SV111	串行编码器故障（串行 C）	检查串行编码器（串行 C）及其连接电缆
SV114	串行编码器数据故障	检查串行编码器
SV115	串行编码器通信故障	检查串行编码器
SV116	驱动器主接触器（MCC）不良	检查驱动器主接触器
SV117	数字伺服电流转换错误	检查数字伺服
SV118	数字伺服检测到异常负载	检查负载

③ FANUC 16/18 系统的报警。

表 10-8 给出了 FANUC 16/18 数字伺服系统出现故障时，CNC 显示的部分报警信息。

表 10-8　　　　　　　　FANUC 16/18 数字伺服系统的部分报警信息

报警代码	报警原因	解决方法
ALM400	伺服驱动器过载	可以通过诊断参数 DGN201 进一步分析
ALM401	伺服驱动器未准备好，DRDY 信号为 0	检查伺服驱动器及其连接线
ALM404	伺服驱动器 DRDY 信号故障，驱动器主接触器（MCON）通信号未发出的情况下，伺服驱动器 DRDY 信号已经为 1	检查伺服驱动器及其连接线
ALM405	回参考点报警	检查伺服驱动器及其连接线

报警代码	报警原因	解决方法
ALM407	位置误差超过设定值	检查伺服驱动器、电动机和机械部分
ALM409	驱动器检测到异常负载	检查电动机、制动装置和机械部分
ALM410	坐标轴停止时,位置跟随误差超过设定值	检查伺服驱动器、电动机和机械部分
ALM411	坐标轴运动时,位置跟随误差超过设定值	检查伺服驱动器、电动机和机械部分
ALM413	数字伺服计数器溢出	检查伺服驱动器和程序
ALM414	数字伺服报警	详细内容可以通过 DGN200—DGN204 来判断
ALM415	数字伺服的速度指令超过极限值	合理设定机床参数 CMR
ALM416	编码器连接出错报警	详细内容可以通过 DGN201 来判断
ALM417	数字伺服参数设定错误报警	核实参数设置 PRM2020/2022/2023/2024/2084/2085/1023 等
ALM420	同步控制报警	检查伺服驱动器、电动机和机械部分
ALM421	采用双位置环控制时,位置误差超过设定值	检查伺服驱动器、电动机和机械部分

3. FANUC 交流伺服电动机的故障检测与维修

（1）交流伺服电动机的基本检查

原则上说,交流伺服电动机可以不需要维修,因为它没有易损件。但由于交流伺服电动机内含有精密检测仪器,因此,当发生碰撞、冲击时可能会引起故障。维修时应对电动机进行如下检查:是否有机械损伤;旋转部分是否可以正常转动;制动器是否正常;螺钉是否松动;间隙是否正常;是否环境潮湿、温度变化剧烈和灰尘过多。

（2）交流伺服电动机的安装

维修完成后,安装交流伺服电动机时需要注意以下几点。

① 由于伺服电动机防水结构不是很严密,如果切削液、润滑油等渗入内部,会引起绝缘性能下降或绕组短路,因此,应尽可能避免切削液的飞溅。

② 当伺服电动机安装在齿轮箱上时,齿轮箱的润滑油液面高度必须低于伺服电动机的输出轴,防止润滑油输入电动机内部。

③ 固定伺服电动机联轴器、齿轮、同步带等连接件时,在任何情况下,作用在电动机上的力不能超过电动机运行的径向、轴向负载。

④ 安装固定后,必须按照说明书的规定,进行正确连线。错误的连线可能会引起电动机失控或异常的振动,也可能导致电动机或机械件损坏。完成接线后,通电前必须测量电

源线与电动机壳体之间的绝缘，测量应该用兆欧表，然后用万用表检查信号线和电动机壳体的绝缘，但绝不能用兆欧表测量脉冲编码器信号线的绝缘。

（3）脉冲编码器的更换

如交流伺服电动机的脉冲编码器出现故障，需要更换时，应按规定步骤进行：松开后盖连接螺栓，并取下后盖；取出橡胶盖；取出脉冲编码器连接螺钉，松开脉冲编码器和电动机轴之间的连接；松开脉冲编码器的固定螺钉，取下脉冲编码器，由于脉冲编码器和电动机轴之间是锥度啮合，连接较紧，应使用专用工具小心取下；松开安装座的连接螺钉，取下安装座，脉冲编码器维修完成后，再根据要求安装在安装座上，并固定脉冲编码器连接螺钉，使脉冲编码器和电动机轴啮合。

为了保证脉冲编码器的安装位置正确，在编码器复装后，应对转子的位置进行调整。具体方法如下：将电动机电枢线的 V、W 相（电枢插头的端子 B、C）相连；将 U 相（电枢插头的端子 A）和直流调压器的"+"端相连，V、W 相和直流调压器的"−"端相连，在编码器的插头端子 J、N 间加+5V 电压；通过调压器对电动机电枢加入励磁电流。此时，$I_u = I_v + I_w$、$I_v = I_w$，事实上相当于使电动机工作在 90° 的位置，因此伺服电动机（永磁式）将自动转到 U 相的位置进行定位。加入的励磁电流控制在 3～5A 为宜，只要保证电动机能进行定位即可；在电机完成 U 相定位后，旋转编码器，使编码器的转子位置检测信号 C1、C2、C4、C8，即使编码器插头的端子 C、P、L、M 同时为"1"，使转子位置检测信号和电动机实际位置一致。安装编码器固定螺钉，装上后盖，完成电动机维修。

表 10-9 给出了 FANUC 交流模拟伺服单元的常见共性故障分析及其解决方法，表 10-10、表 10-11、表 10-12、表 10-13、表 10-14 分别给出了 FANUC 交流 S 系列、C 系列、α 系列、β 系列伺服单元的常见共性故障分析及其解决方法。

表 10-9　FANUC 交流模拟伺服单元的常见共性故障分析及其解决方法

故障现象	原因分析	解决方法
TG 报警（红灯点亮）	失速或暴走，即电动机的速度不按指令走，所以，从指令到速度反馈回路都有可能出现故障	① 采用交替法来初步判断是控制单元还是电动机故障； ② 一上电就报警，则有可能是主回路晶体管故障； ③ 报警一直存在，则是伺服单元或控制板故障，如果偶尔出现报警，则可能是电动机故障； ④ 更换功率放大器
飞车，一开机电动机速度很快上升，因系统超差报警而停止	系统未给指令到伺服单元，而电动机自行行走，是由于正反馈或无速度反馈信号引起的，所以应查伺服输出、速度反馈等回路	① 检查三相输入电压是否有缺相，或熔断器熔断； ② 检查外部接线是否正确； ③ 检查电动机速度反馈是否正常，包括是否接反、断线、有无反馈等； ④ 采用交替法检查控制板，如果故障随控制板转移，则是控制板故障

续表

故障现象	原因分析	解决方法
熔断器熔断（BRK 灯亮）	主回路的两个熔断器检测到电流异常、跳开，或检测回路有故障	① 检查主回路电源输入端的两个断路器是否跳开，如果合不上，则主回路有短路的地方，应仔细检查主回路的整流桥、大电容、晶体管模块等； ② 控制板报警回路故障
电动机不转	系统发出指令后，伺服单元或伺服电动机不执行指令，或由于系统检测到伺服偏差值过大，所以等待此偏差值变小	① 分析指令下达后的系统报警，伺服有 OVC，则可能是电动机制动器没有开或机械卡死； ② 伺服无任何报警，则系统会发出超差报警，应检查各接线或插头是否良好，包括电动机动力线、CN1 插头及控制板与单元的连接； ③ 检查伺服电动机是否正常； ④ 系统伺服误差大于 5，则调整控制板上的 RV2（OFFSET）直到读数为零
过热报警（OH 灯亮）	伺服电动机、伺服变压器或伺服单元过热，开关断开	① 伺服电动机过热，或伺服电动机热保护开关损坏； ② 伺服变压器过热，或伺服变压器热保护开关损坏； ③ 伺服单元过热，或伺服单元热保护开关损坏； ④ 确认以上各部件的过热保护连接线是否断线
异常电流报警（HCAL 红灯亮）	伺服单元的交流电源输入经过整流后变为直流，直流侧有一个直流检测电阻，如果后面有短路，立即产生该报警	① 一直出现该报警，则可能为主回路晶体管模块短路，或控制板故障； ② 高速报警而低速报警消失，则可能为控制板或电动机故障； ③ 偶尔出现该报警则可能是电动机故障
高电压报警（HVAL 红灯亮）	伺服控制板检测到主回路或控制回路电压过高，或检测回路故障	① 检查三相输入电压是否正常； ② 检查 CN2 的 ±18V 电压是否正常； ③ 交换控制板，若故障随控制板转移，则控制板故障
低电压报警（LVAL 红灯亮）	伺服控制板检测到主回路或控制回路电压过低，或控制回路故障	① 检查三相输入电压是否正常； ② 检查 CN2 的 ±18V 电压是否正常； ③ 检查主回路的晶体管、二极管、电容等是否正常； ④ 交换控制板，若故障随控制板转移，则控制板故障
放电异常报警（DCAL 红灯亮）	放电回路（放电三极管、放电电阻、放电驱动回路）异常，通常是短路导致的	① 检查主回路的晶体管、二极管、电容等是否正常； ② 检查外接放电电阻阻值是否正常； ③ 检查伺服电动机是否正常； ④ 交换控制板，若故障随控制板转移，则控制板故障

续表

故障现象	原因分析	解决方法
无法准备好（系统报警显示伺服 VRDY OFF）	系统开机自检后，如果没有急停和报警，则发出 PRDY 信号给伺服单元，伺服单元接到该信号后，接通主接触器，送回 VRDY ON 信号，如果系统在规定的时间内没有收到 VRDY ON 信号，则发出此报警，同时，断开各轴的 PRDY 信号，因此，上述回路均有可能出现故障点	① 检查各个接头是否接触良好，包括控制板和主回路的连接； ② 检查外部交流电源是否正常； ③ 检查控制板上各直流电压是否正常，如有异常则为电源故障，检查熔断器是否熔断； ④ 若接触器吸合后再断开，则可能是接触器的触点不良，需要更换接触器；若没有吸合动作，则该单元的接触器绕组或控制板故障，可通过检测绕组电阻来确定故障； ⑤ 排查外部过热信号及主回路的热继电器是否断开； ⑥ 上述均正常，则为 CN1 指令线或系统板故障
系统出现 VRDY ON 报警	系统在 PRDY 信号还未发出的情况下就已经检测到了 VRDY 信号，以及伺服单元比系统早准备好，系统认为这样为异常	① 检查主回路接触器的触点是否接触不良，或是 CN1 接线错误； ② 检查是否有维修人员将系统指令口封上或指令口故障

表 10-10　FANUC 交流 S 系列伺服单元的常见共性故障分析及其解决方法

故障现象	原因分析	解决方法
过电流报警（OVC 红灯点亮）	因为伺服电动机的 U、V 相电流由伺服单元检测，送到系统的轴控制板处理，因此伺服单元上无报警显示，应重点检查电动机和伺服单元	① 检查电动机绕组是否烧坏，可利用绝缘电阻法，如果绝缘电阻很小则说明电动机烧坏； ② 检查电动机动力线是否绝缘不良； ③ 主回路的晶体管模块故障； ④ 控制板的驱动回路或检查回路故障； ⑤ 伺服电动机与伺服单元不匹配，或电动机代码设定错误； ⑥ 系统轴控制板故障，可采用互换法，交换相同型号的通道来判断，即指令线和电动机动力线同时互换
电动机不转	系统发出指令后，伺服单元或伺服电动机不执行指令，或由于系统检测到伺服偏差值过大，所以等待此偏差值变小	① 分析指令下达后的系统报警，伺服有 OVC，则可能是电动机制动器没有开或机械卡死； ② 伺服无任何报警，则系统会发出超差报警，应检查各接线或插头是否良好，包括电动机动力线、CN1 插头及控制板与单元的连接； ③ 检查伺服电动机是否正常； ④ 系统伺服误差大于 5，则调整控制板上的 RV2（OFFSET）直到读数为零

故障现象	原因分析	解决方法
过热报警（OH 灯亮）	伺服电动机、伺服变压器或伺服单元过热，开关断开	① 伺服电动机过热，或伺服电动机热保护开关损坏； ② 伺服变压器过热，或伺服变压器热保护开关损坏； ③ 伺服单元过热，或伺服单元热保护开关损坏； ④ 确认以上各部件的过热保护连接线是否断线
异常电流报警（HC 红灯亮）	伺服单元的交流电源输入经过整流后变为直流，直流侧有一个直流检测电阻，如果后面有短路，立即产生该报警	① 一直出现该报警，则可能为主回路晶体管模块短路，或控制板故障； ② 高速报警而低速报警消失，则可能为控制板或电动机故障； ③ 偶尔出现该报警则可能是电动机故障
高电压报警（HV 红灯亮）	伺服控制板检测到主回路或控制回路电压过高，或检测回路故障	① 检查三相输入电压是否正常； ② 检查 CN2 的 ±18V 电压是否正常； ③ 交换控制板，若故障随控制板转移，则控制板故障
低电压报警（LV 红灯亮）	伺服控制板检测到主回路或控制回路电压过低，或控制回路故障	① 检查三相输入电压是否正常； ② 检查 CN2 的 ±18V 电压是否正常； ③ 检查主回路的晶体管、二极管、电容等是否正常； ④ 交换控制板，若故障随控制板转移，则控制板故障
放电异常报警（DC 红灯亮）	放电回路（放电晶体管、放电电阻、放电驱动回路）异常，通常是短路导致的	① 检查主回路的晶体管、二极管、电容等是否正常； ② 检查外接放电电阻阻值是否正常； ③ 检查伺服电动机是否正常； ④ 交换控制板，若故障随控制板转移，则控制板故障
不能准备好（系统报警显示伺服 VRDY OFF）	系统开机自检后，如果没有急停和报警，则发出 PRDY 信号给伺服单元，伺服单元接到该信号后，接通主接触器，送回 VRDY ON 信号，如果系统在规定的时间内没有收到 VRDY ON 信号，则发出此报警，同时，断开各轴的 PRDY 信号，因此，上述回路均有可能出现故障点	① 检查各个接头是否接触良好，包括控制板和主回路的连接； ② 检查外部交流电源是否正常； ③ 检查控制板上各直流电压是否正常，如有异常则为电源故障，检查熔断器是否熔断； ④ 若接触器吸合后再断开，则可能是接触器的触点不良，需要更换接触器；若没有吸合动作，则该单元的接触器绕组或控制板故障，可通过检测绕组电阻来确定故障； ⑤ 排查外部过热信号及主回路的热继电器是否断开； ⑥ 上述均正常，则为 CN1 指令线或系统板故障
系统出现 VRDY ON 报警	系统在 PRDY 信号还未发出的情况下就已经检测到了 VRDY 信号，以及伺服单元比系统早准备好，系统认为这样为异常	① 检查主回路接触器的触点是否接触不良，或是 CN1 接线错误； ② 检查是否有维修人员将系统指令口封上或指令口故障

表 10-11 FANUC 交流 C 系列、α 系列 SVU、SVUC 伺服单元的常见共性故障分析及其解决方法

故障现象	原因分析	解决方法
高电压报警（故障代码1）	伺服控制板检测到主回路或控制回路电压过高，或检测回路故障	① 检查三相输入电压是否正常； ② 检查 CN2 的 ±18V 电压是否正常； ③ 交换控制板，若故障随控制板转移，则控制板故障
低电压报警（故障代码2）	伺服控制板+5V、+24 V、+15 V、−15V 至少有一个低电压	① 检查熔断器是否烧毁； ② 交换控制板，若故障随控制板转移，则控制板故障
不能准备	系统开机自检后，如果没有急停和报警，则发出 PRDY 信号给伺服单元，伺服单元接到该信号后，接通主接触器送回 VRDY ON 信号，如果系统在规定的时间内没有收到 VRDY ON 信号，则发出此报警，同时，断开各轴的 PRDY 信号，因此，上述回路均有可能出现故障点	① 检查各个接头是否接触良好，包括控制板和主回路的连接； ② 检查外部交流电源是否正常； ③ 检查控制板上各直流电压是否正常，如有异常则为电源故障，检查熔断器是否熔断； ④ 若接触器吸合后再断开，则可能是接触器的触点不良，需要更换接触器；若没有吸合动作，则该单元的接触器绕组或控制板故障，可通过检测绕组电阻来确定故障； ⑤ 排查外部过热信号及主回路的热继电器是否断开； ⑥ 观察伺服单元上的 LED 指示灯是否有其他故障，应先排除这些故障； ⑦ 检查 ESP 是否正常，将 ESP 插头拔下，用万用表测量，若为开路则急停回路故障； ⑧ 检查端子设定是否正确，S1-ON：TYPE B；S1-OFF：TYPE A；S2-ON：SVUC；S2-OFF：SVU； ⑨ 上述均正常，则为 CN1 指令线或系统板故障
系统出现过电流(OVC 报警)	因为伺服电动机的 U、V 相电流由伺服单元检测，送到系统的轴控制板处理，因此伺服单元上无报警显示，应重点检查电动机和伺服单元	① 检查电动机绕组是否烧坏，可利用绝缘电阻法，如果绝缘电阻很小则说明电动机烧坏； ② 检查电动机动力线是否绝缘不良； ③ 控制板的驱动回路或检查回路故障； ④ 伺服电动机与伺服单元不匹配，或电动机代码设定错误； ⑤ 系统轴控制板故障，可采用互换法，交换相同型号的通道来判断，即指令线和电动机动力线同时互换
过电流(故障代码8、9、B)	直流侧过电流：8 代表 L 轴过电流；9 代表 M 轴过电流；B 代表两轴同时过电流	① 检查 IPM 是否烧坏； ② C 系统的驱动小板（DRV）是否故障； ③ 若一上电就出现报警，采用互换法检查是否接口板损坏； ④ 采用互换法检查控制板是否故障； ⑤ 拆下电动机动力线，如果故障报警消失，则说明电动机或动力线故障； ⑥ 采用互换法检查指令线是否故障； ⑦ 检查系统的伺服参数设定是否正确

续表

故障现象	原因分析	解决方法
直流低电压报警（故障代码 3）	直流 300V 太低，一般发生在伺服单元吸合的瞬间	① 检查伺服单元左上角的开关是否在"ON"的位置； ② 检查主回路的整流桥、晶体管模块、大电容、检测电阻、接触器是否正常； ③ 检查外部放电电阻及其热开关是否正常； ④ 检查各个接线是否松动； ⑤ 更换报警检查模块
放电回路异常（故障代码 4）	放电回路（放电三极管、放电电阻、放电驱动回路）异常，通常是短路导致的	① 检查主回路的晶体管、二极管、电容等是否正常； ② 检查外接放电电阻阻值是否正常； ③ 检查伺服电动机是否正常； ④ 交换控制板，若故障随控制板转移，则控制板故障
放电回路过热（故障代码 5）	内部放电电阻、外部放电电阻或变压器的热保护开关	① 检查内部放电电阻的热保护开关是否断开； ② 检查外部放电电阻的热保护开关是否断开； ③ 检查变压器的热保护开关是否断开； ④ 若无外接放电电阻或变压器热保护开关，则检查 R_C-R_L 和 TH1-TH2 是否短路
动态制动回路故障（故障代码 7）	由于动态制动需要接触器动作执行，当触点不好时会发生此故障	① 更换接触器； ② 检查系统与伺服单元的连线是否正确
IPM 报警（故障代码 8、9、B）	8 或 9 的右下角有一小点，表示为 IPM 模块送到伺服单元的报警	① 对于 SVU1-20（H102）型号伺服单元，检查内部风扇是否正常； ② 若一直出现该报警，检查 IPM 模块或小接口板； ③ 若停机一段时间再开，报警消失，则检查 IPM 模块是否过热，是否超载； ④ 检查指令线、动力线是否正常； ⑤ 检查 ESP 接线是否正确； ⑥ 系统轴控制板故障，可采用互换法，交换相同型号的通道来判断，即指令线和电动机动力线同时互换

表 10-12　　　　FANUC 交流 α 系列 SVM 伺服单元的常见共性故障分析及其解决方法

故障现象	原因分析	解决方法
风扇报警（故障代码 1ALM）	风扇过热，风扇太脏，旋转不畅，风扇损坏	① 检查风扇是否旋转，拆卸后，用汽油或酒精清洗干净后再装上，如果故障依旧，则需要更换风扇； ② 检查小接口板； ③ 检查接线是否断线

续表

故障现象	原因分析	解决方法
DC LINK 低电压（故障代码 2ALM）	伺服单元检测到直流 300V 电压太低或外部交流输入电压太低，或报警检测回路故障	① 检查三相输入电压是否正常； ② 检查 MCC 触点是否正常； ③ 检查主控制板上的检测电阻是否正常； ④ 更换伺服单元
电源单元低电压（故障代码 5ALM）	伺服单元检测到电源电压太低或报警检测回路故障	① 检查三相输入电压是否正常； ② 检查 MCC 触点是否正常； ③ 检查主控制板上的检测电阻是否正常； ④ 更换伺服单元
异常电流报警（故障代码 8、9、A、B、C、D、E）	伺服单元检测到有异常电流，可能的原因包括主回路短路，驱动控制回路故障，检测回路故障灯。8 代表 L 轴报警；9 代表 M 轴报警；A 代表 N 轴报警；B 代表 L、M 两轴同时报警；C 代表 L、N 两轴同时报警；D 代表 N、M 两轴同时报警；E 代表 L、M、N 3 轴同时报警	① 检查 IPM 是否烧坏； ② 若一上电就出现报警，采用互换法检查接口板是否损坏； ③ 采用互换法检查控制板是否故障； ④ 拆下电动机动力线，如果故障报警消失，则说明电动机或动力线故障； ⑤ 采用互换法检查指令线是否故障； ⑥ 检查系统的伺服参数设定是否正确，若一直出现该报警，检查 IPM 模块或小接口板； ⑦ 若停机一段时间再开，报警消失，则检查 IPM 模块是否过热，是否超载； ⑧ 检查指令线、动力线是否正常； ⑨ 系统轴控制板故障，可采用互换法，交换相同型号的通道来判断，即指令线和电动机动力线同时互换
不能准备	系统开机自检后，如果没有急停和报警，则发出 PRDY 信号给伺服单元，伺服单元接到该信号后，接通主接触器，送回 VRDY ON 信号，如果系统在规定的时间内没有收到 VRDY ON 信号，则发出此报警，同时，断开各轴的 PRDY 信号，因此，上述回路均有可能出现故障点	① 检查各个接头是否接触良好，包括控制板和主回路的连接； ② 检查外部交流电源是否正常； ③ 检查控制板上各直流电压是否正常，如有异常则为电源故障，检查熔断器是否熔断； ④ 若接触器吸合后再断开，则可能是接触器的触点不良，需要更换接触器；若没有吸合动作，则该单元的接触器绕组或控制板故障，可通过检测绕组电阻来确定故障； ⑤ 排查外部过热信号及主回路的热继电器是否断开； ⑥ 观察伺服单元上的 LED 指示灯是否有其他故障，应先排除这些故障； ⑦ 检查 ESP 是否正常，将 ESP 插头拔下，用万用表测量，若为开路则急停回路故障； ⑧ 检查端子设定是否正确，S1-ON：TYPE B；S1-OFF：TYPE A；S2-ON：SVUC；S2-OFF：SVU； ⑨ 上述均正常，则为 CN1 指令线或系统板故障

续表

故障现象	原因分析	解决方法
IPM 报警（故障代码 8、9、A、B、C、D、E）	8 或 9 的右下角有一小点，表示为 IPM 模块送到伺服单元的报警，8 代表 L 轴报警；9 代表 M 轴报警；A 代表 N 轴报警；B 代表 L、M 两轴同时报警；C 代表 L、N 两轴同时报警；D 代表 N、M 两轴同时报警；E 代表 L、M、N 3 轴同时报警	① 若一直出现该报警，检查 IPM 模块或小接口板； ② 若停机一段时间再开，报警消失，则检查 IPM 模块是否过热，是否超载； ③ 检查指令线、动力线是否正常； ④ 系统轴控制板故障，可采用互换法，交换相同型号的通道来判断，即指令线和电动机动力线同时互换

表 10-13　　　　FANUC 交流 β 系列(普通型)伺服单元的常见共性故障分析及其解方法

故障现象	原因分析	解决方法
过电压报警（HV）	伺服单元检测到输入电压过高	① 检查三相输入电压是否正常； ② 检查外部放电单元及其连接线是否正常； ③ 检查伺服放大器是否正常
直流电压过低报警（LVCD）	伺服单元检测到直流电压太低或无电压	① 检查输入侧的断路器是否动作； ② 检查输入电压是否正常； ③ 检查外部变压器及输入电缆是否正常； ④ 检查外部电磁接触器接线是否松动； ⑤ 检查伺服放大器是否正常
放电过热（DCOH）	伺服放大器检测到放电电路的热保护开关动作	① 若无外部放电单元，则连接器 CX11-6 必须短接； ② 若系统运行一段时间后，出现该报警，关机等一段时间后再开机故障报警又消失，则应检查是否有机械侧的故障，或存在频繁加减速，应修改加工程序或进行机械检修； ③ 检查放电单元及其连线； ④ 检查伺服放大器的内部过热检测电路是否故障
过热报警（OH）	伺服放大器检测到主回路过热	① 若关机一段时间后，再开机故障报警消失，则说明机械负载过大，或伺服电动机故障，应进行机械检修或更换伺服电动机； ② 若报警依旧，则检查 IPM 模块的散热器热保护开关是否动作； ③ 检查伺服放大器是否正常
风扇报警（FAL）	伺服放大器检测到内部冷却风扇故障	① 检查风扇是否旋转，拆卸后，用汽油或酒精清洗干净后再装上，如果故障依旧，则需要更换风扇； ② 检查小接口板及其接线是否正常； ③ 检查伺服放大器是否正常

续表

故障现象	原因分析	解决方法
过电流（HC）	检查到直流侧过电流	① 拆下电动机动力线，如果故障报警消失，则说明电动机或动力线故障； ② 采用互换法检查控制板、指令线是否故障； ③ 检查系统的伺服参数设定是否正确
系统 401 故障报警，或 403-0 系统的第 3、4 轴故障报警	系统开机自检后，如果没有急停和报警，则发出 MCON 信号给所有轴伺服单元，伺服单元接到该信号后，接通主接触器送回 VRDY ON 信号，如果系统在规定的时间内没有收到 VRDY ON 信号，则发出此报警，同时，断开各轴的 MCON 信号，因此，上述回路均有可能出现故障点	① 检查各个接头是否接触良好，包括控制板和主回路的连接； ② 检查外部交流电源是否正常； ③ 检查控制板上各直流电压是否正常，如有异常则为电源故障，检查熔断器是否熔断； ④ 观察 REAY 绿灯是否变亮后再灭，还是根本就不亮。若接触器吸合后再断开，则可能是接触器的触点不良，需要更换接触器；若没有吸合动作，则该单元的接触器绕组或控制板故障，可通过检测绕组电阻来确定故障； ⑤ 观察伺服单元上的 ALM 指示灯是否有其他故障，应先排除这些故障； ⑥ 检查 J5X（ESP）是否正常，将 ESP 插头拔下，用万用表测量，若为开路则急停回路故障； ⑦ 检查 CX11-6 热控回路是否正常（短路状态为正常）； ⑧ 上述均正常，则为 CN1 指令线或系统板故障

表 10-14　FANUC 交流 β 系列（I/O LINK 型）伺服单元的常见共性故障分析及其解决方法

故障现象	原因分析	解决方法
串行编码器通信错误报警 LED 显示 5 PMM 显示：300/301/302	单元检测到编码器断线	① 检查编码器反馈线与放大器的连接是否正常； ② 检查伺服电动机或编码器； ③ 若偶尔出现，检查反馈线屏蔽是否正常
编码器脉冲计数器错误报警 LED 显示 6 PMM 显示：303/304/305/308	伺服电动机的串行编码器脉冲信号丢失或不计数	① 若关机后再开，故障报警依旧，则检查电动机及反馈电缆是否正常； ② 若关机后再开，故障报警消失，则重新返回参考点运行其他命令； ③ 若 PMM 显示 308，则可能是干扰引起的，检查反馈线屏蔽是否正常
伺服放大器过热 LED 显示 3 PMM 显示：306	伺服放大器热保护开关动作	① 若系统运行一段时间后，出现该报警，关机等一段时间后再开机故障报警又消失，则应检查是否有机械负载过大，伺服电动机是否正常，检修机械部分或更换伺服电动机； ② 若报警依旧，则检查 IPM 模块的散热器上的热保护开关是否动作； ③ 检查伺服放大器的内部过热检测电路是否故障

故障现象	原因分析	解决方法
串行编码器报警 LED 显示 11 PMM 显示：319	当伺服电动机是绝对编码器，电动机在第一次通电时没有旋转超过一转以上。一般发生在更换过伺服放大器、电动机、编码器或动过反馈线的情况	电动机在第一次通电后，旋转超过一转以上。如果传动部分没有制动装置，按下急停，再手动盘车转动一周以上；如果有制动装置，应先松开制动装置，再手动盘车转动一周以上
电池低电压报警 LED 显示 1/2 PMM 显示：350/351	绝对编码器电池电压太低	① 检查编码器电池电压，必要时更换； ② 执行回参考点操作，设定系统的 PMM 参数 11 的 7 位为 1，关机后再开，报警应消失
伺服电动机过热 LED 显示 4 PMM 显示：400	伺服电动机热保护开关动作	① 若系统运行一段时间后，出现该报警，关机等一段时间后再开机故障报警又消失，则应检查是否有机械负载过大，伺服电动机是否正常，检修机械部分或更换伺服电动机； ② 若报警依旧，则检查伺服电动机的热保护开关是否动作，反馈线是否正常； ③ 检查伺服放大器的内部过热检测电路是否故障
冷却风扇过热 LED 显示 0 PMM 显示：403	伺服放大器检测到放电电路热保护开关动作	① 若无外部放电单元，则连接器 CX11-6 必须短接； ② 若系统运行一段时间后，出现该报警，关机等一段时间后再开机故障报警又消失，则应检查是否有机械侧的故障，或存在频繁加减速，应修改加工程序或进行机械检修； ③ 检查放电单元及其连线； ④ 检查伺服放大器的内部过热检测电路是否故障
参考点返回异常报警 LED 显示 n PMM 显示：405	参考点返回异常报警	按正确的方法或操作说明书重新进行参考点返回操作
位置误差太大 LED 显示 r PMM 显示：310/311	静止或移动过程中伺服位置误差值过大，超过了允许的范围	① 检查 PMM 参数 110（静止误差允许值）及 182（移动误差允许值）是否与出厂时一致； ② 若开机就报警，或给指令后电动机根本就没有转动，则可能是伺服放大器或电动机故障，检查电动机或电力线的绝缘，以及各个连接器是否松动
过电流报警 LED 显示 c PMM 显示：412	检测到主回路有异常电流	① 检查伺服参数设定是否正确：30（电机代码），70~72、78、79、84~90； ② 拆下动力线，再上电检查，若报警依旧，则更换伺服放大器；若报警消失，则检查电动机的三相电阻或动力线与地线之间的绝缘电阻，如果绝缘异常则更换电动机； ③ 若绝缘正常，则更换编码器或伺服放大器

续表

故障现象	原因分析	解决方法
无法准备 LED 显示 1 PMM 显示：401	系统开机自检后，如果没有急停和报警，则发出 MCON 信号给所有轴伺服单元，伺服单元接到该信号后，接通主接触器，送回 VRDY ON 信号，如果系统在规定的时间内没有收到 VRDY ON 信号，则发出此报警，同时，断开各轴的 MCON 信号，因此，上述回路均有可能出现故障点	① 检查各个接头是否接触良好，包括控制板和主回路的连接； ② 检查外部交流电源是否正常，包括 3 相 200V 输入及 24V 是否正常； ③ 检查控制板上各直流电压是否正常，如有异常则为电源故障，检查熔断器是否熔断； ④ 观察 REAY 绿灯是否变亮后再灭，还是根本就不亮。若接触器吸合后再断开，则可能是接触器的触点不良，需要更换接触器；若没有吸合动作，则该单元的接触器绕组或控制板故障，可通过检测绕组电阻来确定故障； ⑤ 观察伺服单元上的 ALM 指示灯是否有其他故障，应先排除这些故障； ⑥ 检查 J5X(ESP)是否正常，将 ESP 插头拔下，用万用表测量，若为开路则急停回路故障； ⑦ 检查 CX11-6 热控回路是否正常（短路状态为正常）； ⑧ 上述均正常，则为 CN1 指令线或系统板故障
直流侧高电压报警 LED 显示 Y PMM 显示：413	伺服单元检测到输入电压过高	① 检查三相交流输入电压是否正常； ② 检查外部放电单元连接是否正确（DCP、DCN、DCOH）； ③ 若外部放电电阻的阻值和上述表述的相差超过 20%，则更换放电单元； ④ 更换伺服放大器
直流侧低电压报警 LED 显示 P PMM 显示：414	伺服单元检测到输入电压过低或无电压	① 检查输入侧的断路器是否动作； ② 检查变压器及输入电缆； ③ 检查外部电磁接触器连线是否正确； ④ 更换伺服放大器
参数设定错误 LED 显示 A PMM 显示：417	PMM 参数设定错误，一般发生在更换伺服放大器或电池时，重新设定参数时没有正确设定	检查以下参数的设定是否正确：30（电动机代码）、31（电动机正方向）、106（电动机每转脉冲数）、180（参考计数器容量），按原始参数表正确设定或与厂家联系
输出点故障 LED 显示--- PMM 显示：418	系统和伺服放大器检测到输出点（DO）故障	更换伺服放大器
风扇报警 LED 显示 ? PMM 显示：425	伺服放大器检测到内部冷却风扇故障	① 检查风扇是否旋转，拆卸后，用汽油或酒精清洗干净后再装上，如果故障依旧，则需要更换风扇； ② 检查小接口板及其接线是否正常； ③ 更换风扇后，故障依旧，则检查伺服放大器是否正常

4. 西门子 6SC610 系列伺服驱动器的故障检测与维修

6SC610 系列伺服驱动器最常见的故障是电源模块与调节模块的故障。电源模块上设有 4 个故障指示灯，由上而下依次为 V1、V2、V3、V4，代表的含义如下。

V1：驱动器发生报警。

V2：驱动器 ±15V 辅助电源故障。

V3：直流母线过电压。

V4：驱动器端子 63/64 未加使能信号。

信号调节器模块中对于每一轴都设有 4 个故障指示灯，由上而下依次为 V1（V5、V9）、V2（V6、V10）、V3（V7、V11）、V4（V8、V12）。其中，V1、V2、V3、V4 对应第一轴；V5、V6、V7、V8 对应第二轴；V9、V10、V11、V12 对应第三轴；各指示灯代表的含义如下。

V1（V5、V9）：速度反馈报警。

V2（V6、V10）：速度调节器达到输出极限。

V3（V7、V11）：驱动器过载报警（I^2t 监控）。

V4（V8、V12）：伺服电动机过热。

表 10-15、表 10-16、表 10-17、表 10-18、表 10-19 分别给出了 6SC610 系列伺服系统、611A 进给驱动模块、611A 系列伺服系统、611D 进给驱动模块、611D 系列伺服系统的常见共性故障及其解决方法。

表 10-15　　　　　6SC610 系列伺服系统的常见共性故障分析及其解决方法

故障现象	报警代码	报警含义	原因分析
给定信号已加，但伺服电动机不动作	G0-V4 亮，其他灯不亮	端子 63、64 无使能信号	使能未加载；R_{20}、R_{21} 未接通
	所有指示灯均不亮	—	输入电压故障；外接电源熔断器动作
	G0-V1 亮，G0-V2 亮，G0-V3 亮	±15V 故障，或直流电压过高	负载惯性过大；电流极限设置不当；供电电压过高
	G0-V1 亮，N*-V2/V6/V10 亮	速度调节器达到极限	机械负载过大；伺服电动机电枢断线；伺服电动机信号电缆连接断线；功率模块故障；调节器与功率模块之间的带状电缆故障；伺服电动机相序连接不正确
	G0-V1 亮，N*-V1/V5/V9 亮	轴转速监控电路故障	测试发电动机故障；测试反馈电缆故障
电动机运行中断	G0-V1 亮，G0-V3 亮	制动过程中直流过电压	负载惯性过大；电流极限设置与电动机不匹配；电动机转速超过额定值；电压限制器电阻过载；垂直轴重力平衡系统故障

续表

故障现象	报警代码	报警含义	原因分析
电动机运行中断	G0-V1 亮，N*-V2/V6/V10 亮	加速或反转时间超过极限值	电流极限设定值太低；负载惯性过大
	G0-V1 亮，N*-V3/V7/V11 亮 N*-V4/V8/V12 亮	I^2t 监控或电动机过热	力矩过大，加减速太频繁；伺服电动机故障；切削力太大
电动机运行不稳，定位不准	—	—	伺服电动机故障；转速调节器增益太低；屏蔽线或地线故障，导致干扰
熔断器熔断	F10/F110/F310		功率模块故障
	F247		电源故障；监控系统故障；直流电压限制器故障

表 10-16　　　　　611A 进给驱动模块的常见共性故障分析及其解决方法

故障现象	报警代码	报警含义	原因分析
轴故障	H1（M）	① 速度调节器达到输出极限；② 驱动模块过热；③ 伺服电动机过热；④ 电动机与伺服驱动电缆连接不良	① 电动机电源相序连接不正确；② 伺服系统通风故障；③ 伺服电动机过载，电动机内部绕组局部短路、电动机制动器及控制电路故障；④ 电动机与伺服驱动电缆、电枢电缆连接错误或不良；⑤ 电动机温度传感器故障；⑥ 伺服驱动模块设置不当；⑦ 驱动模块故障；⑧ 机械故障或负载过重
电动机/电缆连接故障	H2（A）	监控回路检测到伺服电动机故障	测速反馈电缆故障；伺服电动机内置测试发电机故障；伺服电动机转子位置故障

表 10-17　　　　　611A 系列伺服系统的常见共性故障分析及其解决方法

故障现象	原因分析	解决方法
电源模块无显示	① 伺服系统电源未接入；② 伺服系统电源模块内部熔断器熔断；③ 电源模块连接端子 X181 的 1U1/2U2、1V1/2V2、1W1/2W2 未短接；④ 电源模块故障	① 检查电源电路及其连接电缆；② 检查电源模块内部熔断器是否熔断；③ 短接 X181 的 1U1/2U2、1V1/2V2、1W1/2W2；④ 更换电源模块
电源模块通电后，仅 EXT 灯亮	电源模块端子 9/48 未接通；电源模块端子 9/63 未接通；电源模块端子 9/64 未接通；电源模块故障	检查强电回路、PLC 程序，接入相应的使能信号；检查电源模块熔断器；更换电源模块
电源模块通电后，EXT、UNIT 灯一直亮	电源模块端子 9/48 未接通；电源模块 9/63 未接通；电源模块 9/64 未接通；电源模块故障	检查强电回路、PLC 程序，接入相应的使能信号；检查电源模块熔断器；更换电源模块

续表

故障现象	原因分析	解决方法
电源模块使能信号正常，EXT 灯亮	电源模块端子 AS1/AS2 未接通；直流母线未连接或连接错误；电源模块故障	检查强电回路、PLC 程序，接入相应的使能信号；检查直流母线；更换电源模块
电源输入报警指示灯亮	输入电源缺相；电压过低；电源模块故障	检查强电回路；检查输入电压；更换电源模块
电源模块 ±15V、+5V 报警指示灯亮	设备总线未连接或连接错误；电源模块内部辅助电源回路故障	检查设备总线；更换电源模块
电源模块 Uzk 报警指示灯亮	直流母线电压过高；外部输入电压过高；电源模块故障	检查直流母线电压；检查外部输入电压；更换电源模块
电源模块 UNIT 灯亮，但无准备好信号输出	电源模块设定不正确；+24V 电源故障；电源模块故障	检查电源模块设定；更换电源模块

表 10-18　　　　　611D 进给驱动模块的常见共性故障分析及其解决方法

故障现象	报警代码	报警含义	原因分析
轴故障	X35	① 启动数据丢失或没有装入；② 速度调节器达到输出极限；③ 驱动模块过热；④ 伺服电动机过热；⑤ 电动机与伺服驱动电缆连接不良	① 电动机电源相序连接不正确；② 伺服系统通风故障；③ 伺服电动机过载，电动机内部绕组局部短路、电动机制动器及控制电路故障；④ 电动机与伺服驱动电缆、电枢电缆连接错误或不良；⑤ 电动机温度传感器故障；⑥ 伺服驱动模块设置不当；⑦ 驱动模块故障；⑧ 机械故障或负载过重
电动机/电缆连接故障	X34	监控回路检测到伺服电动机故障	测速反馈电缆故障；伺服电动机内置测试发电机故障；伺服电动机转子位置故障

表 10-19　　　　　611D 系列伺服系统的常见共性故障分析及其解决方法

故障现象	原因分析	解决方法
电源模块没准备好，绿色 LED 灯亮	电源模块没有使能信号	检查模块端子 9/48 间是否有控制信号；检查模块端子 9/63 间是否有脉冲使能信号；检查模块端子 9/64 是否有控制使能信号
驱动模块未准备好	驱动模块没有使能信号	检查模块端子 663/9 间是否有脉冲使能信号；若没有，则检查 PLC 程序

10.4 部分品牌 PLC 通用步进、伺服系统简介

10.4.1 西门子 PLC 通用步进、伺服系统

10.4.1.1 西门子伺服电动机

1. 同步伺服电动机——IFT

（1）1FT6

1FT6 电动机为结构极为紧凑的永磁同步电动机，安装有同置式编码器的 1FT6 电动机可以在 SINAMICS S 驱动系统上工作。SINAMICS S 全数字驱动控制系统和 1FT6 电动机全新的编码器技术满足了在动态性能、调速范围及速度和位置精度等方面的要求。

1FT6 电动机的自然风冷通过电动机表面散发热量，强制风冷通过外装风扇散发热量，而水冷能提高电动机的保护等级和功率。1FT6 电动机输出功率可达 78kW，可采用具有高达 IP68 的保护等级的标准自然风冷方案，还可采用为功率密度采用的独立风冷或水冷方案。

1FT6 电机具有如下优点。

① 旋转精度高（正弦电流输入）。

② 转动惯量小，平均转矩脉动小（1%），动态特性高。

③ 功率部件和信号部件可在污染严重的环境中使用。

④ 保护等级高，抗侧面压力能力强。

⑤ 高温度下不影响电动机特性。

⑥ 短时间（250ms）过载能力强。

应用范围：对动态性能和精度有很高要求的生产机器，如包装、塑料、印刷、冲压、橡胶、玻璃机械等行业，尤其在高性能机床上得到了广泛的应用。

（2）1FT7

新型 1FT7 电动机是结构非常紧凑、高效的永磁同步伺服电动机，可用于高端运动控制的应用。1FT7 提供两种类型型号，可采用各种不同的冷却系统。

① 1FT7 紧凑型：电动机的中心高为 36～100 mm，额定速度为 1 500～6 000r/min，额定转矩为 2～125N·m，过载能力强。编码器分辨率高，可达 24 位，16 000 000 线；电动机轴和法兰精度高，电动机的冷却方式包括自然冷却、强制风冷和水冷；凭借其突出的机械安装精度和超低的转矩波动，是用于高精度进给传动的理想电动机。尤其是模具生产中的车床、磨床和铣床，以及生产机械中的动态运动控制和定位应用。

② 1FT7 高动态型：电动机的中心高为 63～80mm，静转矩为 17～61N·m，额定转速为 3 000～4 500r/min。具有非常低的惯性矩；可用于对动态响应要求高的应用；提供有强制风冷和水冷两种冷却方式；可选配精密行星减速器，具有极低的质量转矩比和超高的

动态性能。其适用于机床及生产机械中的高精密应用，包括印刷、纺织、包装行业机械。

1FT7 电动机防护等级高(可达 IP67)，十分耐用、可靠，并配有编码器联轴器，可有效保护内置编码器，避免电动机轴上的冲击和振动。1FT7 电动机结构设计合理、方便，易于快速安装，配有快插接头的旋转连接器，可方便连接及电缆敷设。无论电动机安装在机械设备上的哪个位置，都会显著缩短安装及维护时间。由于其转动惯量小，所以 1FT7 电动机不仅高效，而且节能。

2. 感应异步/永磁同步伺服电动机——1PH

1PH8 电动机是新一代面向带有运动控制要求的各种生产线和机械设备而开发的通用产品系列。1PH8 同步型电动机和其他紧凑型同步电动机同样具有风冷和水冷两种不同的冷却形式，并且两种冷却形式基于相同的主体结构。1PH8 电动机具有丰富的扩展选项，可选择不同的轴承来扩展使用范围。

配套 SINAMICS S120 驱动系统，可选择矢量控制模式和伺服控制模式。根据不同的控制方式，可以在 1PH8 系列电动机的同步和异步之间进行选择。驱动器和电动机双方面的灵活选择性能够满足在严苛的负载特性条件下，实现更短的上升时间，更准确的转矩、速度和位置控制。

因为 1PH8 电动机常常作为机械设备中最大、最核心的驱动电动机，所以它们被称为"主轴电动机"。1PH8 电动机具有以下优点。

① 高功率密度，结构紧凑，体积小。

② 可控速度范围宽。

③ 高灵活性得益于下列可选项：同步或异步设计；风冷或水冷。

④ 长寿命轴承。

⑤ 高旋转精度，甚至在极低的速度下也能获得高精度。

⑥ 最大热负载利用率覆盖整个速度范围。

⑦ 配套 SINAMICS S120 驱动系统实现最优化控制。

1PH8 电动机适合安装应用于室内、干燥、无腐蚀气体的环境中。其应用范围：挤压机和挤出机的主轴，连续物料加工，造纸和印刷工业的旋转轴，起重机械等。

1PH8 电动机提供 4 种类型型号：同步强迫风冷型、同步水冷型、异步强迫风冷型和异步水冷型。

① 1PH8 同步强迫风冷型电动机的中心高为 132～225 mm，额定功率为 16～196kW，静转矩为 105～500N·m，额定转矩为 94～440N·m，额定转速为 1 500～3 600r/min，噪声为 70～73dB。其适用范围包括有高精度和高动态响应要求的数控机床、包装机械、印刷机械、伺服压机、输送机、搬运系统等。

② 1PH8 同步水冷型电动机的中心高为 132～225mm，额定功率为 15～310kW，静转矩为 105～500N·m，额定转矩为 94～440N·m，额定转速为 700～3 000r/min，噪声为

70～73dB。其适用范围包括有高精度和高动态响应要求的数控机床、包装机械、印刷机械、伺服压机、输送机、搬运系统等。

③ 1PH8 同步强迫风冷型电动机的中心高为 132～225 mm，额定功率为 16～196kW，静扭转为 105～500N·m，额定转矩为 94～440 N·m，额定转速为 1 500～3 600r/min，噪声为 68～70dB。其适用范围包括：基本和 1PH8 同步强迫风冷型电动机相同，但是在极其恶劣的环境条件、不允许向外部散热、结构要求更紧凑、动态响应要求更高等应用时，建议选用强迫风冷型电动机。

④ 1PH8 异步强迫风冷型电动机中心高为 80～355mm，额定功率为 2.8～1 340kW，额定转矩为 13～12 435N·m，额定转速为 400～5 000r/min，噪声为 70～77dB。其适用范围包括机床主轴、印刷机、挤出机、注塑机、抛光机、覆膜机、纺织机、拉丝机、挤压机、电缆、绞线机、卷绕机、卷曲机、起重和锁紧齿轮、连续送料、钣金加工系统等。

3. 同步伺服电动机——1FK

1FK7 电动机是高度紧凑型永磁同步电动机。磁性材料为稀土磁性材料，定子绕组绝缘满足 EN60034-1 的要求，温度等级为 F 级，环境温度 40°时，绕组温升 100K，噪声为 55～70dB。保护等级为 IP64，冷却方式仅为自然风冷，没有外部强制冷却，热量通过电动机表面散发。编码器系统为内置高分辨率增量编码器、标准或超高分辨率绝对编码器、旋转变压器，适用于带或不带 DRIVE-CLiQ 接口的电动机，其可选件还包括传动侧轴端、内置式抱闸、传动侧法兰、行星齿轮减速器等。

1FK7 电动机提供 3 种类型的型号：紧凑型、高动态型和大通量型。

① 1FK7 紧凑型电动机的中心高为 20～100mm，额定功率为 0.05～8.2kW，静转矩为 0.18～48N·m，额定转矩为 0.08～37N·m，额定转速为 2 000～6 000r/min。其适用范围包括机床、机器人和机械手、辅助轴、木材/玻璃/陶瓷和石器加工、包装/塑料和防止机器等。

② 1FK7 高动态型电动机的中心高为 36～80mm，额定功率为 0.8～3.8kW，静转矩为 1.3～28N·m，额定转矩为 0.9～8N·m，额定转速为 3 000～6 000r/min，适用范围包括对动态响应要求高的应用需求，包装机械，纺织机械，木工/玻璃/陶瓷和石材加工，机器人，搬运设备等。

③ 1FK7 大通量型电动机的中心高为 48～100mm，额定功率为 0.9～7.7kW，静转矩为 3～48N·m，额定转矩为 1.5～37N·m，额定转速为 2 000～6 000r/min。其适用范围包括对性能要求高的应用需求，机床进给轴负载的转动惯量大或转动惯量可变的情况等。

4. 异步伺服电动机——1PL

1PL6 电动机是紧凑型三相异步伺服驱动电动机。1PL6 伺服电动机可用的框架尺寸为 180～280，是一个开环通风异步电动机。这种电动机冷却系统意味着输出功率可以达到 630kW（850HP）。1PL6 电动机完全与 IEC 60034-5 兼容，并具有 IP23 防护等级。

5. 直线电动机——1FN

1FN6 电动机由一个初级部件和一个次级部件组成，次级安装了非稀土材料制成的导磁体。对比当前常用的直线电动机，这是一个重要的区别。初级的尺寸固定，次级为了适合不同行程的需求而制作成独立的标准模块。初次与级相对平行运动，进给推力和行程可以矩阵式选择，规格丰富，选择灵活。

1FN6 电动机的机械结构简单，无须传动部件，如滚珠丝杠、联轴器或皮带，因此提高了驱动系统的可靠性。其热损耗主要集中在一次侧，能够通过优化的外壳表面进行排散。另外，1FN6003/1FN6007 电动机可以采用水冷形式。不锈钢材料封装的初级，不仅能确保机床和生产机械需要的高机械强度，还可以提高防污及防腐能力。另外，电动机对安装基面的精度要求宽松，初、次级之间的气隙允许的安装误差为 ±0.3mm。

1FN6 电动机提供两种冷却方式：自然通风冷却和水冷。

① 自然通风冷却 1FN6 电动机的可持续推力为 49～5 140N，典型额定推力值为 66.3～3 000N，最大推力为 32.4～8 080 N。

② 水冷 1FN6 电动机的可持续推力为 119～1 430 N，最大推力为 157～1 890N。

1FN6 电动机的适用范围包括行程大于等于 4m 的直线轴，机床和生产机械的装载轴和转向轴，高动态响应和高进给精度要求的水切和激光切割设备，对次级有无磁性要求的应用环境等。应用直驱直线电动机技术的最大优势在于，可最大限度地避免机械弹性、弯曲、摩擦的影响，以及整个驱动连的自激振荡的影响。因此可以获得更高的动态响应能力并提高精度。配套适合的测量系统且温度条件合适，可使直线电动机的定位精度达到纳米级别。

6. 力矩电动机——1FW

1FW6 内置式转矩电动机是水冷、多极、永磁交流同步电动机。1FW6 电动机的内置组件，通过专用的运输固定锁固定在一起，作为一个完整的驱动组件，其还需要配套的轴承和编码器。不同直径和不同轴向长度可以组成不同规格的电动机。转子、定子可以通过两端的同心法兰定位，通过端面的安装孔安装于机械设备中。

1FW6 内置式转矩电动机包含定子和转子。定子采用硅钢片骨架的三相交流绕线结构。为了加强散热，电动机可以采用强制液体冷却器来加强散热；转子采用中空轴体外圆表面固定安装永磁体的结构。如果主冷却器和精确冷却器一起使用，可以单独订购一个冷却接口适配器的附件，来方便冷却接口的连接。

1FW6 电动机提供两种冷却方式：夹套冷却式和集成冷却式。

① 夹套冷却式 1FW6 电动机冷却液的入口和出口，冷却系统的外围和密封需要由机器制造商在电动机的外部设计安装。1FW6090～1FW6150 电动机的静转矩为 119～1 080N·m，额定转矩为 109～1 030N·m，最大转矩为 179～2 130N·m。

② 集成冷却式 1FW6 电动机的冷却装置在内部集成，安装使用方便。内置的双环冷却系统可以使电动机与设备机体起到温度隔离作用，从而使电动机的发热不会影响到整个机

械设备。1FW6160～1FW6290 电动机的静转矩为 467～60 300N·m，额定转矩为 314～5 760N·m，最大转矩为 716～10 900 N·m。

1FW6 电动机结合 SINAMICS S120 驱动系统，可以作为直驱应用在回转分度头、转台、旋转轴（5 轴加工机床中的 A、B、C 轴）、单主轴和多主轴设备旋转和摇摆工作台，以及回转刀库等。

10.4.1.2　V60 驱动系统

V 系列是西门子专门为经济型应用而设计的驱动产品系列。V60 驱动系统包括 CPM60.1 驱动模块和 1FL5 交流伺服电动机及配套电缆。驱动模块总是与功率相匹配的电动机配套使用。V60 伺服驱动器通过脉冲输入接口直接接收从上位控制器发来的脉冲序列，进行速度和位置控制，通过数字量接口信号完成驱动器运行的控制和实时状态的输出。

V60 驱动系统的功率范围为 0.8～2kW，具有结构设计紧凑、标准化接口与端子、安装维修简便、集成的编码器接口等技术特点与优势。其主要应用在注重经济性的简单场合，包括印刷、塑料橡胶、家电生产和小型数控机床等行业。

表 10-20、表 10-21 分别给出了 CPM60.1 驱动模块和 1FL5 交流伺服电动机的主要技术参数。

表 10-20　　　　　　　　　　　CPM60.1 驱动模块的主要技术参数

项目	单位	4A	6A	7A	10A
额定输出电流	A	4	6	7	10
最大输出电流	A	8	12	14	20
额定输出功率	kW	0.8	1.2	1.4	2
额定输出频率	Hz	8	8	8	8
功率消耗	W	36	47	54	70
所需空气流量	m³/s	0.005	0.005	0.005	0.005
噪声	dB	<45	<45	<45	<45
宽	mm	106	106	106	106
高	mm	226	226	226	226
长	mm	200	200	200	200
质量	kg	2.63	2.63	2.63	3.44
额定电压	V	3AC　220～240　−15%～+10%			
输入频率	Hz	50/60　±20%			
逆变类型	—	非调节型			
直流母线电压	V	额定电压的 1.35 倍			
输出电压	V	3AC 0～200			
直流电源	—	DC 24V　−15%～+20%（不带抱闸 0.8A，带抱闸 1.4A）			
控制脉冲频率	kHz	≤333			
冷却方式	—	自然冷却　安装间距大于 25mm			

续表

项目	单位	4A	6A	7A	10A
储存运输温度	℃	−20～+80			
运行温度	℃	0～+45 无影响；+45～+55 额定功率下降（55℃时额定功率下降30%）			
海拔	m	1 000m 以下无影响，1 000～2000m 额定功率下降20%			
导线截面面积	mm²	最大为 2.5			
防护等级	—	IP20			
编码器	—	2500 线 TTL 编码器			

表 10-21   1FL5 交流伺服电动机的主要技术参数

项目	单位	4 N·m	6 N·m	7 N·m	10 N·m
额定转矩	N·m	4	6	7.7	10
最大转矩	N·m	8	12	15.4	20
功率	kW	0.8	1.2	1.5	2
惯量	×10⁴kg·m²	11.01	15.44	20.17	25.95
高（包含连接器）	mm	160	160	160	160
长（不含/含抱闸）	mm	221/263	239/281	253/295	277/319
法兰尺寸	mm	130	130	130	130
质量（不含/含抱闸）	kg	6/8.6	7.6/10.2	8.6/11.2	10.6/13.2
额定转速	r/min	2 000			
安装类型	—	符合 IEC 60034-7 标准 IM B5（IM V1，IM V3）			
认证	—	CE			
冷却方式	—	自然冷却			
储存运输温度	℃	−20～+80			
运行温度	℃	0～+55			
防护等级	—	IP64			
编码器	—	2500 线 TTL 编码器			

10.4.1.3   V80 驱动系统

    V80 驱动系统由驱动模块和 1FL4 伺服电动机及配套电缆组成。驱动模块总是与功率相匹配的电动机配套使用。V80 伺服驱动器通过脉冲输入接口直接接收从上位控制器发来的脉冲序列，进行速度和位置控制，通过数字量接口信号完成驱动器运行的控制和实时状态的输出。

    V80 驱动系统的功率范围为 0.1～0.75kW，300%的过载能力，只能与 1FL4 伺服电动机配套使用。其具有结构设计紧凑、标准化接口与端子、安装维修简便、集成的编码器接口等技术特点与优势，主要应用在注重经济性的简单场合，包括印刷、塑料橡胶、家电生产和小型数控机床等行业。

表 10-22 和表 10-23 分别给出了 V80 驱动模块 6SL3210 和 1FL4 交流伺服电动机的主要技术参数。

表 10-22   V80 驱动模块 6SL3210 主要技术参数

项目	单位	5CB08-4AA0	5CB11-1AA0	5CB12-0AA0	5CB13-7AA0
额定电流	A	0.84	1.1	2.0	3.7
最大电流	A	2.5	3.3	6.0	11.1
额定功率	kW	0.1	0.2	0.4	0.75
额定容量	kVA	0.40	0.75	1.2	2.2
功率消耗	W	14	16	24	35
运行的负载惯量	$\times 10^4 \text{kg} \cdot \text{m}^2$	0.6	3.0	5.0	10
宽	mm	35	35	40	70
高	mm	140	140	140	140
长	mm	105	105	105	105
质量	kg	0.5	0.5	0.5	1.0
额定电压	V	1AC 220～240　−15%～+10%			
输入频率	Hz	47/63			
运行湿度	—	90% RH 以下（不得结霜）			
使用环境	—	不得有腐蚀性气体、尘埃、铁粉等，不得黏上水滴和切削液等			
抗振动	—	4.9 m/s^2			
耐冲击	—	19.6 m/s^2			
冷却方式	—	内置风扇冷却			
储存运输温度	℃	−20～+70			
运行温度	℃	0～+55			
海拔	m	1 000 以下			
防护等级	—	IP10			
编码器		2500 线 TTL 编码器			
最长电动机电缆	m	20			
输入控制方式		电容输入型单相全波整流（带防冲击电流的电阻）			
输出控制方式	—	PWM 控制，正弦波电流驱动方式			

表 10-23   1FL4 伺服电动机的主要技术参数

项目	单位	1FL4021	1FL4032	1FL4033	1FL4044
额定转矩	N·m	0.318	0.637	1.27	0.75
最大转矩	N·m	0.955	1.91	3.82	7.16
额定电流	A	0.84	1.1	20	3.7
最大电流	A	2.5	3.3	6.0	11.1
转矩常数	N·m/A	0.413	0.645	0.682	0.699

续表

项目	单位	1FL4021	1FL4032	1FL4033	1FL4044
额定角加速度	rad/s^2	50 200	19 300	21 100	15 900
功率	kW	0.1	0.2	0.4	0.75
惯量	×10^{4}kg · m^2	0.064 3	0.330	0.603	1.50
质量（不含/含抱闸）	kg	0.5/0.7	0.9/1.5	1.3/1.9	2.6/3.5
额定转速	r/min	3 000			
最大转速	r/min	4 500			
安装类型	—	符合 IEC 60034-7 标准 IM B5（IM V1，IM V3）			
定子绕组绝缘等级	—	B 电线机绕组最高允许温度为 130℃			
冷却方式	—	自然冷却			
振动等级	—	V15 或以下			
耐压	—	AC 1 500 V 1min			
防护等级	—	IP55			
绝缘电阻	—	DC 500V 10MΩ 以上			

10.4.1.4　V90 驱动系统

V90 驱动系统由驱动模块和 1FL6 伺服电动机及配套电缆组成。驱动模块总是与功率相匹配的电动机配套使用。V90 伺服驱动支持 9 种控制模式，包括 4 种基本控制模式和 5 种复合控制模式。基本控制模式只能支持单一的控制功能，复合控制模式包含两种基本控制功能，可以通过 DI 信号在两种基本控制功能间切换（表 10-24）。V90 支持内部设定值位置控制、外部脉冲位置控制、速度控制和转矩控制，整合了脉冲输入、模拟量 I/O、数字量 I/O 及编码器脉冲输出接口。通过实时自动优化和自动谐振抑制功能，可以自动优化为一个兼顾高动态性能和平滑运行的系统。此外，脉冲输入最高支持 1 MHz，充分保证了高精度定位。

表 10-24　　　　　　　　　　　　　　V90 伺服驱动的控制模式

项目	模式	缩写
基本控制模式	外部脉冲位置控制模式	PTI
	内部设定值位置控制模式	IPos
	速度控制模式	S
	转矩控制模式	T
复合控制模式	外部脉冲位置与速度控制切换	PTI/S
	内部设定值位置与速度控制切换	IPos/S
	外部脉冲位置与转矩控制切换	PTI/T
	内部设定值位置与转矩控制切换	IPos/T
	速度控制与转矩控制切换	S/T

V90 驱动系统的功率范围为 0.4～7kW，进线电压为 380～480V（–15%～10%），转矩范围为 1.27～33.4N·m。其可以与 S7-1200 配合使用，通过高速输出口输出脉冲+方向信号控制 V90 实现速度控制及位置控制。V3.0 版本的 S7-1200 允许控制最多 4 个步进电动机或伺服电动机驱动装置，主要适合应用在贴标机、包装机和压边机等行业中。

　　表 10-25 和表 10-26 分别给出了 V90 驱动模块和 1FL6 交流伺服电动机的主要技术参数。

表 10-25　　　　　　　　　　　　　　V90 驱动模块的主要技术参数

项目	6SL3210-5FE	10-4UA0	10-8UA0	11-0UA0	11-5UA0	12-0UA0	13-5UA0	15-0UA0	17-0UA0
额定输出电流	A	1.2	2.1	3.0	5.3	7.8	11.0	12.6	13.2
最大输出电流	A	3.6	6.3	9.0	15.9	23.4	33.0	37.8	39.6
额定功率	kW	0.4	0.75	1.0	1.5	2.0	3.5	5.0	7.0
电源容量	kVA	1.7	3.0	4.3	6.6	11.1	15.7	18.0	18.9
内置制动电阻最大功率	（kW）	1.2	4		9.1			23.7		
内置制动电阻额定功率	（kW）	17	57		131			339		
冷却方式	—	自然冷却				风扇冷却				
质量	kg	1.85			2.45			5.65		
额定电压	V	3AC 380～480（–15%～+10%）								
输入频率	Hz	50/60（–10%～+10%）								
湿度	运行	90% RH 以下（不得结霜）								
	储存	90% RH 以下（不得结霜）								
抗振性	运行	≤9.8m/s²								
	储存	≤19.6 m/s²								
温度（℃）	储存	–40～+70								
	运行	0～+45 无频率限制，45～+55 降频使用，+55 最高降频 20%								
海拔	m	1000 以下，无功率限制，1000～5000 有功率限制								
防护等级	—	IP20								

表 10-26　　　　　　　　　　　　　　1FL6 伺服电动机的主要技术参数

项目	单位	0421 FL	0441 AL	0611 AC	0621 AC	0641 AC	0661 AC	0671 AC	0901 AC	0921 AC	0941 AC	0961 AC
额定转矩	N·m	1.27	2.39	3.58	4.78	7.16	8.36	9.55	11.9	16.7	23.9	33.4
额定功率	kW	0.4	0.75	0.75	1	1.5	1.75	2	2.5	3.5	5	7
最大转矩	N·m	3.8	7.2	10.7	14.3	21.5	25.1	28.7	35.7	50	70	90
额定电流	A	1.2	2.1	2.5	3	4.6	5.3	5.9	7.8	11	12.6	13.2
最大电流	A	3.6	6.3	7.5	9	13.8	15.9	17.7	23.4	32.9	36.9	35.6
转矩常数	N·m/A	1.1	1.2	1.5	1.7	1.6	1.7	1.7	1.6	1.6	2.0	2.7

续表

项目	单位	0421 FL	0441 AL	0611 AC	0621 AC	0641 AC	0661 AC	0671 AC	0901 AC	0921 AC	0941 AC	0961 AC
惯量（含抱闸）	$\times 10^4 kg \cdot m^2$	2.7 (3.2)	5.2 (5.7)	8.0 (9.1)	15.3 (16.4)	15.3 (16.4)	22.6 (23.7)	29.9 (31.0)	47.4 (56.3)	69.1 (77.9)	90.8 (99.7)	134.3 (143.2)
质量（含抱闸）	kg	3.3 (4.6)	5.1 (6.4)	5.6 (8.6)	8.3 (11.3)	8.3 (11.3)	11 (14)	13.6 (16.6)	15.3 (21.3)	19.7 (25.7)	24.3 (30.3)	33.2 (39.1)
额定转速	r/min	3 000		2 000					2 000			
最大转速	r/min	4 000		3 000					3 000		2 500	2 000
轴高	mm	45		65					90			
推荐负载惯量与电动机惯量比	—	最大 10 倍		最大 5 倍					最大 5 倍			
安装类型	符合 IEC 60034-7 标准 IM B5（IM V1 和 IM V3）											
定子绕组绝缘等级	B 电动机绕组最高允许温度为 130℃											
编码器类型	增量编码器 2 500ppr；绝对编码器 20 位单圈+12 位多圈											
振动等级	Grade A											
运行温度	1～40℃无限制											
防护等级	IP65（带油封）											
运行湿度	最大 90% RH（30℃不得结霜）											
安装高度	海拔低于 1 000m（不降容），海拔在 1 000～5 000m 范围内需要降容使用											

10.4.1.5　S120 驱动系统

S120 驱动系统是西门子公司推出的全新的集 V/F、矢量控制及伺服控制于一体的驱动控制系统，它不仅能控制普通的三相异步电动机，还能控制同步电动机、转矩电动机及直线电动机。其强大的定位功能将实现进给轴的绝对、相对定位。内部集成的驱动控制图表功能，用 PLC 的 CFC 编程语言来实现逻辑、运算及简单的工艺等功能。

S120 驱动系统采用独立的功率单元和控制单元，可根据实际需要进行灵活配置，满足各种不同驱动任务的需要。根据要控制的驱动数量和所需的性能等级来选择控制单元，而功率单元的选择则必须满足系统的能量要求。

功率模块、电动机模块和电源模块分为书本型、紧凑书本型、模块型和装置型：模块型和装置型功率模块；书本型、紧凑书本型和装置型电动机模块和电源模块。

根据外形尺寸，S120 驱动系统有以下几种冷却方式。

① 内部风冷，在这种标准方案中，驱动组件中的电子单元和功率单元产生的功率损耗通过自然冷却或强制通风系统排散到控制柜内部。

② 外部风冷，外部风冷采用"穿孔"技术。系统组件中的功率单元的散热器穿过控制柜内的安装面，因此可以将电力电路的热损耗释放到一个单独的外部冷却回路上。散热器

配有散热片和风扇，布置在一个单独的通风管道中。

③ 冷却板式冷却，采用冷却板式冷却的单元可以将功率单元的热损耗通过单元板上的导热介质传导到一个外部散热器上，该外部散热器可采用水冷。

④ 液体冷却，在液冷单元，功率半导体安装在冷却介质流经的散热器上，该单元产生的大部分热量会被冷却介质吸收带走。

接下来分别介绍 S120 驱动系统的主要组成：控制单元、功率模块、电动机模块、电源模块。

1. 控制单元

S120 驱动系统可供选择的控制单元包括以下 4 种。

（1）CU310-2 DP 控制单元

CU310-2 DP 控制单元为功率模块提供了通信和开环/闭环控制功能。CU310 控制器的状态通过多色的 LED 显示。由于固件和参数设置保存在 CF 卡上，因此无须调试工具就可更换控制器集成。CU310-2 DP 控制单元提供的标准接口有以下几种。

① 1 个 DRIVE-CLIQ 插槽，可实现与其他 DRIVE-CLIQ 设备的通信，如传感器接口模块、端子扩展模块等。

② 1 个 PM340 接口（PM-IF）。

③ 1 个基本操作面板 BOP20 接口。

④ 1 个符合 PROFIdrive V4 行规的 PROFIBUS 接口。

⑤ 1 个编码器接口，可以连接以下类型的编码器：TTL/HTL——增量式编码器，不带增量信号的 SSI 编码器。

⑥ 4 路可参数化数字量输入。

⑦ 4 路可参数化双向数字量输入输出。

⑧ 1 个 RS232 串行接口。

⑨ 1 个 CF 插槽。

⑩ 1 个 24VDC 接口。

⑪ 1 个温度传感器接口。

（2）CU310-2 PN 控制单元

CU310-2 PN 控制单元为功率模块提供了通信和开环/闭环控制功能。CU310-2 PN 控制单元提供的标准接口与 CU310-2 DP 控制单元提供的标准接口基本相同。带有 CU310-2 PN 的 SINAMICS S120 变频器可执行下列功能。

① PROFINET I/O 设备。

② 100Mbit/s 全双工。

③ 支持 PROFINET I/O 的实时等级：RT（实时），IRT（等时同步），发送循环为 500μs。

④ 按照 PROFIdrive V4 行规，作为 PROFINET I/O 与控制器连接。

⑤ 使用 STARTER 软件和标准的 TCP/IP 协议进行调试。

⑥ 集成 2 个 RJ45 接口，基于 ERTEC ASIC，因此，不需要外部交换机即可配置拓扑。

（3）CU320-2 控制单元

CU320-2 控制单元主要用于控制多驱动。在一个 CU320-2 上可以连接 DEIVE-CLIQ 组件，如电动机模块和电源模块等，模块的数量取决于所需要的性能。可使用 BOP20 基本操作面板更改参数设置。在操作过程中，还可将 BOP20 面板安装到 CU310-2 DP 上进行诊断。CU320-2 控制单元可控制多达 12 个驱动（V/F 控制模式）和 6 个驱动（伺服或矢量控制模式）。

（4）SIMOTION D 控制单元

SIMOTION D 控制单元用于需要协调运动控制的应用，如同步运行、电子齿轮、凸轮盘或复杂工艺功能等。SIMOTION D 控制单元提供了多种不同性能的型号，如以下几种。

① SIMOTION D410-2，用于控制 1 到 3 轴。

② SIMOTION D425-2，用于控制最多 16 轴。

③ SIMOTION D435-2，用于控制最多 32 轴。

④ SIMOTION D445-2，用于控制最多 64 轴。

⑤ SIMOTION D455-2，用于控制最多 128 轴。

STARTER 调试工具用于通过控制单元调试和诊断不同类型的 SINAMICS 驱动装置。SIMOTION D 控制单元需要包含 STARTER 工具的 SCOUT 工程系统。

2. 功率模块

SINAMICS S120 驱动系统的独立版本由一个 CU310-2 控制单元和一个功率模块组成。在这个功率模块中集成了一个电源整流器、电压源直流母线和为电动机供电的逆变器。

功率模块用于无法再生电能的单轴驱动。它可将制动时产生的电能通过制动电阻转换成热量。功率模块也可以和 CU320-2 控制单元、SIMOTION D4x5-2 或 CX32-2 扩展控制器组合使用，如将单轴驱动添加到多轴驱动组的配置中。此时，模块型功率模块必须配备 CUA31/CUA32 控制单元适配器。该适配器通过 DRIVE-CLiQ 与 CU320-2 控制单元、SIMOTION D4x5-2 或 CX32-2 扩展控制器相连。装置型功率模块则直接通过 DRIVE-CLiQ 电缆连接到多轴控制单元。

3. 电动机模块

在电动机模块中集成了一个电压源直流母线和为电动机供电的逆变器。电动机模块用于多轴驱动系统，由 CU320-2 控制单元、SIMOTIOND4x5-2 或 CX32-2 扩展控制器进行控制。电动机模块通过公共直流母线互连。由于电动机模块共用一个直流母线，所以两个模块间可以交换能量。也就是说，如果一个电动机模块正在产生电能（发电机模式），另一个电动机模块可以使用该电能（电动模式）。电压源直流母线由电源模块提供进线电压。

4. 电源模块

电源模块将进线电压转换为直流电压，通过电压源直流母线向电动机模块供电。

（1）基本电源模块

基本电源模块仅用于供电，无法将再生电能反馈到电网中。如果产生了再生电能（如驱动制动时），必须通过制动模块和制动电阻将其转化为热量。如果基本电源模块用作电源，必须安装配套的进线电抗器。也可以选择安装一个进线滤波器，将干扰信号限制到 C2 类极限值内（EN 61800-3）。

（2）回馈电源模块

回馈电源模块可以提供电能并将再生电能反馈到电网中。仅当需要在电网掉电后（即电能无法反馈到电网时）控制驱动减速停止时，才需要使用制动模块和制动电阻。如果回馈电源模块用作电源，必须安装配套的进线电抗器。也可以选择安装一个进线滤波器，将干扰信号限制到 C2 类极限值内（EN 61800-3）。

（3）有源电源模块

有源电源模块可以提供电能并将再生电能反馈到电网中。仅当需要在电网掉电后（即电能无法反馈到电网时）控制驱动减速停止时，才需要使用制动模块和制动电阻。不过，和基本电源模块与回馈电源模块相比，有源电源模块产生稳定的直流电压，在进线电压出现波动时，该电压仍能保持恒定。此时，进线电压必须在允许的容差范围内。有源电源模块从电源中产生一个近似正弦波形的电流，可限制任何有害谐波。要想运行有源电源模块，必须使用配套的有源接口模块。也可以选择安装一个进线滤波器，将干扰信号限制到 C2 类极限值内（EN 61800-3）。

10.4.2 三菱 PLC 通用步进、伺服驱动系统

10.4.2.1 三菱伺服电动机

三菱伺服电动机包括旋转、直线、直驱电动机。旋转电动机的容量为 10W～220kW。直驱电动机具有高刚性、高性能、设备构成灵活等特点。直线电动机和直驱电动机均具有免维护、免清洁等特点。

1. 旋转电动机

三菱旋转电动机主要包括 HG 系列、HF 系列、HA 系列等（表 10-27）。它们的区别主要在于支持的伺服放大器型号不同。

（1）HG 系列电动机支持 MR-J4 系列伺服放大器

HG-KR 为小容量、低惯性电动机，容量为 50～750 W。其适用于插入机、贴片机、接合器、印刷基板开孔机、电路测试仪、标签印刷、针织机、刺绣机及小型机械手、机械手臂部分等普通产业机械。

HG-MR 为小容量、低惯性电动机，容量为 50～750 W。其适用于插入机、贴片机、接

合器、小型机械手等高频率运行机械。

HG-SR 为中容量、中惯性电动机，容量为 0.5～7 kW。其支持搬送机械、专用机械、机械手、装载机、卸载机、绕线机、电压设备、转台等负载惯性大的设备。

HG-JR 为中/大容量、低惯性电动机，容量为 0.5～22 kW。其支持食品包装机械、印刷机、射出成形机等高频率定位或高加减速运行的设备。

HG-RR 为中容量、超低惯性电动机，容量为 1～5 kW。其支持滚筒进给、装载机、卸载机超高频率搬送装置等高频率运行的设备。

HG-UR 为中容量、扁平型电动机，容量为 0.75～5 kW。其适用于安装空间有限制的情况等。

HG-AK 为支持 MR-J3W-0303BN6 伺服放大器的超小型、小容量电动机，容量 10～30 W。其适用于贴片机、焊接机、半导体/液晶生产设备、超小型机械手、小型 X-Y 工作台等小型机械。

（2）HF 系列支持 MR-JN 系列伺服放大器

HF-KN 为小容量、低惯性电动机，容量为 0.1～0.75kW。其适用于插入机、贴片机、焊接机、印刷基板开孔机、电路测试仪、标签印刷、针织机、刺绣机等普通产业机械。

（3）HA 系列支持 MR-J3 系列伺服放大器

HA-LP 为中/大容量、低惯性电动机，容量为 5～55kW。其支持射出成形机、半导体生产设备、大型搬送机、压机等大型设备。

HA-JP 为超大容量、低惯性电动机，容量为 110～220kW。其支持大型压机、液晶生产设备、大型搬送设备等超大型设备。

表 10-27　　　　　　　　三菱旋转电动机产品系列的基本参数

系列	额定转速 （r/min）	最大转速 （r/min）	容量范围 （kW）	适用伺服放大器	编码器分辨率 （pulses/rev）	减速电动机	防护等级
HG-KR	3 000	6 000	0.05～0.75	MR-J4/J4W	4 194 304	有	IP65
HG-MR	3 000	6 000	0.05～0.75	MR-J4/J4W	4 194 304	无	IP65
HG-SR	1 000	1 500	0.5～0.42	MR-J4/J4W	4 194 304	无	IP67
HG-SR	2 000	3 000	0.5～7	MR-J4/J4W	4 194 304	有	IP67
HG-JR	3 000	6 000	0.5～9	MR-J4/J4W	4 194 304	无	IP67
HG-JR	1 500	3 000	11～22	MR-J4	4 194 304	无	IP67/ IP44
HG-RR	3 000	6 000	1～5	MR-J4	4 194 304	无	IP65
HG-UR	2 000	3 000	0.75～5	MR-J4/J4W	4 194 304	无	IP65
HF-KP	3 000	6 000	0.05～0.75	MR-J3/J3W	262 144	有	IP65
HF-MP	3 000	6 000	0.05～0.75	MR-J3/J3W	262 144	有	IP65
HF-SP	1 000	1 500	0.5～4.2	MR-J3/J3W	262 144	无	IP67
HF-SP	2 000	3 000	0.5～7	MR-J3/J3W	262 144	有	IP67

续表

系列	额定转速 （r/min）	最大转速 （r/min）	容量范围 （kW）	适用伺服放 大器	编码器分辨率 （pulses/rev）	减速电 动机	防护等级
HF-JP	3 000	6 000	0.5～9	MR-J3/J3W	262 144	无	IP67
	1 500	3 000	11～15	MR-J3	262 144	无	IP67
HA-LP	1 000	1 200	6～37	MR-J3	262 144	无	IP44
	1 500	2 000	7～50	MR-J3	262 144	无	IP44
	2 000	2 000	5～55	MR-J3	262 144	无	IP65/ IP44
HA-JP	2 000	3 000	110～220	MR-J3	262 144	无	IP65/ IP44
HF-KN	3 000	4 500	0.1～0.75	MR-JE	131 072	无	IP65
HF-SN	3 000	3 450	0.5～3	MR-JE	131 072	无	IP67
HG-AK	3 000	6 000	0.01～0.03	MR-J3W-0 303BN6	262 144	无	IP65

2. 直线电动机

三菱直线电动机主要包括 LM-H3 系列、LM-F 系列、LM-K2 系列、LM-U2 系列等（表 10-28），适合高速、高精度的直线运行系统，支持最大速度 3m/s（LM-H3 系列）、最大推力为 150～18 000N。推出的带铁芯、带铁芯液冷型、带铁芯相抵型、无铁芯 4 个系列产品，利用磁场解析、高密度绕组技术，实现了小型高推力。三菱直线电动机通过与 MR-J4 系列伺服放大器、支持 SSCNETⅢ/H 运动控制器的组合，其可构建以高精度串联同步控制的高级系统。其可通过驱动部分的高速化，提高生产性，实现全闭环控制的高精度定位。三菱直线电动机可通过机构部分的简化、小型化、高刚性化，保证系统能够流畅、安静地运行。

表 10-28　　　　　　　　　　三菱直线电动机产品系列的基本参数

系列	最大速度（m/s）	磁力吸引力（N）	连续推力（N）	最大推力（N）	适用伺服放大器	防护等级
LM-H3	3	630～8 800	70～800	175～2 400	MR-J4/J4W	IP00
LM-F	2	4 500～45 000	300～6 000	1 800～18 000	MR-J4/MR-J3-B-RJ004	IP00
LM-K2	2	0	120～2 400	300～6 000	MR-J4/J4W/MR-J3-B-RJ004/J3W	IP00
LM-U2	2	0	50～800	175～3 200	MR-J4/J4W/MR-J3-B-RJ004/J3W	IP00

其中 LM-H3 系列直线电动机支持最大速度 3m/s，带铁芯型可显著节省空间，具有磁力吸引力的高刚性等特点；LM-F 系列电动机通过液冷提升了 2 倍连续推力；LM-K2 系列电动机采用磁力吸引力相抵构造，提高了推力密度，具有低噪声特点；LM-U2 系列电动机为无铁芯型，无磁力吸引力，可延长直线导轨寿命。

3. 直驱电动机

三菱 TM-RFM 系列直驱电动机（表 10-29）适合低速旋转、高转矩的高精度控制系统，具有高转矩密度、旋转流畅、小型化、扁平薄型化、低噪声、免维护等特点。TM-RFM 系列直驱电动机采用中空构造，中空径为 20～104 mm，电缆或空气配管可布置在中空构造内。

表 10-29　　　　　　　　三菱 TM-RFM 系列直驱电动机的基本参数

系列	电动机外径（mm）	额定转速（r/min）	最大转速（r/min）	额定转矩（N·m）	最大转矩（N·m）	适用伺服放大器	防护等级
TM-RFM	φ130	200	500	2～6	6～18	MR-J4/J4W/MR-J3-B-RJ080W/J3W	IP42
	φ180	200	500	6～18	18～64	MR-J4/J4W/MR-J3-B-RJ080W/J3W	IP42
	φ230	200	500	12～72	36～216	MR-J4/J4W/MR-J3-B-RJ080W/J3W	IP42
	φ330	100	200	40～240	120～720	MR-J4/J4W/MR-J3-B-RJ080W/J3W	IP42

10.4.2.2　控制器

1. 运动控制器

运动控制器是指与 PLC CPU 组合使用的运动控制用 CPU 模块（图 10-1），通过使用运动 SFC 程序独立控制 PLC CPU 可实现高速控制。运动控制器可以与 PLC CPU 分担负载进行高精度的运动控制；实现位置跟踪、串联运行等高精度的运动控制；可以直接对 I/O 模块、模拟量模块、高速计数器模块等进行管理，实现高速的输入、输出。三菱 SSCNETⅢ/H 对应的运动控制器包括 Q173DSCPU、Q172DSCPU、Q170MSCPU、Q170MSCPU-S1。

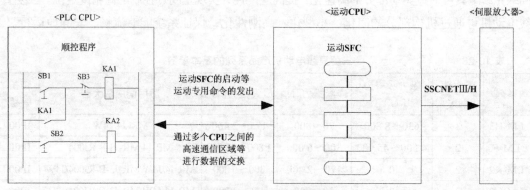

图10-1　运动控制器的原理图

Q173DSCPU 与 PLC CPU 组合使用，主要应用于大规模、中规模系统，支持安全监视功能、视觉系统。使用多种定位程序可实现定位控制、速度控制、转矩控制，以及同步控制、位置跟踪、串联运行等高级运动控制。将 Motion 运算能力设为 0.22 ms/4 轴，可实现运行节拍时间的缩短；复杂的伺服控制通过运动控制器进行，机械控制和信息控制通过 PLC CPU 进行，分散处理负载；标配速度监视功能等的安全监视功能。Q173DSCPU、Q172DSCPU 运动控制器的基本参数见表 10-30。

表 10-30　　　　　Q173DSCPU、Q172DSCPU 运动控制器的基本参数

项目	Q173DSCPU	Q172DSCPU
控制轴数	最多 32 轴	最多 16 轴
网络	SSCNET III/H（2 系统）	SSCNET III/H（1 系统）
运算周期	0.22ms、0.44ms、0.88ms、1.77ms、3.55ms、7.11ms	
伺服放大器	MR-J4-B/MR-J4W2-B/MR-J4W3-B	
扩展基板段数	最多 7	

Q170MSCPU 将电源、PLC 和运动控制器集成一体化，Q170MSCPU 运动控制器的基本参数见表 10-31。Q170MSCPU 适用于高性价比的小规模系统，支持视觉系统。通过与 2 轴/3 轴一体伺服放大器组合，其更加节省空间，可以使控制柜与设备变得更小。Q170MSCPU 直接使用 MELSEC-Q 系列 PLC 用模块，无论哪种控制用途，都可自由扩展，其具有参数设定简单、调试便捷等特点。

表 10-31　　　　　Q170MSCPU 运动控制器的基本参数

项目	Q170MSCPU-S1	Q170MSCPU
PLC CPU 部分	相当于 Q06UDHCPU	相当于 Q03UDCPU
控制轴数	最多 16 轴	
运算周期	0.22ms、0.44ms、0.88ms、1.77ms、3.55ms、7.11ms	
网络	SSCNET III/H	
伺服放大器	MR-J4-B/MR-J4W2-B/MR-J4W3-B	

2. 简易运动控制模块

简易运动控制模块是指通过 PLC CPU 进行控制，可轻松实现定位控制的智能功能模块（图 10-2）。简易运动控制模块的定位功能用法与定位模块完全相同，只是将定位数据从 PLC CPU 的 PLC 程序写入缓冲存储器，可以简单地使用直线插补等。通过简单的参数设定及启动 PLC 程序，就可以进行定位控制、同步控制、凸轮控制。三菱 SSCNET III/H 对应的简易运动控制模块包括 QD77MS16、QD77MS4、QD77MS2、LD77MS2、LD77MS4、LD77MS16；三菱 CC-Link IE 网络的简易运动控制模块为 QD77GF16。

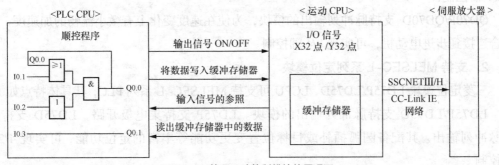

图10-2　简易运动控制模块的原理图

如表 10-29 所示，QD77MS 是支持 MELSEC-Q 系列的简易运动控制模块，仅通过顺顺控制程序即可实现定位控制的简易运动控制模块，其基本参数见表 10-32。通过类似定位模块编程方式还可实现以往的定位模块无法进行的同步控制、凸轮控制、速度/转矩控制（推压控制）等多种控制。可将定位模块（QD75MH）的工程或顺控程序转换为简易运动控制模块（QD77MS）的工程。通过凸轮自动生成功能，可转换用于旋转刀具的凸轮数据。

表 10-32   QD77MS 简易运动控制模块的基本参数

项目	QD77MS16	QD77MS4	QD77MS2
控制轴数	最多 16 轴	最多 4 轴	最多 2 轴
运算周期	0.88ms/1.77ms	0.88ms	
伺服放大器	MR-J4-B/MR-J4W2-B/MR-J4W3-B		
网络	SSCNET III/H（1 系统）		

LD77MS 是支持 MELSEC-L 系列的体积更小、成本更低的简易运动控制模块，通过类似定位模块方式还可实现同步控制、凸轮控制、速度/转矩控制（推压控制）等多种控制，可实现最大控制轴数：16 轴（LD77MS16）、4 轴（LD77MS4）、2 轴（LD77MS2）。LD77MS 实现了定位模块 QD75MH 的所有功能。

QD77GF16 是支持 CC-Link IE Field 网络、MELSEC-Q 系列的简易运动控制模块，可实现 16 轴控制。QD77GF16 实现了定位模块 QD75MH 的所有功能。

10.4.2.3 定位模块

1. 支持 MELSEC–Q 系列定位模块

三菱定位模块 QD75MH、QD75PN/QD75DN、QD70P/QD70D 可支持 MELSEC-Q 系列 PLC，其具体特点如下。

QD75MH 支持 SSCNET III 的定位模块，配备圆弧插补或目标位置变更功能等丰富的定位功能，可实现 4/2/1 轴控制。

QD75PN/QD75DN 支持脉冲列输出的模块。QD75PN 支持集电极开路；QD75DN 支持差动脉冲列输出。其配备圆弧插补或目标位置变更功能等丰富的定位功能，可实现 4/2/1 轴控制。

QD70P/QD70D 支持脉冲列输出的模块，为使在速度变化上有微小流畅的加速度，最适合连接到步进电动机，可实现 8/4 轴控制。

2. 支持 MELSEC–L 系列定位模块

三菱定位模块 LD75P/LD75D、LCPU 可支持 MELSEC-L 系列 PLC，其具体特点如下。

LD75P/LD75D 支持脉冲列输出的模块。LD75P 支持集电极开路，LD75D 支持差动脉冲列输出。其配备圆弧插补或目标位置变更功能等丰富的定位功能，可实现 4/2/1 轴控制。

LCPU 的指令脉冲通过使用内置 I/O 功能输出到伺服放大器，通过组合高速计数器功能、通用输入输出、中断输入等（无须各功能专用模块），可以控制系统成本，并实现多样化功能，可实现 2 轴控制。

3. 支持 MELSEC–F 系列定位模块

FX3U(C) series 内置了高速处理或定位功能的 PLC，可实现 3 轴控制。

FX3U-20SSC-H 支持 SSCNETⅢ的定位块。其配备有通过光纤电缆节省接线或进行伺服信息的实时监控等多种功能，可实现 2 轴控制。

FX2N-10GM/20GM 是单独或与 FX PLC 连接使用的定位模块。20GM 支持 2 轴的插补控制，可实现 2/1 轴控制。

FX3U-1PG/FX2N-10PG 是与 FX PLC 连接使用的脉冲列输出块。10PG 可以最高 1MHz 的高速脉冲进行高速、高精确度的定位，可实现 1 轴控制。

10.4.2.4　伺服放大器

1. MELSERVO–J4 系列伺服放大器

MELSERVO-J4 系列可以满足从旋转伺服电动机到直线电动机、直驱电动机的多种用途，可大幅提高设备的性能。MELSERVO-J4 系列支持 Motion CC-Link IE Field 网络、脉冲列/模拟量/RS-422 多站点、SSCNETⅢ/H 高速光纤通信等指令接口，其伺服放大器的基本参数见表 10-33。

表 10-33　　　　　　　MELSERVO-J4 系列伺服放大器的基本参数

项目	MR-J4-B(-RJ)		MR-J4W2-B	MR-J4W3-B	MR-J4-B-RJ010	MR-J4-A(-RJ)	
电源规格	三相 AC200 V	三相 AC400 V	三相 AC200 V	三相 AC200 V	三相 AC200 V	三相 AC200 V	三相 AC400 V
容量范围	100 W～22 kW	600 W～22 kW	200 W×2 轴、400 W×2 轴、750 W×2 轴、1 kW×2 轴	200 W×3 轴、400 W×3 轴	100 W～22 kW	100 W～22 kW	600 W～22 kW
控制模式	位置/速度/转矩/全闭环控制		位置/速度/转矩			位置/速度/转矩/全闭环控制	
支持电动机	旋转电动机、直线电动机、直驱电动机				旋转电动机	旋转电动机、直线电动机、直驱电动机	
指令接口	SSCNETⅢ/H				Motion CC-Link IE Field 网络	脉冲列/模拟量/RS-422 多站点	

2. MELSERVO–J3 系列伺服放大器

MELSERVO-J3 系列可以满足功率范围为 100 W～220 kW 的旋转伺服电动机的控制。MELSERVO-J3 系列支持 SSCNETⅢ/H、脉冲列/模拟量/RS-422 多站点、CC-Link/DIO/RS-422

多站点等多种接口，其伺服放大器的基本参数见表 10-34。

表 10-34　　　　　　　MELSERVO-J3 系列伺服放大器的基本参数

项目	MR-J3W-0303BN6	MR-J3-B			MR-J3-BS			MR-J3-A			MR-J3-T		
电源规格	DC48 V/24 V	单相 AC 100 V	三相 AC 200 V	三相 AC 400 V	单相 AC 100 V	三相 AC 200 V	三相 AC 400 V	单相 AC 100 V	三相 AC 200 V	三相 AC 400 V	单相 AC 100 V	三相 AC 200 V	三相 AC 400 V
容量范围	30 W×2 轴	100～400 W	30～37 kW	30～220 kW	100～400 W	30～37 kW	30～55kW	100～400 W	30～37 kW	30～55kW	100～400 W	100～22 kW	0.6～22kW
控制模式		位置			位置/全闭环控制			位置/速度/转矩			位置/速度/内置定位功能		
指令接口		SSCNETⅢ/H						脉冲列/模拟量/RS-422多站点			CC-Link/DIO/RS-422多站点		
支持电动机		旋转电动机											

10.5　本章小结

本章主要介绍了步进伺服系统的维护与故障分析，以及西门子、三菱步进伺服系列产品。本章的重点内容是步进、伺服电动机的维护要点与保养步骤；难点在于步进、伺服电动机及其控制器的故障分析。在实际工程项目中，无论控制系统的繁简与精度差别，控制系统的可靠性、可维修性是关键衡量指标之一。因此，项目工程技术人员必须具有对步进、伺服电动机及其控制系统故障分析的能力。通过本章的学习，读者可以基本掌握步进、伺服电动机的维修要点和保养步骤，并掌握反应式步进电动机、永磁式步进电动机及驱动器的典型故障分析，以及直流、交流伺服电动机及伺服系统的故障类型。

为了满足工程项目开发的实际需要，本章还对西门子、三菱两个品牌的步进、伺服相关工程控制系列产品进行了简单介绍，包括伺服电动机、驱动器、伺服放大器、定位模块等相关设备的基本参数。读者通过本章的学习可以掌握步进、伺服控制系统的设备特性，快速定位故障原因，不仅提高了设计效率还具备了现场解决实际工程问题的能力，显著提高综合业务水平。

实践篇

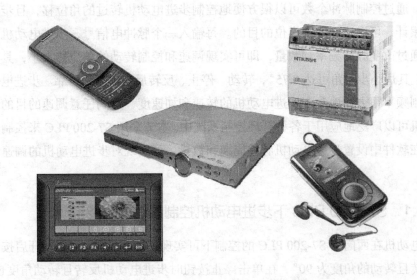

第11章 西门子工程常用步进电动机控制实例

步进电动机一直被许多领域所使用，随着其小型化、向计算机控制和降低成本的趋势发展，混合式步进电动机的使用正日益广泛。特别是近年来，直线电动机的使用已经迅速地扩大，在许多领域都能发现这些精密、可靠的电动机。本章主要介绍 3 个实例，分别为 S7-200 PLC 驱动步进电动机、S7-300 PLC 驱动步进电动机及工控机驱动步进电动机；重点讲解了步进电动机的选型、电气控制的原理图和对应的步进电动机控制程序。

11.1 S7–200 PLC 驱动步进电动机实例

步进电动机是一种将电脉冲转化为角位移的执行机构。一般电动机是连续旋转的，但步进电动机的转动不是连续旋转，而是一步一步进行的。步进电动机作为执行元件，是机电一体化的关键产品之一，广泛应用在各种家电产品中，如打印机、磁盘驱动器、玩具、雨刷、振动寻呼机、机械手臂和录像机等。另外，步进电动机也广泛应用于各种工业自动化系统中。通过控制脉冲个数可以很方便地控制步进电动机转过的角位移，且步进电动机的误差不累计，可以达到准确定位的目的。每输入一个脉冲电信号，步进电动机就转动一个角度。通过改变脉冲频率和数量，即可实现调速和控制转动的角位移大小，具有较高的定位精度，其最小步距角可达 0.75°，转动、停止、反转反应灵敏、可靠。步进电动机还可以通过控制频率很方便地改变步进电动机的转速和加速度，达到任意调速的目的。因此，步进电动机可以广泛地应用于各种开环控制系统中。本节采用 S7-200 PLC 来控制步进电动机，通过在软件中设置步进电动机脉冲周期和数量，可实现对步进电动机的调速和角位移的控制。

11.1.1 S7–200 PLC 下步进电动机控制系统的功能说明

步进电动机在西门子 S7-200 PLC 的控制下可实现正转和反转，在单击开启按钮时步进电动机正转且转动的角度为 90°，在单击停止按钮时步进电动机反转且转动角度也为 90°，即电动机可以正常回位。电气控制箱上有一排工作指示灯，这些指示灯可指示的工作状态有电动机启动、电动机点动、电动机停止、电动机正转、电动机反转和总电源的工作情况。

1. 步进电动机的优点与缺点

① 步进电动机具有很多优点。角位移与输入脉冲数严格成正比，没有累计误差，具有良好的跟随性。由于步进电动机与驱动器组成的开环系统经济可靠，也可以与角度反馈环节组成高性能的闭环系统。步进电动机的速度可在相当宽的范围内平滑调节，低速下仍能保证较大的转矩。步进电动机的动态响应快，易于启停、正反转及变速。

② 步进电动机同时也具有一些缺点。自身的噪声和振动较大，带惯性负载的能力较差；存在振荡和失步现象，需要对控制系统和机械负载采取相应的措施。步进电动机不能直接使用交流电源和直流电源，只能通过脉冲电源供电才能运行。

2. 步进电动机的振荡

步进电动机易于发生振荡的区域有 3 个：工作于共振区、工作于低频区和突然停车时。

① 步进电动机工作于共振区：步进电动机脉冲频率接近步进电动机的振荡频率 f_0、振荡频率的分频及倍频，这时会使振荡加剧，严重时会造成失步。步进电动机的振荡频率 f_0 可由式（11-1）求得。

$$f_0 = \frac{1}{2\pi} \sqrt{\frac{Z T_{\max}}{J}} \qquad (11\text{-}1)$$

式中，$T_{\max}$ 为最大转矩；J 为转动惯量；Z 为转子齿数。

② 步进电动机工作于低频区：由于励磁脉冲时间较长，步进电动机转动为单步运行。在励磁开始时转子在电磁力的作用下做加速运动。在达到平衡点时电磁驱动转矩为零，但此时转子的转速较高，在惯性力的作用下转子可以冲过平衡点。这时电磁力产生负转矩，转子在负转矩作用下转速逐渐降为零，并开始反向转动。当转子反转过平衡点后，电磁力又产生正转矩，迫使转子又向正向转动，从而形成转子围绕平衡点振荡。由于有机械摩擦力和电阻尼作用，这个振荡表现为衰减振荡，最终稳定在平衡点。

③ 突然停车时：由于转子已经获得了足够的能动量，转子在惯性的作用下无法立即停下来，同理也会产生震荡。

步进电动机减小振荡的方法：减小步距角，在启动和停止时有一定的缓冲区间，脉冲频率避开共振区和低频区，采用多相励磁法、变频变压法、细分步法和反相阻尼法等增加电子阻尼来消除振荡。

3. 步进电动机的失步

① 转子的速度慢于旋转磁场的速度，或者说慢于换相速度，如步进电动机在启动时脉冲频率较高，转子无法跟上旋转磁场的速度而引起失步。步进电动机有一个启动频率，超过这个启动频率会使电动机产生失步。通过采用增加电动机的转矩、减少负载转动惯量及减少步距角等手段，都可以提高步进电动机的启动频率。

② 转子的平均速度大于旋转磁场的速度，主要发生于电动机的制动和突然换相过程

中，转子获得了过多能量，产生了严重的过冲，进而引起失步。

11.1.2 系统硬件的选型与搭建

选用西门子 S7-200 PLC 来控制三相混合步进电动机。三相步进电动机在 PLC 的控制下可实现正转且转动的角度为 90°，在单击回位按钮后步进电动机反转 90°，这时步进电动机即可回到始发位置。

1. 步进电动机的选型

选用一款高细分三相步进驱动器，这款驱动器采用精密电流控制技术设计，适合驱动 57～86 机座号各种品牌的三相步进电动机。由于采用了先进的纯正弦电流控制技术，电动机噪声和运行平稳性明显改善，且和市场上的大多数其他细分驱动产品相比，这款电动机驱动器与配套电动机的发热量降幅达 30%以上。

（1）步进电动机驱动器的特点

在选型时要求驱动器与三相步进电动机配套，这样才能有效地提高步进电动机的位置控制精度。步进电动机驱动器的供电电压可达 DC 50V，输入电流峰值可达 8.3A；采用光隔离差分信号输入，输入信号 TTL 兼容，脉冲响应频率最高可达 400kHz，具有 8 种细分可选。

（2）拨码开关设置

步进电动机驱动器拨码开关的设置如图 11-1 所示，它由 8 位拨码开关来设定细分精度、动态电流和半流/全流模式。

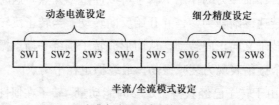

图11-1 步进电动机驱动器拨码开关的设置

（3）电动机驱动器的细分设定

此电动机驱动器的细分精度由 SW6～SW8 三位拨码开关来设定，表 11-1 给出了步进电动机驱动器的拨码开关设置，不同的拨码开关组合对应着不同的细分设定，表中 on 为接通，off 为断开。

表 11-1　　　　　　　　　　步进电动机驱动器的拨码开关设置

步/转	SW6	SW7	SW8
200	on	on	on
400	off	on	on
500	on	off	on

续表

步/转	SW6	SW7	SW8
1 000	off	off	on
2 000	on	on	off
4 000	off	on	off
5 000	on	off	off
10 000	off	off	off

（4）驱动器接口和接线

① P1 端口控制信号接口。P1 端口共有 6 个接线端子，表 11-2 给出了各个端子所对应的功能。其中，PUL 为脉冲，DIR 为方向，ENA 为使能。

表 11-2　　　　　　　　　　　P1 端口控制信号接口所对应的功能

名称	功能
PUL+（+5V）	脉冲上升沿有效，高电平时为 4～5V，低电平时为 0～0.5V。采用+12V 或+24V
PUL−（PUL）	时需串电阻
DIR+（+5V）	方向信号，电动机的初始运动方向与电动机的接线有关，互换绕组的任何两根
DIR−（DIR）	可改变方向
ENA+（+5V）	使能信号，此输入信号用于使能或禁止。当不需要此功能时，使能信号端悬空
ENA+（ENA）	即可

② P2 端口控制信号接口。P2 端口有 5 个接线端子，表 11-3 给出了各个端子所对应的功能，GND 为地线，U、V、W 为步进电动机的三相电源线，直流电源正极电压为+18～+50V。

表 11-3　　　　　　　　　　　P2 端口控制信号接口所对应的功能

名称	功能
GND	直流电源地
+V	直流电源正极，+18～+50V 范围内的任何值均可，推荐值为 DC +36V
U	三相电动机 U 相
V	三相电动机 V 相
W	三相电动机 W 相

（5）控制信号时序图

为了避免一些误动作和偏差，PUL、DIR 和 ENA 应满足一定的要求。图 11-2 所示为步进电动机驱动器的控制信号时序图，t_1 为 ENA 提前 DIR 至少 5μs；t_2 为 DIR 至少提前 PUL 下降沿 5μs；t_3 脉冲宽度至少不少于 1.2μs；t_4 为低电平，其宽度不少于 1.2μs。

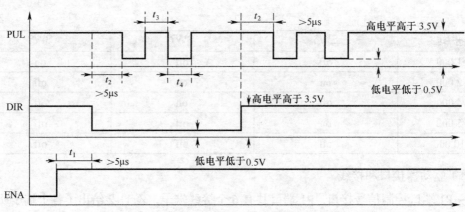

图11-2　步进电动机驱动器的控制信号时序图

（6）步进电动机接线

三相混合式步进电动机的电动机绕组有三角形和星形两种接线方式。三角形接法的步进电动机高速性能好，但驱动电流比较大（为电动机绕组电流的 1.73 倍）；而星形接法的步进电动机驱动电流等于电动机绕组电流。图 11-3 所示为三相步进电动机的接线方式，可根据要求来选定所需的接线方式。

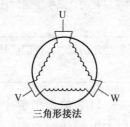

三角形接法　　　电动机内部三角形接法　　　星形接法

图11-3　三相步进电动机的接线方式

2. PLC 的选型

选用西门子 PLC，其型号为 CPU 224 CN AC/DC/RLY，数字量输入端口有 14 个，数字量输出端口有 10 个。由于此 PLC 输出端口为继电器型，且驱动步进电动机时需要脉冲输出，因而数字量输出的电源选用直流 24V。图 11-4 所示该型号 PLC 的所有外部接口。

11.1.3　电气控制原理图

控制器采用西门子 PLC，型号为 CPU 224 CN AC/DC/ RLY，用此模块来控制三相步进电动机运动。图 11-5 所示为配电系统总图。在配电系统图中，SB1 为急停开关，PLC 和步进电动机的控制电源分别各配置一个。

图 11-6 所示为步进电动机的控制图。步进电动机的

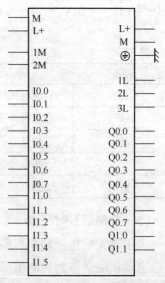

图11-4　CPU 224 CN AC/DC/RLY型号
PLC的所有外部接口

型号为 573815（REV.B），电动机上 6 根引线按照颜色来区分，其中 U 相为黄色和橙色，V 相为蓝色和白色，W 相为黑色和红色。电动机外壳要求可靠接地。

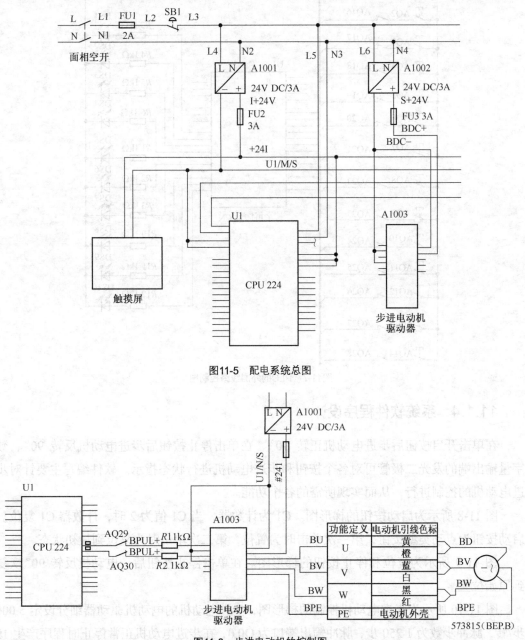

图11-5　配电系统总图

图11-6　步进电动机的控制图

图 11-7 所示的 PLC 的外围线路控制图。AQ1～AQ14 均为按钮，连接到 PLC 的数字量输入端。DS1～DS10 均为 PLC 输出端口的显示灯，指示各个输出端口的工作状态，这些工作状态分别为电源指示、电动机电动指示、电动机正转、电动机反转及电动机启动等。

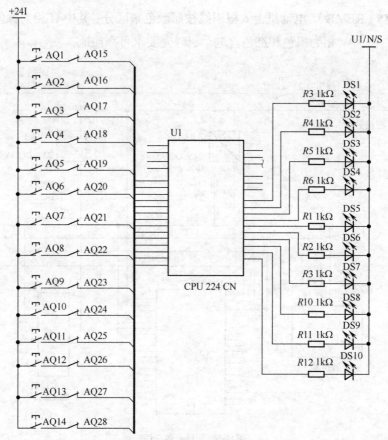

图11-7　PLC的外围线路控制图

11.1.4　系统软件程序设计

在单击开启按钮后步进电动机正转 90°，在单击停止按钮后步进电动机反转 90°，数字量输出端的发光二极管可对各个按钮和步进电动机进行状态指示。软件编写主要针对步进电动机的控制进行，从而实现所需的各个功能。

图 11-8 所示为启动按钮的梯形图。C1 为计数器，当 C1 值为 2 时，计数器 C1 复位。启动按钮为点动类型按钮，第一次单击时为置位，第二次单击时为复位到最初状态。

图 11-9 所示为复位和停止按钮的梯形图。在单击停止按钮后，电动机反转 90°恢复到原始位置。

图 11-10 所示为步进电动机控制的梯形图，步进电动机的电动机驱动器细分设定 5 000 步/转，脉冲步数为 1 250 步，脉冲输出端口为 Q0.0，在步进电动机正常停止时程序产生 19 号中断。在单击启动按钮后步进电动机正转 90°，在单击停止按钮后步进电动机反转 90°。电动机正转和反转的两种状态是互锁的，电动机只有在先正转后才能反转。

图 11-11 所示为步进电动机正常停止时所产生中断 INT_0 的梯形图。在步进电动机正常停止时，步进电动机的运行方向复位为正向，同时对停止反转标志位进行复位。

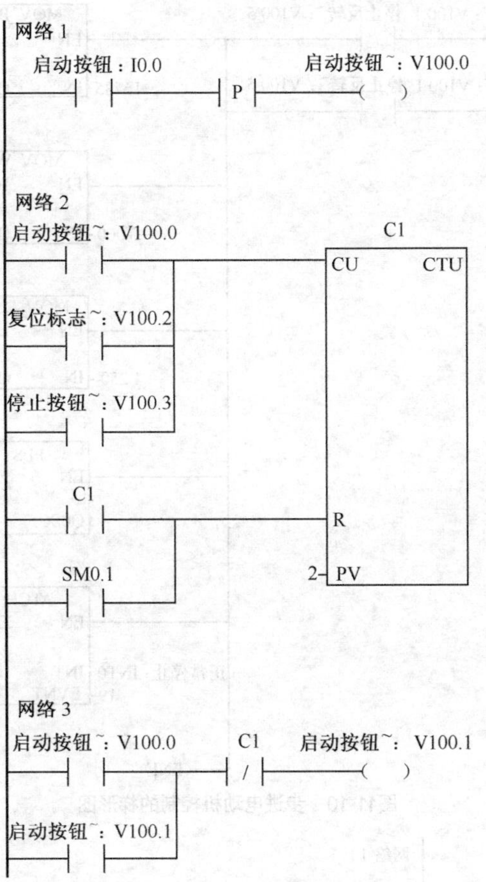

网络 1

启动按钮：I0.0　　　　　　　　启动按钮~：V100.0
　　├─┤ ├──────┤ P ├────────( )

网络 2

启动按钮~：V100.0
├─┤ ├──────────────────┐　　　　　C1
　　　　　　　　　　　　　　　　CU　　CTU
复位标志~：V100.2
├─┤ ├──────────────────┤

停止按钮~：V100.3
├─┤ ├──────────────────┘

　　　C1
├─┤ ├──────────────────┐
　　　　　　　　　　　　　　　　R
　　SM0.1
├─┤ ├──────────────────┘　2─PV

网络 3

启动按钮~：V100.0　　　C1　　启动按钮~：V100.1
├─┤ ├────────────┤／├────( )
启动按钮~：V100.1
├─┤ ├───────┘

图11-8　启动按钮的梯形图

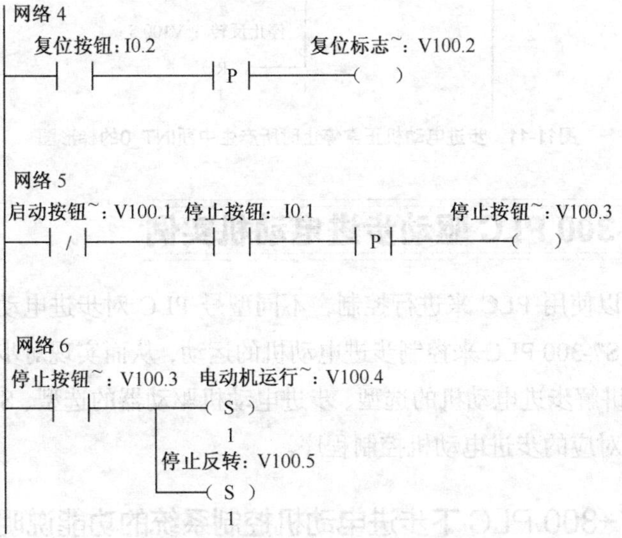

网络 4
复位按钮：I0.2　　　　　　　　复位标志~：V100.2
├─┤ ├──────┤ P ├────────( )

网络 5
启动按钮~：V100.1 停止按钮：I0.1　　　　　停止按钮~：V100.3
├─┤／├───────┤ ├──────┤ P ├────( )

网络 6
停止按钮~：V100.3　电动机运行~：V100.4
├─┤ ├────────(S)
　　　　　　　　　　　1
　　　　　　　　停止反转：V100.5
　　　　　　　　　(S)
　　　　　　　　　1

图11-9　复位和停止按钮的梯形图

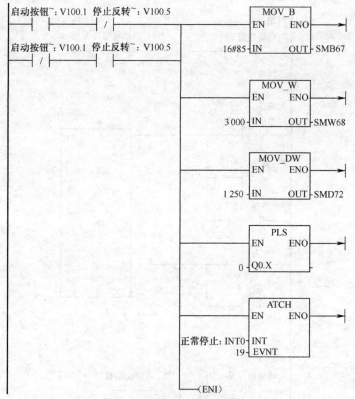

图11-10 步进电动机控制的梯形图

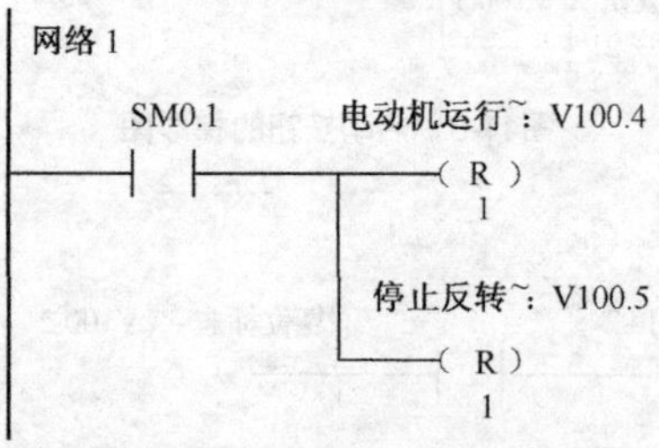

网络 1

SM0.1   电动机运行~: V100.4
————| |—————————————(R)
                                 1

       停止反转~: V100.5
               (R)
                  1

图11-11 步进电动机正常停止时所产生中断INT_0的梯形图

11.2 S7–300 PLC 驱动步进电动机实例

步进电动机可以使用 PLC 来进行控制，不同型号 PLC 对步进电动机的控制方法都有所差别。本节采用 S7-300 PLC 来控制步进电动机的运动，从而实现对步进电动机的调速和角位移控制；重点讲解步进电动机的选型、步进电动机驱动器的选型、S7-300 PLC 的选型、电气控制原理图和对应的步进电动机控制程序。

11.2.1 S7-300 PLC 下步进电动机控制系统的功能说明

步进电动机驱动器采用超大规模的硬件集成电路，具有高度的抗干扰性及快速的响应性，不易出现死机或丢步现象。使用步进电动机驱动器控制步进电动机，可以不考虑各相的时序问题，只需考虑输出脉冲的频率，以及步进电动机的运转方向。本小节采用西门子 S7-300 PLC 驱动步进电动机驱动器来控制步进电动机，S7-300 PLC 的 CPU 类型为 CPU313C，采用高频脉冲输出来控制步进电动机运动。

1. 步进电动机的基本参数

① 步距角：步距角是指电动机每转一步所转过的角度。两相电动机是 1.8° 或 0.9°，五相电动机是 0.72° 或 0.36°，三相电动机可以是 1.8°、0.9°、0.72° 和 0.36°。

② 每转步数：每转步数是指电动机每转一周所转过的步数。两相电动机是 200 或 400 步，五相电动机是 500 或 1000 步，三相电动机可以是 200、400、500 和 1000 步。

③ 转矩：电动机转矩有两种，一种为保持转矩，另一种为工作转矩。保持转矩为电动机绕组通电不转动时的最大输出转矩值，工作转矩为电动机绕组通电转动时的最大输出转矩值。其中，保持转矩比工作转矩值要大，选择步进电动机时以工作转矩作为选择依据。

2. 混合式步进电动机的定子磁极结构

图 11-12 所示为两相、三相和五相混合式步进电动机的定子磁极结构示意图。其中，三相采用了比五相和两相步进电动机更多的磁极对数，增大转子直径，减小气隙，增加磁通。

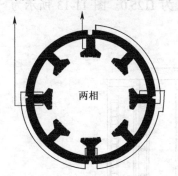
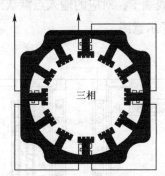
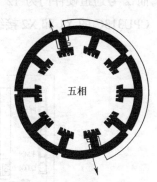

图11-12　两相、三相和五相混合式步进电动机的定子磁极结构示意图

3. 三相混合式步进电动机的特点

三相混合式步进电动机是主流产品，能较好地保证细分后电动机输出转矩不下降，而且每步都能精确定位。

① 采用特殊的结构、优良的材质和先进的制造工艺，电动机定子、转子之间的气隙为 50μm，电动机转子、定子的直径比得到进一步的提高。

② 三相步进电动机磁极数多于五相步进电动机，平稳性和定位精度远高于五相混合式步进电动机。

③ 三相步进电动机由高压驱动，大大提高了高速转矩。另外，三相步进电动机可按两相和五相电动机的步数工作，性能完全可取代两相和五相电动机，且电动机的转矩与电动机的步数无关。

11.2.2 系统硬件的选型与搭建

选用西门子 S7-300 PLC 来控制三相混合式步进电动机。三相步进电动机在 PLC 的控制下可实现正反转、启动和停止。

1. PLC 的选型

CPU313C 集成有 3 个用于高速计数或高频脉冲输出的特殊通道，3 个通道位于 CPU313C 集成数字量输出点首位字节的最低 3 位，这 3 位通常情况下可以作为普通的数字量输出点来使用。在需要高频脉冲输出时，可通过硬件设置定义这 3 位的属性，将其作为高频脉冲输出通道来使用。

作为普通数字量输出点使用时，其系统默认地址为 Q124.0、Q124.1、Q124.2（该地址用户可根据需要自行修改）；作为高速脉冲输出时，对应的通道分别为 0 通道、1 通道和 2 通道（通道号为固定值，用户不能自行修改）。每个通道都可输出最高频率为 2.5kHz（周期为 0.4ms）的高频脉冲。

X2 前接线端子的 22、23、24 号接线端子分别对应通道 0、通道 1 和通道 2，并且每个通道都有自己的硬件控制门。0 通道的硬件门对应 X2 前接线端子的 4 号接线端子，对应的输入点默认地址为 I124.2；1 通道硬件门为 7 号接线端子，对应的输入点默认地址为 I124.5；而 2 号通道硬件门为 12 号接线端子，对应的输入点默认地址为 I125.0。图 11-13 所示为 CPU313C 的 X1 和 X2 接线端子示意图。

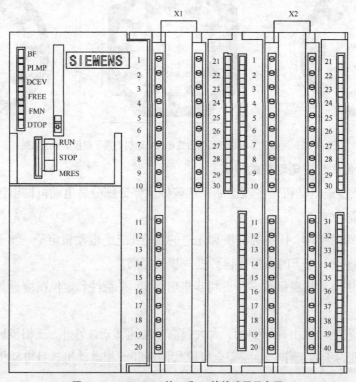

图11-13 CPU313C的X1和X2接线端子示意图

2. 步进电动机的选型

选用百格拉公司驱动器 D921 及配套的步进电动机，这款驱动器和步进电动机可满足低压用户要求，驱动器主回路的电压为 DC 18～40V，另一路驱动器控制的回路电压为 DC 5V。

（1）步进电动机驱动器的电气参数

表 11-4 给出了步进电动机驱动器的电气参数，表中的电气参数可作为步进电动机选型的重要参考依据。

表 11-4　　　　　　　　　　步进电动机驱动器电气参数

名称	电气参数
输入电压	DC 35V，DC 5V
输入电流	DC 35V：峰值 5A；DC 5V：峰值 1.0A
输出电压	DC 3～35V
输出电流	5.2A，5.8A
功耗	20W

（2）步进电动机驱动器的特性

用户可依据要求设定为 200、400、500、1 000、2 000、4 000、5 000、10 000 步/转，且电动机在空载启动时的速度可高达 6.3r/s。

（3）控制信号接口

输入信号可以高电平有效或低电平有效。当高电平有效时，把脉冲地和方向地短接后连到上位机的信号地（0V），把脉冲正和方向正分别接到上位机控制信号脉冲正和方向正上；当低电平有效时，把脉冲正和方向正短接后连到上位机的公共信号端（5V），把脉冲负和方向负分别接到上位机控制信号脉冲负和方向负上。表 11-5 给出了步进电动机驱动器功能选择拨码、状态指示、信号接口和功率接口各自的定义。

表 11-5　　　　　　　　　　步进电动机驱动器的控制信号接口

接口	接口名称	功能
功能选择拨码	STEP1、STEP2	设置电动机每转步数
	STEP3	设置细分功能
	CURRENT	输出电流选择
状态指示	READY	准备好
信号接口	PULSE+	脉冲控制信号+
	PULSE−	脉冲控制信号−
	DIR+	方向控制信号+
	DIR−	方向控制信号−
	FREE+、FREE−	半流功能
功率接口	DC+	DC +35V
	U、V、W	驱动器输出
	DC−	DC 0V

图 11-14 给出了步进电动机驱动器各个接口的示意图，在电气连线时按要求设置好功能选择拨码开关，并按电气安装规则进行连线。

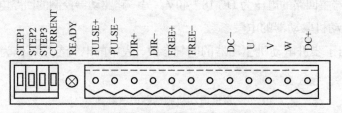

图11-14　步进电动机驱动器各个接口的示意图

（4）功率接口与三相步进电动机接线

功率接口中 DC+和 DC−为驱动器电源接线端子，U、V、W 为电动机的接线端子。三相步进电动机有 6 根颜色各不相同的输入线，颜色分别为黄、绿、橙、红、白和蓝，如图 11-15 所示。

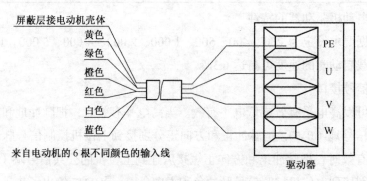

图11-15　三相步进电动机的接线图

11.2.3　电气控制原理图

采用西门子 PLC 的 CPU313C 模块来控制三相步进电动机运动。图 11-16 所示为控制系统框图，其中驱动器和步进电动机是相互配套的，驱动器使能的两个端子悬空。

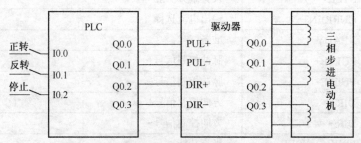

图11-16　控制系统框图

图 11-17 所示为步进电动机驱动器与 PLC 连接电路图。由于连接的电压信号为+24V，在连线时需要加接限流电阻 R1 和 R2，其阻值均为 1kΩ。光耦的发光二极管工作电流和工

作电压分别为 20mA 和 2V，根据公式（11-2）求得限流电阻 $R1$ 和 $R2$ 的阻值。

$$R1=R2=(V_{CC}-2)/0.02 \qquad （11-2）$$

式中，R_1、R_2 为限流电阻；V_{CC} 为信号电压。

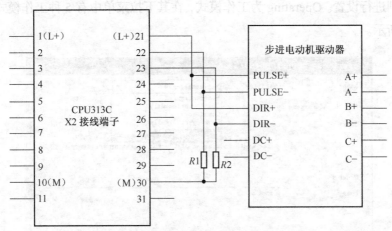

图11-17　步进电动机驱动器与PLC连接电路图

11.2.4　系统软件程序设计

西门子 S7-300 PLC 采用高频脉冲输出来控制步进电动机，产生高频脉冲有两个步骤：第一步是硬件设置，第二步是调用系统功能块 SFB49。

1. 硬件设置

在对硬件进行相应的设置后，PLC 的 3 个通道可产生高频脉冲。若没有进行硬件设置，这 3 个通道输出的是普通数字量信号。硬件设置的过程如下。

① 在图 11-18 所示的界面中，首先创建一个项目，选择 CPU 的型号为 CPU313C。

② 双击 SIMATIC 300 Station 下的 Hardware，进入硬件组态工具软件，对相应的硬件进行设置，如图 11-19 所示。

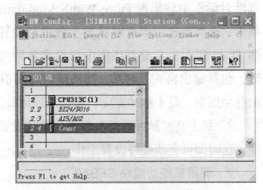

图11-18　设置CPU型号　　　　　　　　图11-19　设置组态工具软件

③ CPU313C 集成有 24 点数字量输入、16 点数字量输出、5 通道模拟量输入和 2 通道

的模拟量输出。另外，还有计数功能（Count），高频脉冲的属性设置就在 Count 中设置。双击 Count 可进行高速计数、频率控制及高频脉冲输出属性设置。对话框中的 Channe 为选择通道，在其下拉菜单中可选择要设置的通道号，用户可以根据自己的需要对某个通道或 3 个通道分别进行设置。Operating 为工作模式，在其下拉菜单中有 5 种工作模式可供选择，如图 11-20 所示。

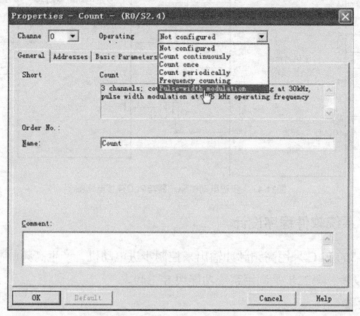

图11-20　计数功能设置

④ 选择高频脉冲输出工作模式中的最后一种工作模式：Pulse-width modulation（脉宽调制）。高速脉冲输出时的最高频率为 2.5kHz。图 11-21 所示为在脉宽调制选项设置后出现的默认值设置对话框。

⑤ 在脉冲参数被设置为默认值后，计数器属性对话框中将出现 Pulse-Width Modulation 选项卡，选择此选项卡可对脉宽参数进行设置，如图 11-22 所示。在此对话框中可设置各种操作参数，包括输出格式、时基、接通延时时间值、输

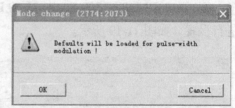

图11-21　脉宽调制默认值设置对话框

出脉冲周期、最小脉冲宽度、是否采用硬件门控制高频脉冲及硬件中断选择。

⑥ 每个高频脉冲通道参数需要单独设置，设置好后要进行保存和编译，并下载到 PLC 中，这时即可完成硬件设置工作。

2. 调用系统功能块 SFB49

① 图 11-23 所示为菜单中的系统功能块 SFB49，双击图标即可调用该系统块，指定 SFB49 的背景数据块为 DB1。

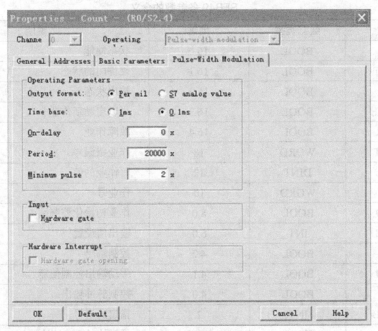

图11-22　设置脉宽参数

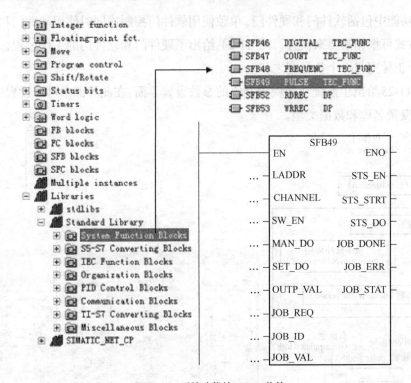

图11-23　系统功能块SFB49菜单

② 分配系统功能块 SFB49 的参数，用户可根据自己的控制需要进行选择性填写。
表 11-6 给出了 SFB49 各参数的含义。

表 11-6 　　　　　　　　　　　　　SFB49 各参数的含义

输出参数	数据类型	地址	说明
STS_EN	BOOL	16.0	状态使能
STS_STRT	BOOL	16.1	硬件门的状态
STS_DO	BOOL	16.2	输出状态
JOB_DONE	BOOL	16.3	可以启动新作业
JOB_ERR	BOOL	16.4	故障作业
JOB_STAT	WORD	18	作业错误号
JOB_VAL	DINT	12	写作业的值
JOB_ID	WORD	10	作业号
JOB_REQ	BOOL	8.0	作业初始化控制端
OUTP_VAL	INT	6.0	输出值设置
SET_DO	BOOL	4.2	控制输出
MAN_DO	BOOL	4.1	手动输出控制使能
SW_EN	BOOL	4.0	控制脉冲输出
CHANNEL	INT	2	指定通道号
LADDR	WORD	0	子模块的 I/O 地址

③ 门功能中包括软件门和硬件门，单独使用软件门控制或同时使用硬件门和软件门控制这两种方式可根据需要来设置。图 11-24 给出了硬件门和软件门的工作过程，一个软件周期为一个正脉宽与一个负脉宽之和。

④ 图 11-25 给出了系统功能块 SFB49 的参数设置界面，在此界面中可以设置变量地址、I/O 方式、变量名称和数据类型。

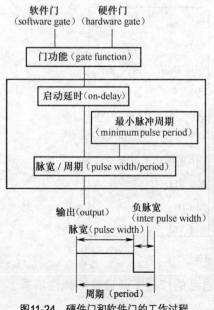

图 11-24　硬件门和软件门的工作过程

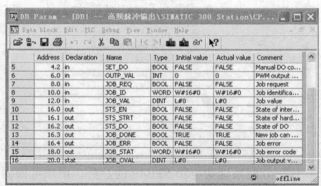

图 11-25　参数设置界面

⑤ 在系统功能块 SFB49 的参数设置完毕后，单击"下载"按钮后即可将程序下载到 PLC 中，从而实现对步进电动机的高频脉冲输出控制。

11.3 工控机驱动步进电动机实例

步进电动机是工业过程中一种能够快速启动、反转和制动的执行元件。其功能是将电脉冲转换为相应的角位移或直线位移。步进电动机的运转是由电脉冲信号控制的，其角位移量与脉冲数成正比，每给一个脉冲，步进电动机就转动一个角度（步距角）。步进电动机旋转的角度由输入的电脉冲数确定，改变脉冲输入频率，就可以改变电动机的速度；改变通电顺序，即可改变定子磁场旋转的方向，就可以达到控制步进电动机正反转的目的。采用虚拟仪器图形化编程软件 LabVIEW 控制步进电动机，硬件构成上十分简洁，软件上编程简单，而且有较好的人机交互界面，根据不同的要求可随时调整控制方式。

11.3.1 工控机控制下步进电动机控制系统的功能说明

步进电动机在工控机的控制下可实现正转和反转、运行速度调节、自动和手动操作方式和定步旋转。速度调节通过对步进电动机输入脉冲频率的调节来实现，定步旋转由操作人员任意设定步进电动机转动角度来实现。

1. 虚拟仪器的系统结构

虚拟仪器通常由计算机、一定的硬件和应用软件 3 部分组成。在系统设计中，采用 DAQ 数据采集卡作为数据采集系统，通过 LabVIEW 虚拟仪器软件在计算机上编写相关程序对数据信号进行采集，采集的数据可通过文件的形式保存起来，便于以后进行数据分析和处理。图 11-26 给出了工控机硬件和软件构成示意图。

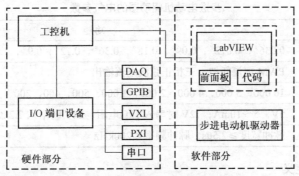

图11-26 工控机硬件和软件构成示意图

2. 步进电动机控制的系统结构

电动机控制可以采取开环或闭环，可以控制加速度和减速度，可以是速度控制或位置控制。采用一块 NI 的 PCI-7334 运动控制卡，一块运动控制卡可控制 4 路步进电动机，能为步进电动机应用提供精确、高性能的运动功能。在编程时调用功能强大的 NI-Motion 子程序库，可快速编写控制步进电动机的程序（图 11-27）。

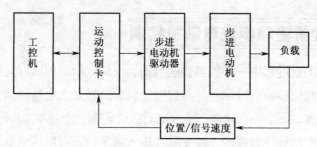

图11-27 步进电动机控制的构成示意图

11.3.2 系统硬件的选型与搭建

采用工控机来控制三相混合步进电动机。三相步进电动机在工控机的控制下可实现所要求的特定功能，对步进电动机的操作用 LabVIEW 软件的前面板来完成。

1. 步进电动机的选型

选用三相伺服混合式步进电动机驱动器和三相步进电动机。步进电动机的驱动器采用交流伺服控制原理，在控制方式上增加了全数字式电流环控制，三相正弦电流驱动输出，使三相混合式电动机低速无爬行，无共振区，噪声小；具有细分、半流和掉电相位记忆功能；有多种细分选择，最小步距角可设为 0.036°。

（1）步进电动机驱动器的电气参数

在工控机对步进电动机进行控制时，步进电动机和步进电动机驱动器的电气参数是一个重要参考依据。表 11-7 给出了所使用的步进电动机驱动器的步距角、驱动方式、每转脉冲、输入电平及脉冲输入方式等主要的电气参数。

表 11-7　　步进电动机驱动器的电气参数

名称	功能
步距角	0.036°，0.072°，0.09°，0.18°，0.36°，0.72°，0.9°，1.8°
驱动方式	PWM 恒流斩波，三相正弦波电流输出
每转脉冲	10 000，5 000，4 000，2 000，1 000，500，400，200
输入电平	5V，5~10mA；12V 时串入 1kΩ电阻，24V 时串入 2.2kΩ电阻
脉冲输入方式	脉冲宽度≥2.5μs，脉冲频率≤200kHz

（2）接口信号定义

CP 为脉冲信号，DIR 为方向信号，EN 为使能信号，RDY 为准备好信号。图 11-28 中的插座为 15 针孔型插座。

2. 工控机的选型

工控机控制一路三相混合式步进电动机运动，步进电动机可实现正转、反转、速度调节、启动、停止及定步旋转等。工控机选用研华 IPC-610，数据采集卡型号为 NI-7344，驱动接口型号为 UMI-7764。

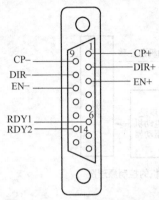

引脚	端子名	信号定义
1	CP+	脉冲信号（正端）输入
2	DIR+	方向信号（正端）输入
3	EN+	使能信号（正端）输入
6	RDY1	准备好信号 1 输出
9	CP−	脉冲信号（负端）输入
10	DIR−	方向信号（负端）输入
11	EN−	使能信号（负端）输入
14	RDY2	准备好信号 2 输出

图11-28　信号接口与接口定义

（1）数据采集卡

通过 NI-7344 数据控制卡、简单易用的软件工具可实现对复杂运动的控制，而且 LabVIEW 与运动控制卡驱动程序相结合可调用 NI-Motion 的 VI 程序库，大大降低编程的复杂程度。数据采集卡 NI-7344 可直接通过 PCI 总线与微型计算机通信，该卡可以同时控制 4 个轴，且每个轴可以彼此毫无关联，也可以使轴与轴之间存在联动关系，而且根据不同的设定，每个轴既可以控制伺服元件，也可以控制步进元件。在 NI-7344 所提供的运动 I/O 接口中，每个轴都为行程限位和原点分配了特定 I/O 端子。PCI-7344 数据采集卡除了提供 68 针的运动控制接口外，还提供 68 针数字 I/O 接口、数字 I/O 端子，另外可以用 LabVIEW 软件对用户进行自定义及读写操作。

（2）驱动接口

UMI-7764 驱动接口是一种与 NI-7344 数据采集卡相配套的第三方电动机驱动接口。它可以将 NI 的运动控制卡与直流电源、伺服放大器、步进驱动器、电动机、编码器、限位开关等相连。它将 68 针的功能端子分成不同的模块，每个模块都符合工业标准，不需要其他辅助配线工具。

11.3.3　电气控制原理图

图 11-29 给出了电气各元件的连接示意图，数据采集卡和驱动接口卡安装在工控机中。

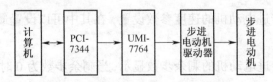

图11-29　电气各元件的连接示意图

图 11-30 给出了工控机控制步进电动机的控制原理图，控制系统由工控机、步进电动机和配套的步进电动机驱动器、数据采集板及步进电动机驱动电路板组成。电动机角位移为反馈，整个控制系统为闭环控制系统。

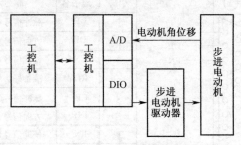

图11-30　工控机控制步进电动机的控制原理图

11.3.4　系统软件程序设计

步进电动机控制的系统软件程序是利用虚拟仪器图形化编程软件 LabVIEW 完成的。主要包括：设置电动机地址、步进电动机参数、速度参数以及剩余步数。

图 11-31 所示为工控机控制步进电动机时的步进电动机地址设置，地址一般设置为 16 位，也就是地址的数据类型为双字。

图 11-32 所示为工控机控制步进电动机的参数设置，初始时所有参数设置均为 0，这时步进电动机处于初始化状态，当步进电动机运动时相关参数显示在界面中。

图11-31　步进电动机地址设置

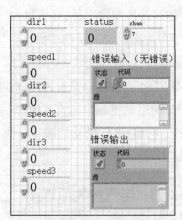

图11-32　步进电动机的参数设置

图 11-33 所示为步进电动机的速度参数设置，在其中可以设置最高速度、最低速度和加速度。

图 11-34 所示为步进电动机的剩余步数显示，当剩余步数为 0 时说明步进电动机已运转完毕。

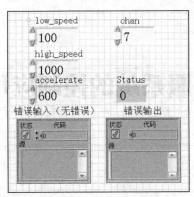

图11-33　步进电动机的速度参数设置

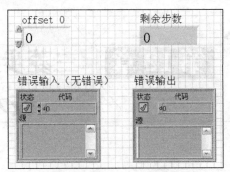

图11-34　步进电动机的剩余步数

11.4　本章小结

本章详细介绍了 3 个步进电动机的工程应用实例，通过这些实例读者可以理解以下内容：步进电动机在 S7-200 PLC、S7-300 PLC 和工控机的控制下的电路和电动机驱动程序，各种步进电动机的选型与正确使用。

从工程设计角度出发，本章深入浅出地介绍了 3 款步进电动机的控制方式。其中，电路原理图和步进电动机驱动程序是每个实例的重点，用工程实例来详细说明步进电动机的使用方法。通过 3 个步进电动机控制实例的学习，读者可以加深对步进电动机的了解。

第12章 三菱步进伺服系统的控制应用技术

三菱伺服驱动产品集小型化、高性能和易用性于一身，尤其是三菱 MR 系列伺服驱动器，其具有响应性高、定位精度高、操作简单、性价比高的特点，使该系列产品不仅应用在高精度位置控制和平稳速度控制的场合，还在线性控制和张力控制领域得到了广泛应用。本章将主要讲述三菱伺服系统模块组成、MR-J2S-A 伺服驱动器结构与功能、伺服电动机原理及功能、三菱位置伺服系统各个模块端子功能和内部电路组成、三菱 MR-J2S-A 伺服系统位置控制模式、速度控制模式和转矩控制模式、三菱伺服系统工作模式选择、伺服电动机选型、配件选用、电气控制接线图、基本参数设置及注意事项。通过本章的学习，读者可以全面、深刻地掌握三菱伺服系统的应用设计技术。

12.1 三菱伺服系统模块组成

三菱伺服系统的主要组成模块包括伺服放大器、伺服电动机、旋转编码器及电源和开关设备。本节将详细介绍三菱伺服系统的基本组成、MR-J2S-A 伺服驱动器的结构与功能、伺服电动机的原理及功能、三菱伺服系统定位模块 FX-10GM 的基本概念。

三菱伺服系统的一个典型基本模块包括：MR-J2S-60A 伺服驱动器、定位模块、伺服电动机、旋转编码器及辅助设备。如图 12-1 所示，其中辅助设备有增强绝缘型变压器、无熔丝断路器、电磁接触器及电源。

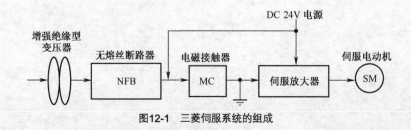

图12-1 三菱伺服系统的组成

12.1.1　MR-J2S-A 伺服驱动器的结构与功能

1. MR-J2S-60A 的铭牌说明

MR-J2S-60A 为中小功率伺服驱动器，60 表示其功率为 600W，A 则表示其为通用接口，如图 12-2 所示。MR-J2S-60A 的容量为 600W，输入参数包括额定输入电流 3.2A/5.5A、可通三相电源或单相电源、输入电压为 200～230V、频率为 50/60Hz，输出参数包括输出电压 170V、输出频率 0～360Hz、额定输出电流 3.6A，制造序列号为 TC3××4AAAG52。

2. MR-J2S-60A 的模块构成

MR-J2S-60A 主要包括电源模块、显示器模块、操作器模块、信号处理模块、主电路模块及控制电路模块等。

表 12-1 给出了 MR-J2S-60A 的外部构成，电源部分为电池座和电池接头；显示器为 7 段 LED显示伺服放大器；操作器可进行系统诊断、报警和参数设置等操作；信号处理模块用于数字 I/O 信号连接、与通信指令连接；主电路模块用于输入电源，与伺服电动机连接；控制电路模块用于和控制电路电源、再生制动选件的连接。

MITSUBISHI		AC SERVO
MODEL	MR-J2S-60A（型号）	
容量	：	600W
输入参数	：	3.2A3PH+1PH200～230V 50Hz
		3PH+1PH200～230V 60Hz
		5.5A 1PH230V 50/60Hz
输出参数	：	170V 0～360Hz　3.6A
制造序列号	：	TC3××4AAAG52

图12-2　MR-J2S-60A 的铭牌参数

表 12-1　　　　　　　　　　　　　　MR-J2S-60A 的外部构成

名称	用途
电池座	放置用于保存绝对位置数据的电池
电池接头（CON1）	连接用于保存绝对位置数据的电池
显示器	用 5 位 7 段 LED 显示伺服放大器的状态及报警代码
操作器	可进行状态显示诊断、报警、参数设置等操作
I/O 信号接头（CN1A）	与数字 I/O 信号连接
I/O 信号接头（CN1B）	与数字 I/O 信号连接
通信接头（CN3）	与通信指令装置（RS-422/RS-232C）连接，模拟量输出接口
铭牌	显示基本参数
充电指示灯	当主电路中有电流时，充电指示灯亮。灯亮时请不要接线
编码器接头（CN2）	用于和伺服电动机编码器连接
主电路端子座（TE1）	用于输入电源、伺服电动机的连接
控制电路端子座（TE2）	用于和控制电路电源、再生制动选件的连接
保护接地（PE）端子	接地端子

3. 伺服驱动器 MR-J2S-60A 的结构原理

三菱伺服放大器的主回路部分的结构组成与变频器主回路的结构相似。图 12-3 给出了 MR-J2S-60A 主回路的结构示意图。交流伺服技术是建立在直流电动机伺服控制的基础之上的，用变频的 PWM 方式来控制交流伺服电动机，交流伺服控制也称为交流伺服变频控制。变频就是将工频 50～60Hz 的交流电先整流成直流电，并通过可控制门极的各类晶体管（IGBT、IGCT 等），利用载波频率调节和 PWM 调节将直流信号逆变为频率可调的波形。由于频率可调，因此交流电动机的速度也可调（$n=60f/p$，n 为转速，f 为频率，p 为极对数）。

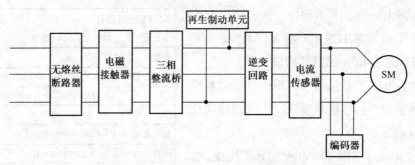

图12-3　MR-J2S-60A主回路的结构示意图

　　如图 12-4 所示，三菱伺服放大器 MR-J2S-60A 为三环控制。其中，最内环为电流环，中间环为速度环，外环为位置环。这三环控制都采用 PID 调节，即每一环都有设定值、当前值、输出值。外围脉冲输入为位置控制输入的设定值，脉冲个数决定电动机的转动角度，脉冲频率决定电动机的转动速度。该系统由上位机发出信号，通过端口 CH1A、CH1B 与模型位置控制单元连接，CN3 为通信和模拟量输出接口。伺服电动机编码器产生反馈信号记为当前值，与设定值进行比较，再进行 PID 调节得到输出值，该输出值控制伺服电动机的速度。

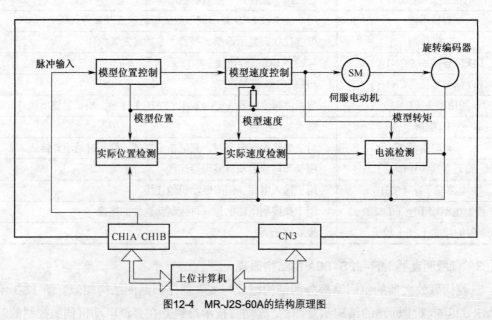

图12-4　MR-J2S-60A的结构原理图

12.1.2　伺服电动机的原理及其功能

伺服电动机是控制系统的执行元件，在位置控制系统中采用脉冲控制的伺服电动机可靠性高，不易发生飞车事故。而采用模拟电压方式控制伺服电动机时，如果出现接线错误或使用中元件损坏等问题时，有可能使控制电压升至正的最大值，很容易损坏电气元件。如果用脉冲作为控制信号则不易出现此类问题。同时，数字电路的抗干扰性能是模拟电路难以比拟的。

1. HC–SFS 52 伺服电动机的铭牌和结构

以 HC-SFS 52 为例，伺服电动机铭牌主要包括如图 12-5 所示的参数。其中，型号 HC 表示中小功率系列电动机，SFS 表示中等容量、中等惯性时间常数、高转速，5 代表额定输出功率为 500W，2 表示输出转速 2 000r/min。

图 12-6 给出了三菱伺服电动机 HC-SFS 的基本结构示意图。该伺服电动机主要包括以下 4 部分。

图12-5　HC-SFS 52的铭牌参数

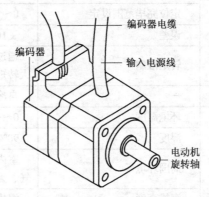

图12-6　三菱伺服电动机HC-SFS 52的基本结构示意图

① 编码器：位于伺服电动机背面，主要测量电动机的实际转速，并将转速信号转化为标准电信号。

② 编码器电缆：主要传输测得的实际转速信号值，并反馈给控制器进行比较。

③ 输入电源线：三根电源线（U、V、W），一根接地线及制动线。

④ 电动机旋转轴：它是连接电动机与被控机械装置的桥梁。

2. HC–SFS 52 伺服电动机的标准规格

表 12-2 给出了位置控制模式下的伺服电动机规格。控制伺服电动机要求从电源、环境、位置控制模式等不同方面考虑。电源主要包括电压/频率、容许电压/频率波动范围及电源设备容量，基本项主要包括控制方式、动态制动、保护功能及速度频率响应，位置控制模式主要包括最大输入脉冲频率、指令脉冲倍率、误差及转矩限制，环境主要包括环境温度、湿度、海拔及振动等。

表 12-2 位置控制模式下的伺服电动机规格

项目		MR-J2S-60A
电源	电压，频率	三相 AC 200～230V，50/60Hz
	容许电压波动范围	三相 AC 200～230V 的场合：AC 170～253V
	容许频率波动范围	−5%～+5%
基本项	控制方式	正弦波 PWM 控制，电流控制方式
	动态制动	内置
	保护功能	过电流、再生制动过电压、过载（电子热继电器）、伺服电动机过热、编码器异常、再生制动异常、欠电压、瞬时停电、超速、误差过大
	速度频率响应	550Hz 以上
位置控制模式	最大输入脉冲频率	500 000 脉冲/秒（差动输入的场合），200 000 脉冲/秒（集电极开路输入的场合）
	指令脉冲倍率（电子齿轮）	电子齿轮比（A/B）A：1～65 535 或 131 072，B：1～65 535，1/50<A/B<500
	定位完毕范围设定	0～±10 000 脉冲（指令脉冲单元）
	误差	±10 转
	转矩限制	通过参数设定或模拟量输入指令设定（DC 0～+10V/最大转矩）
冷却方式	—	自冷，开放（IP00）
环境	环境温度	0～+55℃（不冻结），保存：−20～+65℃（不冻结）
	湿度	90%RH 以下（不凝结），保存：90%RH（不凝结）
	周围环境	室内（无日晒）、无腐蚀性气体、无可燃性气体、无油气、无尘埃
	海拔高度	海拔 1 000m 以下
	振动	5.9m/s^2
质量	1.1kg	

12.2 三菱伺服系统各端子功能及内部电路

上一节已经介绍了三菱伺服系统的模块组成：MR-J2S-60A 伺服驱动器、定位模块、伺服电动机、旋转编码器及辅助设备。本节将主要讲述三菱伺服系统各个模块的端子功能、接线和内部电路组成。本节是进行三菱伺服系统控制的基础，请读者仔细领悟。

12.2.1 三菱伺服系统的外围接线

图 12-7 给出了三菱 MR-RS-A 伺服驱动器与周边设备的连接示意图。根据所连接的三菱伺服设备来选择各类接头、选件和必要设备，MR-RS-A 伺服驱动器外部接头包括

CN2、CN1A、CN1B 和 CN3 接头。CN1A 接头是控制信号接头，该接头可以与定位单元、脉冲输出单元和连接中继端子排选件连接；CN1B 接头为控制信号操作盘选件，用于连接 I/O 端口和机械操作盘；CN3 接头为 RS-232/RS-422 通信选件，为用户提供 PC 的连接、监视器、参数写入、保存、显示表格、试机等服务，也附加专用电缆和安装软件。在选用通信协议时，应注意 RS-232 和 RS-422 两种协议不能兼容，只有设定 RS-232 的切换参数后才可以用 RS-422 进行通信。RS-422 通信电缆由用户采用选配的 CN1 插头（MR-J2CN1）自行制作。电源可采用三相电压，也可采用单相电压，选用单相 AC 230V 时，电源端子 L1 和 L2 接线，L3 空接；无熔丝断路器（NFB）用于保护电源线；电磁接触器（MC）用于报警发生时关闭电源；电抗器用于改善功率，当需要三相连接电源时，电抗器输出端 X、Y、Z 则分别连接到 MR-RS-A 伺服驱动器主回路的进线端子 L1、L2、L3；输出端子通过圆形接头与伺服电动机连接；再生功率或负载运动惯性较大时选用再生制动选件，需要特别注意的是，连接再生制动单元时必须取掉它上面的跨接连线；伺服电动机与编码器同轴，用来测量电动机角位移，并通过专用接头将位置信号反馈回 MR-RS-A 伺服驱动器的 CN2 接口。

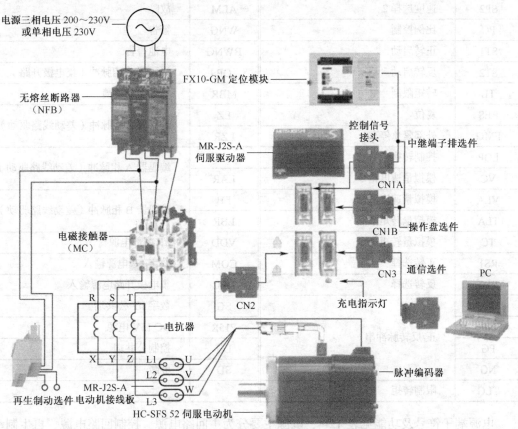

图12-7 三菱MR-J2S-A伺服驱动器与周边设备的连接示意图

12.2.2　三菱伺服系统的各端子及功能说明

　　CN1 端号符号及功能见表 12-3，CN1 的接线端子可分为 CN1A 和 CN1B 两部分。CN1A 主要与定位模块连接，可实现位置信号就绪、正/反转脉冲串的输出、数字 I/F 公共端通信、集电极开路电源输入、DC 15V 电源接入、编码器生成 Z 相脉冲（集电极开路）及清零等功能；CN1B 主要接收来自外部的控制信号，可实现设备紧急停止、伺服开启、复位、比例控制、模拟量转矩限制、限制转矩和选择、正/反转行程末端等功能。需要特别注意的是，CN1A 和 CN1B 接头形状相同，安装前应认真区分，避免接错而引起故障。

表 12-3　　　　　　　　　　　　　　　　CN1 端子符号及功能

符号	信号名称	符号	信号名称
SON	伺服开启	VLG	限制速度
LSP	正转行程末端	RD	就绪
LSN	反转行程末端	ZSP	零速
CR	清除	INP	到位
SP1	速度选择 1	SA	速度已达到
SP2	速度选择 2	ALM	故障
PC	比例控制	WNG	警告
ST1	正转启动	BWNG	电池警告
ST2	反转启动	OP	编码器 Z 相脉冲（集电极开路）
TL	转矩限制	MBR	电磁制动连锁
RES	复位	LZ	编码器 Z 相脉冲（差动线路驱动）
EMG	外部紧急停车	LZR	
LOP	控制转换	LA	编码器 A 相脉冲（差动线路驱动）
VC	模拟量速度指令	LAR	
VLA	模拟量速度限制	LB	编码器 B 相脉冲（差动线路驱动）
TLA	模拟量转矩限制	LBR	
TC	模拟量转矩指令	VDD	I/F 内部电源
RS1	正转选择	COM	数字 I/F 电源输入
RS2	反转选择	OPC	集电极开路电源输入
PP	正/反转脉冲串	SG	数字 I/F 公共端
NP		P15R	DC 15V 电源
PG		LG	控制公共端
NG		SD	屏蔽
TLG	限制转矩		

　　电源端子符号及功能见表 12-4，电源主要分为主回路电源、控制回路电源、再生制动选件电源等。电源接通有先后顺序，一般情况下控制回路电源应比主回路电源线投入使用

早或与其同时使用。伺服放大器在主回路电源接通约 1s 后便可接收伺服开启信号（SON）。如果在三相电源接通的同时将 SON 设定为 ON，那么约 1s 后主电路设为 ON，进而约 20ms 后准备完毕信号（RD）置位 ON，伺服放大器处于可运行状态。

表 12-4   电源端子符号及功能

符号	信号名称	内容
L1、L2、L3	主电路电源	L1、L2、L3 应接的电源如下所示。单相 230V 电源供电时，请使用 L1 和 L2，L3 空接。以 MR-J2S-60A 为例，三相供电时其三相电压为 AC 200～230V，50/60Hz，3 个端子全接；单相供电时电压为 AC 230V，50/60Hz，L3 空接
U、V、W	伺服电动机输出	与伺服电动机电源端子（U、V、W）连接
L1、L2	控制电路电源	以 MR-J2S-60A 为例，L11、L21 单相供电电压为 AC 200～230V
P、C、D	再生制动选件	出厂时 P-D 之间是短接的。使用再生制动选件时，必须去除 P-D 之间的接线。在 P-C 之间接再生制动选件
N	—	不接线
⏚	保护接地（PE）	接地端子与伺服电动机的接地端子和控制柜的保护接地端子（PE）连接

12.2.3 三菱伺服系统的接口说明

三菱伺服系统中，其接口主要分为数字量输入接口、数字量输出接口、脉冲串输入接口、模拟量 I/O 接口、编码器脉冲输出接口。

1. 数字量输入接口

图 12-8 所示为数字量输入接口示意图。图 12-8（a）中数字量信号由内部 24V 电源通过 VDD 端子给伺服开启端（SON）供电，开关信号由晶体管约 5mA 输入，晶体管 $V_{CES} \leqslant 1.0V$，$I_{CEO} \leqslant 100\mu A$，内部电阻 R 起限流作用，防止数字电路电流过大而损坏二极管；图 12-8（b）中数字量信号通过外部 24V 电源接入，内部直流电源端子 VDD 空接，外部电源为 DC 24V，电流大于 100mA，可以用继电器来输入数字量信号。

2. 数字量输出接口

数字量输出接口的运行电流在 40mA 以下，浪涌电流在 100mA 以下。数字量输出接口可驱动电灯类负载和电感类负载。

（1）电灯类负载

图 12-9 所示为电灯类负载数字量输出接口示意图。其中，图 12-9（a）所示为电源外置情形，VDD 与 COM 接口之间不接线，R 为浪涌电流吸收电阻；图 12-9（b）所示为内置 24V 电源给电灯类负载供电接口图，VDD 与 COM 需要连接。

（2）电感类负载

图 12-10 所示为电感类负载数字量输出接口示意图。其中，图 12-10（a）所示为电源内置情况，VDD 和 COM 接口需要连接，二极管极性应注意不能接反；图 12-10（b）所示

为电源外置情形，VDD 和 COM 接口需要空接，同样二极管极性不能接反，如果接错，伺服驱动器就会出现故障。

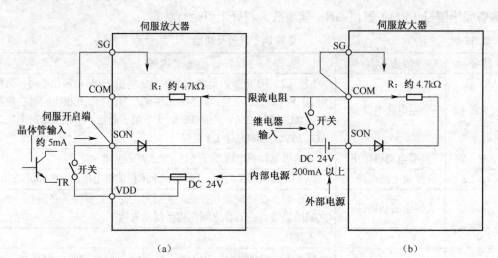

（a） （b）

图12-8 数字量输入接口示意图

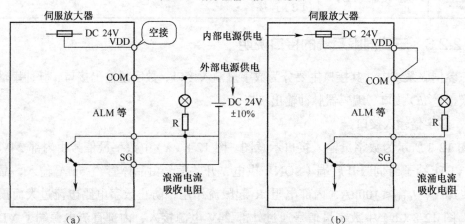

（a） （b）

图12-9 电灯类负载数字量输出接口示意图

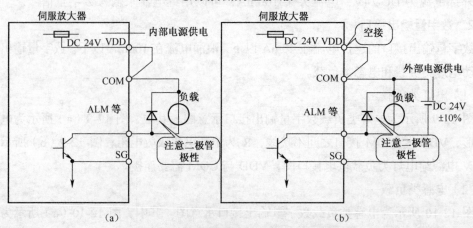

（a） （b）

图12-10 电感类负载数字量输出接口示意图

3. 脉冲串输入接口

在三菱伺服系统中，脉冲输入的方式一般有两种：一种为集电极脉冲输入方式，另一种为差动脉冲输入方式。

（1）集电极脉冲输入方式

如图 12-11 所示，脉冲信号产生是从晶体管间断的导通开始的，当第一个晶体管导通后，电流通过 VCC 端流入脉冲信号电源端（OPC），从而沿 PP 端流出伺服放大器，通过第一个晶体管从而流向电源负端 SQ 形成回路。在此过程中发光管发光，显示导通；相反当第一个晶体管截止，电流被截止，从而不能形成回路，使第一个晶体管处于关断状态，发光管停止发光。同样依次再导通、截止，外部晶体管便产生一连串的脉冲信号。由于脉冲信号是由外部晶体管的集电极导通/关断产生的，因此该输入方式又被称为集电极脉冲输入方式，其最高输入频率为 200Hz。

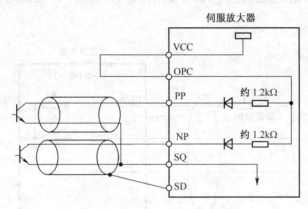

图12-11 集电极脉冲输入方式的原理图

（2）差动脉冲输入方式

如图 12-12 所示，差动脉冲输入也是一种常见的脉冲输入方式，其最高频率可达 500kHz。以第一个门电路为例，该门电路的功能是上下两个线路输出极性取反，当该门电路上端输出取正极、下端为负极时，电流流入 PP 端，但由于发光管反向截止，发光管关断，无法组成回路，放大器内部为低电平；相反门电路下端为正极性、上端为负极性时，电流通过 PG 端流入，发光管正向

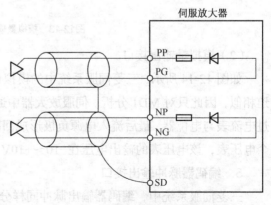

图12-12 差动脉冲输入方式的原理图

导通，电流从 PP 端流出，门电路上端为负极，组成回路，放大器内部处于高电平状态，这样门电路可不断转换导通方式，放大器内部产生一连串脉冲。同理 NP 与 NG 端也可组

成差动回路，脉冲产生方式与 PP、PG 端相同，因此称这类产生脉冲的方式为差动脉冲输入方式。

4. 模拟量 I/O 接口

三菱伺服系统中模拟量输入主要是完成速度调节、转矩调节、速度限制及转矩限制；三菱伺服系统中模拟量输出的主要功能是反映伺服驱动器的状态，如电动机旋转速度、输入脉冲频率、输出转矩等。

（1）模拟量输入接口

如图 12-13 所示，DC+15V 连接 P15R 端；电流信号从 P15R 流出经过电位器 R1，并分为两路：一路信号再经过 R2 直接回到电源负极 LG 端；另外一路从电位器 R2 另一段经过 VC 端，最后流入电源负极，所以 VC 端与 LG 端便形成一定的压降。在速度控制模式中，其两端的电压变化范围为 0～10V；在转矩控制模式中其电压变化范围为 0～8V，但直流电源为 15V，大于二者电压最高值，所以需要电位器 R1 分压，一般情况下 R1 及 R2 的电阻值为 2kΩ。

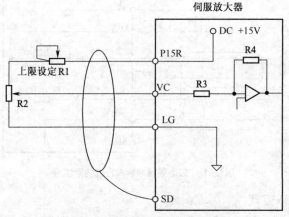

图12-13　模拟量输入接口的原理图

（2）模拟量输出接口

如图 12-14 所示，三菱伺服系统中的模拟量输出有两个通道：MD1 和 MD2，由于两通道相似，因此只对 MD1 分析。伺服放大器中通过 D/A 转换将模拟量从 MD1 端口送出，经过电流表与电位器，最后流入电源负极形成回路。将电流表与 10kΩ电位器串联后可看作一个电压表，该电压表的输出电压在-10～+10V 范围内变化，SD 端子接屏蔽线路。

5. 编码器脉冲输出接口

三菱伺服系统中，编码器输出脉冲同样分为集电极开路脉冲输出方式和差动脉冲输出方式两种。

（1）编码器集电极开路脉冲输出

如图 12-15 所示，OP 为集电极输出脉冲，由于外部电路接光耦合电路，所以需有 DC 5～

24V 的电源。同时，编码器集电极开路输出一个脉冲，即电动机旋转一周，其脉冲产生方式与图 12-12 所示的相似，SD 端接外部屏蔽线。

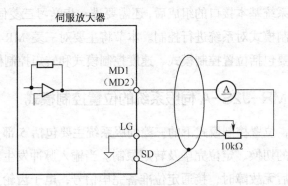

图12-14　模拟量输出接口的原理图

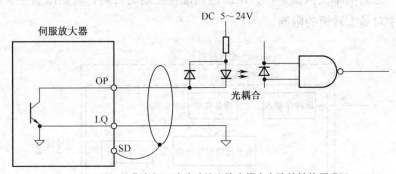

图12-15　编码器集电极开路脉冲输出接光耦合电路的结构原理图

（2）编码器差动脉冲输出

编码器差动脉冲输出方式的最大输出电流为 35mA。如图 12-16 所示，差动输出有 LA、LB、LZ 三相。其中，LA、LB 相输出的脉冲相位差为 90°，LZ 相是电动机旋转一周输出一个脉冲。伺服放大器内部运算电路是反相的，产生脉冲方法与图 12-11 所示的相似，所以称为差动脉冲输出，SD 端接外部屏蔽线。

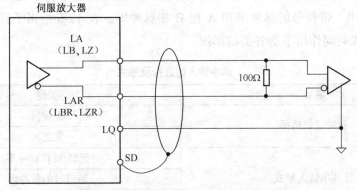

图12-16　编码器差动脉冲输出电路的结构原理图

12.3　三菱伺服系统的工作模式

掌握了三菱伺服系统基本接口的组成后，还需要进一步学习三菱伺服系统的工作模式，才能确定采用何种控制模式对系统进行控制。本节将主要对三菱 MR-J2S-A 伺服系统的控制模式进行介绍，主要包括位置控制模式、速度控制模式和转矩控制模式。

12.3.1　三菱 MR-J2S-A 伺服系统的位置控制模式

如图 12-17 所示，位置控制模式下的三菱伺服系统主要包括 5 部分：脉冲串输入、准备完毕、电子齿轮比的切换、定位完毕及转矩限制。当输入脉冲发生器产生不同类型的脉冲串，并在伺服启动后无故障时，接通定位准备完毕信号；电子齿轮主要是将输入的脉冲信号转换为一定的倍率使机械运行，从而达到位置控制的目的；转矩限制主要是在伺服装置运行过程中对最大转矩的限制。

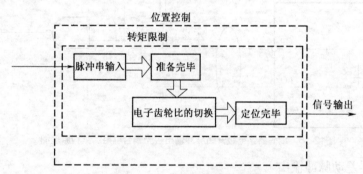

图12-17　位置控制模式结构框图

1. 脉冲串输入

（1）脉冲输入方式的选择

脉冲输入的选择及形式见表 12-5，脉冲逻辑选择是指脉冲选择上升沿或下降沿，即选择正脉冲还是选择负脉冲；脉冲串输入形式就是指连续脉冲输入。连续脉冲串可分为正转/反转脉冲串、带符号的脉冲串和 A 相 B 相脉冲串。表 12-6 给出了脉冲逻辑选择和脉冲串输入形式共同作用下的各类波形图。

表 12-5　　　　　　　　　　　　　　脉冲输入的选择及形式

名称	类型
脉冲逻辑选择	正逻辑
	负逻辑
脉冲串输入形式	正转/反转脉冲串
	带符号的脉冲串
	A 相 B 相脉冲串

表 12-6　　　　　脉冲逻辑选择和脉冲串输入形式共同作用下的各类波形图

脉冲串形式		正转指令	反转指令
正逻辑	正转脉冲串		
	反转脉冲串		
	脉冲串+符号		
	A 相脉冲串 B 相脉冲串		
负逻辑	正转脉冲串		
	反转脉冲串		
	脉冲串+符号		
	A 相脉冲串 B 相脉冲串		

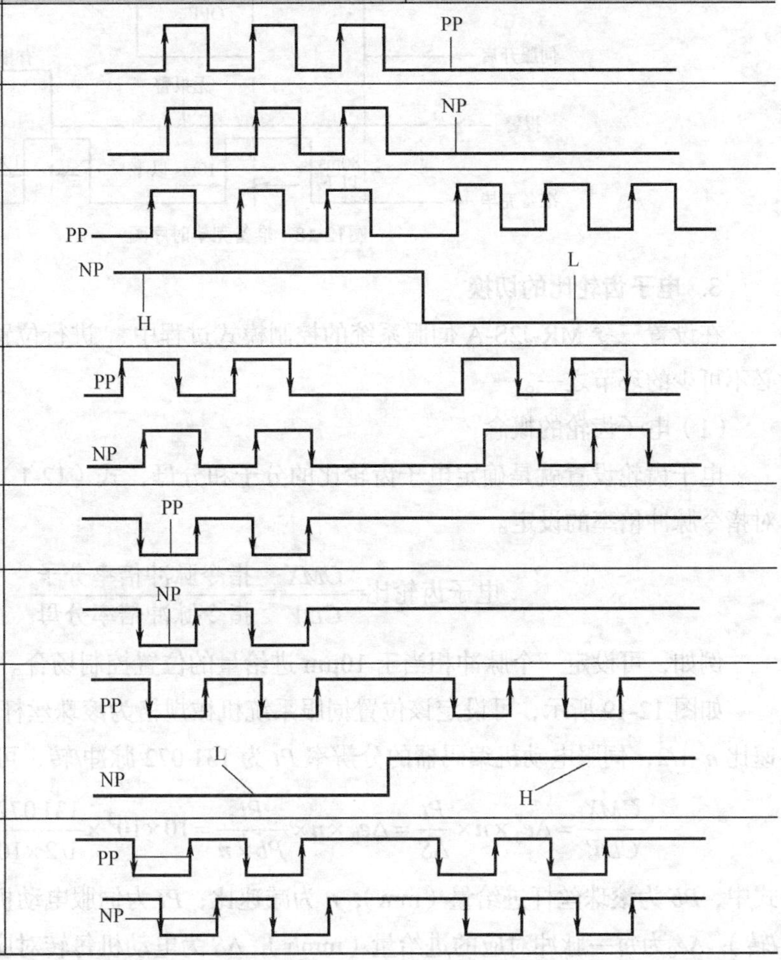

表中 ⌐ 和 ⌐ 箭头代表脉冲串输入的时间点，PP 代表一相脉冲，NP 代表反相脉冲，L 代表低电平，H 代表高电平。在使用 A 相 B 相脉冲串时，输入值将乘以 4 倍。

（2）脉冲输入方式的接线

图 12-11 给出了集电极脉冲输入的接线方式，图 12-12 给出了差动脉冲输入的接线方式，这里不再赘述。

2. 准备完毕

准备完毕（RD）是指在伺服开启信号（SON）处于高电平，并且在相应 80ms 以内伺服系统无故障输出，则接通准备完毕信号。在伺服开启信号变为低电平后，伺服系统在 10ms 以内将准备完毕信号置为低电平。

如图 12-18 所示，报警信号是指在伺服系统无报警时该信号为低电平，产生报警后信号变为高电平。如果此时准备信号处于高电平，则在 10ms 以内该准备完毕信号变为低电平。

如果报警信号一直处于接通状态，则准备完毕信号一直为低电平。

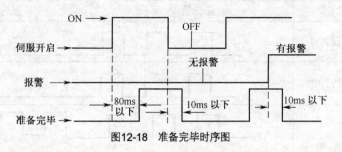

图12-18 准备完毕时序图

3. 电子齿轮比的切换

在设置三菱 MR-J2S-A 伺服系统的控制模式过程中，进行位置控制时电子齿轮设置是必不可少的环节之一。

（1）电子齿轮的概念

电子齿轮设置就是确定电子齿轮比的分子和分母，式（12-1）的分子、分母主要是指对指令脉冲倍率的设定。

$$电子齿轮比 = \frac{CMX}{CDV} = \frac{指令脉冲倍率分子}{指令脉冲倍率分母} \qquad (12\text{-}1)$$

例如，可设定一个脉冲相当于 10μm 进给量的位置控制场合。

如图 12-19 所示，可设定该位置伺服系统机械规格为滚珠丝杆进给量 Pb 为 10mm，减速比 $n=1/2$，伺服电动机编码器的分辨率 Pt 为 131 072 脉冲/转，可得式（12-2）。

$$\frac{CMX}{CDV} = \Delta e_0 \times n \times \frac{Pt}{\Delta S} = \Delta e_0 \times n \times \frac{Pt}{Pb \times n} = 10 \times 10^3 \times \frac{131\,072}{1/2 \times 10} = \frac{32\,768}{125} \qquad (12\text{-}2)$$

式中，Pb 为滚珠丝杆进给量（mm）；n 为减速比；Pt 为伺服电动机编码器的分辨率（脉冲/转）；Δe_0 为每一脉冲对应的进给量（mm/r）；ΔS 为电动机每转对应的进给量（mm/r）。

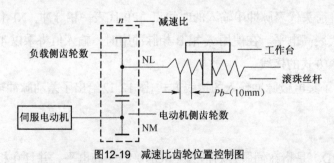

图12-19 减速比齿轮位置控制图

由式（12-2）可得到 CMX 为 32 768，CDV 为 125。

如图 12-20 所示，脉冲串输入电子齿轮后，电子齿轮将输入脉冲串转化为比值信号；比较器将比值信号和编码器反馈回的脉冲信号进行比较，并作为偏差计数器的输入；偏差计数器对输入偏差脉冲进行计数；伺服放大器将偏差计数器的输出信号放大，用放大后的脉冲信号对伺服电动机进行位置控制。

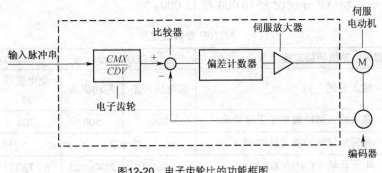

图12-20 电子齿轮比的功能框图

通常，电子齿轮设定范围为 $1/50 < \dfrac{CMX}{CDV} < 500$。如果设定值在这个范围之外，将可能导致加减速时发出噪声，也可能不按照设定的速度和加速度时间常数运行伺服电动机。电子齿轮设定错误将会直接导致定位错误，设定电子齿轮比时必须是伺服放大器停止输出。需要特别注意的是，旋转工作台系统中的伺服电动机将无限地朝一个方向旋转，由四舍五入计算而累计的误差，会导致负载位置出现偏离。

（2）AD75P 的设定

如图 12-21 所示，AD75P 模块的工作方式为指令值通过控制单元对 AD75P 的电子齿轮进行控制，同时该齿轮输出端通过指令脉冲将信号传至伺服放大器测得的电子齿轮。电子齿轮参数设置由两部分组成：第一部分为 AD75P 模块的电子齿轮参数：AP、AL 和 AM 设置；另外一部分就是对伺服放大器侧的电子齿轮比的设置。这是因为 AD75P 受到最大输入脉冲频率的限制（差动驱动时为 500 千脉冲/秒，集电极开路时为 200 千脉冲/秒）。

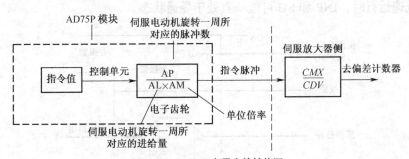

图12-21 AD75P电子齿轮结构图

以使用 AD75P 电子齿轮设定为例，其参数设定见表 12-7，伺服电动机的额定速度分为 2 000r/min 和 3 000r/min 两种情况。需要对 AP75P 电子齿轮指令最小单位进行设定：在对应 1 脉冲时，伺服电动机每转一周所需的脉冲数（AP）、伺服电动机每转一周对应的进给量（AL）和单位倍率（AM）都对应设为 1；在指令最小单位为 0.1μm 时，AL 和 AM 分别设为 1 000 和 10。在集电极开路输入且伺服电动机的额定速度为 2 000r/min 和 3 000r/min

时，将 AP 分别设为 4 000 和 6 000；在差动驱动输入且伺服电动机的额定速度为 2 000r/min 和 3 000r/min 时，将 AP 分别设为 10 000 和 15 000。

表 12-7 AD75P 参数设定表

伺服电动机的额定速度			3 000r/min		2 000r/min	
伺服放大器	输入方式		集电极开路	差动驱动	集电极开路	差动驱动
	最大输入脉冲频率（千脉冲/秒）		200	500	200	500
	每转反馈脉冲数（脉冲/转）		131 072		131 072	
	电子齿轮（CMX/CDV）		4 096/125	2 048/125	8 192/375	4 096/375
AP75P	指令脉冲频率（千脉冲/秒）		200	400	200	400
	对应于 AD75P 的伺服电动机每转一周所需的脉冲数（脉冲/转）		4 000	10 000	6 000	15 000
	电子齿轮	指令最小单位，1 脉冲	AP	1	1	1	1
			AL	1	1	1	1
			AM	1	1	1	1
		指令最小单位，0.1μm	AP	4 000	10 000	6 000	15 000
			AL	1 000	1 000	1 000	1 000
			AM	10	10	10	10

4. 定位完毕

如图 12-22 所示，定位完毕信号为高电平的条件为伺服开启信号（SON）为高电平、没有产生报警信号、无滞留脉冲或该脉冲小于一定的范围。如果偏差计数器中的脉冲处于设定的定位范围内，则定位完毕信号端（INP）和公共端（SG）接通。如果定位范围设定较大，在低速运行时，INP 和 SG 可能一直处于导通状态。

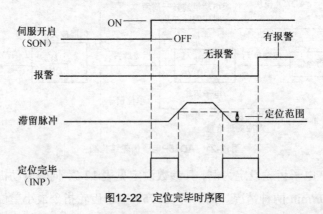

图12-22 定位完毕时序图

5. 转矩限制

（1）转矩限制和输出转矩

如果设定了伺服系统内部的转矩限制参数，如将转矩限制值设定为 100%，转矩限制值和最大输出转矩按照 1 : 1 近似线性变化，如图 12-23（a）所示，在转矩限制值达到 100%时，对应最大输出转矩。

图 12-23（b）所示为模拟量转矩限制（TLA）的输入电压值与输出转矩的关系图。相对一定电压所产生的输出转矩限制值，输出转矩的波动范围为 ± 5%。另外，输入电压在 0.05V 以下时，无法准确地限制输出转矩，为了保证输出转矩的准确性，输入电压应在 0.05V 以上。

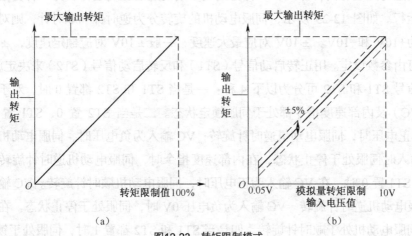

图12-23　转矩限制模式

（2）转矩限制值的选择

转矩限制值通过两种方式来选择：内部转矩限制值或模拟量转矩限制值（TLA）。内部转矩限制值通过参数设定来对其定义。

（3）位置伺服运行

如图 12-24 所示，位置伺服系统的运行流程为第 1 步的电源的投入和使用是指将伺服开启置为 OFF，在主电路电源和控制电路电源接通 2s 后，显示器就会将数据显示出来；第 2 步是选择试运行模式，目的是在该模式中点动运行以确认伺服电动机是否正常运行；第 3 步是对参数进行设定，如设定控制模式、再生制动选件选择、功能选择、自动调节、电子齿轮分子和电子齿轮分母的值（特别注意的是，只有断开并重新接通电源，新设置的参数才会生效）；第 4 步的伺服开启就是先接通主回路和控制回路电源，再将伺服开启信号（SON）设置为 ON；第 5 步是控制装置输入指令脉冲串驱动伺服电动机旋转，注意确认旋转方向是否正确；第 6 步是原点复归，即对位置伺服系统初始位置的返回，该功能根据需要来进行选择；第 7 步是停止，伺服放大器停止工作的条件为伺服开启信号（SON）为断开、报警发生、紧急停止动作及行程末端断开。

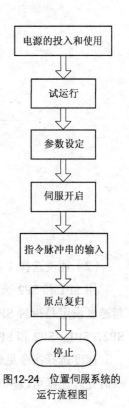

图12-24　位置伺服系统的
运行流程图

12.3.2 三菱 MR-J2S-A 伺服系统的速度控制模式

三菱 MR-J2S-A 伺服系统的速度控制模式是最常用的电动机控制模式之一。接下来，分别讲解如何进行速度设定、速度到达（SA）、转矩限制及速度模式下伺服电动机的运行。

1. 速度设定

（1）速度指令和速度

电动机运行速度有两种方式：一种为按照参数设定的速度运行，另一种为按模拟量设定的速度运行。如图 12-25 所示，伺服电动机的旋转分为逆时针和顺时针，则对应的输入电压应分为+10V 和−10V。±10V 对应最大速度，一般 ±10V 对应额定速度，±10V 对应的速度值可由参数设定。用正转启动信号（ST1）和反转启动信号（ST2）来决定旋转方向。外部输入信号 ST1 和 ST2 可分为以下 4 种：一是当 ST1 和 ST2 都置 0 时，对于模拟量速度指令（VC）及内部速度指令都处于伺服锁定状态。二是当 ST2 置 0、ST1 置 1 时，在 VC 输入为正电压时，伺服电动机逆时针旋转；VC 输入为负电压时，伺服电动机顺时针旋转；0V 输入时伺服处于停止状态，在内部速度指令时，伺服电动机逆时针旋转。三是当 ST2 置 1、ST1 置 0 时，在 VC 输入为正电压时，伺服电动机顺时针旋转。VC 输入为负电压时，伺服电动机逆时针旋转。VC 输入为负电压 0V 时，伺服处于停止状态。在内部速度指令时，伺服电动机处于顺时针旋转。四是当 ST1 和 ST2 都置 1 时，伺服处于锁定状态。

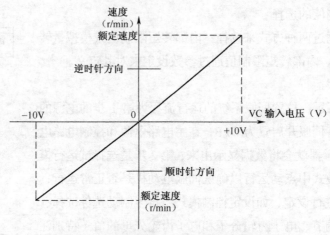

图12-25　模拟量输入电压和伺服电动机速度关系图

（2）速度选择 1（SP1）、速度选择 2（SP2）和速度指令值

用 SP1 和 SP2 选择内部速度指令 1～3 或模拟量速度指令（VC）作为设定速度。模拟量速度设定是指对 SP1、SP2 和 SP3 电平信号状态的设置，设置方法有两类：设置 SP1 和 SP2，SP1、SP2 和 SP3 都设置。

速度选择指令见表12-8，当SP2置0、SP1置1时，初始值为100r/min，最大值为499r/min，瞬时允许速度可以从 0 变化到设定值 1；当 SP2 置 1、SP1 置 0 时，初始值为 500r/min，最大值为 999r/min，瞬时允许速度可以从 0 变化到设定值 2；当 SP2 和 SP1 都置 1 时，初始值为 1 000r/min，无最大值设置，瞬时允许速度可以从 0 变化到设定值 3。

表 12-8　　　　　　　　　　　　　速度选择指令

SP2	SP1	速度指令值
0	0	模拟量速度指令（VC）
0	1	内部速度指令 1，设定 100～499r/min 速度
1	0	内部速度指令 2，设定 500～999r/min 速度
1	1	内部速度指令 3，设定 1 000r/min 以上的速度

如果将 CN1B-5、CN1B-14、CN1B-8、CN1B-7、CN1B-9 针脚设为速度控制模式，速度选择 SP3 有效。

SP3 有效时速度选择指令见表 12-9，将 SP3 置 1 后，SP2 和 SP1 速度的指令值分为以下 4 类情况：一是 SP2 置 0、SP1 置 0 时，初始值为 200r/min，最大值为 299r/min，瞬时允许速度可以从 0 变化到设定值 4；二是 SP2 置 0、SP1 置 1 时，初始值为 300r/min，最大值为 499r/min，瞬时允许速度可以从 0 变化到设定值 5；三是 SP2 置 1、SP1 置 0 时，初始值为 500r/min，最大值为 799r/min，瞬时允许速度可以从 0 变化到设定值 6；四是 SP2 置 1、SP1 置 1 时，初始值为 800r/min，瞬时允许速度可以从 0 变化到设定值 7。

表 12-9　　　　　　　　　　　　SP3 有效时速度选择指令

SP3	SP2	SP1	速度的指令值
1	0	0	内部速度指令 4，设定 200～299r/min 速度
1	0	1	内部速度指令 5，设定 300～499r/min 速度
1	1	0	内部速度指令 6，设定 500～799r/min 速度
1	1	1	内部速度指令 7，设定 800r/min 以上的速度

2. 速度到达

如图 12-26 所示，在伺服电动机的速度达到所设定的速度附近时，SA-SG 之间导通。设定速度选择通过内部速度指令 1 和 2 来实现，速度到达（SA）为高电平的条件如下。

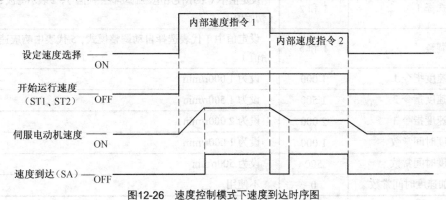

图12-26　速度控制模式下速度到达时序图

① 内部速度指令 1 或 2 接通。

② 开始运行（ST1、ST2）为高电平。

③ 伺服电动机速度达到一个恒定不变值。

3. 转矩限制

与 12.3.1 节中的描述相同，这里不再赘述。

4. 速度模式下伺服电动机的运行

图 12-27 所示为速度模式下伺服系统运行的流程。其中，电源的使用、试运行和伺服开启这些步骤与位置模式下伺服系统完成的功能相同。对于参数设定步骤，应按照机械结构和指标设定参数。开始运行表示可通过速度选择 1（SP1）/速度选择 2（SP2）设置伺服电动机的速度。如果正转开始（ST1）设为 ON，则伺服电动机正转；如果反转开始（ST2）设为 ON，则伺服电动机反转。停止条件包括位置控制模式下几个基本项外，还有正转开始信号（ST1）/反转开始信号（ST2）同时设为 ON 或 OFF。紧急停止时，将不按照设定的减速时间减速，而是立即停止。

图12-27 速度模式下伺服系统运行的流程

速度控制模式下基本参数的设置表 12-10，速度模式下需要按照以下步骤分别设定参数：再生制动选件选择、输入滤波为 3.555ms、使用电磁制动器互锁信号、选择中响应速度、选择自动调整模式、内部速度指令 1 为 1 000r/min、内部速度指令 2 为 1 500r/min、内部速度指令 3 为 2 000r/min、加速度时间常数为 1 000ms、减速度时间常数为 500ms 及 S 字加减速时间常数不使用。需要特别注意的是，只有设备进行保存、重启操作后，设定的参数才会生效。

表 12-10 速度控制模式下基本参数的设置

名称	设定值	内容
控制模式选择，再生制动选择	0 和 2	设定值中 0 表示不使用再生制动选件，2 表示选择速度模式
功能选择 1	1 和 2	设定值中 1 表示使用电磁制动器互锁信号，2 表示滤波 3.555ms（初始值）
自动调整	1 和 5	设定值中 1 代表选择自动调整模式，5 代表中响应速度（初始值）
内部速度指令 1	1 000	设为 1 000r/min
内部速度指令 2	1 500	设为 1 500r/min
内部速度指令 3	2 000	设为 2 000r/min
加速度时间常数	1 000	设为 1 000r/min
减速度时间常数	500	设为 500r/min
S 字加速度时间常数	0	不使用

12.3.3 三菱 MR-J2S-A 伺服系统的转矩控制模式

三菱 MR-J2S-A 伺服系统转矩控制模式在工业生产中的应用非常广泛。本小节将重点讲述如何使用三菱 MR-J2S-A 伺服系统进行转矩控制、转矩限制、速度限制和转矩模式运行。

1. 转矩控制

（1）转矩指令和输出转矩

图 12-28 所示为模拟量转矩指令（TC）的输入电压随伺服电动机的输出转矩变化的关系图。在−0.05～+0.05V 范围内无法准确地设定输出转矩，所以用虚线表示。由于产品不同，从而输入电压波动的范围规定为 ±0.05V，TC 输入电压为正时，输出转矩也为正，驱动电动机按照逆时针旋转；TC 输入电压为负时，输出转矩也为负，驱动电动机按照顺时针旋转。使用转矩指令（TC）时，正转选择（RS1）/反转选择（RS2）所对应的输出转矩方向请参见表 12-11。

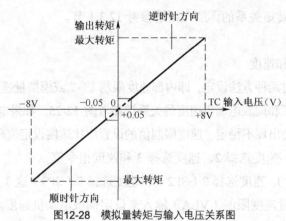

图12-28 模拟量转矩与输入电压关系图

表 12-11　　　　　　　　　　　　　　　正/反转参数的设置

RS2	RS1	转矩方向		
		模拟量速度指令		
		正（＋）	0V	负（−）
0	0	无转矩		无转矩
0	1	逆时针（正转电动机，反转再生制动）	无转矩输出	顺时针（正转电动机，反转再生制动）
1	0	顺时针（正转电动机，反转再生制动）		逆时针（正转电动机，反转再生制动）
1	1	无转矩		无转矩

在正转选择（RS1）和反转选择（RS2）外部输入信号下，可分为 4 种情况。当 RS2 和 RS1 都置 1 或 0 时，则伺服电动机无转矩。当 RS2 置 0、RS1 置 1 时，如果模拟量转矩

指令为正，则伺服电动机逆时针旋转（正转电动机，反转再生制动）；如果模拟量转矩指令为负，则伺服电动机顺时针旋转（正转电动机，反转再生制动）。当 RS2 置 1、RS1 置 0 时，如果模拟量转矩指令为正，伺服电动机顺时针旋转（正转电动机，反转再生制动）；如果模拟量转矩指令为负，伺服电动机逆时针旋转（正转电动机，反转再生制动）。模拟量转矩指令为 0 时，无转矩输出。

（2）模拟量指令偏置电压

输入电压偏置设置包括模拟量转矩指令的偏置电压设定，以及模拟量转矩限制的偏置电压设定。如图 12-29 所示，模拟量转矩有正负偏置：负偏置最小为 −999mV，正偏置最大为+999mV。

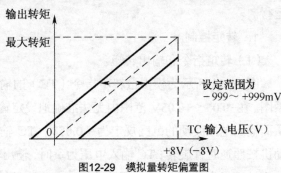

图12-29　模拟量转矩偏置图

2. 转矩限制

如果设置了内部转矩限制，模拟量转矩限制则不再生效，运行中会一直限制最大输出转矩。限制值和输出转矩关系的详细介绍请参考 12.3.1 节。

3. 速度限制

（1）速度限制值和速度

速度限制可以通过两种方法设定，即内部速度限制 1～7 或模拟量速度限制（VLA）。模拟量速度限制的输入电压和伺服电动机速度的关系请参考图 12-25。如果电动机的速度到达速度限制值，转矩限制将会出现不稳定。速度限制值的设置应比速度设定值高约 100r/min。

（2）速度选择 1、速度选择 2、速度选择 3 和速度指令值

速度选择 1（SP1）、速度选择 2（SP2）和速度选择 3（SP3）这 3 个参数可通过内部速度限制 1～7 或模拟量速度限制（VLA）输入来设定伺服电动机速度。其中，SP1、SP2、SP3 的设定方法与速度模式下的设定相同。

（3）速度限制中

伺服电动机的速度达到内部速度限制 1～3 或模拟量速度限制设定值时，速度限制中（VLC）这项参数接通，表明当前正在限制伺服电动机的转速。

4. 转矩模式运行

转矩模式下的运行一般步骤与速度模式的运行步骤类似。但在参数设定这一步中，需设定转矩控制模式；在功能选择 1 中，不使用电磁制动器互锁信号；转矩指令时间常数设定为 2 000ms；以及内部转矩限制为最大输出转矩的 50%。

12.4　三菱伺服系统的设计

掌握了三菱伺服系统 MR-J2S-A 的 3 种工作模式后，下一步就可以开展三菱伺服系统

的设计了。本节将主要讲述三菱伺服系统工作模式的选择、伺服电动机的选型、选用配件、电气控制接线图、基本参数设置及注意事项。

如图 12-30 所示，三菱伺服系统设计是从选择伺服放大器及伺服电动机型号开始的。选型结束后，再根据控制模式进行电气元件的接线；随后就要设置系统的各项参数，并进行软件调试。而软件调试过程中将对参数不断调整、优化，直到最终达到预想的设计目标，从而完成设计。

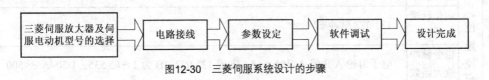

图12-30　三菱伺服系统设计的步骤

12.4.1　三菱 MR-J2S-A 伺服系统的控制模式选择

三菱 MR-J2S-A 伺服系统的控制模式选择的基本原则为根据伺服电动机所要完成的功能来选择三菱 MR-J2S-A 的工作模式。如果伺服电动机是完成对被控对象进行位置控制，则 MR-J2S-A 选用位置控制模式，位置模式下需要定位模块 FX-100GM 或 AD75P，该模块通过电缆与伺服放大器 CN1A 端相连；如果伺服电动机是完成对被控对象进行速度控制，则 MR-J2S-A 选用速度控制模式；如果伺服电动机是完成对被控对象进行转矩控制，则 MR-J2S-A 选用转矩控制模式。

MR-J2S-A 的规格见表 12-12，MR-J2S-A 伺服放大器的型号有 10A 到 700A 不同的规格型号；电源分为单相和三相，单相电压为 85~253V 不等，三相电压为 100~253V 不等；频率为 50/60Hz；位置控制规格中注意差动接收或集电极开路下的最大输入脉冲频率的区别。连接的伺服电动机仅在规定电源电压和频率时能够达到额定输出容量和额定旋转速度。当电源电压过低时，输出将无法保证。与伺服电动机组合时的力矩特性仅在三相 AC 200~230V 条件下能够保证。

表 12-12　　　　　　　　　　　　　MR-J2S-A 的规格

MR-J2S-A			10A	20A	40A	60A	70A	100A	200A	350A	500A	700A	10A1	20A1	40A1
伺服放大器	电源	电压，频率	三相 AC 200~30V，50/60Hz　　单相 AC 230V，50/60Hz					三相 AC 200~230V，50/60Hz					单相 AC 100~120V，50/60Hz		
		容许电压波动	三相 170~253V AC，50/60Hz　　单相 207~253V AC，50/60Hz					三相 AC 170~253V，50/60Hz					单相AC 85~127V，50/60Hz		
		容许频率波动	±5%以内												
		控制方式	正弦波 PWM 控制，电流控制方式												

续表

MR-J2S-A	10A	20A	40A	60A	70A	100A	200A	350A	500A	700A	10A1	20A1	40A1
动态制动	内置												
速度频率响应	550Hz 或以上												
保护功能	过电流跳闸，再生过电流跳闸，过载跳闸，伺服电动机过热保护，编码器故障保护，再生故障保护，欠电压或瞬间电源故障保护，超速保护，误差过大保护												

伺服放大器	位置控制规格	最大输入脉冲频率	500 千脉冲/秒（对于差动接收），200 千脉冲/秒（对于集电极开路）
		定位反馈脉冲	131 072 脉冲/转
		指令脉冲放大函数	电子齿轮 A/B 倍 A 为 1～65 535 或 131 072，B 为 1～65 535，1/50<A/B<500
		到位范围设定	0～±10 000 脉冲（指令脉冲单元）
		误差过大	±10 转
		力矩控制范围	通过参数设定或外部模拟输入进行设定（DC 0～+10V/最大力矩）
	速度控制规格	速度控制范围	模拟量速度指令 1 为 2 000，内部速度指令 1 为 5 000
		模拟量速度指令输入	DC 0～±10V/额定转速
		速度波动率	±0.01%以下（负载波动 0～100%），0%以下（电源波动±10%），±0.2%以下（周围温度 25℃±10℃）单指模拟量速度指令输入
		力矩控制范围	通过参数设定或外部模拟量输入进行设定（DC 0～+10V/最大力矩）
	转矩控制规格	模拟量转矩指令输入	DC 0～±8V/最大力矩（输入阻抗 10～12kΩ）
		力矩线性	±10%以下
		速度控制范围	通过参数设定或外部模拟输入进行设定（DC 0～±10V/额定转速）
	环境	结构	自冷，开放（IP00）／强冷，开放（IP00）／自冷，开放（IP00）
		周围温度	0～55℃（不结冰），保存：-20～65℃（不结冰）
		周围湿度	90%RH 以下（不结露），保存：90%RH 以下（不结露）
		其他环境条件	室内（不受阳光直射），没有腐蚀性气体、可燃性气体、油雾及灰尘
		允许使用高度	海拔 1 000m 以下
		振动	5.9m/s² 以下

质量（kg）	0.7	0.7	1.1	1.1	1.7	1.7	2.0	2.0	计划		0.7	0.7	1.1

12.4.2 三菱伺服电动机的型号选择

三菱电动机的型号主要分为 5 类，分别为低惯量小容量电动机、超低惯量小容量电动机、中惯量中容量电动机、低惯量中容量电动机以及扁平型小/中容量电动机。在选型过程中，主要还是需要根据负载的特点和系统性能要求来确定。下面介绍几款常用的电动机型号及其规格参数。

1. HC-MFS 系列超低惯量小容量电动机

HC-MFS 系列超低惯量小容量电动机的技术规格详细说明请参见表 12-13。HC-MFS 系列超低惯量小容量电动机都带有电磁制动，额定输出范围为 0.05～0.7kW，伺服放大器的额定电流最高为 70A，额定转速都为 3 000r/min，最大转速都为 4 500r/min，允许瞬时转速为 5 175r/min。电源设备容量根据电源阻抗的不同而有区别。再生制动的使用频度是指电动机单体由额定速度到停止允许次数，但在施加负载的情况下，其值为表中数值（即为 400～3 000）的 1/(m+1) 倍；超过额定速度的情况下，再生制动的频度是（运转速度/额定速度）平方的反比；运动转速频繁变动的情况下，如长时间处于再生制动状态下，求出的再生发热量不允许超过允许值；如果实际转矩在额定转矩的范围内，则对再生制动的频度没有限制。

表 12-13　　　　　　　　　　　　　　HC-MFS 系列伺服电动机的规格

伺服电动机系列		HC-MFS 系列（超低惯量小容量）				
型号规格	伺服电动机型号	053（BG）	13（BG）	23（BG）	43（BG）	73（BG）
	伺服放大器型号 MR-J2S	10A/B		20A/B	40A/B	70A/B
伺服电动机	电源设备容量（kVA）	0.3	0.3	0.5	0.9	1.3
	连续特性　额定输出容量（W）	50	100	200	400	750
	额定转矩（N·m）	0.16	0.32	0.64	1.3	2.4
	最大转矩（N·m）	0.48	0.95	1.9	3.8	7.2
	额定转速（r/min）	3 000				
	最大转速（r/min）	4 500				
	允许瞬间速度（r/min）	5 175				
	连续定额转矩时的功率变化率（kW/s）	13.47	34.13	46.02	116.55	94.43
	额定电流（A）	0.85		1.5	2.8	5.1
	最大电流（A）	2.6		5.0	9.0	18
	再生制动频度　无选件	无限制			1 010	400
	MR-RB032（30W）				3 000	600
	MR-RB12（100W）	—	—	无限制		2 400
	惯性矩（带电磁制动器）J（10^{-4}kg·m²）	0.019（0.022）	0.03（0.032）	0.088（0.136）	0.143（0.191）	0.6（0.725）

伺服电动机系列		HC-MFS 系列（超低惯量小容量）				
型号 规格	伺服电动机型号	053(BG)	13（BG）	23（BG）	43（BG）	73（BG）
	伺服放大器型号 MR-J2S	10A/B	20A/B	40A/B	70A/B	
伺服电动机	伺服电动机轴惯性矩的推荐比例	伺服电动机惯性矩的 30 倍以下				
	速度、位置检测器	131 072 脉冲/转				
	附件	绝对、增量方式共用 17 位解码器				
	结构	全封闭、自冷却				
	环境 周围温度	0℃～40℃（不结冰），保存：15℃～70℃（不结冰）				
	周围湿度	80%RH 以下（不凝水），保存：90%RH 以下（不凝水）				
	环境条件	室内（不直接受阳光照晒），远离腐蚀性气体、可燃物、油滴、灰尘等				
	允许使用高度/振动	海拔 1 000m 下/x, y: 49m/s^2				
	质量（带电磁制动器）（kg）	0.4（0.75）	0.53（0.89）	0.99（1.6）	1.45（2.1）	3.0（4.0）

2. HC–UFS 系列扁平型中小容量电动机

（1）HC-UFS 2 000r/min 系列伺服电动机

HC-UFS 系列伺服电动机的规格见表 12-14，HC-UFS 系列扁平型中容量电动机都有电磁制动，额定输出范围为 0.7～5.0kW；伺服放大器额定电流最高为 500A；额定转速为 2 000r/min；电源设备容量根据电源阻抗的不同而发生变化。再生制动的使用频度与表 12-14 类似，对于伺服电动机 HC-UFS352G/ 502G，其再生制动使用频度未设定；在惯性矩及质量指标中括号内的参数表示带电磁制动器时的设定。

表 12-14　　　　　　　　　　HC-UFS 系列伺服电动机的规格 1

伺服电动机系列		HC-UFS 系列（扁平型中容量）				
型号 规格	伺服电动机型号 HC-UFS	72（B）	152（B）	202（B）	352（B）	502（B）
	伺服放大器型号 MR-J2S	70A/B	200A/B	350A/B	500A/B	500A/B
伺服电动机	电源设备容量（kVA）	1.3	2.5	35	5.5	7.5
	连续特性 额定输出容量（W）	0.75	1.5	2.0	3.5	5.0
	额定转矩（N·m）	3.58	7.16	9.55	16.7	23.9
	最大转矩（N·m）	10.7	21.6	28.5	50.1	71.6
	额定转速（r/min）	2 000				
	最大转速（r/min）	300			2 500	
	允许瞬间速度（r/min）	3 450			2 875	
	连续定额转矩时的功率变化率（kW/s）	12.3	23.2	23.9	36.5	49.6
	额定电流（A）	5.4	9.7	14	23	28
	最大电流（A）	16.2	29.1	42	69	84

续表

伺服电动机系列		HC-UFS 系列（扁平型中容量）				
型号 规格	伺服电动机型号 HC-UFS	72（B）	152（B）	202（B）	352（B）	502（B）
	伺服放大器型号 MR-J2S	70A/B	200A/B	350A/B	500A/B	500A/B
伺服电动机	无选件	73	130	89	计划中	
	MR-RB032（30W）	109	—	—		
	MR-RB12（100W）	365	—	—		
	MR-RB32（300W）	1 090	—	—		
	MR-RB30（300W）	—	390	260		
	MR-RB50（500W）	—	650	440		
	惯性矩（带电磁制动器）J（10^{-4}kg·m^2）	10.4（12.4）	22.1（24.1）	38.2（46.8）	76.5（85.1）	115（123.6）
	伺服电动机轴惯性矩的推荐比例	伺服电动机惯性矩的 15 倍以下				
	速度、位置检测器	131 072 脉冲/转				
	附件	绝对、增量方式共用 17 位解码器				
	结构	全封闭、自冷却				
	周围温度	0～40℃（不结冰），保存：15～70℃（不结冰）				
	周围湿度	80%RH 以下（不凝水），保存：90%RH 以下（不凝水）				
	环境条件	室内（不直接受阳光照晒），远离腐蚀性气体、可燃物、油滴、灰尘等				
	允许使用高度	海拔 1 000m 以下				
	质量（kg）（带电磁制动器）	8（10）	11（13）	16（22）	20（26）	24（30）

（2）HC-UFS 3 000r/min 系列（扁平型、小容量）电动机

HC-UFS 3 000r/min 系列电动机有 4 种型号，并且它们都带有电磁制动，分别对应伺服放大器 MR-2JS-10A/B、MR-2JS-20A/B、MR-2JS-40A/B 和 MR-2JS-70A/B（表 12-15）。HC-UFS-73B 对应容量、额定电流、最大电流都是 4 种型号中最大的。HC-UFS 系列（扁平型小容量）电动机最大转速和允许瞬间速度分别为 4 500r/min 和 5 175r/min，而 HC-UFS-43B 型伺服电动机的连续定额转矩功率变化率最大。

表 12-15　　　　　　　HC-UFS 系列伺服电动机的规格 2

伺服电动机系列			HC-UFS 系列（扁平型小容量）			
型号 规格	伺服电动机型号 HC-UFS		13（B）	23（B）	43（B）	73（B）
	伺服放大器型号 MR-J2S		10A/B	20A/B	40A/B	70A/B
伺服电动机	电源设备容量（kVA）		0.3	0.5	0.9	1.3
	连续特性	额定输出容量（W）	0.1	0.2	0.4	0.75
		额定转矩（N·m）	0.32	0.64	1.3	2.4

续表

伺服电动机系列		HC-UFS 系列（扁平型小容量）			
型号 规格	伺服电动机型号 HC-UFS	13（B）	23（B）	43（B）	73（B）
	伺服放大器型号 MR-J2S	10A/B	20A/B	40A/B	70A/B
伺服 电动机	最大转矩（N·m）	0.95	1.9	3.8	7.2
	额定转速（r/min）	3 000			
	最大转速（r/min）	4 500			
	允许瞬间速度（r/min）	5 175			
	连续定额转矩时的功率变化率（kW/s）	15.5	19.2	47.7	9.66
	额定电流（A）	0.76	1.5	2.8	4.3
	最大电流（A）	2.5	4.95	9.24	12.9
	再生制动 频度 — 无选件	无限制		410	41
	MR-RB032（30W）	—	—	1 230	62
	MR-RB12（100W）	—	—	4 100	206
	MR-RB32（300W）	—	—	—	—
	MR-RB30（300W）	—	—	—	—
	MR-RB50（500W）	—	—	—	—
	惯性矩（带电磁制动器） J（10^{-4}kg·m^2）	0.066 （0.074）	0.241 （0.323）	0.365 （0.447）	5.90（6.10）

3. HC–SFS 系列中惯量、中容量电动机

（1）HC-SFS 1 000 r/min 系列（中惯量、中容量）

HC-SFS 1 000r/min 系列伺服电动机对应 4 种类型：HC-SFS-81B、HC-SFS-121B、HC-SFS-201B 和 HC-SFS-301B（表 12-16）。HC-SFS 1 000r/min 系列伺服电动机是三菱伺服电动机中的中惯量、中容量电动机，可与伺服放大器 MR-J2S-100A/B、MR-J2S-200A/B 和 MR-J2S-350A/B 连接。HC-SFS-301B 型伺服电动机的电源设备容量、额定输出容量、额定转矩、最大转矩、连续定额转矩时的功率变化率（kW/s）、额定电流和最大电流均为 4 种中最高的，并且 HC-SFS-301B 型的惯性矩最大也不超过 101（111）×10^{-4}kg·m^2。

表 12-16   HC-SFS 系列伺服电动机的规格 1

伺服电动机系列			HC-SFS 1 000r/min 系列（中惯量、中容量）			
型号 规格	伺服电动机型号 HC-SFS		81（B）	121（B）	201(B)	301(B)
	伺服放大器型号 MR-J2S		100A/B	200A/B	—	350A/B
伺服电动机	电源设备容量（kVA）		1.5	2.1	3.5	4.8
	连续特性	额定输出容量（W）	0.85	1.2	2.0	3.0
		额定转矩（N·m）	8.12	11.5	19.1	28.6
	最大转矩（N·m）		24.4	34.4	57.3	85.9
	额定转速（r/min）		1 000			

续表

伺服电动机系列		HC-SFS 1 000r/min 系列（中惯量、中容量）			
型号规格	伺服电动机型号 HC-SFS	81（B）	121（B）	201(B)	301(B)
	伺服放大器型号 MR-J2S	100A/B	200A/B	—	350A/B
伺服电动机	最大转速（r/min）	1 500		1 200	
	允许瞬间速度（r/min）	1 725		1 380	
	连续定额转矩时的功率变化率(kW/s)	32.9	30.9	44.5	81.3
	额定电流（A）	5.1	7.1	9.6	16
	最大电流（A）	15.3	21.3	28.8	48
	再生制动频度　无选件	140	240	100	84
	MR-RB032（30W）	220	—	—	—
	MR-RB12（100W）	740	—	—	—
	MR-RB32（300W）	—	—	—	—
	MR-RB30（300W）	2 220	—	—	—
	MR-RB30（300W）	—	730	330	250
	MR-RB50（500W）	—	1 216	550	430
	MR-RB50（500W）	—	—	—	—
	惯性矩（带电磁制动器）$J（10^{-4}kg \cdot m^2）$	20.0（22.0）	42.5（52.5）	82.0（92.0）	101（111）
	伺服电动机轴惯性矩的推荐比例	伺服电动机惯性矩的 15 倍以下			
	速度、位置检测器	131 072p/rev			
	附件	绝对、增量方式共用 17 位解码器			
	结构	全封闭、自冷却			
	环境　周围温度	0℃～40℃（不结冰），保存：15℃～70℃（不结冰）			
	周围湿度	80%RH 以下（不凝水），保存：90%RH 以下（不凝水）			
	环境条件	室内（不直接受阳光照晒），远离腐蚀性气体、可燃物、油滴、灰尘等			
	允许使用高度	海拔 1 000m 以下			
	质量（带电磁制动器）(kg)	9（11）	12（18）	19（25）	23（29）

（2）HC-SFS 2 000r/min 系列（中惯量、中容量）

HC-SFS 2 000r/min 系列伺服电动机对应 7 种类型：HC-SFS-52BG、HC-SFS-102BG、HC-SFS-152BG、HC-SFS-202BG、HC-SFS-352BG、HC-SFS-502B 和 HC-SFS-702B。

表 12-17 仅介绍了 HC-SFS 2 000r/min 系列伺服电动机的后 4 种型号。这 4 种型号均是中惯量、中容量三菱伺服电动机，可与伺服放大器 MR-J2S-60A/B、MR-J2S-100A/B、

MR-J2S-200A/B、MR-J2S-350A/B、MR-J2S-500A/B 和 MR-J2S-700A/B 连接。HC-SFS-脑 702B 型伺服电动机的电源设备容量、额定输出容量、额定转矩、最大转矩、连续定额转矩时的功率变化率、额定电流和最大电流均比其他 3 种高。而 HC-SFS-152BG 型号伺服电动机的再生制动频度最大，HC-SFS-702B 型伺服电动机的惯性矩最大也不超过 160（170）$\times 10^{-4}$kg·m^2。

表 12-17　　　　　　　　　　HC-SFS 系列伺服电动机的规格 2

伺服电动机系列		HC-SFS 系列（中惯量、中容量）			
型号 **规格**	伺服电动机型号 HC-UFS	202（BG）	352（BG）	502（B）	702（B）
	伺服放大器型号 MR-J2S	200A/B	350A/B	500A/B	700A/B
伺服电动机	电源设备容量（kVA）	3.5	5.5	7.5	10
	连续特性　额定输出容量（W）	2.0	3.5	5.0	7.0
	连续特性　额定转矩（N·m）	9.55	16.7	23.9	33.4
	最大转矩（N·m）	28.5	50.1	71.6	100
	额定转速（r/min）	2 000			
	最大转速（r/min）	2 500		2 000	
	允许瞬间速度（r/min）	2 850		2 300	
	连续定额转矩时的功率变化率（kW/s）	21.5	34.1	56.5	69.7
	额定电流（A）	11	17	28	35
	最大电流（A）	33	51	84	105
	再生制动频度　无选件	64	31	39	32
	再生制动频度　MR-RB032（30W）	—	—	—	—
	再生制动频度　MR-RB12（100W）	—	—	—	—
	再生制动频度　MR-RB32（300W）	—	—	—	57
	再生制动频度　MR-RB30（300W）	—	—	—	—
	再生制动频度　MR-RB30（300W）	192	95	90	—
	再生制动频度　MR-RB50（500W）	320	150	150	—
	再生制动频度　MR-RB50（500W）	—	—	—	95
	惯性矩（带电磁制动器）　J（10^{-4}kg·m^2）	42.5（52.5）	82.0（92.0）	101（111）	160（170）

（3）CHC-SFS 3 000r/min 系列（中惯量、中容量）

HC-SFS 3 000r/min 系列伺服电动机对应 5 种类型：HC-SFS-53B、HC-SFS-103B、HC-SFS153B、HC-SFS203B 和 HC-SFS-353B（表 12-18），可与伺服放大器 MR-J2S-60A/B、MR-J2S-100A/B、MR-J2S-200A/B 和 MR-J2S-350A/B 连接。HC-SFS-353B 型伺服电动机的

电源设备容量、额定输出容量、额定转矩、最大转矩、连续定额转矩时的功率变化率、额定电流和最大电流均比其他 4 种都高。HC-SFS153B 再生制动频度最大，而 HC-SFS-353B 的惯性矩最大也不超过 19（25）×10^{-4}kg·m^2。

表 12-18　　　　　　　　　　HC-SFS 系列伺服电动机的规格 3

伺服电动机系列			HC-SFS 系列（中容量、中惯量）				
型号 规格	伺服电动机型号		53（B）	103（B）	153（B）	203（B）	353（B）
	伺服放大器型号 MR-J2S		60A/B	100A/B	200A/B		350A/B
伺服电动机	电源设备容量（kVA）		1.0	1.7	2.5	3.5	5.5
	连续特性	额定输出容量（W）	0.5	1.0	1.5	2.0	3.5
		额定转矩（N·m）	1.59	3.18	4.78	6.37	11.1
	最大转矩（N·m）		4.77	9.55	14.3	19.1	33.4
	额定转速（r/min）		3 000				
	最大转速（r/min）		3 000				
	允许瞬间速度（r/min）		3 450				
	连续定额转矩时的功率变化率（kW/s）		3.8	7.4	11.4	9.5	15.1
	额定电流（A）		3.2	5.3	8.6	10.4	16.4
	最大电流（A）		9.6	15.9	25.8	31.2	49.2
	再生制动频度	无选件	25	24	82	24	14
		MR-RB032（30W）	73	36	—	—	—
		MR-RB12（100W）	250	120	—	—	—
		MR-RB32（300W）	—	—	—	—	—
		MR-RB30（300W）	750	360	—	—	—
		MR-RB30（300W）	—	—	250	70	42
		MR-RB50（500W）	—	—	410	110	70
		MR-RB50（500W）	—	—	—	—	—
	惯性矩（带电磁制动器）J（10^{-4}kg·m^2）		6.6 (8.6)	13.7 (15.7)	20.0 (22.0)	42.5 (52.5)	82.0 (92.0)

4. HC–RFS 系列低惯量电动机

HC-RFS 系列伺服电动机共有 5 种类型：HC-RFS-103BG、HC-RFS-153BG、HC-RFS-203BG、HC-RFS-353BG 和 HC-RFS-503BG（表 12-19）。HC-RFS 系列伺服电动机是三菱伺服电动机中的低惯量电动机，可与伺服放大器 MR-J2S-500A/B、MR-J2S-200A/B 和 MR-J2S-350A/B 连接。HC-RFS-503BG 型伺服电动机的电源设备容量、额定输出容量、额定转矩、最大转矩、连续定额转矩时的功率变化率、额定电流和最大电流是 5 种中最高的。HC-RFS-103BG 再生制动频度最大，而 HC-RFS-503BG 的惯性矩最大不超过 12（15.5）×10^{-4}kg·m^2。

表 12-19   HC-RFS 系列伺服电动机规格表

伺服电动机系列		HC-RFS 系列（低惯量）				
型号规格 伺服电动机型号 HC-RFS		103（BG）	153（BG）	203（BG）	353（BG）	503（BG）
伺服放大器型号 MR-J2S		200A/B		350A/B	500A/B	
电源设备容量（kVA）		1.7	2.5	3.5	5.5	7.5
连续特性	额定输出容量（kW）	1.0	1.5	2.0	3.5	5.0
	额定转矩（N·m）	3.18	4.78	6.37	11.1	15.9
最大转矩（N·m）		7.95	11.9	15.9	27.9	39.7
额定转速（r/min）		3 000				
最大转速（r/min）		4 500				
允许瞬间速度（r/min）		5 175				
连续定额转矩时的功率变化率（kW/s）		67.4	120	176	150	211
额定电流（A）		6.1	8.8	14	23	28
最大电流（A）		18.4	23.4	37	58	70
伺服电动机	再生制动频度 无选件	1 090	860	710	174	125
	MR-RB032（30W）	—	—	—	—	—
	MR-RB12（100W）	—	—	—	—	—
	MR-RB32（300W）	—	—	—	—	—
	MR-RB30（300W）	3 270	2 580	2 130	401	288
	MR-RB50（500W）	5 450	4 300	3 550	669	479
	惯性矩（带电磁制动器）J（10^{-4}kg·m²）	1.5（1.85）	1.9（2.25）	2.3（2.65）	8.6（11.8）	12.0（15.5）
	伺服电动机轴惯性矩的推荐比例	伺服电动机惯性矩的 5 倍以下				
	速度、位置检测器	131 072p/rev				
	附件	绝对、增量方式共用 17 位解码器				
	结构	全封闭、自冷却				
	环境 周围温度	0℃～40℃（不结冰），保存：15℃～70℃（不结冰）				
	周围湿度	80%RH 以下（不凝水），保存：90%RH 以下（不凝水）				
	环境条件	室内（不直接受阳光照晒），远离腐蚀性气体、可燃物、油滴、灰尘等				
	允许使用高度/振动	海拔 1000m 以下/x, y: 49m/s²				
	质量（带电磁制动器）（kg）	3.9（6.0）	5.0（7.0）	6.2（8.3）	12（15）	17（21）

12.4.3 三菱伺服系统其他配件的规格选择

1. 电缆、插头的选择

电缆、插头可分为 MR-J2S-□A 型和 MR-J2S-□B 型，其中每个规格下的电缆及插头对应着不同类型的伺服电动机、编码器、端子排、连接器、PC 和电源接头。接下来，以 MR-J2S-□A 型为例进行详细说明。

MR-J2S-□A 型电缆、插头的规格型号见表 12-20，CN2 接头型号 1 中的规格是指该电缆分别连接伺服放大器 CN2 端子排与 HC-KFS、MFS、UFS 3000r/min 型伺服电动机接线端，符号 H、L 表示产品弯曲寿命（H 是长寿命产品）；序号 2 和 3 中的规格分别为该电缆分别连接伺服放大器 CN2 端子排与 HC-SFS、RFS、UFS 2000r/min 型伺服电动机接线端；序号 4 中的规格是指连接伺服放大器 CN2 端子排的接头和 HC-SFS、RFS、UFS 3000r/min 型伺服电动机编码器侧接头；序号 5 和 6 中的规格分别为连接伺服放大器 CN2 端子排的接头和 HC-SFS、RFS、UFS 2000r/min 型伺服电动机编码器侧接头。

表 12-20　　　　　　　　　　　MR-J2S-□A 型电缆、插头的规格型号

序号	名称	型号
	针对 CN2 用端子排的选择	
1	<HC-KFS、MFS、UFS 3 000r/min 系列电动机用>编码器电缆	MR-JCCBL□M-H □中是电缆长度 2、5、10、20、30、50m MR-JCCBL□M-L □中是电缆长度 2、5、10、20、30m
2	<HC-SFS、RFS、UFS 2 000r/min 系列电动机用>编码器电缆	MR-JHSCBL□M-H □中是电缆长度 2、5、10、20、30、50m MR-JHSCBL□M-L □中是电缆长度 2、5、10、20、30m
3	—	MR-ENCBL□M-H □中是电缆长度 2、5、10、20、30、50m
4	<HC-KFS、MFS、UFS 3 000r/min 系列电动机用>编码器侧连接器装置	MR-J2CNM
5	<HC-KFS、MFS、UFS 2 000r/min 系列电动机用>编码器侧连接器装置	MR-J2CNS
6		MR-ENCNS
	针对 CN1 用端子排的选择	
7	CN1 侧连接器	MR-J2CN1
8	中继端子排电缆	MR-J2TBL□M，□中是电缆长度 0.5、1m
	针对 CN3 用端子排的选择	
9	DOS/V 用通信电缆	MR-CPCATCBL3M，电缆长度 3m

续表

序号	名称	型号
电动机电源接头选择		
10	电源用接头装置，HC-KFS、MFS、UFS 3 000r/min 系列电动机用	MR-PWCNK1
11	电源用接头装置，HC-KFS、MFS、UFS 3 000r/min 系列电动机用，配电磁制动器	MR-PWCNK2
12	电源用接头装置，HC-SFS81、52、102、152、53、103、153，HC-RFS103、153、203，HC-UFS72、152	MR-PWCNS1
13	电源用接头装置，HC-SFS121、201、301、202、352、502、353，203，HC-RFS353、503，HC-UFS202、352、502	MR-PWCNS2
14	电源用接头装置 HC-SFS702	MR-PWCNS3
15	电源用接头装置，HC-SFS121、201、301、202、352、502、702、353，203，HC-UFS202、352、502	MR-BKCN
16	中继端子台	MR-TB20

CN1 接头序号 7 中的规格是指该电缆分别连接伺服放大器 CN1 端子排与定位模块接线端，序号 8 中的规格是指该电缆分别连接伺服放大器 CN1 端子排与中继接线端子台，序号 16 为中继接线端子台。

CN3 接头型号 9 中的规格是指该电缆分别连接伺服放大器 CN3 端子排与相应 PC 的接线端。

电动机电源接头序号 10～15 表示连接各种伺服电动机的电源接头。序号 10、11 对应的伺服电动机的电源插头如图 12-31（a）所示；序号 12、13 和 14 对应的伺服电动机的电源插头如图 12-31（b）所示；序号 15 对应的伺服电动机的电源插头如图 12-31（c）所示。

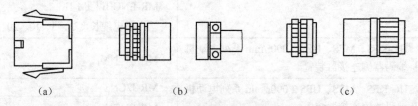

（a）　　　　　　　（b）　　　　　　　（c）

图12-31　伺服电动机的电源接头

2. 无熔丝断路器、电磁接触器及电线尺寸

针对不同型号的伺服放大器，无熔丝断路器规格、电磁接触器规格及电缆粗细的选择也不同。表 12-21 中共列举了 10 种规格的伺服放大器，其中 MR-J2S-10-A/B 型伺服放大器选用断路器及接触器的规格最小，导线最细；MR-J2S-700-A/B 则最大，导线最粗。电线尺

寸根据连接位置不同，粗细的选用也不同。符号 L1、L2、L3 表示从电抗器接出三相线至伺服放大器主回路的三相接入电源线，它的尺寸最小为 $2mm^2$，最大为 $8mm^2$；符号 U、V、W 表示从伺服放大器主回路的三相接出线至伺服电动机电缆头的连线，它的尺寸最小为 $1.25mm^2$，最大为 $8mm^2$；L11、L21 表示从无熔丝断路器接出单相线至伺服放大器控制回路电源接线端的连线，它的尺寸均为 $1.25mm^2$；P、C、D 表示接入再生制动单元的连线，它的尺寸最小为 $2mm^2$，最大为 $2mm^2$。

表 12-21　　　　　　　　　　　无熔丝断路器、电磁接触器及电线尺寸的规格

伺服放大器型号	无熔丝断路器	电磁接触器	电线尺寸（mm^2）				
			L1, L2, L3	U, V, W	L11, L21	P,C,D,	B1, B2
MR-J2S-10-A/B	NF30 5A 型	S-N10	2	1.25	1.25	2	1.25
MR-J2S-20-A/B	NF30 5A 型	S-N10	2	1.25	1.25	2	1.25
MR-J2S-40-A/B	NF30 10A 型	S-N10	2	1.25	1.25	2	1.25
MR-J2S-60-A/B	NF30 15A 型	S-N10	2	1.25	1.25	2	1.25
MR-J2S-70-A/B	NF30 15A 型	S-N10	2	2	1.25	2	1.25
MR-J2S-100-A/B	NF30 15A 型	S-N10	2	2	1.25	2	1.25
MR-J2S-200-A/B	NF30 20A 型	S-N18	3.5	3.5	1.25	2	1.25
MR-J2S-350-A/B	NF30 30A 型	S-N20	5.5	5.5	1.25	2	1.25
MR-J2S-500-A/B	NF30 5A 型	S-N35	5.5	5.5	1.25	2	1.25
MR-J2S-700-A/B	NF100 75A 型	S-N50	8	8	1.25	2	1.25

3. 其他部件的选型

除以上基本选件外，还可根据需要选择可以改善功率的电抗器、再生制动选件、浪涌吸收器、数据线路滤波器、无线电噪声滤波器、线路噪声滤波器、中继端子排及电池组。

12.4.4　三菱伺服系统的电气接线图

三菱伺服系统的接线方式一般可分为 3 种：位置控制模式下的标准接线、速度控制模式下的接线和转矩控制模式下的接线。本小节将分别讲述 3 种控制模式下，每个端子连线及相应的注意事项，同时对 3 种控制模式接线的异同进行解释说明。

1. 位置控制模式接线图

（1）定位模块 FX-100GM 与伺服放大器的连接

如图 12-32 所示，正负脉冲信号通过定位模块输入给伺服放大器，驱动伺服电动机转过一定的电角度，进而实现位置控制功能。图 12-32 中 CN1A 端子排连线主要分为 8 个部分：伺服就绪信号线的连接、定位完毕信号线的连接、集电极开路电源输入信号线的连接、编码器 Z 相脉冲信号线的连接、正/反转脉冲输入信号线的连接、清除信号线的连接及屏蔽线的连接。应特别注意区分 CN1A、CN1B、CN2 和 CN3 插头，以免连线时接错而引起故

障。指令脉冲串输入采用集电极开路方式时，定位模块与伺服放大器的电缆长度应在 2m 以内；采用差动输入时，电缆长度应在 10m 以内。

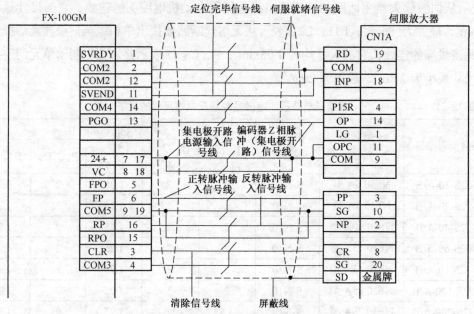

图12-32　伺服放大器与FX-100GM定位模块连接图

（2）伺服放大器输出模块接线图

图 12-33（a）实现的功能包括故障输出、零速输出和转矩限制指示。其中，二极管的方向不能接错，否则可能会导致紧急停止和其他保护电路无法正常工作；外部继电器绕组中的电流总和应控制在 80mA 以下。如果超过 80mA，I/O 接口电源应由外部提供；故障端子（ALM）在无报警时与 SG 之间接通。OFF（发生故障）时需通过程序停止伺服放大器的输出；当使用内部电源 VDD 时，必须将 VDD 连接到 COM 上。而使用外部电源时，VDD 与 COM 断开。

图 12-33（b）实现了伺服放大器 CN3 上模拟量的输出功能。共有两个输出通道，每个通道最大电流均为 1mA。该端子排与外围模拟量元件连线的长度不应超过 2m。使用模拟量输出通道 1/2 和 PC 通信时，应注意换用三菱驱动专门提供的维护用接口卡。

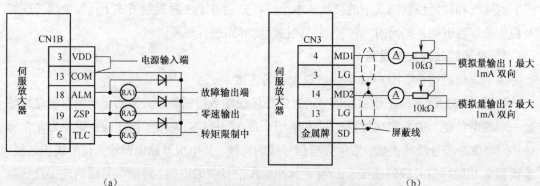

（a）　　　　　（b）

图12-33　伺服放大器位置模式下外部输出接线图

如图 12-34 所示，编码器反馈回伺服放大器的脉冲分为 A 相、B 相和 Z 相，以差动方式输入；编码器反馈脉冲通过 CN1A 端输入；屏蔽线 SD 与其他同名信号线在伺服放大器内部是接通的。

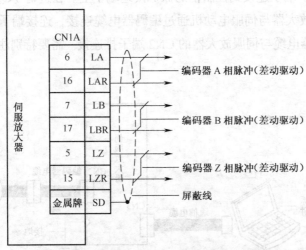

图12-34　编码器三相差动脉冲与伺服放大器连线

图 12-35 实现的功能包括系统的紧急停止、伺服开启、复位、比例控制、转矩限制选择、正/反转行程末端等。外围器件与伺服放大器接线排距离最远不应超过 10m，最大模拟量输入转矩限制为+10V，最远接线距离不应超过 2m，完成此类功能的端子接线均位于伺服放大器 CN1B 端子排。需要特别注意的是，在安装紧急停止开关时，应设为常闭触点。若系统在运行时出现异常，则紧急停止信号（EMG）、正向/反向行程末端（LSP、LSN）与 SG 端之间接通。

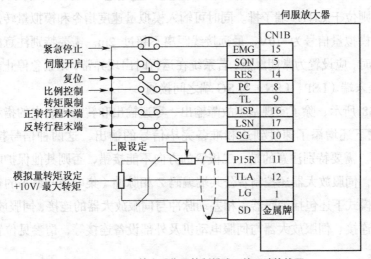

图12-35　伺服放大器位置控制模式下输入端接线图

如图 12-36 所示，伺服放大器可通过 CN3 端子排与 PC 相连，通过专门的伺服设置软件对 MR-J2S-A 伺服放大器进行参数设置，并将设置好的参数输入伺服放大器，同时也可将伺服放大器中设定好的参数传至计算机进行修改或备份。为了防止触电，必须将伺服放大器保护接地（PE）端子连接到控制柜的保护接地端子上。在进行 PC 通信时，需使用维护用接口卡。伺服放大器与伺服电动机通过编码器电缆连接，连接端子排间的距离最远不应超过 30m，编码器电缆与伺服放大器的 CN2 端子排连接。需要特别注意区分端子排，以免接错导致故障。

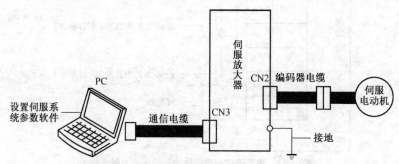

图12-36 伺服放大器与伺服电动机及外部设备连接图

定位模块也可以采用 AD75P，但篇幅有限，这里不再详细叙述其接线端子。

2. 速度控制模式接线图

如图 12-37 所示，MR-J2S-A 伺服放大器速度控制模式外部接线图与位置控制模式的最大区别是，速度控制模式下，外部输入增加了速度选择 SP1、速度选择 SP2；正向转动开始和反向转动开始的功能；无比例控制和转矩限制选择的功能，其余功能均与位置控制模式相同。外围器件与伺服放大器接线排的距离最远不应超过 10m。SP1 的接线端位于 CN1A 端子排，其余则位于 CN1B 端子排。同时可输入模拟量速度指令和模拟量转矩限制信号，输入转矩最大模拟量信号为+10V，最远接线距离不超过 2m。需要特别注意的是，在安装紧急停止开关时，应设置为常闭触点；若系统在运行时出现异常，则紧急停止信号（EMG）、正向/反向行程末端（LSP、LSN）与 SG 端之间接通。

如图 12-38 所示，除了实现基本故障输出、零速输出和转矩限制中的指示等功能外，速度控制模式下还增添了速度到达和准备完毕信号的输出，这两种信号接线端子位于 CN1A 端子排。需要特别注意的是，二极管的方向不能接错，否则其他保护电路将无法正常工作。同时，伺服放大器还控制着公共端编码 Z 相脉冲（集电极开路）的输入。

速度控制模式下还包括编码器三相差动脉冲与伺服放大器的连接、伺服放大器 CN3 上模拟量输出的连接、伺服放大器与伺服电动机及外部设备连接等，请参见位置控制模式下的相关接线图。

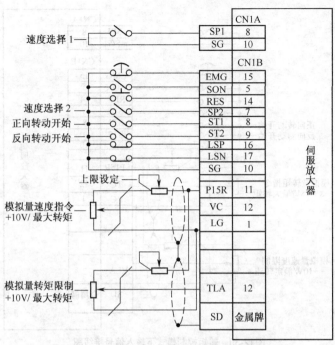

图12-37　伺服放大器速度控制模式下输入端接线图

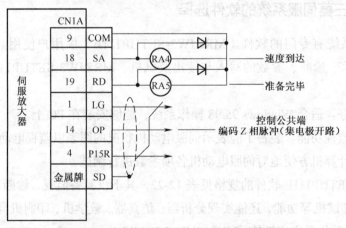

图12-38　速度控制模式下的外出输出部分接线图

3. 转矩控制模式接线图

如图 12-39 所示，转矩控制模式下输入信号接线图与速度控制模式下的接线图类似，但没有正转行程末端和反转行程末端功能。其余功能均与速度控制模式下的功能相同。外围器件与伺服放大器接线排的距离最远不应超过 10m。速度选择 SP1 的接线端子位于 CN1A 端子排，其余则位于 CN1B 端子排。同时可输入模拟量转矩指令和模拟量速度限制信号，其中模拟量转矩指令可设定在 −8～+8V 范围内；模拟量速度可限制在 0～+10V 范围内，最远接线距离不应超过 2m。需要特别注意的是，在安装紧急停止开关时，应设置为常闭触点，若系统在运行时出现异常，则紧急停止信号（EMG）与 SG 端之间接通。

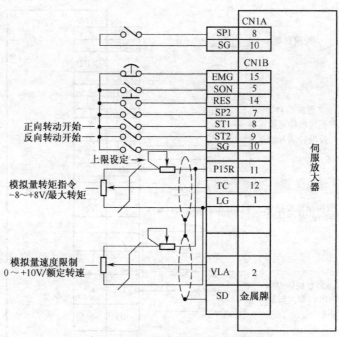

图12-39　转矩控制模式下输入信号接线图

12.4.5　三菱伺服系统的软件选择

三菱伺服系统有专门的软件（MRZJW3-SETUP111E）供用户使用。它可以便捷地进行监视器显示、诊断、参数的写入与读出及试机。MRZJW3-SETUP111E 具有以下 3 个特点。

① 兼容性好。适合 Windows 95/98 操作系统，能够安装在 PC 上。

② 丰富的监视功能。装备了能表示伺服电动机状况的图表以监视电动机运行。

③ 可通过计算机方便地对伺服电动机各项参数进行调试。

MRZJW3-SETUP111E 软件的规格见表 12-22，其不仅具备监视、诊断、参数设定、数据的写入/读出和试机等功能，还能实现分析器、仿真器、教学机、印刷机自动运转等功能，能够满足现场自动化程度高的软件需求。

表 12-22　　　　　　　　　　　　MRZJW3-SETUP111E 软件的规格

项目	说明
监视器	一起显示、高速显示、图表显示
告警系统	告警显示、告警历史、告警发生数据显示
诊断	D1/D0 显示、不回转理由显示、电源 ON 积累显示、S/W 号码显示、电动机信息显示、调谐数据显示、ABS 数据显示、VC 自动关闭转子显示
参数	参数设定、一览显示、变换列表显示、详细信息显示、调谐
试机	点动运作、定位单元运转、无线机运转、简单语言的程序运转
先进功能	分析器、仿真器

项目	说明
数据	数据块的显示、数据设定、教学机
文件操作	数据的读入、保存、印刷
其他	自动运转、帮助显示

12.4.6　三菱伺服系统 MR-J2S-A 基本参数的设置

三菱伺服系统设置的参数可分为基本参数（20 个）和扩展参数（65 个）。本小节仅介绍基本参数的设置过程。

表 12-23 给出了三菱伺服系统的基本参数符号、名称、控制模式、初始值及单位。其中，控制模式中 P 表示位置控制模式，S 表示速度控制模式，T 表示转矩控制模式。对于带*号的参数，需电源断开、重新接通后才能生效。设置基本参数 0～19 时，其数值各个位的设定按照从左至右的顺序来设置。接下来，详细介绍各个基本参数的设置方法。

表 12-23　　　　　　　　　　　三菱伺服系统的基本参数设置

参数号	符号	名称	控制模式	初始值	单位
0	*STY	控制模式，再生制动选件选择	P、S、T	0000	无
1	*OP1	功能选择 1	P、S、T	—	
2	ATU	自动调谐	P、S	—	无
3	CMX	电子齿轮（指令脉冲倍率分子）	P	1	
4	CDV	电子齿轮（指令脉冲倍率分母）	P	1	
5	INP	定位范围	P	100	脉冲
6	PG1	位置环增益 1	P	35	rad/s
7	PST	位置指令加速/减速时间常数	P	3	ms
8	SC1	内部速度指令 1	S	100	r/min
8	SC1	内部速度限制 1	T	100	r/min
9	SC2	内部速度指令 2	S	500	r/min
9	SC2	内部速度限制 2	T	500	r/min
10	SC3	内部速度指令 3	S	1 000	r/min
10	SC3	内部速度限制 3	T	1 000	r/min
11	STA	加速时间常数	S、T	0	ms
12	STB	减速时间常数	S、T	0	ms
13	STC	S 字加速/减速时间常数	S、T	0	ms
14	TQC	转矩指令时间常数	P、S、T	0	ms
15	*SN0	站号设定	P、S、T	0	站
16	*BPS	通信波特率选择，报警履历清除	P、S、T	0000	无

参数号	符号	名称	控制模式	初始值	单位
17	MOD	模拟量输出选择	P. S. T	0100	
18	*DMD	状态显示选择	P. S. T	0000	无
19	*BLK	参数范围选择	P. S. T	0000	

参数号 0 共有 4 位数。控制模式选择是在第四位，它有 6 种选择方案：0 表示位置控制，1 表示位置和速度控制，2 表示速度控制，3 表示速度和转矩控制，4 表示转矩控制，5 表示转矩和位置控制。再生制动模式选择是对第二位数进行设置：0 表示不用，1 表示备用，2 表示选择 MR-RB032，3 表示选择 MR-RB12，4 表示选择 MR-RB32，5 表示选择 MR-RB30，6 表示选择 MR-RB50。

参数号 1 为功能选择 1，共有 4 位数。绝对位置设置是在第一位，它有两种选择方案：0 表示使用增量位置系统，1 表示使用绝对位置系统。CN1B-19 针脚功能选择是在第三位，有两种选择方案：0 表示零速信号，1 表示电磁制动器连锁信号。输入滤波器设置是在第四位，有 4 种设置方法：0 表示不用，1 表示滤波器抑制噪声时间为 1.777ms，2 表示滤波器抑制噪声时间为 3.555ms，3 表示滤波器抑制噪声时间为 5.333ms。

参数号 2 设置自动调整选择和自动调整响应速度。自动调整选择在第二位设置，有 5 种设定值：0 表示插补模式，即对固定位置环增益调整；1 表示自动调整模式 1；2 表示自动调整模式 2；3 表示手动模式 1；4 表示手动模式 2。自动响应速度设定在第四位，设定值范围从十六进制数 1～F，机械共振频率最低为 15Hz，最高 300Hz。频率越高，响应速度越快。

参数号 3 和 4 设置的是电子齿轮的分子和分母，即指令脉冲倍率分子和分母。具体设置可参见 12.3.1 节位置控制模式下的电子齿轮说明部分。

参数号 5 表示到位范围。以电子齿轮计算前的指令脉冲为单位设定，设定输出定位完毕信号的范围，可在 0～10 000 范围内选择。

参数号 6 表示位置环增益 1，如果增益变大，对位置指令的跟踪能力也增强，自动调整时，这个参数将被自动设为自动调整的结果。

参数号 7 表示位置指令加减速时间常数（PST），选择线性加减速时，设定范围为 0～10ms，如果设定为 10ms 以上，也默认为是 10ms。

参数号 8～10 表示设置内部速度指令 1、2、3，其具体设置方法可参见 12.3.2 节速度控制部分的说明。

参数号 11 表示加速时间常数（STA），用于设定从零速加速到额定速度所需的加速时间。

参数号 12 表示减速时间常数（STB），用于设定从额定速度减速到零速所需的减速时间。加速和减速的设置范围都为 0～20 000ms。

参数号 13 表示 S 字加减速时间常数，设置该参数的目的是使伺服电动机平稳地启动和停止，其设置范围为 0~1 000ms。

参数号 14 表示转矩指令时间常数（TQC），用于设定转矩指令的低通滤波器时间常数，设定范围为 0~20 000ms。

参数号 15 为站号设定（*SNO），用于指导串行通信时的站号。每台伺服放大器应设定一个唯一的站号，如果多个伺服放大器设定为同一个站号，将会导致通信不能正常进行，其设置范围为 0~31。

参数号 16 为通信波特率选择、报警履历清除（*BPS），共有 4 位可以设置。第一位为通信等待时间，有两种设置方法，即 0 为无效，1 为有效，延迟 800ms 后返回应答信号；第二位为通信选择，有两种选择方式，即 0 为使用 RS-232C，1 为使用 RS-422；第三位为报警履历清除，它有两种设置方式，即 0 为无效，1 为有效；第四位为通信波特率的选择，它有 4 种选择方式，即 0 为 9 600b/s，1 为 19 200b/s，2 为 38 400b/s，3 为 57 600b/s。

参数号 17 为模拟量输出选择，它共有 4 位。其中，第二位和第四位可设置，分别代表通道 2 和通道 1。

三菱伺服系统模拟量输出的参数设置见表 12-24 所示，模拟量输出参数共有 12 种设置方法，分别设置了电动机速度、输出转矩、电流指令、指令脉冲频率及滞留脉冲。其设置范围为十六进制数，从 0000h 到 0B0Bh。

表 12-24　　　　　　　　　三菱伺服系统模拟量输出的参数设置

设定值	模拟量输出选择		
	通道 2/通道 1		
0	电动机速度（±8V/最大速度）	6	滞留脉冲（±10V/128 脉冲）
1	输出转矩（±8V/最大转矩）	7	滞留脉冲（±10V/2 048 脉冲）
2	电动机速度（±8V/最大速度）	8	滞留脉冲（±10V/8 192 脉冲）
3	输出转矩（±8V/最大转矩）	9	滞留脉冲（±10V/32 768 脉冲）
4	电流指令（±8V/最大指令电流）	A	滞留脉冲（±10V/131 072 脉冲）
5	指令脉冲频率（±8V/500 千脉冲/秒）	B	滞留脉冲（±8V/400V）

参数号 18 表示状态显示选择（*DMD），它共有 4 位。其中，第三位和第四位可以设置。第三位为各控制模式下电源接通后的状态显示，有两种设置方法：0 表示控制模式状态显示，1 表示参数第一位的设定值，决定状态显示的内容。第四位用于选择电源接通时状态显示的内容，有 16 种选择方法。

三菱伺服系统状态显示的参数设置见表 12-25，状态显示参数设置值可在 0~F 中选择，每个值对应一种状态。状态显示参数设置为 5 时，表示在转矩控制模式中为模拟量速度限制电压；状态显示参数设置为 6 时，表示在速度控制模式和位置控制模式中为模拟量转矩限制电压。

表 12-25 三菱伺服系统状态显示的参数设置

设置值	设置内容	设置值	设置内容
0	反馈脉冲累计	8	实际负载率
1	伺服电动机速度	9	峰值负载率
2	滞留脉冲	A	瞬时转矩
3	指令脉冲累计	B	在 1 转内的位置（低位）
4	指令脉冲频率	C	在 1 转内的位置（高位）
5	模拟速度指令电压	D	ABS 计数器
6	模拟量转矩指令电压	E	负载转动惯量比
7	再生制动负载率	F	母线电压

参数号 19 表示参数范围选择（*BLK），参数范围参照用于选择参数的可读范围和可写范围。

*BLK 共有 5 种设置方式，分别可设置为 0000、000A、000B、000C 和 000E（表 12-26）。○表示可操作的参数。扩展参数划分为两类：扩展参数 1（参数 20～49）和扩展参数 2（参数 50～84）。其中，设置方式 000E 可扩展数目最多，其基本参数和扩展参数均可设置；设置方式 000A 可扩展数目最少，仅提供对参数 19 的设置。

表 12-26 三菱伺服系统参数范围的设置

设定值	设定值的操作	基本参数（0～19）	扩展参数（20～49）	扩展参数 2（50～84）
0000	可读	○	无	
	可写	○		
000A	可读	仅参数 19		
	可写	仅参数 19		
000B	可读	○	○	无
	可写	○	无	无
000C	可读	○	○	无
	可写	○	○	无
000E	可读	○	○	○
	可写	○	○	○
000B	可读	○	无	
	可写	仅参数 19		
000C	可读	○	○	无
	可写	仅参数 19	无	
000B	可读	○	○	○
	可写	仅参数 19	无	

基本参数设定完成后，需要对参数进行调试，这个过程可在三菱伺服软件 MRZJW3-

SETUP111E 上完成。如果参数设置正确，则可顺利通过调试阶段，设计完成；如果参数有误，则返回参数设定环节进行修改，直到满足控制要求。

12.5　本章小结

本章详细介绍了三菱伺服系统各个模块端子的功能和内部电路组成，三菱 MR-J2S-A 伺服系统的位置控制模式、速度控制模式和转矩控制模式，三菱伺服系统工作模式的选择、伺服电动机的选型、选用配件、电气控制接线图、基本参数设置。读者可以比较容易地理解如下内容：三菱伺服系统的模块组成、MR-J2S-A 伺服驱动器的结构与功能、伺服电动机的原理及功能、三菱伺服定位模块 FX-10GM 的特点及基本参数设置。通过介绍数字量 I/O 接口、脉冲串输入接口、编码器脉冲输出接口、模拟量 I/O 接口和源型输入接口，使读者对三菱伺服系统接口电路有了更深刻的认识。

同时，对三菱伺服系统的控制模式进行了详尽的描述，方便读者快速区分 3 种控制模式。三菱伺服系统 MR-J2S-A 3 种控制模式接线是一个难点；伺服电动机选型、选用配件及基本参数设置是本章的重点内容。通过本章的学习，读者可以掌握基于 MR-J2S-A 三菱伺服系统的设计方法。

第13章 步进伺服系统综合应用实例

随着机械行业自动化程度的不断提高，步进伺服系统的应用也越来越广泛。本章主要通过 3 个步进伺服控制的实例分别对各类伺服系统进行阐述。首先介绍西门子数控伺服系统在轧辊车床上的应用，通过介绍西门子数控伺服系统的基本硬件配置、840D 数控系统软件配置及报警文本设计，读者可以掌握如何运用西门子数控伺服系统进行工程实例开发；然后介绍仿形铣床上的电—液伺服系统，从仿形铣床的基本概念、仿形铣床的控制方式、数字随动铣床基本原理和液压伺服系统下仿形铣床检修方式对电—液伺服系统进行描述，读者可以将学习到的电—液伺服系统与工程实践相结合；最后介绍基于 DSP 的混合式步进电动机伺服系统，分别从该混合式步进电动机的系统功能、硬件设计及软件设计 3 方面进行说明。通过对这 3 类实例的详细说明，读者可以掌握步进伺服系统设计方法及其在工程上的应用。

13.1 西门子数控伺服系统在轧辊车床上的应用

西门子 840D 数控伺服系统是西门子公司在 20 世纪 90 年代推出的高性能数控系统，它是西门子前两代系统 SINUMERIK 880 和 840C 的 3 个 CPU 结构的进一步发展。840D 数控系统已经在冶金、精密机械加工、模具制造方面得到了广泛的使用。本节的主要内容包括西门子 840D 数控伺服系统及轧辊车床的基本概念、西门子 840D 数控伺服系统的硬件配置、基于西门子 840D 数控系统的轧辊车床软件配置。通过本实例的学习，读者可以掌握如何将西门子数控伺服系统应用在车床上。

13.1.1 西门子 840D 数控伺服系统及轧辊车床的基本概念

在开始系统设计之前，有必要学习西门子 840D 数控伺服系统的组成、特点等基础知识。同时，轧辊车床自身的特性及对数控伺服系统的需求等也是工程实际应用必不可少的关键因素。

1. 西门子 840D 数控伺服系统 CPU 模块组成

如图 13-1 所示，西门子 840D 数控伺服系统在物理结构上将 NC-CPU 和 PLC-CPU 合为一体。虽然二者集成在数字控制单元（Numerical Control Unit，NCU）中，但在逻辑功能

上却相互独立。西门子 840D 数控伺服系统模块主要由 3 个 CPU 结构组成：人机通信 CPU
（MMC-CPU）、数字控制 CPU（NC-CPU）和 PLC-CPU。这 3 部分结构实现的功能不同，
但又互相支持。

2. 西门子数控伺服系统的特点

表 13-1 给出了西门子 840D 数控伺服系
统的特点及功能说明。西门子 840D 数控伺
服系统强大的数字化驱动能力使数字化在
加工场合得到有效的应用；它使主轴及进给
轴个数达到最多；五轴联动使空间曲面加工
达到最优；在 Windows 95 系统下使该系统
更加易于操作；同时设有各种软件，如加工、
参数设置、服务、诊断及安装启动软件，它

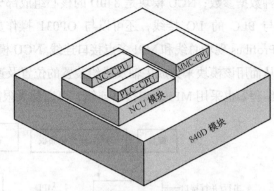

图13-1 西门子840D数据伺服系统的模块组成图

们能满足各种场合使用；西门子 840D 数控伺服系统可进行现场与异地通信，完成了远程诊
断功能；它还设有完善的保护功能，使系统运行更加安全、可靠；其硬件设计都遵循了高度
集成化和模块化原则，使其在工业加工场合得到进一步的应用；可以最大限度地应用 PLC 的
I/O 点，从而减少了现场布线的工作量。

表 13-1　　　　　　　　　　西门子 840D 数控伺服系统的特点及功能说明

特点	功能说明
数字化驱动	数控和驱动的接口信号是数字量，通过驱动总线接口，挂接各轴驱动模块
轴控规模大	最多可以配 31 个轴，其中可配 10 个主轴
可实现五轴联动	实现 X、Y、Z、A、B 五轴的联动加工，任何三维空间曲面都能加工
操作系统视窗化	采用 Windows 95 作为操作平台，使操作简单、灵活、易掌握
软件内容丰富，功能强大	实现加工（machine）、参数设置（parameter）、服务（services）、诊断（diagnosis）及安装启动（start-up）等几大软件功能
远程诊断功能	现场用 PC 适配器、MODEM 卡，通过电话线实现 SINUMERIK 840D 与异地 PC 通信，完成修改 PLC 程序和监控机床状态等远程诊断功能
保护功能齐全	系统软件分为西门子服务级、机床制造厂家级、最终用户级等 7 个软件保护等级，使系统更加安全可靠
硬件高度集成化	数控系统采用了大量超大规模集成电路，提高了硬件系统的可靠性
模块化设计	系统根据功能和作用划分为不同的功能模块，使系统连接更加简单
内装大容量的 PLC 系统	数控系统内装 PLC 最大可以配 2 048 输入和 2 048 输出，而且采用了 Profibus 现场总线和 MPI 多点接口通信协议，大大减少了现场布线
PC 化	数控系统是一个基于 PC 的数控系统

3. 西门子 840D 数控伺服系统的基本结构

图 13-2 给出了西门子 840D 数控伺服系统的基本硬件结构，分为两大模块：人机通信

CPU（MMC-CPU）模块和 NCU 模块。MMC-CPU 模块可与串行/并行接口通信，并用来传输和分配外部数据及内部地址值。同时，它与键盘和 OP031 操作员面板相连，用来输入各种数据参数；NCU 模块是 840D 的核心组成部分，负责与 PLC 和机床进行通信，不仅可以与 PLC 的 I/O 接线，还可以与 OP031 操作员面板进行通信。所采用的通信协议均采用 Profibus 现场总线和 MPI 多点接口连线。NCU 模块可与主轴驱动模块和进给驱动模块相连，从而用该模块来完成主轴及进给装置的位置及速度控制。同时，MCP 机床操作面板和 PC 编程器也采用 MPI 多点接口连线，可以最大限度地挂接各种外部设备。

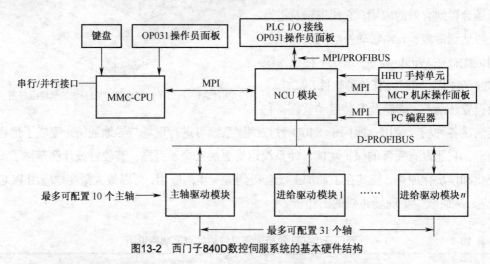

图13-2　西门子840D数控伺服系统的基本硬件结构

4. 轧辊车床的基本概念

轧辊车床属于重型机械加工装备，普遍应用在钢铁、橡胶、造纸、冶金等行业。轧辊车床主要由机械和电气两大部分构成。机械部分中主要运动轴包括托板移动轴（Z 轴）、刀架移动轴（X 轴和 C1 轴）、工件旋转轴（C 轴）。电气系统根据控制方式的不同，轧辊车床名称也不同。其根据控制方式的不同，可分为继电接触控制类车床和 PLC 控制类车床，根据驱动方式的不同，可分为数字化驱动轧辊车床和普通驱动轧辊车床。

如图 13-3 所示，数控轧辊车床的电气控制部分主要以 PLC 控制为主，位置轴分为 X 轴和 Z 轴，它由 S7-300 型 PLC 位置控制模块对其进行控制；旋转轴（主轴）采用直流电动机，其转速由操作员面板的升降速按钮来设定，并通过 6RA70 直流驱动器控制；611D 伺服驱动器主要完成对刀架及托板的控制；PLC 各个模块与 840D 数控伺服系统采用 MPI 多点接口连线。西门子 840D 数控伺服系统是一种高性能数控系统，可控制最多 10 个主轴及最多 31 个轴系伺服装置，若有特殊需要经过特殊配置也可连接 ADI4 来控制多个模拟轴。此系统适用于中高档机床的控制。因此，本例轧辊车床的电气系统控制选择 840D 系统，通过 NC 程序编程实现 X、Z 轴车削位置控制，并根据不同车削工艺来实现车削及轧辊转速的灵活调整，更有效地保证轧辊车削质量。

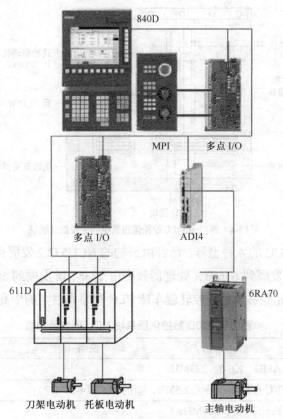

图13-3　数控轧辊车床的基本电气设置图

13.1.2　西门子 840D 数控伺服系统的硬件配置

如图 13-4 所示，西门子 840D 数控伺服系统共分为 4 个模块：电源和馈电模块、NCU 模块、主轴驱动模块（MSD）及进给驱动模块（FDD）。电源和馈电模块主要为 840D 数控伺服系统提供各种类型的电源，并将反馈的电量送给电网，该模块能使车床控制系统的使用效率大大提高；NCU 模块是 840D 数控伺服系统的中央处理单元，主要包括 NC-CPU、带 PLC 功能和通信功能模块、风扇模块（只在 NCK 型号为 573.2 和 573.3 中附加）、各种接口（与上位机及伺服元件通信）、NCU 盒；主轴驱动模块主要负责对轧辊车床主轴的控制；进给驱动模块主要负责对轧辊车床刀架横向及纵向的控制。这 4 部分模块通过设备总线及圆电缆连接。接下来逐一介绍各主要组成部分的功能部件。

1. 数字控制单元

（1）NCU 规格及引脚定义

NCU 是 SINUMERIK 840D 数控伺服系统的控制中心和信息处理中心，数控伺服系统的直线插补、圆弧插补等轨迹运算和控制、PLC 系统的算术运算和逻辑运算都是由 NCU 完成的。在 SINUMERIK 840D 中，NC-CPU 和 PLC-CPU 采用硬件一体化结构，集成在 NCU 中。

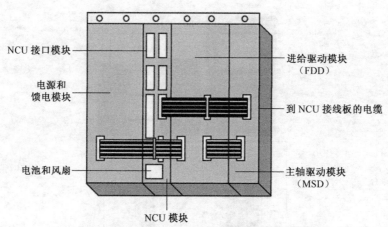

图13-4　西门子840D数控伺服系统的主要组成模块

表 13-2 给出了 NCU 的 4 种型号，已经由最初的 NCU572.2 发展到了 NCU573.4，存储器容量从最大 2.5MB 发展到 64MB，处理器频率由 233MHz 发展到 500MHz。由此可见，西门子 840D NCU 单元能够满足数控轧辊车床 PLC 程序容量大的中高性能控制需求。

表 13-2　　　　　　　　　西门子 840D 数控伺服系统 NCU 模块的规格

模块	说明
NCU 572.3	AMD　K6-2，233MHz
NCU 572.4	NC 存储器：最大 2.5MB，新的 PLC314-2C-DP
NCU 573.3	Pentium Ⅲ，500MHz
NCU 573.4	NC 存储器：最大 64MB，新的 PLC314-2C-DP

如图 13-5（a）所示，NCU-1 接口主要分为以下 7 部分。①操作面板接口（MPI），插头名称为 X101，插头类型为 9 芯 SubD 插座，最大电缆长度为 200m，特殊性能用电位隔离；②PROFIBUS DP 接口，插头名称为 X102，插头类型为 9 芯 SubD 插座，最大电缆长度为 200m，特殊性能用电位隔离；③SIMATIC PLC 接口，插头名称为 X111，插头类型为 25 芯 SubD 插座，最大电缆长度为 10m，特殊性能用电位连接；④串行接口 RS-232（备用，用于维修），插头名称为 X112（不用于 NCU573.2/3/4），插头类型为 9 芯 SubD 插座，最大电缆长度为 10m，特殊性能用电位连接，没有安全隔离；⑤Link 模块接口，插头名称为 X112，插头类型为 9 芯 SubD 插座，最大电缆长度为 100m；⑥I/O 接口（电缆分线盒），插头名称为 X121，插头类型为 37 芯 SubD 插座，最大电缆长度为 25m，特殊性能采用电位隔离，用于二进制输入、输出，手轮电位连接；⑦PG-MPI 接口：插头名称为 X122，插头类型为 9 芯 SubD 插座，最大电缆长度为 10m，特殊性能采用电位连接，没有安全隔离。

如图 13-5（b）所示，NCU-2 给出了 NCU 的另外一部分接口，主要分为以下 3 部分：①SIMODRIVE 611D 接口和 I/O 扩展（数字化），插头名称为 X130A/X130B，插头类型为 2×36 芯 microribbon，最大电缆长度为 10m，特殊性能采用电位连接，没有安全隔离；

②设备总线接口，插头名称为 X172，插头类型为 2×17 芯扁平电缆插头；③PCMCIA 槽，插头名称为 X173，插头类型为 68 芯 PCMCIA 插头。

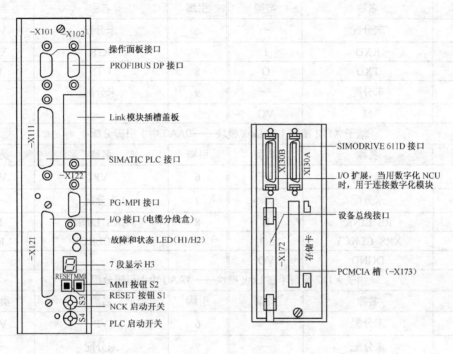

（a）NCU-1　　　　　　　　　　　　（b）NCU-2

图13-5　NCU模块端子接线图

表 13-3 列出了 6 类端子引脚分配，分别为 X101、X102、X112、X121、X122 和 X172 的端子引脚分配。接下来，将逐一详细说明各项端子引脚的分配情况。

表 13-3　　　　　　　　　　　　　　NCU 模块端子引脚分配

端子 X101 接口引脚分配					
引脚	名称	类型	引脚	名称	类型
1	未分配	—	6	2P5	VO
2	未分配	—	7	未分配	—
3	RS_BTSS	B	8	XRS_BTSS	B
4	RTSAS_BTSS	O	9	RTSPG_BTSS	I
5	2M	VO			
端子 X102 接口引脚分配					
引脚	名称	类型	引脚	名称	类型
1	未分配	—	6	VP	VO
2	M24EXT	VO	7	P24EXT	VO
3	RS_PROFIBU-S DP	B	8	XRS_PROFIBU-S DP	B
4	RTSAS_PROFIB-US DP	O	9	RTSPG_PROFI-BUS DP	I
5	DGND	VO			

续表

端子 X112 接口引脚分配					
引脚	名称	类型	引脚	名称	类型
1	未分配	—	6	未分配	VO
2	RXD	I	7	RTS	VO
3	TXD	O	8	CTS	O
4	未分配	—	9	未分配	I
5	M	VO			

端子 X112 接口（在 Link 模块——0AA0 中）引脚分配					
引脚	名称	类型	引脚	名称	类型
1	未分配	—	6	VP	VO
2	未分配	I	7	未分配	—
3	RS_LINK	B	8	XRS_LINK	B
4	XRS_CLKCY	IO	9	RS_CLKCY	IO
5	DGND	VO			

端子 X112 接口（在 Link 模块——1AA0 中）引脚分配					
引脚	名称	类型	引脚	名称	类型
1	未分配	—	6	VP	VO
2	未分配	—	7	未分配	—
3	RS_LINK	B	8	XRS_LINK	B
4	未分配	—	9	未分配	—
5	DGND	VO			

端子 X121 I/O 接口（电缆分线盒）引脚分配					
引脚	名称	类型	引脚	名称	类型
1	M24EXT	VI	14	MPG1 XB	I
2	M24EXT	VI	15	MPG0 XA	I
3	OUTPUT 1	O	16	MPG0 5V	VO
4	OUTPU T 0	O	17	MPG0 5V	VO
5	INPUT 3	I	18	MPG0 XB	I
6	INPUT 2	I	19	未分配	—
7	INPUT 1	I	20	P24EXT	VI
8	INPUT 0	I	21	P24EXT	VI
9	MEPUS 0	I	22	OUTPUT 3	O
10	MEPUC 0	I	23	OUTPUT 2	O
11	MPG1 XA	I	24	MEXT	VI
12	MPG1 5V	VO	25	MEXT	VI
13	MPG1 5V	VO	26	MEXT	VI

续表

端子 X121 I/O 接口（电缆分线盒）引脚分配					
引脚	名称	类型	引脚	名称	类型
27	MEXT	VI	33	MPG1 B	I
28	MEPUS 1	I	34	MPG0 A	I
29	MEPUC 1	I	35	MPG0 0V	VO
30	MPG1 A	I	36	MPG0 0V	VO
31	MPG1 0V	VO	37	MPG0 B	I
32	MPG1 0V	VO			

端子 X122 接口引脚分配					
引脚	名称	类型	引脚	名称	类型
1	未分配	—	6	P5	VO
2	M424EXT	VO	7	P24EXT	VO
3	RS_KP	B	8	XRS_KP	B
4	RTSAS_KP	O	9	RTSPG_KP	I
5	M	VO			

端子 X172 设备总线接口引脚分配					
引脚	名称	类型	引脚	名称	类型
1	HF1	VI	18	P27	VI
2	HF2	VI	19	M27	VI
3	HF1	VI	20	M	VI
4	HF2	VI	21	未分配	—
5	未分配	—	22	M	VI
6	未分配	—	23	未分配	—
7	未分配	—	24	M	VI
8	未分配	—	25	未分配	—
9	P15	VI	26	M	VI
10	未分配	—	27	未分配	—
11	P15	VI	28	未分配	—
12	未分配	—	29	未分配	—
13	未分配	—	30	未分配	—
14	未分配	—	31	SIM_RDY	OC
15	未分配	—	32	未分配	—
16	I2T_TMP	OC	33	未分配	—
17	未分配	—	34	未分配	—

① X101 操作面板接口（MPI）端子引脚分配。表 13-3 中的引脚名称 XRS_BTSS、RS_BTSS 表示差分 RS-485 数据——OPI；RTSAS_BTSS 表示请求发送 AS-OPI；RTSPG_BTSS 表示请求发送 PG-OPI；2M 表示信号地，电位隔离；2P5 表示+5V，电位隔离；P24EXT、

M24EXT 表示 24V 电源。其中，引脚类型 B 表示双向，O 表示输出，VO 表示电源输出，I 表示输入。

② 端子 X102 PROFIBUS DP 接口引脚分配。表 13-3 中的引脚名称 XRS_PROFIBUS DP、RS_PROFIBUS DP 表示差分 RS-485 数据——PROFIBUS DP；RTSAS_PROFIBUS DP 表示请求发送 AS-PROFIBUS DP；RTSPG_PROFIBUS DP 表示请求发送 PG_PROFIBUS DP；DGND 表示信号地，电位隔离；VP 表示+5V，电位隔离；P24EXT、M24EXT 表示 24V 电源。其中，引脚类型 B 表示双向，O 表示输出，VO 表示电源输出，I 表示输入。

③ 端子 X112 Link 模块接口引脚分配。X112 分为不用于 NCU573.2/3/4 模块和仅带 Link 模块两类，而在 Link 模块中又分为 0AA0 和 1AA0 两类。在 X112（不用于 NCU573.2/3/4）模块中，信号 RXD 表示接收数据，信号 TXD 表示传送数据，信号 RTS 表示请求发送，CTS 表示发送使能，M 表示接地。表 13-3 中信号类型 O 表示输出，VO 表示电源输出，I 表示输入。在 X112 中仅带 Link 模块时，XRS_LINK、RS_LINK 表示差分 RS-485 数据——LINK、XRS_CLKCY；RS_CLKCY 表示差分 RS-485 数据——CLKCY；VP 表示+5V，电位隔离；其他型号类型与②中的引脚类型相同。

④ 端子 X121 I/O 接口（电缆分线盒）引脚分配。引脚名称 MPG0/1 5V 表示手轮 0/1 电源、5V、max、500mA；MPG0/1 0V 表示手轮 0/1 电源、0V；MPG0/1 A/XA 表示手轮 0/1 差分输入——A/XA；MPG0/1 B/XB 表示手轮 0/1 差分输入——B/XB；MEPUS 0/1 表示测量脉冲信号 0/1；MEPUC 0/1 表示测量脉冲共地（参考地）0/1；INPUT[0…3]表示 NC 二进制输入 0～3；MEXT 表示外部地（用于 NC 输入地参考地）；OUTPUT[0…3]表示 NC 二进制输出 0～3；M24EXT 表示外部 24V(−)，用于二进制输出；P24EXT 表示外部 24V(+)，用于 NC 二进制输出。其中，引脚类型 O 表示输出，VO 表示电源输出，I 表示输入，VI 表示电源输入。

⑤ 端子 X122 PG-MPI 接口引脚分配。信号 RS_KP、XRS_KP 表示差分 RS-485 数据——PLC 的 K 总线；RTSAS_KP 表示请求发送 AS-PLC 的 K 总线；RTSPG_KP 表示请求发送 PG-PLC 的 K 总线；M 表示接地；P5 表示 5V；P24EXT、M24EXT 表示 24V 电源。其中，引脚类型与①中相同。

⑥ 端子 X172 设备总线接口引脚分配。引脚名称 HF1/HF2 表示电源 57V 和频率 20kHz；P15 代表+15V；M 表示接地；P27 表示风扇电源；M27 表示 P27 参考地；I2T_TMP 表示 I^2t 预警（NC 专用：风扇/温度报警）；SIM_RDY 表示驱动和 NC 设备。其中，信号类型 OC 表示开放集电极，VI 表示电压输入。

图 13-5（a）NCU-1 中给出了 NCU 模块中 NCU 用户控制单元和显示单元，表 13-4 给出了该类单元的类型、含义及颜色。其中，H1 和 H2 是以发光二极管 LED 形式点亮，分别有 3 种颜色可供选择：绿色、红色和黄色。在右侧 H2 显示单元中，对于 DP 传输，LED 显示方式如下。

表 13-4　　　　　　　　　　　NCU 模块用户控制单元和显示单元

名称	类型	含义	颜色
RESET（S1）	按键	释放硬件 RESET 复位控制器和驱动器，并重新启动	—
NMI（S2）	按键	一个处理器 NMI 请求	—
S3	旋转开关	NCK 调试开关： 位置 0 为正常工作；位置 1 为调试位置；位置 2～7 为备用	—
S4	旋转开关	PLC 选择方式开关： 位置 0 为 PLCRUN；位置 1 为 PLCRUNP；位置 2 为 PLCSTOP；位置 3 为 MRES	—
H1（左侧）	LED	在以下情况下灯会亮： +5V：电源电压在范围之内；NF：NCK 看门狗应答和再启动期间 CF：COM 看门狗应答；CB：已经通过操作面板接口进行数据传送 CP：已经通过 PG MPI 接口进行数据传送	绿灯；红灯 红灯；黄灯 黄灯
H2（右侧）	LED	在以下情况下灯会亮： PR：如果 PLC 状态=RUN（运行）；PS：如果 PLC 状态=STOP（停止）； PF：如果 PLC 看门狗已经应答；PFO：如果 PLC 状态=FORCE（强制）	绿灯；红灯 红灯；黄灯
H3	7-段	软件支持的测试和诊断信息输出	

① 在 NCU571-572 时没有使用该功能（复位时会短暂地亮一下）。

② 在 NCU573.2/3/4 时 PLCDP 的状态有 3 种：LED 熄灭表示 DP 没有配置，或者 DP 已经配置，已经找到所有的从动；LED 闪烁表示 DP 已经配置，至少一个从动没有找到；LED 点亮表示有故障产生。

（2）NCU 内部模块

如图 13-6 所示，NCU 内部共由 5 个模块组成。RS-422 模块是 NCU 的一个子模块，有一个 RS-422 接口，用于进行 NCU 和数字化模块之间的数据交换。驱动模块有到操作面板、编程器、分散外部设备和 S7-300 外部设备的接口。Link 模块是用于 NCU573.2/3/4 的选件，如果插入该模块，则可以通过 NCU 的前面板（X122 之上）处理该接口；用 Link 模块可以进行同步，还能够在相互关联的几个 NCU573.2/3/4 之间进行

图13-6　NCU内部模块图

附加数据交换。PLC 模块用于监控机床，从 NCU571 到 NCU573 均可以作为选件选择带有 PROFIBUS DP 的 PLC 子模块；PLC 模块中有一个与 S7-300 系列产品兼容的 PLC CPU，可以通过外部设备总线连接 3 个外部线路，每个线路对应于 8 个 S7-300 外部设备模块板。COM 模块用于支持 NC-CPU 与 MMC 的外部设备通信。

2. 人机通信中央处理单元 MMC–CPU 和操作面板 OP031

在本例数控轧辊车床上，MMC 采用的是西门子 MMC100.2 和操作面板 OP031。如图 13-7 所示，MMC-CPU 主要实现的功能包括对机床程序存储、外部驱动、电压监控、键盘输入、串行口通信、控制显示接口，NMI 寄存器的外部输入信号有 NMI 按键信号、模块温度显示和电源故障报警，DRAM 完成对信息的存储。MMC100.2 是单片机 PC，系统存储器为 7MB DRAM（MMC100.2），OPI 操作面板接口为 MPI（多点接口），采用电位隔离，MMC VGA 支持 VGA CRT 或 LCD（单色 STN 板），LCD 和 CRT 同时操作，Flash 驱动为 3.7MB Flash-EPROM（MMC100.2），采用看门狗监控及温度监控，外部设有 Flash 卡接口用于软件升级（MMC100.2）。因此，基于西门子 840D 的轧辊数控车床，MMC 一般选用 100.2。

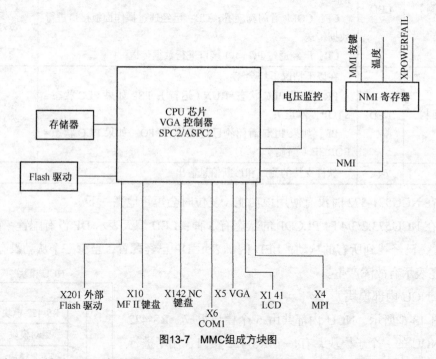

图13-7　MMC组成方块图

如图 13-8 所示，X3 为电源接口，采用扁平型电缆接口，共有 34 引脚；X4 为操作面板接口（MPI），它为 9 芯串行 D 插座，最大电缆长度为 200m，波特率为 15b/s；X5 为 VGA 接口，15 芯串行 D 口插座，最大电缆长度为 1.5m；X6 为串行接口 RS-232（配置为 COM1 或 COM2），插头为 9 芯串行 D 口，最大电缆长度为 30m；X10 为外部键盘接口，它用于连接一个特定类型的键盘，X141 为 LCD 接口，其规格为 4×6 引脚插座；X201 为外部 Flash 卡接口，用于软件升级和工业标准卡接头。

图 13-9 所示为 OP 操作面板端子连接图。OP 前面板有显示屏、键盘和 NC 操作控制器，PCU 50 操作面板处理器（与前面板结合在一起），机床操作面板是对机床设定和操作，配置有标准的 VGA 显示器，PS/2 键盘、PS/2 鼠标都是标准型的；打印机也供有标准 PC 打

印机，通过 USB 进行统一总线连接，以太网用于局域网的连接。

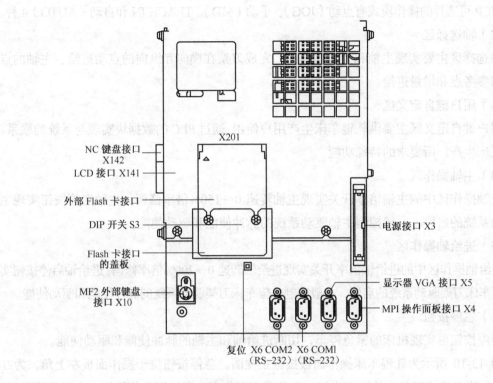

NC 键盘接口 X142
LCD 接口 X141
外部 Flash 卡接口
DIP 开关 S3
Flash 卡接口的盖板
MF2 外部键盘接口 X10
复位　X6 COM2　X6 COM1
（RS–232）　（RS–232）
X201
电源接口 X3
显示器 VGA 接口 X5
MPI 操作面板接口 X4

图13-8　MMC100.2背视图

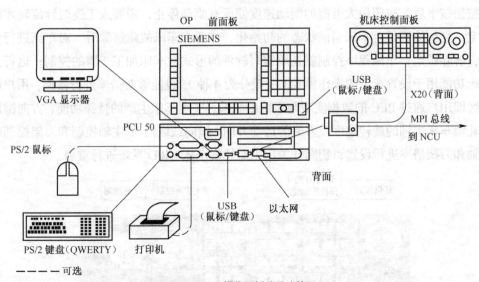

OP　前面板
SIEMENS
机床控制面板
VGA 显示器
USB（鼠标/键盘）
X20（背面）
PCU 50
MPI 总线到 NCU
PS/2 鼠标
USB（鼠标/键盘）
以太网
背面
PS/2 键盘（QWERTY）
打印机
———— 可选

图13-9　OP操作面板端子连接图

3. 机床操作面板 MCP

轧辊车床 MCP 的主要作用是实现对数控机床各类功能键的操作，主要有下列 6 个区的功能键操作。

（1）操作模式键区

MCP 可选择的操作模式有点动（JOG）、手动（MD）、TEACH IN 和自动（AUTO）4 种。

（2）轴选择区

轴选择区主要实现主轴和刀架的选择，完成刀架在横向和纵向的点动进给、主轴的点动、回参考点和增量进给。

（3）用户键自定义区

用户键自定义区主要供轧辊车床生产用户使用，通过 PLC 的数据块实现与系统的联系，实现机床生产厂所要求的特殊功能。

（4）主轴操作区

主轴操作区中的主轴倍率开关实现主轴转速 0～150%倍率修调；主轴启停按钮实现主轴驱动系统的启停，一般控制主轴驱动系统的脉冲使能和驱动使能。

（5）进给轴操作区

进给轴操作区中的进给轴倍率开关实现进给轴转速 0～200%倍率修调；进给轴启停按钮实现轧辊车床刀架驱动系统的启停，一般控制轧辊车床刀架驱动系统的脉冲使能和驱动使能。

（6）急停按钮

急停按钮可实现机床的紧急停车，切断进给轴和主轴的脉冲使能和驱动使能。

图 13-10 所示为轧辊车床操作面板按键正视图。急停按钮位于操作面板左上角，为红色开关。当车床或工件有故障产生时，人身安全有危害时需按下急停按钮。在正常情况下，急停按钮按下后，按照最大可能的制动速度使所有驱动停止，需要人工逆时针旋转才能解除锁定；复位按钮是对车床当前状态的初始化，或者在车床故障解除后，对车床进行手动复位，解除锁定；车床程序控制就是用编写软件的形式对车床加工步骤的控制；运行方式和机床功能用于设置车床的操作模式（一般分为 4 种），也能够对倍率进行修调；用户键自定义区即用户通过 PLC 的数据实现与系统的联系，实现车床生产的特殊功能；方向键用于控制轧辊车床主轴的旋转速度及刀架的运动方向（横向或纵向）；主轴控制和刀架控制就是对主轴和刀架倍率进行设置；钥匙开关用来对轧辊车床 840D 系统进行重启。

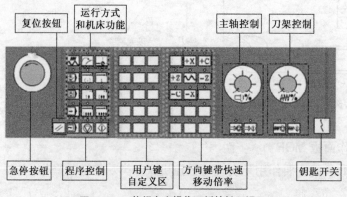

图13-10　轧辊车床操作面板按键正视图

如图 13-11 所示，X20 为操作面板接口（MPI），结构形式为 9 芯串行 D 型插头，用来发送 PLC OPI 和 PG OPI 上的数据；X10 为电源接口，结构形式为 3 芯端子板，SHIELD 为屏蔽接头，P24 为 24V 电位线，M24 为 24V 地线；S3 为 DIP 开关（8 芯）；LED 1…4 表示 LED1 和 LED2 没有使用、LED3 为 24V 电源、LED4 为发送协议传输时的状态改变。

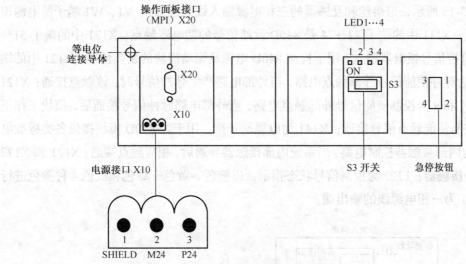

图13-11　机床操作面板背视图

图 13-12 所示为机床操作面板方块图。控制器用来调用程序存储器及数据存储器中的数据，并读出或写入该数据。为了提高数据传输的抗干扰能力，控制器将这些数据经过串行 I/O 控制器并与经过光耦隔离的 MPI 连接。X10 为 MCP 提供 24V 和 5V 电源。同时，为了保证控制器正常运行，控制器上还设有监控、电压、温度和看门狗电路。

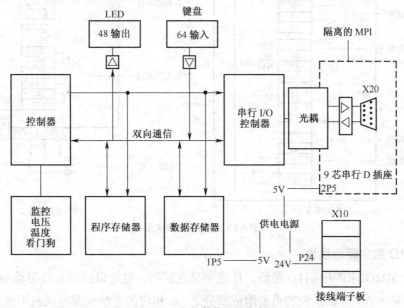

图13-12　机床操作面板方块图

4. 电源馈入模块

电源馈入模块的主要功能包括为 NC 和驱动装置提供控制和动力电源，产生母线电压，监测电源和模块状态。根据容量不同，凡小于 15kW 均不带馈入装置，记为 U/E 电源模块；凡大于 15kW 均需带馈入装置，记为 I/RF 电源模块。

如图 13-13 所示，带熔丝和互感器的三相电源输入线通过 U1、V1、W1 端子给电源馈电模块供电；X111 中的端子 72～74 是 840D 就绪信号的馈电器触点；X121 中的端子 51～53 为热量监控信号馈电器触点，用于检测 840D 电源及驱动模块的发热情况；X121 中的端子 63 和 9 为脉冲使能信号外部触点电路，当外部电路产生脉冲信号时，该触点接通；X121 中的端子 64 和 9 为控制使能信号外部触点电路，当外部电路脉冲信号接通后，模块工作正常运行时控制使能触点信号接通；X141 为电源端子排，用于为 840D 模块提供各类标准电源；X161 为内部接触器控制电路，当系统内部接触器导通后，相应触点接通；X171 和 X172 为启停信号接触器；LED 为控制信号状态指示，以橙色、黄色、绿色和红色 4 种颜色进行显示；X151 为三相电源线的输出端。

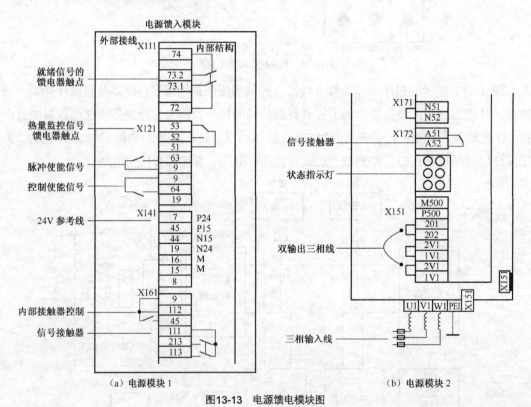

图13-13　电源馈电模块图

5. 611D 数字驱动模块

西门子 SIMODRIVE 611D 是新一代数字交流驱动，也是以控制总线驱动的。611D 数字驱动模块是 840D 进给系统的重要组成部分之一，相应的进给伺服电动机可采用 1FT6 系列，编码器信号为正弦波，实现全闭环控制。

图 13-14 所示为轧辊车床进给驱动模式下的双轴驱动接口图。本例中，611D 数字驱动模块用来驱动刀架电动机和车床托板电动机。端子 X411 及 X412 为电动机编码器的两个轴接口，端子 X421 和 X422 为两个直接位置反馈口，端子 X431 及 X432 为继电器触点脉冲使能接口和 BERO 接口，端子 X141 和 X151 为驱动总线和设备总线。

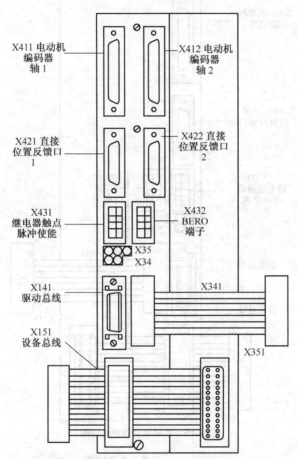

图13-14　轧辊车床进给驱动模式下的双轴驱动接口图

6. 主轴驱动模块

图 13-15 所示为主轴驱动模块接口图。与图 13-14 所示的接口类似，端子 X411 为电动机编码器的两个轴接口；端子 X421 为两个直接位置反馈口；端子 X431 和 X432 为继电器触点脉冲使能接口和 BERO 接口；端子 X141 和 X151 为驱动总线和设备总线。该模块与 ADI4 和西门子 6RA70 直流全数字整流器一起构成了轧辊车床的主轴伺服系统，用于控制车床主轴电动机转速。

7. PLC 模块

如图 13-16 所示，840D PLC 模块采用了西门子 SIMATIC S7-300 的软件及模块。在同一条导轨上，从左到右依次为电源模块（PS）、接口模块（IM）、信号模块（SM）。其中，PLC 的 CPU 与 NC 的 CPU 集成在 NCU 中。电源模块（PS）是为 PLC 和 NC 提供+24V 和+5V 的直流电源；接口模块是用于各级之间的连接；信号模块（SM）为车床 PLC 的 I/O 模块，有输入型和输出型两种。

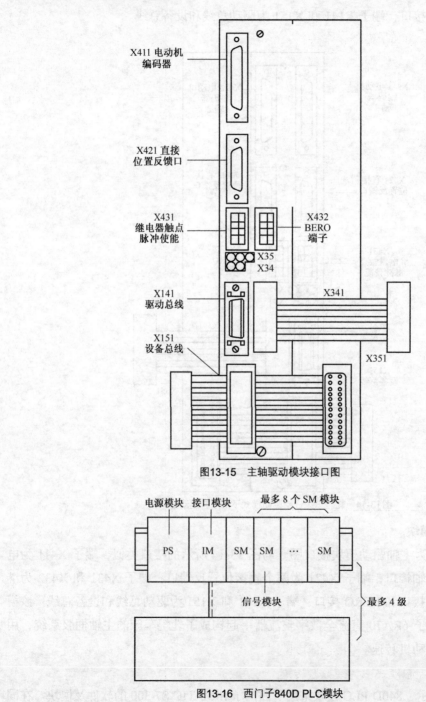

图13-15　主轴驱动模块接口图

图13-16　西门子840D PLC模块

8. 小型手持单元

图 13-17 所示为轧辊车床上的小型手持单元（HHU）结构图。HHU 是一种小型的、容易操作的、与 840D 控制器相接的控制单元。急停按钮与机床操作面板上的急停按钮功能相同；使能按键设计为双位开关，触发车床刀架移动运行时，必须按此键；轴的选择开关可以用于选择刀架横向及纵向移动或主轴转动；功能键可以用于触发轧辊车床专用功能；移动键有 "+" "−"，可以用于所选轴的移动运行；手轮可以用于触发所选轴的移动运行，手轮提供两个轨道信号；快速移动键可以用于提高所选轴的移动速度，快速移动键对用 "+" "−" 方向键的移动和用手轮的移动均有效。

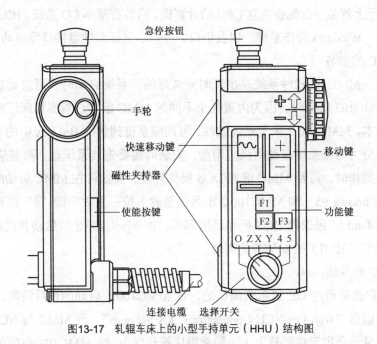

图13-17　轧辊车床上的小型手持单元（HHU）结构图

13.1.3　基于西门子 840D 系统的轧辊车床软件配置

如图 13-18 所示，在数控轧辊车床中西门子 840D 系统软件配置主要分为 4 个部分。第一部分为 MMC 软件系统，MMC100.2 的 CPU 为不带硬盘的 486，而 MMC103 的 CPU 为奔腾，可以带硬盘。在轧辊车床上一般采用 MMC100.2 的控制软件，以及串口、并口、鼠标和键盘接口等驱动程序，用来支撑 SINUMERIK 与外界 MMC-CPU、PLC-CPU、NC-CPU 之间的相互通信及任务协调。第二部分为 NC 软件系统，主要包括 NCK 数控和初始引导软件、NCK 数控和数字控制软件系统、SINUMERIK 611D 驱动数据和 PCMCIA 卡软件系统。第三部分为 PLC 软件系统，主要包括基本 PLC 程序和轧辊车床 PLC 程序两部分。第四部分为通信及驱动接口软件，主要负责协调 PLC-CPU、NC-CPU 和 MMC-CPU 三者之间的通信。

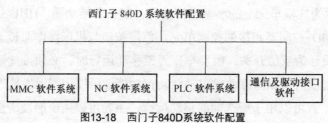

图13-18　西门子840D系统软件配置

1. MMC 软件系统

MMC 实际上就是一台配备独立 CPU 的计算机，内装有基本 I/O 系统（BIOS）、DR-DOS 内核操作系统、Windows 操作系统，以及串口、并口、鼠标和键盘接口等驱动程序。

（1）MMC 的安装

一般来讲，MMC 的软件系统是出厂时安装好的。系统启动时，可自动启动该部分。但应注意：MMC103 启动时，因为内置几个不同的 MMC 版本，需要机床厂家手工安装相应的 MMC 版本。MMC100.2 未装系统软件，可用随系统到货的 Bol.box 中的 MMC 磁盘安装，磁盘一般分为两张系统盘和两张应用盘，安装时需要先装系统盘，再装应用盘。

进行上述操作时，需要 MMC 进入 DOS 操作环境，而这可在 MMC 启动时（MMC103 出现 "Start Windows 95" 和 MMC100.2 出版信息时）按一下数字键 "6" 得到一个启动菜单（Start-up Menu），再选择 DOS 操作环境即可，而 MMC100.2 将启动其内置的 PCIN 软件。PCU 的软件（HMI）的安装与此类似。

（2）MMC 的启动

MMC 的启动是通过 OP 显示来确认的，在 MMC100.2 启动的最后阶段，在屏幕的下方会显示一行信息 "Wait For NCU Connection：XX Seconds"。若 MMC 与 NCU 通信成功，则 840D 基本显示会出现在屏幕上（一般是机床操作区）；而 MMC103 自带硬盘，背面也有一个七段显示器，MMC103 启动成功后，会显示一个 "8" 字。

图 13-19 所示为轧辊车床 840D 系统成功启动后的画面。编号分别表示以下内容：1 为操作区，2 为通道状态，3 为程序状态，4 为通道和模式组，5 为警报和消息行，6 为模式显示，7 为程序名称，8 为通道操作信息，9 为通道状态信息，10 为与菜单栏有关的信息，11 为工作窗口和 NC 显示，12 为包含操作者注释的对话框行，13 为焦点，14 为水平方向的按键栏，15 为垂直方向的按键栏，16 为回调，17 为其他项目。

（3）MMC 的数据备份

为了防止机床数据丢失，需要将 MMC 的数据备份到另外一个存储装置中。如果数据丢失，可以利用备份的 MMC 快速恢复车床数据。根据两种不同的备份方法，接口设定也只有两种：PC 格式与纸带格式。因此，备份数据之前，应首先确认接口数据设定（即 V.24 参数设定）。

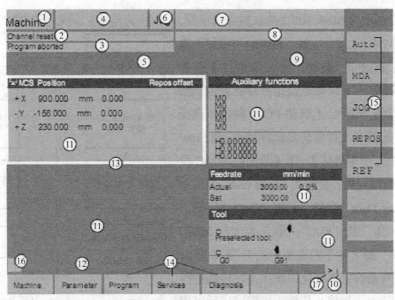

图13-19　轧辊车床840D系统成功启动后的画面

表 13-5 给出了两种格式 V.24 的设定参数。符号"N"表示未使能该项目，符号"Y"表示使能该项目。PC 二进制格式与纸带格式的波特率、停止位、奇偶、数据位、XON、XOFF、传输结束、XON 后开始、确认覆盖、测 DRS 信号和前后引导项目设置相同；在 PC 二进制格式中，CRLF 表示段结束、遇 EOF 结束和磁带格式项目均未使能，而纸带格式中这 3 个项目需使能。

表 13-5　　　　　　　　　　　　　　　　840D V.24 参数设定

PC 二进制格式		纸带格式	
名称	设置值	名称	设置值
设备	RTS CTS	设备	RTS CTS
波特率	9 600b/s	波特率	9 600b/s
停止位	1	停止位	1
奇偶	None	奇偶	None
数据位	8	数据位	8
XON	11	XON	11
XOFF	13	XOFF	13
传输结束	1a	传输结束	1a
XON 后开始	N	XON 后开始	N
确认覆盖	N	确认覆盖	N
CRLF 为段结束	N	CRLF 为段结束	Y
遇 EOF 结束	N	遇 EOF 结束	Y
测 DRS 信号	N	测 DRS 信号	N
前后引导	N	前后引导	N
磁带格式	N	磁带格式	Y

图 13-20 所示为 MMC100.2 的数据备份步骤。第 1 步为连接 PG/PC 至 MMC 的接口 X6；
第 2 步为在 MMC 上操作，在 "Service" 项目下选择 "V24 或 PG/PC" 选项，并在该项目下选择 "Setting" 选项进行 V.24 参数设定并存储设定或激活；第 3 步为在 PG/PC 上启动 PCIN 软件，选择 "Date In" 选项，命名文件并确定保存目录，按 Enter 键后使计算机处于等待状态；第 4 步为在 MMC 设定完 V.24 参数后返回，接着在 "Data Out" 项目下选择 "Start-up Data" 选项，并按 "INPUT" 键，选择输入 "NCK" 或 "PLC"；第 5 步为在 MMC 上按下 "Start" 键（位于垂直菜单上）；第 6 步为在传输过程中，会有字节变化以表示正在传输进行中，可以用 "Stop" 键停止传输。传输完成后可用 "log" 查看记录。

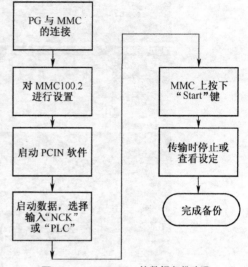

图13-20　MMC100.2的数据备份步骤

对 MMC103 的数据备份更加灵活，这是因为它可带软驱、硬盘、NC 卡等外部存储设备，可选择不同的存储目标。MMC103 数据备份的详细设定方法与 MMC100.2 类似。

2. NC 软件系统

（1）NC 的基本组成

一个 NC 程序由一系列程序段构成，而程序段又由一些字组成，见表 13-6。"NC 语言" 的一个字由一个地址符和一个数字或一串数字组成，它们表示一个算术值。一个字的地址符通常为一个字母。数字串可以包含一个符号和小数点，符号位于地址字母和数字串之间，正号（+）可以省去。

表 13-6　　　　　　　　　　　　840D NC 基本程序组成表

程序段	字	字	字	…	注释
程序段	N10	G0	X20	…	第一程序段
程序段	N20	G2	Z37	…	第二程序段
程序段	N30	G91	…	…	…
程序段	N40	…	…	…	—
程序段	N50	M30	…	…	程序结束（最后一个程序段）

如图 13-21 所示，每个程序段说明一个加工步骤。在一个程序段中以字的形式写出各个指令。在加工步骤中，最后一个程序段包含一个特殊字，表明程序段结束（如 M30）。每个程序有一个程序名，程序名可以自由选取，但开始的两个符号必须为字母（也可以是一个下划线带个字母）。带穿孔带格式的文件可以外部编制，或者用编辑器加工。存储在内部

存储器中的文件，其文件名以"_N_"开始，穿孔带格式文件以"%"引导，"%"必须位于第一行的第一列。

程序段按照应用的主次及先后顺序可分为主程序段和辅助程序段。在主程序段中，必须定义所有要求的字，从而可以加工以此主程序段开始的操作步骤；主程序段由一个主程序段号标识":"和一个正整数构成。程序段号始终位于一个程序段的起始处，在一个程序中主程序段号必须非常明确，以便保证查找时的唯一性，如": 10 D2 F200 S900 M3"。辅助程序段通过一个辅助程序段号进行标识。一个辅助程序段号由一个字符"N"和一个正整数构成，如"N20 G1 X14 Y35"。

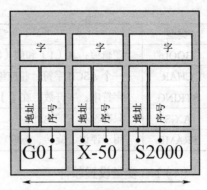

图13-21　NC程序段的基本组成

（2）地址

地址是指进给轴固定的名称或可以设定的名称（X，Y…），可分为可设定地址和固定地址及一些重要地址，如插补参数 I/J/K、回转轴（A/B/C）等。

表 13-7 给出了固定设定地址符号及含义，每个字符地址固定的代表一个功能。如果由一个字符串代表组成的地址，则可被称为带轴扩展的固定地址，如轴数（AX）、轴向加速度（ACC）及轴向进给率（FA）等。

表 13-7　　　　　　　　　　　固定设定地址符号及含义

地址	含义（默认设定）	地址	含义（默认设定）
D	刀沿号	N	辅助程序段
F	进给率	P	程序运行次数
G	位移条件	R	计算参数
H	辅助功能	S	主轴转速
L	子程序调用	T	刀具号
M	附加功能	:	主程序段

（3）数据类型

表 13-8 给出了 NC 控制系统的 7 种数据类型：INT（整型）、REAL（实数型）、BOOL（布尔型）、CHAR（字符型）、STRING（字符串型）及机床特有类型 AXIS 和 FRAME 型。AXIS 和 FRAME 型表示只有轴名和用于各种工件设定的几何参数。

表 13-8　　　　　　　　　　　840D NC 数据类型

类型	意义	值范围
INT	整数值，带符号	$\pm\,(2^{31}-1)$
REAL	实数带小数点，LONG REAL 符号	$\pm\,(10^{-300}\sim10^{+300})$

续表

类型	意义	值范围
BOOL	逻辑值：真（1）和假（0）	1，0
CHAR	一个 ASCII 字符，相应编码	0～255
STRING	字符串，字符数，在【 】中，最多 200 个字符	带 0～255 的数值
AXIS	只有轴名（轴地址）	所有在通道中出现的轴名
FRAME	用于评议、旋转、标度和镜像的几何参数	—

（4）NC 变量设置软件

如图 13-22 所示，在 NC 变量设置中可用西门子 840D 变量设置软件 NC-VAR-Selector。该软件列出了变量选择的 4 个基本组成部分：区域单元、数据区域、变量名及变量类型。区域单元是对变量的一个分组，西门子 840D 系统中变量共分为以下几个组别：A 代表轴专用基本设定区域，B 代表数据组模式区域，C 代表通道选择数值区域，H 代表主轴驱动数据区域，M 代表 MMC 数据区域，N 代表 NC 数据区域，T 代表工具数据区域，V 代表进给数据驱动区域；数据区域是指在每个组别下所对应的数据组成形式；变量名是指根据变量命名规则，对每个区域中的指定数据赋予特定名称；数据类型详见表 13-8。

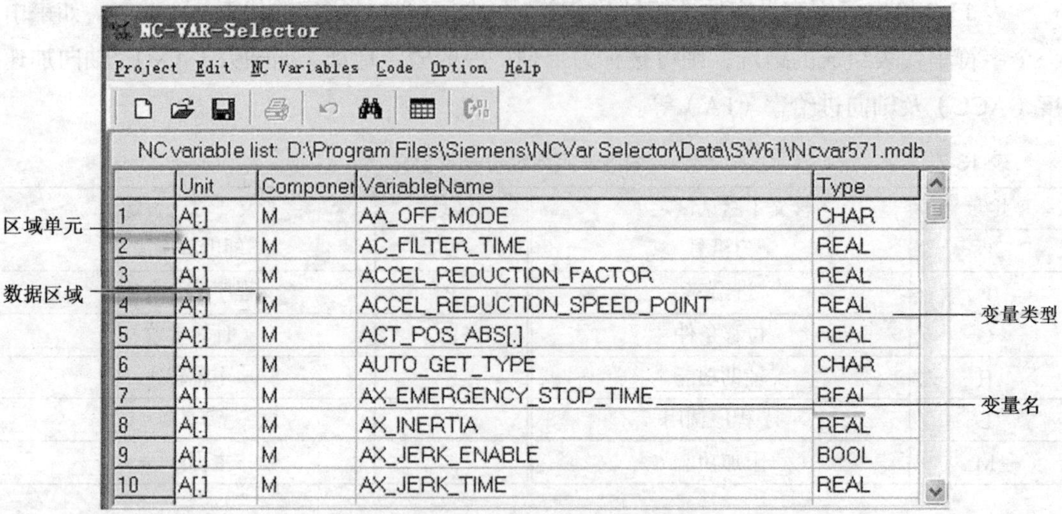

图13-22　NC-Var-selector软件外观图

（5）基于 840D 的轧辊车床 NC 程序及数据设置

在 NC 程序中机床数据和设定数据需要按照一定的规则进行设置。

图 13-23 所示为轧辊车床 NC 程序图。"%_N_"表示该程序是以穿孔带格式开始的，零件程序的名称为"HULUPR"，";"为注释引导，系统变量"$"规定了文件路径。"N"开头表示辅助程序段开始；N1 表示恒定切削速度选择；N2 表示车床进给率的选择；N3、N5 和 N30 表示使用刀具，并带刀具半径补偿；N35、N40、N45 表示车削半径为 100；N50、N65 表示进给率的选择；N55、N60 表示位置选择；N70 表示回换刀位置；N75 表示返回。

426

表 13-9 给出了机床数据和设定数据的范围和名称。机床数据主要分为驱动器机床数据、操作面板数据、通用机床数据、通道专用数据和轴专用机床数据 5 类。其中，通用机床数据、通道专用数据和轴专用机床数据可用于编译循环。在机床设定中，如果各类数据个数超出设定范围，可引入备用数据设定区域数值（9 000～19 999、29 000～29 999、39 000～39 999）。数据区域中的符号$MM_代表操作面板数据，$MN_/$SN_代表通用机床数据/设定数据，$MC_/$SC_代表通道专用集成数据/设定数据，$MA_/$SA_代表轴专用机床数据/设定数据，$MD 代表驱动器机床数据。同时，对于用户可以自定义设定机床报警内容，其设定的数值范围从 70 000 开始。

```
%_N_HULUPR_MPF
;$PATH=/_N_MPF_DIR
N1 M03 S50
N2 G04 F20
N3 G00 G91 G94 X-457.9
N5 G01 G91 G94 X-30 F200
N30 Z-58
N35 G02 X-11 Z- 21 CR=100
N40 G03 X4 Z-86 CR=100
N45 G02 X-10 Z-36 CR=100
N50 G01 G91 G94 Z-20 F200
N55 G00 G91 G94 X504.9
N60 Z321
N65 G04 F20
N70 M05
N75 M02
```

图13-23 轧辊车床NC程序图

表 13-9   机床数据和设定数据的范围和名称

范围	名称	范围	名称
1 000～1 799	用于驱动器的机床数据	39 000～39 999	备用
9 000～9 999	用于操作面板的机床数据	41 000～41 999	通用设定数据
10 000～18 999	通用机床数据	42 000～42 999	通道专用设定数据
19 000～19 999	备用	43 000～43 999	轴专用设定数据
20 000～28 999	通道专用机床数据	51 000～61 999	用于编译循环的通用机床数据
29 000～29 999	备用	62 000～62 999	用于编译循环的通道专用机床数据
30 000～38 999	轴专用机床数据	63 000～63 999	用于编译循环的轴专用机床数据

（6）轧辊车床通道专用数据介绍

如图 13-24 所示，程序是以带穿孔带格式的文件开始的，完成了对通道 1 的数据设定。N20050 表示指定几何轴到通道轴 1 和 2，N20070 表示通道中机床轴号为 3，N20080 表示通道中的通道轴名称 1、2 和 5，N20700 表示无参考点 NC 启动关闭。

（7）轧辊车床通用机床数据

图 13-25 所示为轧辊车床通用机床数据设定程序，以带穿孔带格式的文件开始，完成了对通道 1 的数据设定。N10000 表示机床坐标轴的名称，它们分别为 Z1、C1 和 Y1；N10061 表示位置控制循环设定；N10071 表示插补器循环；N10083 表示最大可设定的传输时间偏移；N10091 表示显示循环监控时间；N10092 表示显示再确认循环时间；N13000 表示激活驱动器 611D；N13010 表示逻辑驱动器号 0～3；N13020 表示驱动器模块的功率段代码 0 和 1；N13030 表示 4 个模块识别号都为 2 轴模块；N13040 表示启动器类型代码；N18040 表示 PCMCIA 卡的版本和数据，非 FM-NC；N18050 表示显示可用动态存储器数据；N18060

表示显示可用静态存储器数据；N18210 表示 DRAM 中的动态用户存储器。

```
%_N_NC_TEA_INI

CHANDATA(1)
N10000 $MN_AXCONF_MACHAX_NAME_TAB[1]="Z1" '596e
N10000 $MN_AXCONF_MACHAX_NAME_TAB[2]="C1" '5cb0
N10000 $MN_AXCONF_MACHAX_NAME_TAB[5]="Y1" '5764
N10061 $MN_POSCTRL_CYCLE_TIME=0.004 '4b38
N10071 $MN_IPO_CYCLE_TIME=0.012 '4360
N10083 $MN_CTRLOUT_LEAD_TIME_MAX=91.40625 '5bcc
N10091 $MN_INFO_SAFETY_CYCLE_TIME=0.004 '5c2e
N10092 $MN_INFO_CROSSCHECK_CYCLE_TIME=0.328 '7bda
N13000 $MN_DRIVE_IS_ACTIVE[0]=1 '4ce4
N13000 $MN_DRIVE_IS_ACTIVE[1]=1 '4dac
N13000 $MN_DRIVE_IS_ACTIVE[2]=1 '4f44
N13010 $MN_DRIVE_LOGIC_NR[0]=1 '50e4
N13010 $MN_DRIVE_LOGIC_NR[1]=2 '5246
N13010 $MN_DRIVE_LOGIC_NR[2]=3 '5518
N13010 $MN_DRIVE_LOGIC_NR[3]=4 '54c0
N13020 $MN_DRIVE_INVERTER_CODE[0]='H16' '60cc
N13020 $MN_DRIVE_INVERTER_CODE[1]='H16' '6194
N13030 $MN_DRIVE_MODULE_TYPE[0]=2 '4854
N13030 $MN_DRIVE_MODULE_TYPE[1]=2 '48b8
N13030 $MN_DRIVE_MODULE_TYPE[2]=2 '4984
N13030 $MN_DRIVE_MODULE_TYPE[3]=2 '4b24
N13040 $MN_DRIVE_TYPE[2]=4 '31f8
N13040 $MN_DRIVE_TYPE[3]=4 '3468
N18040 $MN_VERSION_INFO[0]="06.02.10 840DE " '5d88
N18040 $MN_VERSION_INFO[1]="H0  st_view        " '76a6
N18040 $MN_VERSION_INFO[2]="30/07/01 14:50:53 " '6b10
N18050 $MN_INFO_FREE_MEM_DYNAMIC=914364 '5722
N18060 $MN_INFO_FREE_MEM_STATIC=262452 '5684
N18210 $MN_MM_USER_MEM_DYNAMIC=2437 '5bc4
M17
```

```
%_N_CH1_TEA_INI

CHANDATA(1)
N20050 $MC_AXCONF_GEOAX_ASSIGN_TAB[1]=0 '741a
N20050 $MC_AXCONF_GEOAX_ASSIGN_TAB[2]=2 '777a
N20070 $MC_AXCONF_MACHAX_USED[3]=0 '54d0
N20080 $MC_AXCONF_CHANAX_NAME_TAB[1]="Z" '5fee
N20080 $MC_AXCONF_CHANAX_NAME_TAB[2]="C" '6330
N20080 $MC_AXCONF_CHANAX_NAME_TAB[5]="Y" '5de4
N20700 $MC_REFP_NC_START_LOCK=0 '6478
M17
```

图13-24 轧辊车床通道专用数据设定　　　　图13-25 轧辊车床通用机床数据设定

（8）报警编码及含义

840D 数控系统的报警主要分为 NCK 报警、MMC 报警、611D 报警及 PLC 报警。对于 NCK 报警，其报警号的范围详见表 13-10。

表 13-10　　　　　　　　　　　　NCK 报警设定数据范围表

NCK 报警号	含义
000000～009999	普通报警
010000～019999	通道报警
020000～029999	轴/主轴报警
030000～099999	功能报警
060000～064999	SIMENS 循环报警
065000～069999	用户循环报警
070000～079999	机床厂家编制的 OEM 报警和编译循环报警

NCK 报警号的范围为 000000～079999。报警号分别对应了普通报警、通道报警、轴/主轴报警、功能报警、SIMENS 循环报警、用户循环报警和编译循环报警及机床厂家编制

的 OEM 报警。该报警显示了内部报警的状态和传递的错误编号，并且提供有关出错原因和出错位置的信息：NC 未准备就绪、方式组未准备就绪、禁止 NC 启动及报警时 NC 停止。若出现此类报警，则需要与西门子公司技术支持联系。

表13-11 给出了 MMC 报警设定数据范围。对于 MMC 报警信息，普通报警号为 100000～107999，MMC100 特有报警号为 110000～110999，MMC102/103 特有报警号为 120000～120999。该类报警一般为没有找到搜索项目、没有足够的存储空间可用来生成表格、没有确定局部用户数据、通过轴/驱动/通道不能分页、NCK 拒绝保存显示数据等。611D 报警信息编号的范围为 300000～399999。

表 13-11   MMC 报警设定数据范围表

MMC 报警号	含义
100000～100999	基本系统
101000～101999	诊断
102000～102999	维修
103000～103999	机床
104000～104999	参数
105000～105999	编程
106000～106999	备用
107000～107999	OEM
110000～110999	MMC100 信息
120000～120999	MMC102/103 信息

PLC 报警信息分别给出了普通报警、通道报警、轴/主轴报警、用户区、定序器/图表及从 PLC 发出的系统错误信息，见表 13-12。系统错误信息一般包括启动错误和启动过程中的指令及操作过程中的错误。

表 13-12   PLC 报警设定数据范围表

PLC 报警号	含　义
400000～499999	普通报警
500000～599999	通道报警
600000～699999	轴/主轴报警
700000～799999	用户区
800000～899999	定序器/图表
810001～810009	从 PLC 发出的系统错误信息

表 13-13 给出了用户区中轧辊车床 840D 系统中的报警号设定及含义。报警号以 700000 为起始，分别列出了轧辊车床 840D 系统中的各类故障（范围 70000~700104）。当报警发生时，该报警号及报警内容将会以红字显示在 MMC 上。故障报警按设备组成部分可分为 6RA70 故障、托板故障、尾座故障、液压泵故障、冷却泵故障、刀板故障、刀架故障、主轴故障、电源故障和 ±X 和 ±Z 方向行程故障。

表 13-13　　　　　　　　　　用户区中轧辊车床 840D 系统中的报警号设定及含义

报警号	名称	报警号	名称
700000	自动切削时工件未顶紧	700019	托板润滑电源故障
700001	主电动机电源故障	700020	溜板箱润滑电源故障
700002	主轴润滑故障	700021	尾座前限位超程
700003	6RA70 系统风机故障	700022	尾座后限位超程
700004	6RA70 系统励磁回路欠电流	700023	尾座顶紧套筒前限位超程
700005	6RA70 系统励磁回路电源故障	700024	尾座顶紧套筒后限位超程
700006	6RA70 系统未准备好	70025	尾座及顶紧套筒润滑电动机电源故障
700007	6RA70 系统故障	700026	尾座移动电动机电源故障
700008	6RA70 系统主接触器故障	700027	液压泵电源故障
700009	611D 进给模块故障	700028	液压泵滤油器堵塞
700010	+X 方向超程	700029	冷却泵电源故障
700011	−X 方向超程	700030	刀板电动机电源故障
700012	+X 方向急停	700031	刀板前进控制故障
700013	−X 方向急停	700100	刀板后退控制故障
700014	+Z 方向超程	700101	刀架与尾座干涉
700015	−Z 方向超程	700102	刀板与尾座干涉
700016	+Z 方向急停	700103	主轴不在挡位
700017	−Z 方向急停	700104	自动方式时主轴挡位开关位置错
700018	托板润滑液面过低		

3. PLC 软件系统

本例中，对 840D 系统的设置均采用西门子 S7-300 PLC 编程软件。

如图 13-26 所示，轧辊车床 840D 系统中 S7-300 PLC 的软件包括 3 个部分：工作区、工具栏和 PLC 模块栏。工作区主要是对特定轧辊车床型号显示、CPU 型号显示、源程序及用户程序显示；工具栏是对各个数据模块的编辑；PLC 模块栏详细列出了轧辊车床 PLC 的基本组成模块，包括组织模块（OB）、功能模块（FB 和 FC）、数据模块（DB）、用户定义数据类型（UDT）、特殊功能模块（SFS）。

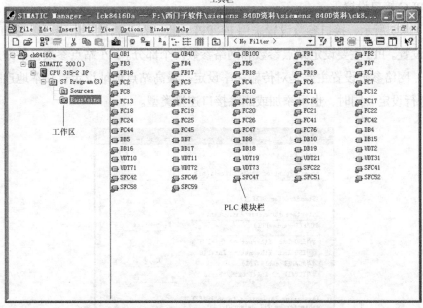

图13-26　轧辊车床840D系统中S7-300 PLC软件界面图

4. 通信及驱动接口软件

（1）PLC 应用接口的数据模块

表 13-14 给出了西门子 PLC 应用接口数据模块。每个模块号对应不同的数据功能，包括 NC 编译循环接口（DB9）、NCK 接口（DB10）、模式组接口（DB11）、计算机连接和传输系统接口（DB12）、MMC 接口（DB19）、NC 通道接口（DB21～DB30）及进给轴/主轴接口（DB31～DB61）。

表 13-14　　西门子 PLC 应用接口数据模块

数据模块号	含义	数据模块号	含义
DB1	西门子保留	DB19	MMC 接口
DB2～DB4	PLC 信息	DB20	PLC 机床数据
DB5～DB8	基本程序	DB21～DB30	NC 通道接口
DB9	NC 编译循环接口	DB31～DB61	进给轴/主轴接口
DB10	NCK 接口	DB62～DB70	未分配
DB11	模式组接口	DB71～DB74	刀具管理
DB12	计算机连接和传输系统接口	DB75～DB76	M 组解码
DB13～DB14	基本程序保留	DB77	西门子保留
DB15	基本程序	DB78～DB80	西门子保留
DB16	PI 服务定义	DB81～DB89	循环控制车床的控制装置
DB17	版本号	DB81～DB127	未分配
DB18	SPL 接口（安全集成）		

（2）PLC 接口设置

如图 13-27 所示，接口参数设置采用 PC/PPI 连接。在该属性栏中还可以对 PPI 和本地连接进行设置。PPI 主要设定站点参数和网络参数两个部分。PPI 站点参数包括站点地址和响应超时，网络参数设置主要是对传输频率设定、最高站点地址设定；在本地连接中可对 COM 口进行设定。同时，也可添加或删除接口连接类型。

图13-27　PC/PPI接口参数设置图

13.2　电—液伺服系统在仿形铣床上的典型应用

仿形铣床是用于加工复杂形状工件时常用的仿形加工铣床。在用铸造方法制造模具时，首先必须置备木模或汽车零件的样件。按照一定比例制成的模型称为"靠模"，常被用作仿形加工中的母型，或作为显示铣床加工轨迹的辅助模型。仿形铣床上的靠模指沿靠模轮廓形状移动，铣刀则按照靠模触头的移动对模具材料进行铣削加工，从而仿制出所需的模具型腔。本章将主要介绍仿形铣床的基本概念和基本参数、仿形铣床的基本控制方式、数字随动铣床的基本原理和液压伺服系统下仿形铣床的检修方式。各类表格的引入增加了读者对电—液压伺服系统的认识。

13.2.1　仿形铣床的基本概念

仿形铣床的控制方式可分为直接作用式（如机械仿形）和随动作用式（如液压仿形、电仿形等）。直接作用式仿形铣床是把仿形触头与刀具刚性连接，弹簧力或重锤使仿形触头与样板保持接触，机床工作台纵向移动时，样板曲面传力给仿形触头，使刀具执行仿形运动。直接作用式仿形铣床的缺点是样板上承受的压力大，仿形精度不高。随动作用式仿形铣床是把样板给仿形触头的位移信号转换成电信号（电压）或液压信号（压力差），经功率放大后驱动机床执行部件。

图 13-28 所示为三坐标自动仿形铣床的整体外观。三坐标随动装置通常由单坐标和双坐标组合而成，所以也可称三坐标仿形铣床为组合仿形铣床。

1. 仿形铣床组成

① 工作台，它是用来摆放、固定靠模和工件的平台。

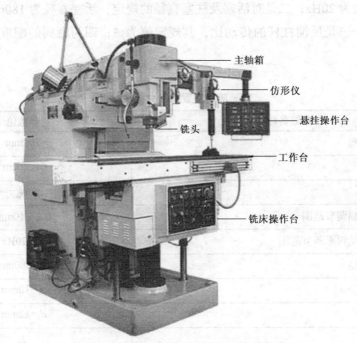

图13-28　三坐标自动仿形铣床的整体外观图

② 液压马达，它为液压缸提供能源，将一定的高压流体连续地供给伺服阀。

③ 铣床床身，它固定并连接铣床成为一个整体，是铣床的基本组成部分。

④ 铣刀，它是用来铣削工件的刀具。

⑤ 靠模，它也称为木模或汽车零件的样件，是按照一定的比例制成的模型。

⑥ 伺服放大器，它是在输入回路中带有加减法计算的直流放大器的一种。

⑦ 换能装置，在仿形铣床中采用柱塞式液压缸，它主要是将液压能转换为机械能。

⑧ 位置检测器，它一般采用电位器，也可以采用光电编码器，主要将换能装置或负载的位移（角度、速度、转数）转换为电气信号。

2. 液压随动系统特点

① 液压传动的可动部分惯量小，保证了液压传动具有很高的快速性，并使铣床能迅速制动和换向。

② 液压传动装置的质量和外形尺寸都不大，可以加工各种行程范围内的小型工件。

③ 液压缸的使用能保证机器的工作机构运行平稳。

④ 液压随动系统可以自行润滑，从而使机构寿命加长。

⑤ 液压机械装置的结构简单可靠，便于进行调整或排除使用过程中发生的故障。

3. 随动装置的技术特性

随动装置的技术特性见表 13-15，随动装置参数主要包括 4 类：一是对工作机构振幅和频率的范围规定，其振幅调节范围最小为 0.2mm，最大为 10mm，振动频率调节范围最小为 2Hz，最大为 20Hz；二是对活塞及柱塞直径的规定，活塞直径为 180mm，支撑活塞直径为 10mm；三是反馈杠杆的传动比，其规定值为 3；四为滑阀的配重质量，其设定值为 30kg。

表 13-15　　　　　　　　　　　　随动装置的技术特性

参数名称	参数值
工作机构的行程	100mm
工作压力	64kgf/cm^2
变形力	16 吨力
工作机构的振幅调节范围	0.2～10mm
工作机构的振动频率调节范围	2～20Hz
工作活塞的直径	D_n=180mm
支撑活塞的直径	d_n=10mm
柱塞的直径	d_1=12mm
反馈杠杆的传动比	$i_{oc}=\dfrac{L_1}{L_2}=3$
滑阀配重质量	30kg

13.2.2　仿形铣床的基本参数

对于普通液压仿形铣床，工作台的移动主要由液压马达驱动液压缸活塞移动来实现。仿形铣床主要分为立体仿形铣床、三坐标液压仿形铣床、三坐标自动仿形铣床、单仿形铣床、三仿形铣床、工作台不升降仿形铣床和工作台液压不升降仿形铣床；工作台行程主要分为横向、纵向和垂直方向。

表 13-16 给出了各类仿形铣床的详细规格参数。三仿形铣床的主轴转速最高可达 4 800r/min，立体仿形铣床的主轴最低转速为 350r/min；工作台液压不升降仿形铣床的电动机总容量最大为 15kW；其生产厂家国内主要有昆明机床厂、自贡机床厂、上海申江机械厂、南通机床厂和青海第一机床厂。

表 13-16　各类仿形铣床的详细规格参数

名称	立体仿形铣床		三坐标液压仿形铣床	三坐标自动仿形铣床		单仿形铣床	三仿形铣床	工作台不升降仿形铣床	工作台液压不升降仿形铣床	
型号	XB4450B	XB4411A	XFY5032/1B	ZF3D55	ZF2-3D55	XF6325	XFY6325	XFA716	XF716	XFY718
工作面尺寸：宽×长（mm×mm）	630×1 200	1 558×2 780	320×1 250	1 500×400	500×400	250×1 120	250×1 120	630×2 000	630×2 000	800×2 500
最大加工高度（mm）	50	10	—	20	20	30	30	—	—	—
靠模台尺寸：宽×长（mm×mm）	630×1 200	1 558×2 780	320×450	—	—	—	—	—	—	—
主轴中心线至工作台面距离（mm）	120~620	350~1 470	—	—	—	170~470	160~460	—	—	—
工作台行程（mm） 纵向	900	2 250	700	50	50	700	500	1 500	1 600	1 800
工作台行程（mm） 横向	350	710	280	20	20	300	300	630	630	800
工作台行程（mm） 垂直方向	500	1 120	380	20	20	400	400	650	—	710
主轴 级数	18	18	18	2	2	16	—	—	12	12
主轴 转速范围（r/min）	63~3 100	350~1 820	50~2 500	96~2 300	96~2 300	65~4 760	65~4 800	20~2 000	80~1 600	80~1 600
电动机总容量（kW）	10	—	10.85	4.5	4.5	3.54	3.54	7.5	11	15
外形尺寸：长×宽×高（mm×mm×mm）	—	—	—	2 300×2 300×1 800	2 300×2 300×1 800	800×1 800×1 850	1 800×1 800×1 850	—	—	3 900×3 100×1 150

13.2.3 仿形铣床的基本控制方式

仿形铣床电—液伺服控制系统如图 13-29 所示，检测器主要是对靠模触头位置检测，检测器绕组固定在工作台上，通过电—液伺服控制与工作台一起移动。检测器触头与刀具都在机身工作台上。当工作台沿着 x 方向或 z 方向以一定的速度移动时，刀具则沿着靠模的形状移动。位置检测器是对触头在靠模上的位置进行检测，并将该位置信号通过伺服放大器放大后驱动伺服阀动作，从而由液压缸推动工作台到设定的位置，完成铣头对工件的自动铣削。工作台的两个移动方向分别由两个方向的液压缸活塞推动。

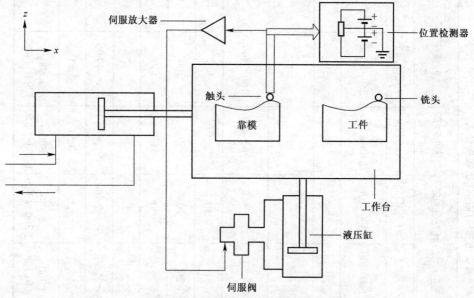

图13-29　仿形铣床电—液伺服控制系统

如图 13-30 所示，铣床速度控制辅助回路主要是对伺服阀的控制，采用速度位置双闭环控制原理。内环为速度回路，主要是将检测到的液压马达转速信号反馈给第二级伺服放大器；外环为位置控制信号，主要是将检测到的液压马达角度信号反馈给第一级伺服放大器。同时，第一级伺服放大信号与输入给定信号共同作用，经第二级伺服放大后控制伺服阀的开度，进而控制液压马达的转速。

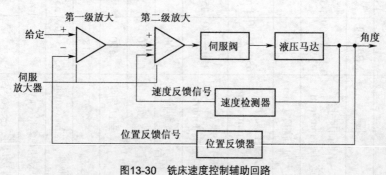

图13-30　铣床速度控制辅助回路

13.2.4　数字随动铣床的基本原理

数控机床的研制可使机床控制完全自动化,改善加工表面的光洁度,提高精度和生产率,并且能够快速调整机床进行加工不同的零件。数字随动技术已经广泛用于中型和大型铣床中。数字随动铣床是在普通液压随动铣床的基础上发展过来的,仿形随动装置与数控随动装置的工作原理类似,但在基本参数的选择和最佳工作条件的计算方法等方面有所不同。本小节以带有相位数控系统的液压随动进给装置为例,详细讲解数字随动铣床的工作原理。

图 13-31 所示为带有相位数控系统的液压随动进给装置的原理图。采用数控系统后并不需要模板,因此固紧工件的工作台尺寸可以大幅减小。液压相位数控随动系统分为 x 和 y(水平和垂直)两个坐标,每一个坐标都由同一条磁带通过两套结构相似的控制系统和随动装置单独控制。铣刀的移动可以靠机床垂直滑板的行程来完成,行程的长短可以用毫米数来表示。位移的单位可以是代表若干分之一毫米或若干毫米的脉冲。有时也可以用相位移 φ 来表示数字,而相位移 $\varphi = 2\pi$ 相当于一定的脉冲数 n(一般取 $n = 64$)。于是用毫米或脉冲位移表示的尺寸数字,也可以用相位移表示。

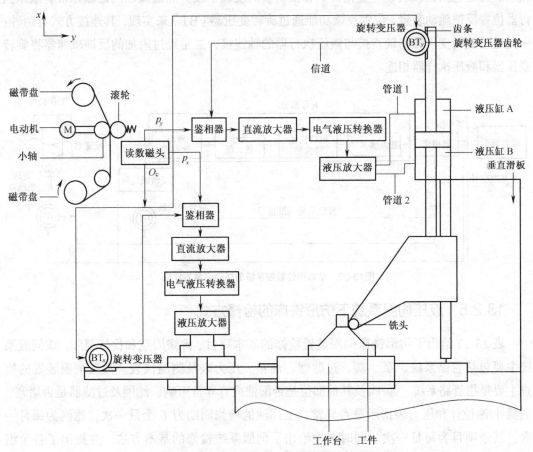

图13-31　带有相位数控系统的液压随动进给装置原理图

带有相位数控系统的液压随动进给装置的工作的实现过程如下：在速度确定的移动磁带上，录有一定频率ω_0的正弦基准信号O_c，形成了基准信号O_c的磁道。同时，在其他平行磁道上录有数字程序控制的工作信号p_x和p_y。磁带由电动机驱动的小轴带动，同时加入了一个用弹簧顶住的滚轮，目的是防止磁带打滑和增加磁带和小轴之间的摩擦力。磁带绕在磁带盘上，磁头读出每个磁道的信号值。工作信号p_x和p_y幅值放大到U_m后，进入相应的旋转变压器BT_x和BT_y及相应的鉴相器。鉴相器输出的控制信号（电压和电流值）与工作信号相移的正弦成比例，其符号则取决于相移的符号。经直流放大器放大后的控制信号进入电液转换器，从而使液压放大器的阀芯偏离中间位置向下移动，位移大小与输入信号U_y、U_x成比例。这时液压缸油腔A与管道1形成高压，液压缸油腔B与管道2形成低压，因而活塞杆连同垂直滑板、齿条及刀具开始向下移动。在移动过程中齿条通过齿轮使旋转变压器BT_y、BT_x的轴转动，使进入信道的基准信号移动了一个相位角。

图13-32所示为单级相位数控系统的随动装置方块图。开环位置调节电—液伺服装置包括4部分：直流放大器、电气机械转换器、液压放大器和液压执行器。除以上装置外，随动装置还包括比较装置（鉴相器）和被调量的反馈手段。点画线以内区域是带有液压执行器位置反馈随动装置。位置反馈功能通过旋转变压器（BT）来实现，其连接方式有两种：一是通过旋转变压器的轴直接与液压执行器的轴连接，二是经过附加的反馈减速器将旋转变压器和液压执行器相连。

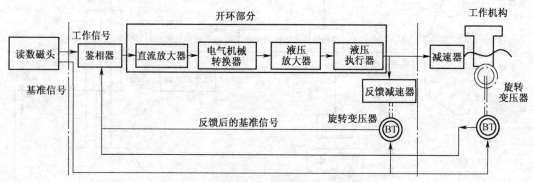

图13-32　单级相位数控系统的随动装置方块图

13.2.5　液压伺服系统下仿形铣床的检修方式

表13-17给出了仿形铣床伺服装置检修的基本项目、检修周期和检修要领。该伺服系统主要包括管路系统、泵、阀、过滤器、油箱、压力表及测温仪表。液压伺服装置的检查主要是指管路系统、泵/阀及其他部位是否漏油或有异常声响、滤网及过滤器是否堵塞、油温计/油位计和压力表指示是否异常。工作油的检修周期为6个月一次，滤网为每月一次，其余项目为每日一次。同时表中给出了伺服系统检修的基本方法，并提出了各个组成部分需要注意的事项。

表 13-17　　　　　　　仿形铣床伺服装置检修的基本项目、检修周期和检修要领

序号	检修项目	检修部位	检修周期	检修要领	备注
1	漏油	管路系统、泵、阀、其他	每日一次	开泵等油压上升后检查	
2	污染	工作油	6 个月一次	取工作油样，送厂家化验得出结果	如果化验结果证明劣化，应更换工作油
		滤网	每月一次	取出滤网清洗	
		过滤器	每月一次	根据指示器的刻度检查堵塞情况，取出滤芯清洗	最好更换滤芯或用超声波清洗
		油箱内部及管路	6 个月一次	更换工作油时，要仔细清洗油箱内部	彻底清洗
3	振动	整个液压发生装置	每日一次	开泵在油压上升时检查是否有异常振动	
4	噪声	泵、管路接头等	每日一次	开泵或管路检查时是否有异常声音	有时因管路松动、安装件松动而产生共振所致
5	油量	油位计	每日一次	查看油量计，检查油量是否符合规定值	油不足时应补充
6	工作压力	压力表	每日一次	开泵查看压力表，检查压力是否达到规定值	压力达不到规定值时，调整溢流阀或压力补偿器
7	温度上升	油温计	每日一次	随时查看油温计，检查油温是否超过规定值	检查是否装有冷却器

表 13-18 给出了仿形铣床液压源产生故障的原因及解决方法。仿形铣床液压源的故障主要分为 4 类：液压泵故障、电动机故障、压力不上升及各种阀门故障。阀门故障主要是指溢流阀产生振动及环形阀不动作。应密切注意由冷却器、恒温器及元件漏损过大造成的油温上升故障。

表 13-18　　　　　　　仿形铣床液压源产生故障的原因及解决方法

序号	现象	原因	处理
1	电动机停转	电动机故障	检查配电盘，检查配电线是否故障
2	压力不上升	溢流阀动作不良：压力设定值不稳 调压阀口进入尘埃	移动溢流阀进行观察，如因阀振动造成调压阀与阀座磨损或损伤时，可进行对研或换阀，拆检清洗
		主阀动作不良	轻轻移动主阀进行观察，如果研卡即进行修理
		主阀与主阀座接触部位损伤	对研，如对研无效则换阀
		液压回路漏损大	油温上升造成；当泄漏量或回油量大时，再按回路系统检查元件

序号	现象	原因	处理
2	压力不上升	元件动作不良	换向阀、单向阀等完全不动作；放油、修理或更换零件
		泵不良	泵磨损所致，送泵厂修理或换泵
3	泵产生异常声音	工作油中混入空气	工作油不足，补油；泵空转排气
		尘埃致使泵破损	换泵或修泵
		滤网堵塞	清洗滤网
		工作油不良	冷却水混入工作油；修理冷却器
		工作油乳化并带气泡	换油
		工作油劣化	换油
4	溢流阀产生振动	尘埃堵塞所致	拆洗溢流阀
5	油温急剧上升	冷却器的故障	检查冷却器是否失效
		恒温器不良	检查恒温器是否失效
		元件漏损大	修理或更换漏损大的元件
6	换向阀不动作	没有电流	检查电路
		尘埃堵塞所致	拆检清洗

13.3 基于 DSP 的混合式步进电动机伺服系统

步进电动机不仅结构较为简单，而且价格相对低廉，使用方便，易于控制，是工业中一种常见的执行元件。本节将介绍如何使用 TI 公司的 TMS320LF2407 芯片进行设计和开发混合式步进电动机伺服系统。本节不仅介绍基于 DSP 的混合式步进电动机系统的主要功能，详细讲解控制系统的构成，深入分析控制系统的硬件设计和软件设计，还提出了步进电动机的 PID 控制策略。通过本节的学习，读者不仅可以从宏观方案上把握步进电动机控制系统的设计过程，还可以在具体电路设计、软件设计方面形成系统而完整的思路。

13.3.1 基于 DSP 的混合式步进电动机系统的功能说明

基于 DSP 的混合式步进电动机系统的主要功能包括以下几个方面。

① 利用先进的 DSP 微控制器 TMS320LF2407A 实现自细分步进电动机控制系统。通过一定的控制策略控制步进电动机定子绕组的电流，实现输入的数字控制信号对步进电动机的角位移、转子的旋转方向、旋转转速的控制。

② 为了提高步进电动机的矩频特性，在功率驱动电路部分采取相应措施，改善各相绕组电流上升沿、下降沿，使高低频时，各相电流保持额定值，从而改善驱动电源的性能。

③ 采集步进电动机的定子电流，检测出步进电动机的位置，形成闭环控制。电动机

响应控制指令后，对于开环控制系统，控制系统无法预测和监视电动机的实际运行情况；如果电动机运行速度范围较宽，频繁变化负载太小，导致步进电动机容易失步，使整个系统趋于失控。另外，对于高精度的控制系统，采用开环控制往往满足不了精度的要求。因此在系统中引入检测环节形成反馈环节，构成闭环控制系统，解决步进电动机控制系统的精度问题。

④ 电动机步距角细分实现。通过驱动器细分电动机步距角，可以显著地减小步进电动机的步距角；步距角越小，越容易进入稳定区域，增加了电动机运行的平稳性，减弱或消除步进电动机的低频振荡，同时也可提高电动机进给分辨率和精度，提高了启动频率。

⑤ 设计 CAN 控制器接口电路、SCI 串行通信接口电路，从而使其他嵌入式系统、上位计算机等能与步进电动机控制系统通信。

13.3.2　系统硬件设计

本例采用的是两相混合式步进电动机，如图 13-33 所示，其输入是数字控制信号（电脉冲号），输出与之相对应的角位移。设计以 TMS320LF2407A 微处理器作为核心控制器件，采用专用芯片 L297 和 L298 作为功率驱动器件，通过电流、转速反馈电路，实现对两相混合式步进电动机的控制。

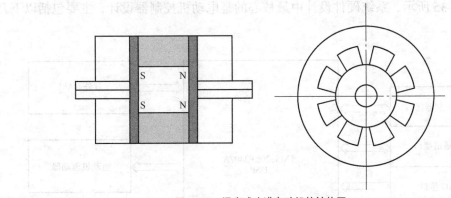

图13-33　混合式步进电动机的结构图

如图 13-34 所示，整个控制系统的硬件部分主要由 6 部分构成：DSP 中央控制器 TMS320LF2407A、步进电动机及其驱动、光电编码器、电流采样和 LCD 显示。中央控制器选用 TI 公司专门针对电动机控制而开发的专用芯片 TMS320LF2407A，其内部集成了高速 DSP 内核和众多外围控制电路，最高工作频率可达到 40MHz，处理速度远远超过了传统的 MCU，具有优越的性能；步进电动机驱动采用的是由 L297 和 L298 组成的专用芯片构成双极性斩波驱动电路；步进电动机选择日本 SEIKI 公司生产的两相混合式步进电动机，型号是 TS3615AI，其额定电压为 24V，额定电流为 1.39A；光电编码器选择德国海登海因公司生产的 ROD426 脉冲式编码器；电流采样电路采集步进电动机的定子电流信号，检测出步进电动机的位置，形成闭环控制，以提高控制精度；LCD 液晶显示屏显示控制器的工作状态。此外，系统通过 JTAG 接口与 DSP（XDS510EPP）仿真器相连，仿真器通过并口与上位机相连，实现软件的调试、仿真、运行、下载等功能；系统通过 RS-232 串口与上位计算机相连接，实现控制器与上位机的实时通信、上位机对控制器工作状态的监控。

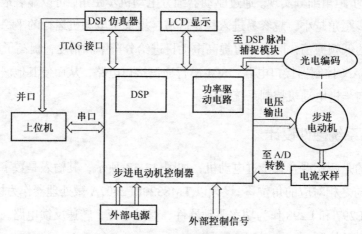

图13-34　步进电动机控制系统的总体结构

如图 13-35 所示，系统硬件设计中最核心的是电动机控制器设计，主要包括以下几个部分。

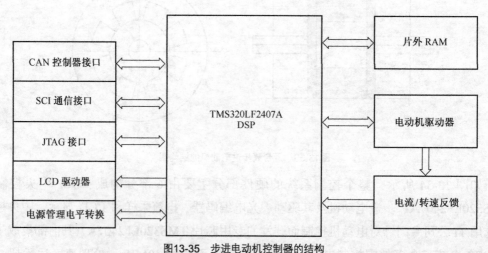

图13-35　步进电动机控制器的结构

① DSP 微处理器、扩展 RAM 及外部电路设计。

② 电动机功率驱动电路设计。

③ 电源管理与电平转换电路设计。

④ 外部设备接口电路（包括 SCI 串口接口、CAN 总线接口、JTAG 接口）设计。

⑤ 电动机绕组电流反馈电路、电动机转速反馈电路设计。

⑥ LCD 驱动等其他电路设计。

1. 硬件系统各模块的构成

本例采用的 TMS320LF2407A DSP 微控制器是美国 TI 公司专为数字电动机控制而推出的一种 16 位定点 DSP。由于该款芯片集信号高速处理能力和适用于电动机控制为一体，为电动机控制系统数字化设计提供了一个理想的解决方案，因此在电动机数字控制中得到了广泛的应用。

TMS320LF2407A DSP 微控制器共有 144 个引脚，由内核 CPU、存储器、片内外部设备 3 个主要功能单元组成。中央处理单元（CPU）主要包括 16 位定标移位器、16×16 并行乘法器、32 位中央算术逻辑单元、32 位累加器及在乘法器与累加器输出端的附加移位器。片内存储器包括 2.5kbit/s 的 RAM 和 32kbit/s 的 Flash EEPROM。片内外部设备主要包括事件管理器 A、事件管理器 B、JTAG 接口、数字 I/O 接口、10 位 A/D 模块、PLL 时钟、Flash ROM、CAN 控制器模块、SCI 串行通信模块、SPI 串行外部设备模块、看门狗模块。DSP 微控制器的外部电路设计主要包括以下几个方面。

① PLL 滤波器输入电路。依据厂家给定的参数，结合本设计要求，选择 PLL 滤波器输入的谐振电阻为 10Ω，与之串联的电容为 1μF，而与之并联的电容为 0.022μF。

② 外部晶振电路。本例采用了 24MHz 无源晶振作为 TMS320LF2407A DSP 微控制器的外部振荡器，谐振电容选取为 33nF。

③ A/D 模块基准电压产生电路。本例选用 UC431 作为基准电压源，通过两只精密电阻 R48、R49 将输出的电压 VREFHI 整定为 1.5V，作为 DSP 模拟电路的基准电压。

④ DSP 正常工作 LED 指示电路、欠电压复位 LED 指示电路。

⑤ 各种跳线电路，本电动机控制器的跳线及作用详见表 13-19。

表 13-19　　　　　　　　　　　控制器的跳线及作用

跳线	作用
JP1	MP/MC 选择跳线，微处理器/微控制方式选择，此处选择微控制器方式，即从内部程序存储器的 0000H 开始执行程序
JP2	模拟电源选择跳线。可以选择数字电路与模拟电路分开的供电方式，也可以选择使用同一个电源供电的方式，一般使用分开供电的方式
JP3	外部接口使能跳线。高电平时使能外部接口信号；低电平时不使能外部接口，同时外部存储器无效
JP4	外扩 RAM 内存输出使能跳线。接 GND 时外扩 RAM 内存封锁，接~RD 时外扩 RAM 使能
JP5	外扩 RAM 内存片选跳线。选择~DS 时外扩 RAM 作为数据存储器，选择~PS 时外扩 RAM 内存作为程序存储器，一般选择作为程序存储器
JP6	Flash 编程选择跳线。在程序下载进 DSP 时跳到 GND，在硬件仿真时跳至+5V

2. 驱动部分电路的设计

本例驱动电路采用的是双极性恒流斩波驱动电路：L298 双 H 桥驱动器和 L297 步进电动机恒流斩波驱动器。

标准 TTL 逻辑电平信号可直接输入 L298 双 H 桥驱动器，H 桥可承受的最大电压、相电流分别是 46V、2.5A，可驱动电感性负载。使用 5V 电源给 L298 的电路供电，功放级的电压为 5~46V。为了便于接入电流取样电阻，下桥臂晶体管的发射极引出后并联在一起，形成电流传感信号。

从图 13-36 可以看出，其内部由两组完全相同的全桥电路组成。每一个全桥电路又由 4 个 MOSFET 及 TTL 逻辑电路构成。功率器件的额定电压为 46V；全桥额定电流为 2.5A；标准开关频率为 25kHz，最大开关频率为 40kHz。通过对逻辑电平输入端 IN1、IN2、IN3、IN4 及使能端 EnA、EnB 输入不同的 TTL 逻辑电平，就能开通不同的 MOSFET，完成对电动机绕组的正、反向的通电控制。而 L298 的 1 脚和 15 脚接到测流电阻上用来电流采样。L298 内部需要两个不同的电源驱动——V_{SS}、V_S。V_{SS} 是 TTL 逻辑电平的驱动电源，接+5V；V_S 是功率器件驱动电源，在本设计中接+24V。本设计中，V_{SS} 和 V_S 两个电源相互独立，互不干扰。

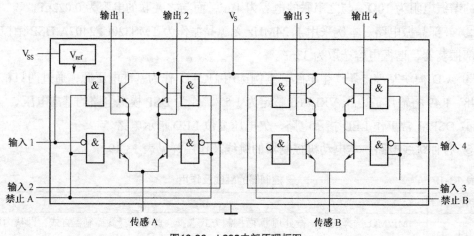

图13-36　L298内部原理框图

如图 13-37 所示，ST 公司推出的 L297 步进电动机恒流斩波驱动器适用于双极性两相步进电动机或单极性四相步进电动机的控制。L297 步进电动机恒流斩波驱动器主要包含下列 3 部分。

① 译码器，也就是脉冲分配器。走步脉冲、正反转方向信号、半步/全步信号输入编码器中，编码器综合这些输入信号后，产生合乎要求的各相通断信号。

② 斩波器，由比较器触发器和振荡器组成，用于检测电流采样值和参考电压值，并进行比较，由比较器输出信号来开通触发器，再通过振荡器按一定的频率形成斩波信号。

③ 输出逻辑。该模块主要用来综合译码器与斩波器的输出信号，产生 A、B′、A′、B

信号及禁止信号。输出逻辑具体产生信号的类型通过控制信号来选择，当控制信号是低电平时，产生禁止信号；当控制信号是高电平时，A、B′、A′、B 信号被使能。

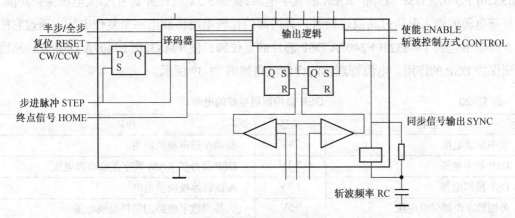

图13-37　L297电路原理图

如图 13-38 所示，步进电动机共有 4 个绕组，如果流经其中一个绕组的电流变大，那么采样电阻上的电压也会随之变大，如果该电压值超过设定的参考值时，禁止信号设置为低电平，驱动管截止，绕组电流下降；绕组电流下降到一定程度后，采样电阻上的电压值小于另一个设定值，禁止信号置为高电平，对应的驱动管导通，从而使电流稳定在要求值附近。

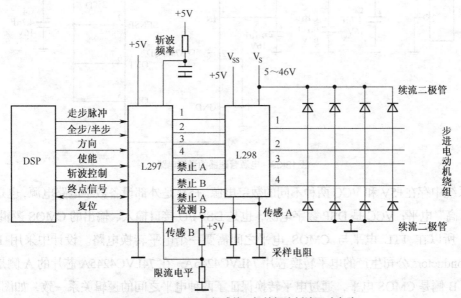

图13-38　L297、L298组成的双极性恒流斩波驱动电路

3. DSP 微控制器电源管理与电平转换电路的设计

由于系统中同时存在数字电路和模拟电路，供电电源较多（见表 13-20），为保证 DSP

的 A/D 转换精度并提高系统的抗干扰能力，设计过程中采用了数字地与模拟地相互隔离的方式。其中，芯片 TPS7333QD 是 TI 公司专门为 DSP 驱动设计的数字电源，此处用作 TMS320LF2407A DSP 及外扩 RAM 的数字电源，提供 3.3V 电压并具有过/欠电压保护功能。当外部电源的输入电压过高或过低时，其内部的比较电路将输出一个复位电压，通过它的第 8 脚输出送到 TMS320LF2407A DSP 芯片的复位脚，使 TMS320LF2407A DSP 复位从而达到保护 DSP 的作用。电源管理器的详细电路如图 13-39 所示。

表 13-20　　　　　　　　　　　DSP 微控制器电路的电源

名称	电压	作用
功率驱动电压	24V	驱动步进电动机绕组
DSP 数字电源	3.3V	DSP 及外扩 RAM 数字逻辑电源电压
DSP 模拟电源	3.3V	A/D 转换模块供电电压
外围数字电路供电电压	+5V	为外围数字电路的器件提供电压
电流采样电路运算放大器负电源	−5V	为电流采样电路运算放大器工作提供电压

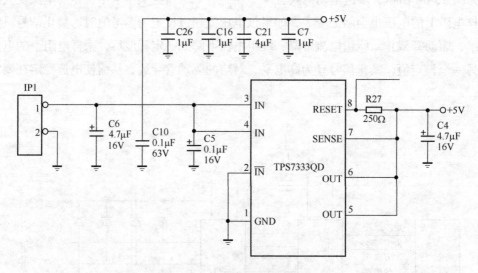

图13-39　电源管理器的详细电路

系统中存在+5V 和 VCC 两种不同的数字电源。+5V 是外部设备数字电路电源，也是 TTL 逻辑"高"电平；VCC 是 DSP 数字电源，也是 DSP I/O 接口输入、输出的 CMOS 逻辑"高"电平，所以在 TTL 电平与 CMOS 电平之间需要一个电平转换电路。设计中采用 Philips Semiconductors 公司生产的电平转换芯片 74LVC4245A。在 74LVC4245A 芯片的 A 侧是 TTL 电平，B 侧是 CMOS 电平，通过电平转换保证了两种电平之间的逻辑关系一致，如图 13-40 所示。

4. 接口电路的设计

在 TMS320F2407A DSP 微处理器内部集成了众多的外部设备模块，只要添加较少的外部电路，就能设计出各种接口电路，实现通信、程序下载等功能。

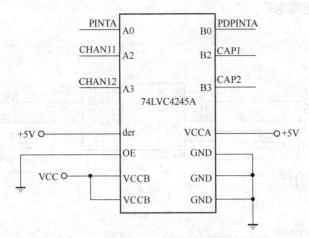

图13-40　电平转换电路

如图 13-41 所示，控制器通过 JTAG 接口与 XDS510EPP 仿真器连接。由于 DSP 微处理器已经集成了 JTAG 仿真和测试模块，所以 JTAG 接口的设计比较简单，将 DSP 微处理器的 8 只 JTAG 仿真和测试引脚引出即可。

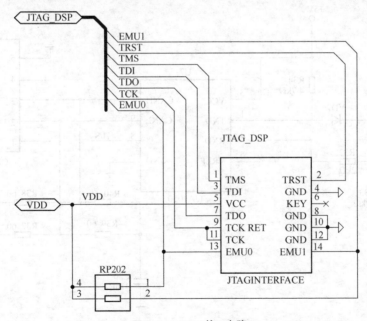

图13-41　JTAG接口电路

如图 13-42 所示，控制器通过串行通信接口与上位计算机实现串行通信。其中，芯片 MAX232A 是 Maxim 公司生产的多通道 RS-232 收发器。电解电容 E8、E9 为 MAX232A 去耦电容。电阻 R30、R31 为分压电阻，通过这两个电阻的分压使 MAX232A 9 脚输出的串行通信接收信号幅值下降到 DSP 微处理器可以接收的范围。二极管 VD6 与电阻 R29 一起构

成一个简单的升压电路，使 DSP 微处理器输出的串行通信发送信号的幅值上升为
MAX232A 的正常逻辑电平。

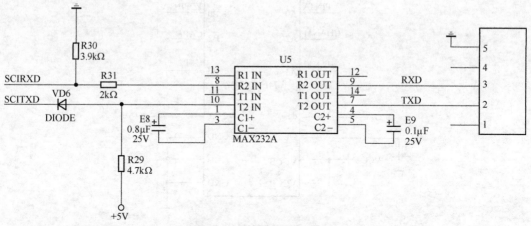

图13-42 控制器串行通信接口

如图 13-43 所示，控制器使用 CAN 总线接口与其他控制器通信，在 CAN 总线与 DSP
的 CAN 控制器模块之间需要添加 CAN 收发器，本例选择的是 Philips Semiconductors 公司
生产的高速 CAN 总线收发器芯片 TJA1050。

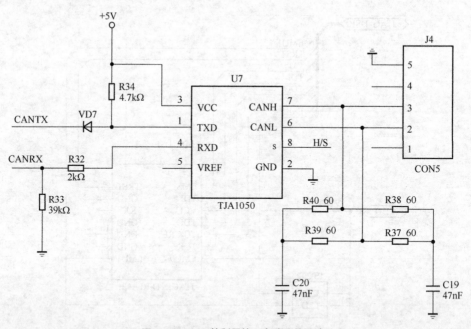

图13-43 CAN控制器接口电路硬件设计

电路中 CANTX、CANRX 接到 DSP 的 CAN 控制器模块的 I/O 引脚，R37、R38、R39、
R40 与 C19、C20 形成平衡电路。CANH、CANL 接外部 CAN 结点。TJA1050 芯片的 8 脚
为高速/静音模式选择引脚，接 DSP 控制器的 I/O 接口。电阻 R32、R33、R34、二极管 VD7
的作用与串行通信接口电路的设计类似。

5. 电流反馈、速度反馈电路的设计

电动机 A、B 相绕组电流的反馈信号以电压的形式输入 DSP 的片上 ADC 的 ADC00、ADC01 通道，采样电阻为 0.5Ω/2W。所以对 ZA 的绕组电流输出的电压即为 1V，因为绕组电流存在正反向，则输出电压也存在正反向。这一电压需要送到电流反馈电路进行限幅、偏置等处理。

图 13-44 所示为 A 相电流反馈电路，而 B 相电流反馈电路与之相同。可以看出，在第一级运算放大器输入电压 U_{a0} 与输出电压 U_{a1} 之间存在如下关系：

$$U_{a0} = -\frac{R2}{R_{S2}} U_{a1}$$

通过调节可变电阻 R_{S2} 即可按比例调节 U_{a0}。为使反馈电压的幅值在 $-1.5 \sim +1.5V$ 范围内变化，第二级运算放大器为一反向升压电路，其输出电压 U_{a2} 与 U_{a0} 之间的关系为

$$U_{a2} = \frac{R2}{R_{S2}} U_{a1} + V_{ERFHI}$$

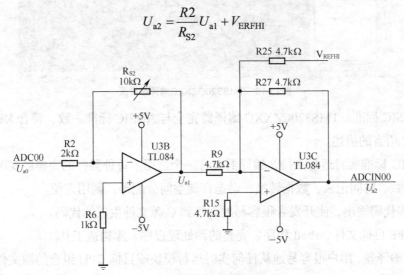

图13-44　A相电流反馈电路

通过第二级运算放大器可以使输出到 TMS320LF2407A A/D 模块的电压在 $-3.0 \sim 0V$ 范围内变化。

电动机速度反馈采用的是德国海登海因公司生产的 ROD426 脉冲式编码器。按电动机的转速不同，它输出频率不同的方波信号。两路信号分别为 CHAN11、CHAN12，相角相差 90°，当电动机正转时 CHAN11 超前，反转时 CHAN11 滞后。由于信号的幅值为 $0 \sim +5V$，所以需要通过电平转换电路转换为 $0 \sim 3.3V$，然后送到 DSP 的脉冲捕捉模块。

13.3.3　系统软件设计

1. 软件开发环境的介绍

如图 13-45 所示，TMS320CZXXC 是一个功能齐全的集成开发环境，能够把标准的 ANSIC

语言程序转换成 TMS320C2407 DSP 微控制器能够识别和执行的汇编语言代码。该编译器具有以下特性。

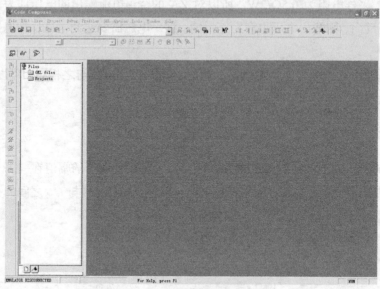

图13-45　TMS320CZXXC编译器界面

① ANSIC 标准，TMS320CZXXC 编译器完全与 ANSIC 标准一致，符合 Kernighan 和 Ritchie 对 C 语言的描述。

② NSIC 标准实时运行支持，编译器包含一个适用于每种器件的完整的实时运行库，包括三角函数、时间记录、数据转换、动态存储空间分配等，调用方便。

③ 汇编代码输出，使开发者很容易地观察到 C 源文件生成的代码。

④ COFF 目标文件、shell 程序、完整的预处理程序、库构造工具。

使用该编译器，用户很容易地从任何实时运行模块或目标 CPU 组合的源文件构造目标库。该编译器能够把用户的 C 源程序变成编译器的汇编语言输出，并列表显示出来。利用这个功能，用户可以查看每一个 C 源程序生成的汇编程序代码。

2. 系统的控制软件设计

本系统的控制软件主要包括六大部分，分别是主程序、正弦函数表生成程序、A/D 转换程序、PID 环节、PWM 信号产生程序和位置反馈程序。各部分的主要功能及任务如下。

（1）主程序

主程序包括常规程序模块的定义，如中断的定义、模块初始化；和被控对象计算相关的模块，如步长 s 计算模块、电动机旋转方向模块等内容。

（2）正弦函数表生成程序

该模块主要用来生成电流基值表以供查取；编写代码时把生成的数值存放在一个数值中，在程序需要使用的地方调用该数组。

（3）A/D 转换程序

由这一模块采集电动机绕组电流的反馈信号，将其在 DSP 的 ADC 模块进行排序、时钟转换等处理后送主程序。

（4）PID 环节

通过调节比例、微分、积分系数达到提高控制性能的目的。

（5）PWM 信号产生程序

这是软件设计的关键部分，整个处理过程在 DSP 的事件管理器 A（EVA）中完成。

3. 主程序的设计

步进电动机控制软件主程序在所有初始化工作完成后打开 SCI 串行通信中断，读取上位机发送来的各种外部信号，这些信号包括电动机旋转方向选择、转速大小选择、开机/停机信号，同时通过读取拨位开关信号确定电动机给定电流的峰值大小。上位机给定转速后，接下来计算细分步长 s。主程序流程图如图 13-46 所示。

（1）求事件管理器 A 的 GP 定时器的步长

选用 GP 定时器 TIPR 寄存器的计数周期为 256，步进电动机的步距角为 1.8°，步距角实现 32 细分，可求得步长值为

$$s = 256/n = 256/32 = 8 \qquad (13\text{-}1)$$

（2）求步进脉冲频率

以步进电动机给定转速 240r/min 计算，由于电动机整步运行时的步距角为 1.5°，则可以求出电动机的步进脉冲频率为

$$f_n = 240/60 \times 360/1.5 = 960\text{Hz}$$

（3）求得电动机细分数：

$$n = f_r / f_n = 31\,250/960$$

（4）求得步长值：

$$s = 256/n = 256/32 = 8$$

在求出步长值后，就可以通过查表法求出电流给定的基值，结合电动机给定电流的峰值，确定电流的给定值，经 PID 环节后送 PWM 信号生成子程序，生成 PWM 信号后，结

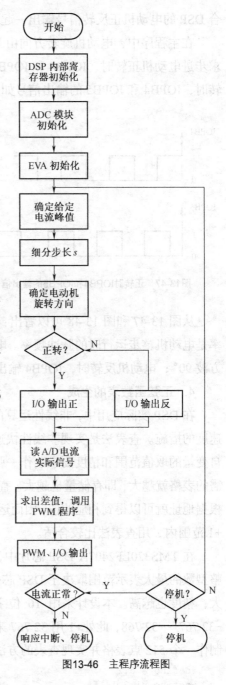

图13-46 主程序流程图

合 DSP 的电动机正反转信号输出一起送到电动机功率驱动电路，实现驱动电动机运行。

在主程序中，电动机旋转方向由 DSP 的 IOPB4 和 IOPB5 输出的逻辑信号决定。当要求步进电动机正转时，IOPB4 和 IOPB5 的输出信号如图 13-47 所示；当要求步进电动机反转时，IOPB4 和 IOPB5 的输出信号如图 13-48 所示。

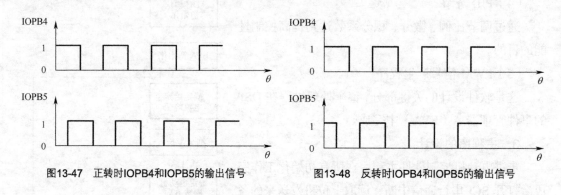

图13-47　正转时IOPB4和IOPB5的输出信号　　　　图13-48　反转时IOPB4和IOPB5的输出信号

从图 13-47 和图 13-48 可以看出：IOPB4 和 IOPB5 输出脉冲宽度相等的方波，方波频率是电动机整步运行时的脉冲频率。电动机正转时，IOPB4 输出方波相角超前 IOPB5 输出方波 90°；电动机反转时，IOPB4 输出方波相角滞后 IOPB5 输出方波 90°。

4. 正弦函数表的生成

在 DSP 实际应用中，非线性运算的实现一般采取适当降低运算精度来提高程序的运算速度的措施。查表法是实现非线性快速运算最常用的一种方法。使用这种方法前必须根据自变量的取值范围和精度要求制作一张表格。显然输入的范围越大，精度要求越高，则所需的表格就越大，即存储量也越大。查表法求值所需的计算就是根据输入值确定表的地址，根据地址就可以得到相应的值，因而运算量较小。由于正弦函数是周期函数，函数值在$-1 \sim +1$ 范围内，用查表法比较合适。

在 TMS320LF2407A DSP 芯片中，数值运算采用定点数，操作数用整数来表示。一个整型数的最大表示范围取决于 DSP 芯片所给定的字长，字长越长，所能表示的数的范围越大，精度也越高。本设计采用 16 位字长，采用的定点数定标为 Q15。Q15 的表示范围为 $-32\,767 \sim +32\,768$，此处+1 用 32 767 来表示，-1 用$-32\,767$ 来表示。对正弦函数 $y = \sin(x)$，制作一个 512 点表格并实现查表的方法如下。产生 512 点值的 C 语言程序如下所示。

```
#define N 512
#define pi 3.14159
 int sin_tab[512];
 void main( )
{
   int i;
   for(i=0; i<N; i++) sin_tab[i]=(int)(32767*sin(2*pi*i/N));
}
```

查表实际上就是根据输入值确定表的地址。设输入 x 在 $0\sim2\pi$ 范围内，则 x 对应于 256 点表的地址为 index $= $ (int)$(256*x/2\pi)$，则 $y = \sin(x) = $ sin_tab[index]。如果 x 用 Q12 定点数表示，将 $256/2\pi$ 用 Q9 表示为 20 861，则计算正弦表的地址的公式为 index $= (x*20861L)>>20$。通过以上步骤就可以建立一个正弦表并可以进行查表操作。余弦表的操作步骤与正弦表类似。

5. A/D 转换程序子程序的设计

TMS320LF2407 的 A/D 转换模块（ADC）具有以下特性。

① 内置采样/保持（S/H）的 10 位 ADC。

② 多达 16 个模拟输入通道（ADCIN0～ADCIN15）。

③ 自动排序的能力，一次可执行最多 6 个通道的自动转换，每次转换的通道可以通过编程选择。

④ 可单独访问的 16 个结果寄存器（RESULT0～RESULT15）用来存储转换结果，多个触发源可以启动 A/D 转换。

⑤ 灵活的中断控制允许在每一个或隔一个序列的结束时产生中断请求。

⑥ 内置校验模式和自测模式。

如图 13-49 所示，模拟信号经过 TMS320LF2407ADC 后，被转换为 10 位数字量。假设拨码开关设定的电动机电流最大值为 2.4A，则经过偏置后电动机绕组正向通电的输出电压为 2.7V，相应的数字量为 1 024。电动机绕组反向通电时检测到的电压为−1.2V，经过偏置后输出电压为 0.3V，对应的数字量为 0。

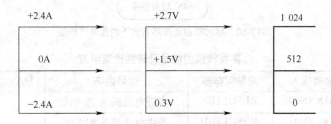

图13-49 反馈电流、采样电压和数字量之间的关系

如图 13-50 所示，在本例中使用 2407 片上的 ADC，在 ADC 转换过程中，多路选择器选中需要转换的通道，执行相应的 ADC 转换程序，转换的结果保存在该通道相应的结果寄存器中。

表 13-21 给出了需要转换的信号及转换通道设置。步进电动机两相电流信号对于构成控制器有着重要影响，本例中，采样时每次采样过程中对这两相信号重采样，并对这两次的采样值做平均，把平均值作为电动机两相电流的测量值，为此，表 13-22 给出了相关寄存器的配置。

图13-50 ADC在自动排序方式下的程序流程图

表 13-21   需要转换的信号及转换通道设置

通道名称	信号输入	结果寄存器	信号内容	MAX CONV 寄存器设置
1	ADCIN00	RESULT00	步进电动机 A 相电流	
2	ADCIN01	RESULT01	步进电动机 B 相电流	MAX CONV=5
3	ADCIN02	RESULT02	转速给定	
4	ADCIN03	RESULT03	绕组电流峰值给定	

表 13-22   相关控制寄存器的配置

地址	Bits 15～12	Bits 11～8	Bits 7～4	Bits 3～0	寄　存　器
70A3h	0010	0001	0010	0001	CHSELSEQ1
70A4h	x	x	0100	0011	CHSELSEQ2
70A5h	x	x	x	x	CHSELSEQ3
70A6h	x	x	x	x	CHSELSEQ4

注：x 为不用关心的值。

6. PWM 信号产生程序

PWM 信号产生程序是整个控制程序软件的重点。该子程序在 DSP 芯片的事件管理器 A（EVA）中实现，如图 13-51 所示。

EVA 包括两个通用可编程（GP）定时器、3 个比较单元、3 个捕获单元、两个正交编码脉冲电路和外部输入等部分。EVA 的中断事件按优先顺序分为 3 组，每组有各自不同的中断标志、中断使能寄存器和一些外部设备事件中断请求。中断事件的响应包括中断产生、中断向量设置、中断处理几部分工作。EVA 一共有 15 个中断事件，在本设计中我们使用到了其中的 7 个。中断优先权最高的是 PDPINTA 中断——功率驱动保护中断，它的优先级为 1，在电动机绕组电流过高时中断触发。它是外部中断，其他中断都是 DSP 内部中断。其具体的中断名称与向量请参见表 13-23。

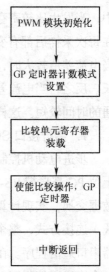

图13-51 PWM信号产生程序的流程图

表 13-23　　　　　　　　　　EVA 中断的名称与向量

中断组	中断	优先级	中断向量	中断源	中断组优先级
A	PDPINTA	1（最高）	0020h	功率驱动保护中断 A	1
	CMP1INT	2	0021h	比较单元 1 比较中断	2
A	CMP2INT	3	0022h	比较单元 2 比较中断	2
	T1PINT	5	0027h	通用定时器 1 周期中断	
B	T2PINT	6	002Bh	通用定时器 2 周期中断	3
C	CAP1INT	7	0033h	捕获单元比较 1 中断	4
	CAP2INT	8（最低）	0034h	捕获单元比较 2 中断	

EVA 的 GP 定时器内部包括定时器增/减计数器 TxCNT、定时器比较寄存器 TxCMPR、定时器周期寄存器 TxPR、定时器控制寄存器 TxCON、可编程的预定标器、可选择的外部或内部时钟、可选择的计数方向引脚。

EVA 的 GP 定时器在计数模式上分为连续增计数模式、连续增/减计数模式和定向增/减计数模式 3 种。本设计中采用连续增计数模式。在这种模式下，当 GP 定时器的寄存器设置完成后，定时器的计数器从 0 开始计数，直到计数值达到周期寄存器 TxPR 的预先设定值，计数匹配后定时器将置位周期中断标志，计数器复位为 0，开始下一个计数周期。本例将周期寄存器 TxPR 值设定为 1 024。

本例使用了两个全比较单元，分别是 Compare1、Compare2。每个全比较单元包括比较寄存器、比较控制寄存器、比较方式控制寄存器及 PWM 输出引脚。全比较单元的各个寄存器配置好后，把通过主程序求出的电动机绕组 A、B 相电流值归一化为 0～1 024 范围内的数值，将这两个值分别送到全比较单元的比较寄存器中；在 GP 周期寄存器匹配的过程中，当发生比较寄存器匹配时触发 PWM 输出状态翻转，由于送入比较寄存器的电流差值在每次采样后都有变化，所以在每个计数器周期中比较匹配发生的位置都有不同。这样，当电流差值较大时，比较匹配发生得较迟，则 PWM 状态翻转的也迟，电压导通的时间较长。反之，当电流差值较小时，比较匹配发生得较早，则 PWM 状态翻转得也早，电压导通的时间较短。这样就形成了周期固定但脉冲宽度不同的 PWM 输出。

7. 串行接口 SCI 通信程序设计

步进电动机控制系统通过串行通信 SCI 接口实现与上位 PC RS-232 串口的通信。由于上位 PC 都自带 RS-232 接口，所以只要一根通信线就可以完成上位 PC 与电动机控制器的数据交换，实现计算机对现场的监测和控制。此处采用简化的三线（地线、发送线、接收线）连接方式，整个串行通信接口程序包括两部分——上位机串口通信程序和电动机控制器串口通信程序。在上位 PC 上利用 C++ 语言设计了一个串口通信程序，程序界面如图 13-52 所示。上位机需要输出的信息包括电动机正转/反转信号、电动机转速设定，上位机需要接收的信息是电动机的实际转速。

TMS320LF2407 DSP 微控制器包括串行通信接口 SCI 模块。SCI 模块支持 DSP 与其他使用标准格式的异步外部设备之间的数字通信。SCI 接收器和发送器是双缓冲的，每一个都有它自己的使能和中

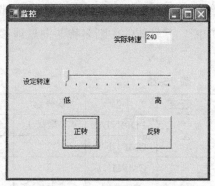

图13-52　上位PC串口通信程序界面

断标志位，两者都可以独立工作，或者在全双工的方式下同时工作。为了确保数据的完整性，SCI 对接收到的数据进行间断检测、奇偶性校验、超时和帧出错的检查。通过一个 16 位的波特率选择寄存器，数据传输的速度可以被编程为多种不同的方式。本例采用 SCI 全双工模式。

SCI 模块内部的部件包括一个发送器（TX）及和它相关的寄存器、一个接收器（RX）及和它相关的寄存器、一个可编程的波特率发生器及和它相关的寄存器。

TMS320LF2407 串行通信的软件设计可以采用查询和中断两种不同的方式。本例使用的是中断方式：DSP 启动串口后就不再询问它的状态，依然执行主程序，实现 DSP 与串口并行工作。当串口产生中断时，先向 DSP 申请中断，DSP 响应中断后就暂时停止自己的程序，执行相应的串口中断服务程序，执行完后返回主程序断点继续执行主程序。

如图 13-53 所示，无论是接收还是发送数据，串行通信接口数据都采用 NRZ（非返回零）格式。其数据格式包括一个起始位、1~8 个数据位、一个奇/偶校验位、一个停止位、一个用于区分数据和地址的额外位。

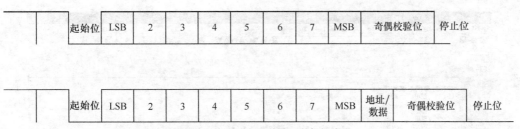

| | 起始位 | LSB | 2 | 3 | 4 | 5 | 6 | 7 | MSB | 奇偶校验位 | 停止位 |

| | 起始位 | LSB | 2 | 3 | 4 | 5 | 6 | 7 | MSB | 地址/数据 | 奇偶校验位 | 停止位 |

图13-53　DSP串行通信接口数据帧格式

如图 13-54 所示，本设计采用的串口通信波特率为 9 600b/s，SCI 模块的初始化工作在主程序中完成。

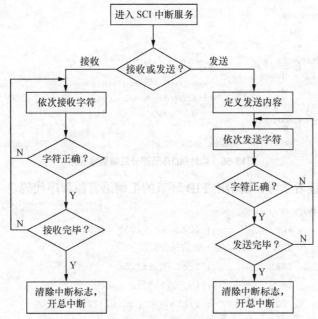

图13-54　SCI中断服务流程图

8. 软件 PID 环节设计

由于步进电动机失步或不运转问题，一般采取"加速—恒速—减速—停止"的过程。为了加快步进电动机的响应速度，实现运行平稳性、降低噪声，本例采用 PID 控制算法实现对伺服系统的高精度控制。

该环节的输入是电动机的给定绕组电流 I_{REF} 和电动机绕组实测电流 I_m。输出值是经过比例、微分、积分环节调整过的差值 I_k。按照差分原理我们可以确定 I_k 与 I_{REF}、I_m 有如下关系：

$$e_k = I_{REF} - I_m \tag{13-2}$$

$$I_k = k_p(e_k - e_{k-1}) + k_i T e_k + (e_k + 2e_{k-1} - e_{k-2})k_d/T \tag{13-3}$$

式中，k_p、k_i、k_d 分别为比例、积分、微分系数；T 为采样周期。

由此设计出的软件 PID 环节部分汇编语言程序如图 13-55 所示。

图13-55　软件PID环节部分汇编语言程序

为了便于广大读者学习，现给出 PID 环节的汇编语言源程序代码。

```
//PID环节的汇编程序:
PID:     LDP      #DP_B01       ; 数据页 4--0200h～0280h

         SETC     SXM           ; 允许符合扩展

         LACL     IREF          ; Iref, Q.15*256

         SUB      Im            ; Im, Q.15*256

         SACL     IE2           ; e(k)=Iref-Im, Q15*256

         SUB      IE1           ; e(k-1), Q15*256

         SACL     PIDTMP1       ; Delta(e(k))=e(k) -e(k-1), Q15/256

         SUB      IE1

         ADD      IE0           ; e(k-2), Q15*256

         SACL     PIDTMP3       ; Delta(e(k))-Delta(e(k-1))=e(k)-2e(k-1)+e(k-2)

                                ; Q15*256

         LT       KP            ; Kp, Q15*32

         MPY      PIDTMP1

         PAC                    ; Kp*Delta(e(k))

         RPT      #4

         SFL                    ; Kp*Delta(e(k))

         SACH     PIDTMP1, 1    ; Kp*Delta(e(k)), Q15*256

         LT       KI            ; Ki, Q15*32

         MPY      IE2

         PAC                    ; Ki*e(k)

         RPT      #4
```

```
        SFL                         ; Ki*e(k)
        SACH      PIDTMP2, 1        ; Ki*e(k)
        LT        KD                ; Kd, Q15*32
        MPY       PIDTMP3
        PAC                         ; Kd*Delta(e(k))-Delta(e(k-1))
        RPT       #4
        SFL                         ; Kd*Delta(e(k))-Delta(e(k-1))
        SACH      PIDTMP3, 1        ; Kd*Delta(e(k))-Delta(e(k-1))
        LACL      I                 ; i(k-1), Q15*256
        ADD       PIDTMP1
        ADD       PIDTMP2
        ADD       PIDTMP3
        SACL      I                 ; i(k), Q15*256
        SUB       #4B00H
        BCND      PID1, LEQ
        SPIK      #4A3DH, U         ; 上限幅
        B         PID2

PID1:   BIT       I, 0
        BCND      PID2, NTC
        SPLK      #0, 1             ; 下限幅

PID2:   LACL      IE1               ; 平移保存
        SACL      IE0               ; e(k-2)=e(k-1)
        LACL      IE2
        SACL      IE1               ; e(k-1)=e(k)
        RET
```

CMD 文件配置也是程序顺利运行的重要环节之一，现给出 CMD 文件配置源代码供广大读者参考。

```
/*Filename: stepmotor c.cmd
*
*Author: Zhangxiaohang ,Zhejiang Technology University.
*
*Last Modified: 03/14/01
*
*Description: C code linker command file for LF2407 DSP.
********************************************************************************/
MEMORY
{
    PAGE 0:     /*Program Memory*/

    VECS:       org=00000h,    len=00040h     /* internal FLASH */
    FLASH:      org=00044h,    len=07FBCh     /* internal FLASH */
    EXTDPROG:   org=08800h,    len=07800h     /* external FLASH */

    PAGE 1:     /*Data Memory*/
```

```
    B2:         org=00060h,     len=00020h      /* internal DARAM */
    B0:         org=00200h,     len=00100h      /* internal DARAM */
    B1:         org=00300h,     len=00100h      /* internal DARAM */
    SARAM:      org=00800h,     len=00800h      /* internal SARAM */
    EXTDATA:    org=08000h,     len=08000h      /* external SRAM  */
}
SECTIONS
{
    /*Sections generated by the C-compiler*/
    .text:    >    FLASH       PAGE0            /* initialized */
    .cinit:   >    FLASH       PAGE0            /* initialized */
    .const:   >    B1      PAGE1                /* initialized */
    .switch:  >    FLASH       PAGE0            /* initialized */
    .bss:     >    B1      PAGE0                /* uninitialized */
    .stack:   >    SARAM       PAGE1            /* uninitialized */
    .sysmem:  >    B1      PAGE1                /* uninitialized */

    /*Sections declared by the user*/
    Vectors:  >    VECS        PAGE0            /* initialized */
}
```

13.4　本章小结

　　本章主要介绍了 3 个步进伺服应用实例。首先介绍了西门子数控伺服系统 840D 在轧辊车床上的应用，详细讲解了西门子数控伺服系统数字控制单元（NCU）、人机通信中央处理单元 MMC-CPU 和操作面板 OP031、机床操作面板 MCP、电源馈入模块、611D 数字驱动模块、PLC 模块、主轴驱动模块及小型手持单元（HHU）等内容。还分别从 MMC 软件系统、NC 软件系统、PLC 软件系统和通信及驱动接口软件等方面阐述了西门子 840D 数控伺服系统软件设计过程。接下来，在电—液伺服系统在仿形铣床上的典型应用实例中，主要介绍了仿形铣床的基本概念和基本参数、仿形铣床的基本控制方式、数字随动铣床的基本原理和液压伺服系统下仿形铣床检修方式等，电—液伺服系统的组成、特点及注意事项是重点。最后，讲解了基于 DSP 的混合式步进电动机伺服系统的构成、软件及硬件设计，同时，电路设计及软件设计也是本章内容的难点之一。

　　实例中特别加入了模块接口图、表格、电路图和指令表的描述，可以使读者掌握如何运用步进伺服系统开展工程实践设计。特别是一些特殊数值数控程序具有很强的移植性，供读者在开发自己的工程实例过程中借鉴和参考。本章实例性强，重点突出，图表丰富，内容简单易懂，能满足广大初学者及工程设计人员的需要。

步进、伺服电动机系统属于自动控制系统范围。自动控制系统是电动机、电子、机械等不同领域的系统集成，常用的元件功能说明如下。

微动开关：安装在机构上的电气元件，机械接触式，用于机构操作定位监测。

光电开关：安装在机构上的电气元件，非接触式。利用光电效应的电子开关回路，可监测机构动作，可用于定位检测、人员安全检测等。其输出一般为有方向性的晶体管开关。

接近开关：安装在机构上的电气元件，非接触式。利用电磁或电容效应的电子开关回路，用于检测机构动作，如定位检测等。其输出一般为有电流方向性的晶体管开关。

电容式接近开关：利用电容效应的电子开关回路，可用于非金属导电性物件的检测，如水、液体、人员等。

隔离电缆：一般用于控制信号接线，其外层覆加铝箔及铜网结构，以隔离外界电磁干扰对电气信号的影响。

对绞隔离电缆：一般用于控制信号接线，其外层覆加铝箔及铜网结构，内层导线为两两成对并且相互如绳索般绞缠在一起，对电磁干扰有防护效果。

磁簧开关：安装在机构上的电气元件，机械式触点。在相对应的检测机构上安装磁铁以驱动触点开关，触点本身无电流方向性，但所附指示灯一般具有电流方向性。

压力开关：安装于流体管路或塔槽内，检测流体容器或管路压力是否高于或低于设置压力值，一般为机械式触点，无电流方向性。

应力传感器：用于检测对象的质量或机构上的张力、应力，模拟式信号输出。

液位开关：检测筒、槽内液体液面高度是否高于或低于设置液面高度。通常利用浮球驱动电气开关，一般为机械式触点，无电流方向性；或利用液体导电效果，以电极棒检测液位高度，以电子电路驱动电气触点动作。

液位检测：连续的液位测量，如超声波、浮球式等检测仪表，模拟式信号输出。

温度开关：检测对象温度是否高于或低于设置温度，通常为双金属片式机械触点。

温度检测：连续的温度测量，利用金属导体电阻随温度变化而不同，得知对象温度；或利用热电偶原理，以不同金属间电位差测量对象温度；或红外式非接触式测试仪表。

流量开关：安装于流体管路上，检测流量大小。检测流体的流量是否高于或低于设置的流量值，一般为面积式，驱动机械式触点开关。

流量计：安装于流体管路上，连续检测流量大小。流量计利用的物理现象多样，如容积式、压差式、面积式、涡流式、电磁式等。

按钮开关：控制面板用电气操作元件，一般设计成按压后自动复位。

紧急按钮：控制面板用电气操作元件，一般设计成按压后自动保持，不能自动复位。

选择开关：控制面板用电气操作元件，一般设计为旋钮或摇臂式切换方式，不能自动复位。

指示灯：控制面板用电气操作元件，作为信号指示使用。

继电器：以绕组激磁方式操作机械式电气触点的电气元件，用于简单的逻辑控制。

固态继电器：非机械触点式的继电器，利用电子元件操作，无机械寿命及触点火花噪声问题。

断路器：用于电路的短路波保护，当用电设备发生短路时，无熔丝开关跳脱切离，使其他用电设备不受影响，如同熔丝的用途。

电磁开关：对用电设备进行加载和卸载操作，具有过载保护，过载时自动切离电源，保护用电设备不烧毁。

电磁接触器：对用电设备进行加载和卸载操作，无过载保护。

直流稳压电源：将输入的交流电整流后输出为额定电压的直流电，供设备使用。

稳压电源：电源系统会因用电负载改变而产生电压不稳定的现象，文雅电源可自动调整电压，使设备不因电压过高或过低而受损。

变频电源：将输入的交流电整流后输出为交流电，再将直流电源转换为可变频率、可变电压的交流电源，因此可用于电动机的转速操作。

不间断电源：利用蓄电池电源转化为交流电，当市电异常时，自动转化为蓄电池供电，可保持短时间内为设备供电。

接线盒：将电气线路末端进行转接的保护盒。

接线端子：电气线路末端的处理元件，保证电缆接线的机械强度和导电度。

接线端子台：电缆线与电气设备接线时，必须与接线端子台衔接。

控制箱：设备电气控制元件一般集中安装在一个箱体内，称为控制箱或电控箱。

散热风扇：在控制箱箱板上安装的风扇，将箱内热量排出；控制箱上开有散热孔，保证散热气流循环。当环境较恶劣时，也可使用热交换式散热器，将箱内与箱外空气对流隔绝，避免水蒸气、油气等进入控制箱内腐蚀或污染箱内的电气元件。

电磁阀：安装于流体管路上，以电磁绕组驱动流体阀门，可利用电气信号操作其开或关。

二口二位单动电磁阀：阀体有两个流体连接口，流体进入连接口和流出连接口；具有二段位操作功能，可操作开或关的电磁阀；一般分为气体用或液体用。

五口二位单动电磁阀：一般为控制气压缸或油压缸动作的电磁阀，流体流向可变换。配置有5个连接口，包括1个供给器液压口，2个缸体连接口，2个回流口。单动电磁绕组仅能切换流体方向。

　　五口二位双动电磁阀：和五口二位单动电磁阀相比，具有储存能力。当两个电磁绕组均不激磁时，电磁阀保持原来流体的流动方向。因此，五口二位双动电磁阀不会因为系统失电而改变结构状态。

　　五口三位双动电磁阀：和五口二位双动电磁阀相比，增加了一个操作位置。当两个电磁绕组均不激磁时，流体均不流动，使气压缸或油压缸保持在两端以外的中间位置。

　　节流阀：调整流体流量，借此调节气压缸或油压缸的运动速度，因此也可称为调速阀。

　　调压阀：保证流体压力稳定，保持流体始终在其设置的工作压力范围内。

　　怯水器：对压缩空气进行干燥处理，将水蒸气凝结、排除，也可称为干燥器。

　　气压缸：以压缩空气操作驱动的缸体机构，提供直线运动的推力或拉力。

　　液压缸：以油压操作驱动的缸体机构，提供直线运动的推力或拉力。

　　无杆气压缸：无杆机构的气压缸，可节省安装空间。

　　旋转气压缸：气压驱动，进行旋转运动的气缸。

　　气压夹爪：气压缸类，制造成夹爪机构，可用于对象的夹取。

　　液压夹爪：液压缸类，制造成夹爪机构，可用于对象的夹取。

　　液压马达单元：提供油压压力的设备单元，为油压泵附加油箱组合，因此也可称为液压泵站。

　　液压缓冲器：运动机构停止时进行速度缓冲，避免机构间的撞击。

　　轴承：支撑转动机构轴心的机构元件。

　　联轴器：传动轴与传动轴相互连接的机构元件。

　　连座轴承：包含轴承座及轴承的机构元件。

　　止推轴承：具有径向支撑设计的轴承。

　　单向轴承：仅可单方向旋转，另一方向无法旋转。

　　滚柱轴承：采用圆柱为滚动元件的轴承。

　　线性轴承：直线运动用轴承。

　　线性滑轨：直线运动用轨道元件。

　　三角带：传动用皮带，内侧较窄，截面呈三角形。

　　平带：传动用皮带，扁平状截面，也可用作运输。

　　时规皮带：具有齿状的传动皮带，因齿状与时规皮带轮咬合，传动效率较佳。

　　正齿轮：齿形与轴心平行的齿轮，传动轴心必须相互平行配置。

　　伞齿轮：齿形为扇状的齿轮，传动轴相互垂直配置。

　　丝杠：具有螺纹加工的元件，转动时可带动螺母运动。

滚珠丝杠：具有螺纹加工的元件，转动时可带动螺母运动；丝杆与螺母间为钢珠滚动式运动，非摩擦式运动。

蜗轮蜗杆减速器：采用蜗轮蜗杆传动方式的减速器。

行星齿轮减速器：采用行星齿轮传动方式的减速器。

直流电动机：以直流电源驱动的电动机，具有电刷及换向器。其输出转矩特性优良，但需经常维护，因此使用范围逐渐变小。

感应电动机：以交流电源驱动，转子与定子旋转磁场感应产生电流而发生转矩，使电动机运转（必须存在转差才能运转）。

同步电动机：以交流电源驱动，转子磁场与定子磁场同步旋转的电动机；无法自行起动，必须以辅助设备起动。

无刷直流电动机：具有直流电动机特性的交流电动机。其驱动电源非正弦波，而是利用霍尔元件检测转子位置，进而切换定子绕组激磁时序，代替电刷直流电动机的换向器功能。必须有驱动电路设备才能使其运转。

液压马达：以油压驱动旋转的电动机。

伺服控制器：控制伺服电动机运转的设备。

编码器：一般指安装在伺服电动机输出轴上，可发出脉冲信号的电气元件，用以检测电动机轴心的位置及速度。

测速机：检测转速的电气元件，以模拟的电压信号表示转速的快慢。

光耦合器：用于电气信号隔离或信号电平不兼容时转换信号电平，如同机械式继电器一般的功能。因属晶体管器件，故可快速反应。

浪涌吸收器：又称变阻器，是一种随电压值不同而改变电阻值的电阻。当电压超过额定的电压值时，变阻器的电阻会急速下降近至短路的状态，将浪涌电压引入变阻器内以热的方式散发掉，借此达到稳定电压及吸收浪涌电压的功能，并可因此避免电路元件受到浪涌电压的影响而损坏。

附录2 CNC 常用术语中英文对照表

A

ABS（absolute）abbr. 绝对的

absolute adj. 绝对的

AC abbr. 交流

accelerate v. 加速

acceleration n. 加速度

active adj. 有效的

adapter n. 适配器，插头

address n. 地址

adjust v. 调整

adjustment n. 调整

advance v. 前进

advanced adj. 高级的，增强的

alarm n. 报警

ALM（alarm） abbr. 报警

alter v. 修改

amplifer n. 放大器

angle n. 角度

APC abbr. 绝对式脉冲编码器

appendix n. 附录，附属品

arc n. 圆弧

argument n. 字段，自变量

arithmetic n. 箭头

AUTO abbr. 自动

automatic adj. 自动的

automation n. 自动

auxiliary function 辅助功能

axes（axis） n. 轴

B

background n. 背景，后台

backlash n. 间隙

backspace v. 退格

backup v. 备份

bar n. 栏，条

battery n. 电池

baudrate n. 波特率

bearing n. 轴承

binary adj. 二进制的

bit n. 位

blank n. 空格

block n. 块，段，程序段

blown v. 熔断

bore v. 镗

boring n. 镗

box n. 箱体，框

bracket n. 括号

buffer n. v. 缓冲

bus n. 总线

button n. 按钮

C

cabinet n. 箱体

cable n. 电缆

calculate v. 计算

calculation n. 计算

call v. 调用

CAN（cancel） abbr. 清除

cancel v. 清除

canned cycle 固定循环

capacity n. 容量

card n. 板卡

carriage v. 床鞍，工作台

cassette n. 磁带

cell n. 电池

CH（channel） abbr. 通道

change v. 变换，变更

channel n. 通道

check v. 检查

chop v. 錾削

chopping n. 錾削

circle n. 圆

circuit n. 电路，回路

clamp v. 夹紧

circular adj. 圆弧的

clear v. 清除

clip v. 剪切

clip board 剪贴板

clock n. 时钟

clutch n. 卡盘，离合器

CMR abbr. 命令增益

CNC abbr.

code n. 代码

coder n. 编码器

command n. 命令 v. 命令

communication n. 通信

compensation n. 补偿

computer n. 计算机

condition n. 条件

configuration n. 配置

connect v. 连接

connection n. 连接

connector n. 连接器

console n. 操作台

constant n. 常数 adj. 恒定的

contour n. 轮廓

control v. 控制

conversion n. 转换

cool v. 冷却

coordinate n. 坐标

copy v. 复制

corner n. 转角

correct v. 改正 adj. 正确的

correction n. 修改

count v. 计数

counter n. 计数器

CPU abbr. 中央处理器

CR abbr. 回车

cradle n. 摇架

create v. 生成

CRT abbr. 阴极射线管

CSB abbr. 中央服务板

current n. 电流 adj. 当前的，默认的

current loop 电流环

cursor n. 光标

custom n. 用户

cut v. 切削

cutter n. 刀具

cycle n. 循环

cylinder n. 圆柱体，活塞

cylindrical adj. 圆柱的

D

data n. 数据（单数）

date n. 日期

datum n.数据 （复数）

DC abbr. 直流

deceleration n. 减速

decimal point 小数点

decrease v. 减少

deep adj. 深的

define v. 定义

deg. abbr. 度

degree n. 度

DEL（delete） abbr. 删除

delete v. 删除

deletion n. 删除

delay v.延时 n. 延时

device n.装置

description n.描述

detect v. 检查

detection n. 检查

DGN（diagnose） abbr. 诊断

DI abbr. 数字输入

DIAG（diagnose） abbr. 诊断

diagnose v. 诊断

diameter n. 直径

diamond n. 金刚石，钻石

digit n. 数字

dimension n. 尺寸，（坐标系的）维

DIR abbr. 目录

direction n. 方向

directory n.目录

disconnect n. 断开

disk n. 磁盘

diskette n. 磁盘

display v. 显示 n. 显示

distance n. 距离

divide v. 划分，分开，除

DMR abbr. 检测增益

DNC abbr. 直接数据控制

DO n. 数字输出

dog switch 回参考点减速开关

DOS abbr. 磁盘操作系统

DRAM abbr. 动态随机存储器

drawing n. 画图

dress v. 修整

dresser n. 修整器

drill v. 钻孔

drive v. 驱动

driver n. 驱动器

dry run 空运转

duplicate v. 复制

dwell n. 延时，v. 延时

E

edit v. 编辑

EDT（edit） abbr. 编辑

EIA abbr. 美国电子工业协会标准

electrical adj. 电气的

electronic adj. 电子的

emergency n. 紧急情况

enable v. 使能

encoder n. 编码器

end v. 结束 n. 结束

enter n. 回车 v. 输入，进入

entry n. 输入

equal v. 等于

equipment n. 设备

erase v. 擦除

error n. 误差，错误，故障

esc（escape） v. 退出

exact adj. 精确的

example n. 例子

exchange v. 更换

execute v. 执行

execution n. 执行

exit v. 退出

external adj. 外部的

F

failure n. 故障

fault　n. 故障

feed　v. 进给

feedback　v. 反馈

feedrate　n. 进给率

figure　n. 数字

file　n. 文件

filtrate　v. 过滤

filter　n. 过滤器

fin（finish）　n. 完成

fine　adj. 精密的

fixture　n. 夹具

flash memory　n. 闪存

flexible　adj. 柔性的

floppy　adj. 软的

foreground　n. 前景，前台

format　n.格式　v. 格式化

function　n. 功能

gain　n. 增益

gear　n. 齿轮

general　adj. 总的，通用的

generator　n. 发生器

geometry　n. 几何

gradient　n. 倾斜度，梯度

graph　n. 图形

graphic　adj. 图形的

grind　v. 磨削

group　n. 组

guidance　n. 指南，向导

guide　v. 指导

H

halt　n. 暂停，间断　v. 暂停，停止

handle　n. 手柄，手摇轮

handy　adj. 便携的

handy file　便携式编程器

hardware　n. 硬件

helical　adj. 螺旋上升的

help　n. 帮助　v. 帮助

history　n. 历史

HNDL（handle）　n. 手摇，手动

hold　v. 保持

hole　n. 孔

horizontal　adj. 水平的

host　n.主机

hour　n. 小时

hydraulic　adj. 液压的

I

I/O　n. 输入/输出

illegal　adj. 非法的

inactive　adj. 无效的

inch　n. 英寸

increment　n. 增量

incremental　adj. 增量的

index　n. 分度，索引

initial　adj. 原始的

initialization　n. 初始化

initialize　v. 初始化

input　n. 输入　v. 输入

INS（insert）　abbr. 插入

insert　v. 插入

instruction　n. 说明

interface　n. 接口

internal　adj. 内部的

interpolate　v. 插补

interpolation　n. 插补

interrupt　v. 中断

interruption　n. 中断

interval　n. 渐开线

ISO　abbr. 国际标准化组织

J

jog n. 点动

jump v. 跳动

K

key n. 键

keyboard n. 键盘

L

lable n. 标记, 标号

ladder diagram 梯形图

language n. 语言

lathe n. 车床

LCD abbr. 液晶显示

least adj. 最小的

length n. 长度

LIB (library) abbr. 库, 图书馆

library n. 库, 图书馆

life n. 寿命

light n. 灯

limit n. 极限

limit switch 限位开关

line n. 直线

linear adj. 线性的

linear scale 直线式传感器

link n. 连接 v. 连接

list n. 列表 v. 列表

load n. 符合 v. 加载

local adj. 本地的

locate v. 定位, 插销

location n. 定位, 插销

lock v. 锁定

logic n. 逻辑

look ahead 预见, 超前

loop n. 回路, 环路

LS abbr. 限位开关

LSI abbr. 大规模集成电路

M

machine n. 机床 v. 加工

macro n. 宏

macro program 宏程序

magazine n. 刀库

magnet n. 磁体, 磁

magnetic adj. 磁性的

main program 主程序

maintain v. 维护

maintainance n. 维护

MAN (manual) abbr. 手动

management n. 管理

manual n. 手动

master adj. 主要的

max adj. 最大的 n. 最大值

maximum adj. 最大的 n. 最大值

MDI abbr. 手动数据输入

meaning n. 意义

measurement n. 测量

memory n. 存储器

menu n. 菜单

message n. 信息

meter n. 米

metric adj. 米制的

mill n. 铣床 v. 铣削

min adj. 最小的 n. 最小值

minimum adj. 最小的 n. 最小值

minus v. 减法 adj. 负的

minute n. 分钟

mirror image 镜像

miscellaneous function 辅助功能

MMC abbr. 人机通信单元

modal adj. 模态的

modal G code 模态 G 代码

mode n. 方式

model n. 型号

modify v. 修改

module n. 模块

NON（monitor） abbr. 监控

month n. 月份

motion n. 运动

motor n. 电机

mouse n. 鼠标

MOV（move） abbr. 移动

move v. 移动

multiply v. 乘法

N

N number abbr. 程序段号

N·m 牛顿米

name n. 名字

NC abbr. 数字控制

NCK abbr. 数字控制核心

negative adj. 负的

nest v. 嵌入，嵌套 n. 嵌入

nop n. 空操作

NULL abbr. 空

number n. 号码

numeric adj. 数字的

O

octal adj. 八进制的

OEM abbr. 原始设备制造商

OFF abbr. 断，关闭

ON abbr. 通，打开

offset n. 补偿，偏移量

one shot G code 一次性 G 代码

open v. 打开

operate v. 操作

OPRT（operation） abbr. 操作

operation n. 操作

origin n. 起源，由来

original adj. 原始的

output v. 输出 n. 输出

over travel 超程

over voltage 超电压

over current 过电流

overflow n. 溢出 v. 溢出

overheat n. 过热

overload n. 过载

override n. 等速度的倍率

P

page n. 页

page down 下翻页

page up 上翻页

panel n. 面板

PARA（parameter） abbr. 参数

parabola n. 抛物线

parallel adj. 平行的，并行的

parameter n. 参数

parity n. 奇偶性

part n. 部件，部分

password n. 口令，密码

paste v. 粘贴

path n. 路径

pattern n. 句型，样式

pause n. 暂停

PC abbr. 个人计算机

PCB abbr. 印制电路板

per prep. 每

percent n. 百分数

pitch n. 节距，螺距

plane n. 平面

PLC abbr. 可编程序控制器

plus n. 增益 v. 加法 adj. 正的

pneumatic adj. 空气的

polar adj. 两极的 n. 极线

portable adj. 便携的

POS（position） abbr. 位置，定位

position n. 位置，定位

position loop 位置环

positive adj. 正的

power n. 能源，电源，功率

power source 电源

preload v. 预负载

preset v. 预置

pressure n. 压力

preview v. 预览

PRRM（program） abbr. 编程，程序

print v. 打印

printer n. 打印机

prior adj. 优先的，基本的

procedure n. 程序，步骤

profile n. 轮廓，剖面

program v. 编程 n. 程序

programmable adj. 可编程的

programmer n. 编程器

protect v. 保护

protocol n. 协议

PSW（password） abbr. 密码，口令

pulse n. 脉冲

pump n. 泵

punch v. 穿孔

puncher n. 穿孔机

push button 按钮

PWM abbr. 脉宽调制

Q

query n. 问题，疑问

quit v. 退出

R

radius n. 半径

RAM abbr. 随机存储器

ramp n. 斜坡

ramp up （计算机系统）自举

range n. 范围

rapid adj. 快速的

rate n. 比率，速度

ratio n. 比值

read v. 读

ready adj. 有准备的

ream v. 铰加工

reamer n. 铰刀

record v. 记录 n. 记录

REF（reference） abbr. 参考

reference n. 参考

reference point 参考点

register n. 寄存器

registration n. 注册，登记

relative adj. 相对的

relay v. 中继 n. 中继

remedy n. 解决方法

remote adj. 远程的

replace v. 更换，代替

reset v. 复位

restart v. 重新启动

RET（return） abbr. 返回

return v. 返回

revolution n. 旋转

rewind v. 卷绕

rigid adj. 刚性的

RISC abbr. 精简指令集计算机

roll v. 滚动

roller n. 滚轮

ROM abbr. 只读存储器

rotate v. 旋转

rotation n. 旋转

rotor n. 转子

rough　adj. 粗糙的

RSTR（restart）　abbr. 重新启动

run　v. 运行

S

sample　n. 样本，示例

save　v. 保存，存储

save as　另存为

scale　n. 尺度，标度

scaling　n. 缩放比例

schedule　n. 时间表，清单

screen　n. 屏幕

screw　n. 丝杠，螺杆

search　v. 搜索

second　n. 秒

segment　n. 字段

select　v. 选择

selection　n. 选择

self-diagnostic　自诊断的

sensor　n. 传感器

sequence　n. 顺序

sequence number　顺序号

series　n. 系列　adj. 串行的

series spindle　数字主轴

servo　n. 伺服

set　v. 设置

setting　n. 设置

shaft　n. 轴

shape　n. 形状

shift　v. 移位

SIEMENSE　西门子公司

sign　n. 符号，标记

signal　n. 信号

skip　v. 跳过　n. 跳步

slave　adj. 从属的

SLC　abbr. 小型逻辑控制器

slide　n. 滑台　v. 滑动

slot　n. 槽

slow　adj. 慢

soft key　abbr. 软键盘

software　n. 软件

space　n. 空格，空间

SPC　abbr. 增量式脉冲编码器

speed　n. 速度

spindle　n. 主轴

SRAM　abbr. 静态随机存储器

SRH（search）　abbr. 搜索

start　v. 启动

statement　n. 语句

stator　n. 定子

status　n. 状态

step　n. 步

stop　v. 停止　n. 挡铁

store　v. 存储

strobe　n. 选通

stroke　n. 行程

subprogram　n. 子程序

sum　n. 总和

surface　n. 表面

SV（servo）　abbr. 伺服

switch　n. 开关

switch off　关断

switch on　接通

symbol　n. 符号，标记

synchronous　adj. 同步的

SYS（system）　abbr. 系统

system　n. 系统

T

tab　n. 表格，制表键

table　n. 表格

tail　n. 尾巴，尾座

tandem　adv. 一前一后，串联

tandem control　纵排控制

tank　n. 箱体

tap　n. 攻螺纹　v. 攻螺纹

tape　n. 磁带，纸带

tape reader　磁带读取器

tapping　n. 攻螺丝

teach in　示教

technique　n. 技术，工艺

temperature　n. 稳定

test　v. 测试　n. 测试

thread　n. 螺纹

time　n. 时间，次数

tolerance　n. 公差

tool　n. 刀具，工具

tool pot　刀杯

torque　n. 转矩

tower　n. 刀架，转塔

trace　n. 轨迹，踪迹

track　n. 轨迹，踪迹

transducer　n. 传感器

transfer　v. 传递，传送

transformer　n. 变压器

traverse　v. 移动

trigger　v. 触发

turn　v. 转动　n. 转，回合

turn off　关断

turn on　接通

turning　n. 转动，车削

U

unclamp　v. 松开

unit　n. 单位，装置

unload　n. 卸载

unlock　v. 解锁

UPS　abbr. 不间断电源

user　n. 用户

V

value　n. 值

variable　n. 变量　adj. 可变的

velocity　n. 速度

velocity loop　速度环

verify　v. 校验

version　n. 版本

vertical　adj. 垂直的

voltage　n. 电压

W

warning　n. 警告

waveform　n. 波形

wear　n. 磨损　v. 磨损

weight　n. 质量，权重

wheel　n. 轮子，砂轮

window　n. 窗口，视窗

workpiece　n. 工件

write　v. 写入

wrong　n. 错误　adj. 错的

Y

year　n. 年

Z

zero　n. 零，零位

zone　n. 区域

参考文献

1. 岂兴明，苟晓卫，罗冠龙. PLC 与步进伺服快速入门与实践. 北京：人民邮电出版社，2011.

2. 王占富，谢丽萍，岂兴明. 西门子 S7-300/400 系列 PLC 快速入门与实践. 北京：人民邮电出版社，2010.

3. 赵俊生. 电机与电气控制及 PLC. 2 版. 北京：电子工业出版社，2012.

4. 颜嘉男. 伺服电机应用技术. 北京：科学出版社，2010.

5. 杜增辉，孙克军. 图解步进电机和伺服电机的应用与维修. 北京：化学工业出版社，2016.

6. 袁清萍. 电机拖动与 PLC 技术. 合肥：合肥工业大学出版社，2010.

7. 金仁贵. PLC 原理与应用. 合肥：合肥工业大学出版社，2009.

8. 谢忠志. 电力驱动与 PLC 控制技术. 北京：清华大学出版社，2013.